Mikroelektronik 87

Berichte der

Informationstagung ME 87

Springer-Verlag

Wien New York

Mit 234 Abbildungen

ISBN-13: 978-3-211-82023-0   e-ISBN-13: 978-3-7091-8940-5
DOI: 10.1007/ 978-3-7091-8940-5

Den Ehrenschutz der Tagung haben übernommen:

Dr. Helmut Zilk
Bürgermeister der Stadt Wien

Dipl.-Ing. Dr. Rudolf Streicher
Bundesminister für öffentliche Wirtschaft und Verkehr

Dr. Marilies Flemming
Bundesminister für Umwelt, Jugend und Familie

Dr. Franz Löschnak
Bundesminister für Gesundheit und öffentlicher Dienst

Univ.-Prof. Dr. Hans Tuppy
Bundesminister für Wissenschaft und Forschung

VORWORT

Nachdem bereits anläßlich der Mikroelektroniktagung 1985 die
gesammelten Kurzvorträge und Postermitteilungen in Buchform
erschienen sind, wird auch zur ME 87 ein gleichartiger Tagungsband veröffentlicht. Die Kurzfassungen der Hauptvorträge
finden sich in der Nummer 10 der Zeitschrift E und M, die zur
Tagung erscheint; den ungekürzten Hauptvorträgen ist nach der
Tagung ein Sonderheft dieser Zeitschrift gewidmet. Damit ist
sichergestellt, daß die Vortrags- und Mitteilungsinhalte einem
breiten Publikum leicht zugänglich sind.

Die vom 14. - 16. Oktober 1987 stattfindende Informationstagung "Mikroelektronik 1987" ist die siebente Veranstaltung
dieser Art. Die erste ME fand im Jahr 1975 statt und hat seit-
dem eine kontinuierliche Ausweitung im Vortragangebot und im
Publikumsinteresse erfahren. Heuer werden in 8 Haupt- und 60
Kurzvorträge eine Übersicht über Stand und Zukunft der Mikroelektronik sowie Berichte über konkrete Applikationen, Methoden und Entwicklungen geboten, wobei die Teilnehmerzahl über
500 liegen wird. Darüber hinaus werden 23 Poster präsentiert.

Als Veranstalter der Tagung treten diesmal die Bundesministe-
rien für Wissenschaft und Forschung sowie Handel, Gewerbe und
Industrie, die Außeninstitute der Technischen Universitäten
Graz und Wien, die Bundesversuchs- und Forschungsanstalt Ar-
senal und das Österreichische Forschungszentrum Seibersdorf
Ges.m.b.H. auf. Die Organisation der Tagung liegt beim Insti-
tut für Elektrische Meßtechnik der Technischen Universität
Wien.

Um inhaltlich eine größere Komplexität und Geschlossenheit zu
gewährleisten, werden während der ME 87 im Gegensatz zu früheren Tagungen heuer nur 6 Themenkreise behandelt, zu denen jeweils ein oder zwei Hauptvorträge geboten werden.

Das Eröffnungsreferat zum Thema "Mikroelektronik - Mensch und Gesellschaft" wird von Sektionsleiter Min.Rat Dr. N. Rozsenich, Bundesministerium für Wissenschaft und Forschung, gehalten und ist auch heuer wieder dem sozioökonomischen Aspekt der Thematik "Mikroelektronik" gewidmet.

Der erste Themenkreis **"Technologie und Zuverlässigkeit von Bauteilen und Systemen"** steht unter der Leitung von Prof. Dr. H. Pötzl, Prof. Dr. W. Fallmann und Dr. J. Binner, alle Technische Universität Wien, sowie Oberrat Dipl.-Ing. F. Oismüller, Bundesversuchs- und Forschungsanstalt Arsenal, und bietet zwei Hauptvorträge, wobei sich Dr. H. Murrmann, Siemens AG München, mit "Ausbeute und Zuverlässigkeit von VLSI-Schaltungen" und Prof. Dr. R. van Overstraeten, Interuniversitäres Mikroelektronikzentrum, Leuven, mit "Future of Microelectronics" beschäftigen werden.

Der Themenkreis **"Sensoren in Industrie und Umweltschutz"** wird von Prof. Dr. H. Leopold, Technische Universität Graz, und Prof. Dr. G. Zeichen, Technische Universität Wien, betreut; als Hauptvortragende konnten Dr. W. Mokwa, Fraunhoferinstitut für Mikroelektronische Schaltungen und Systeme, Duisburg, über "Sensoren für Umweltgrößen" und Dr. J. Simon, Siemens AG München, über "Bildverarbeitende, optoelektronische Sensoren für die flexible Montage" gewonnen werden.

Die Leitung des Themenkreises **"Nachrichtentechnik und Datenkommunikation"** liegt bei den Herren Prof. Dr. E. Bonek, Prof. Dr. W. Leeb, Prof. Dr. F. Seifert und Prof. Dr. J. Weinrichter, alle Technische Universität Wien, der Hauptvortragende zum Thema "Aspekte der Wellenausbreitung für die Wahl der Übertragungsbandbreite im digitalen Mobilfunk" ist Dr. R. W. Lorenz, Forschungsinstitut der Deutschen Bundespost beim Fernmeldetechnischen Zentralamt, Darmstadt.

Der vierte Themenkreis **"Elektronik im Verkehr"** steht unter der Leitung von Prof. Dr. H. Leopold, Technische Universität Graz, sowie Hofrat Dipl.-Ing. Dr. A. Sethy und Dipl.-Ing. G. List, beide Bundesversuchs- und Forschungsanstalt Arsenal, und bietet zwei Hauptvorträge über "Anforderungen des Straßenverkehrs an elektronische Signalsteuergeräte" von Oberbaurat Dipl.-Ing.

H. Tesarek, Amt der NÖ Landesregierung, und "Intelligente MOS-Leistungsschalter in der Automobilelektronik" von Dr. O. Hintringer, Siemens AG München.

Zum Themenkreis **"Medizintechnik und Biologie"**, den die Herren Prof. Dr. St. Schuy, Technische Universität Graz, Prof. Dr. P. Pfundner, Technische Universität Wien, und Prof. Dr. E. Hochmair, Universität Innsbruck, betreuen, hält Prof. Schuy einen Hauptvortrag, der sich mit "Bildgebenden Verfahren in der medizinischen Diagnostik" befaßt.

Der letzte Themenkreis ist der **"Weltraum- und Satellitentechnik"** gewidmet und wird von Prof. Dr. W. Riedler, Technische Universität Graz, und Prof. Dr. W. Leeb, Technische Universität Wien, betreut, wobei Prof. Riedler den Hauptvortrag über "Österreichische Beiträge zu internationalen Projekten der Satellitenkommunikation" halten wird.

Eine wesentliche und unverzichtbare Unterstützung erfährt die Mikroelektroniktagung durch öffentliche und private Förderung, für die allen Stellen herzlichst gedankt werden soll: neben dem Bundesministerium für Wissenschaft und Forschung sind die Stadt Wien, die Arbeitsgemeinschaft für Fachausstellungen, der Fachverband der Elektroindustrie (Bundeskammer der Gewerblichen Wirtschaft), die Österr. Industriellen-Vereinigung, der Österr. Verband für Elektrotechnik, Sektion ENT, die Österr. Philips Bauelemente Industrie Ges.m.b.H., die Rank Xerox Austria Ges.m.b.H., die Wiener Messen und Congreß Ges.m.b.H., die Siemens AG Österreich und die Erste Österr. Spar-Casse als großzügige Förderer zu nennen.

Ein besonderer Dank gilt den Mitgliedern des Wissenschaftlichen Redaktionskomitees und des Organisationskomitees der ME 87, der Universitätsdirektion der Technischen Universität Wien und ihrem Leiter Hofrat Mag. Dr. J. Schwabl, sowie den zahlreichen Mitarbeitern der Bundesversuchs- und Forschungsanstalt Arsenal, des Österreichischen Forschungszentrums Seibersdorf Ges.m.b.H. und der Technischen Universität Wien, die mit sehr viel Initiative und Engagement, oftmals in ihrer Freizeit und ehrenamtlich, die vielen notwendigen, letztlich unsichtbaren, zum Erfolg einer derartigen Veranstaltung jedoch unentbehrlichen Arbeiten geleistet haben.

Wien, im Herbst 1987

Dipl.-Ing. G. Fiedler
Tagungssekretär

INHALTSVERZEICHNIS

nach dem Tagungszeitplan geordnet

2. Themenkreis: **SENSOREN IN INDUSTRIE UND UMWELTSCHUTZ**

5. Themenkreis: MEDIZINTECHNIK UND BIOLOGIE

6. Themenkreis: WELTRAUM- UND SATELLITENTECHNIK

INHALTSVERZEICHNIS

nach Themenkreisen geordnet

2. Themenkreis: SENSOREN IN INDUSTRIE UND UMWELTSCHUTZ

4. Themenkreis: **ELEKTRONIK IM VERKEHR**

5. Themenkreis: **MEDIZINTECHNIK UND BIOLOGIE**

6. Themenkreis: **WELTRAUM- UND SATELLITENTECHNIK**

ORGANISATIONSKOMITEE

Dipl.-Ing. Dr. W. ATTWENGER,
Österreichisches Forschungszentrum Seibersdorf GmbH.

Dipl.-Ing. St. DECKER,
Institut für Feinwerktechnik, TU Wien

Dipl.-Ing. Dr. H. DIETRICH,
Institut für Elektrische Meßtechnik, TU Wien

Univ.-Prof. Dr. W. FALLMANN,
Institut für Allgem.Elektrotechnik und Elektronik, TU Wien

Oberrat Dipl.-Ing. G. FIEDLER,
Institut für Elektrische Meßtechnik, TU Wien

G. HOFFMANN,
Bundesversuchs- und Forschungsanstalt Arsenal

F. HUBER,
Bundesversuchs- und Forschungsanstalt Arsenal

Dipl.-Ing. F. JÄGER,
Bundesversuchs- und Forschungsanstalt Arsenal

P. KLAUDA,
Arbeitsgemeinschaft f. Fachausstellungen

Dipl.-Ing. W. KOBLITZ,
Prozeßrechner, TU Wien

Mag. N. MAYERHOFER,
Gesellschaft für Medienberatung

Oberrat Dipl.-Ing. F. OISMÜLLER,
Bundesversuchs- und Forschungsanstalt Arsenal

Dipl.-Ing. Dr. H. SCHWEINZER,
Institut für Elektrische Meßtechnik, TU Wien

Dipl.-Ing. H.-P. STRIZSIK,
Institut für Feinwerktechnik, TU Wien

BEITRÄGE UND MITTEILUNGEN

ANWENDUNGEN DER MIKROELEKTRONIK IN DER ÖSTERREICHISCHEN IN-
DUSTRIE - DARSTELLUNG DES ANWENDUNGSSTANDES UND DER EFFEKTE
IN PRODUKTION UND PRODUKTEN

W. Tritremmel

Vereinigung Österreichischer Industrieller, Wien

MIKROELEKTRONIK IN DER INDUSTRIE

Im Großteil der österreichischen Industrieunternehmen hat die
Mikroelektronik bereits erfolgreich Einzug gehalten. Die Unternehmen erwarten sich in den nächsten Jahren eine intensive Weiterentwicklung. Die österreichische Industrie, die aus interna-
tionaler Sicht überwiegend klein- und mittelbetrieblich strukturiert ist, ist vom Anwendungsstand der Mikroelektronik her
gesehen etwa auf dem Niveau wie vergleichbare Industrien in
anderen Industriestaaten.

Der Großteil der österreichischen Industrieunternehmen befaßt
sich intensiv mit den Anwendungsmöglichkeiten der Mikroelektronik in der Produktion und in den Produkten. In einer Vielzahl
von Unternehmen hat die Mikroelektronik bereits erfolgreich Einzug gehalten. Die Anwenderunternehmen verweisen beim Mikroelek-
tronikeinsatz in der Produktion auf höhere Produktqualität, geringeren Ausschuß, organisatorische Ablaufverbesserungen, ge-
stiegene Produktionsflexibilität ebenso wie auf verringerte Rüstzeiten, bessere Einhaltung von Lieferterminen oder Energieein-
sparungen.

In den nächsten Jahren erwarten sich die heimischen Unternehmen
in der Produktion zu mehr als 40 Prozent starke Zunahmen bzw. zu
über der Hälfte geringe Zunahmen des Technikeinsatzes. Nur etwa
3 Prozent erwarten sich keine Zunahme. Verglichen mit einer Befragung im Jahr 1983 erwarten sich jetzt weit mehr Unternehmen
eine starke Zunahme der Anwendungen im Produktionsbereich. Die
produktionsbezogenen Anwendungsschwerpunkte sind in der Elektro-,

Maschinen-, Fahrzeugindustrie sowie in der chemischen Industrie.

Von Interesse ist dabei, daß es keine wesentlichen Unterschiede zwischen kleineren und größeren Unternehmen beim Anteil der Eigenfertigung von Anwendungslösungen in der Produktion gibt.

Wenn auch diese Ergebnisse aus einem Sample von 300 österreichischen Industrieunternehmen stammen, so kann doch dem Trend nach eine erfreuliche Entwicklung festgestellt werden. Verglichen mit ähnlichen ausländischen Untersuchungen in mittelständischen Industrien insbesondere in der Bundesrepublik Deutschland, Großbritannien und Frankreich, liegt der Anwendungsstand der österreichischen Unternehmen auf dem Niveau der ausländischen Konkurrenz.

Nach der Erhebung der Industriellenvereinigung führen relativ ausgereifte Maschinen, Geräte und Systeme in der Anwendungsliste des Produktionsbereiches. Während computergestützte Planungssysteme, computergestützte Meß- und Prüfgeräte, Fertigungssteuerungen, CNC-Maschinen oder Systeme zur Qualitätskontrolle von jeweils mehr als einem Drittel der befragten Unternehmen als Anwendungen angegeben werden, sind komplexere und kostspieligere Systeme wie Flexible Produktionszellen, Flexible Montagesysteme und Fertigungssysteme nur in unter 10 Prozent der befragten Unternehmen vorhanden.

Im Bereich der Produktanwendungen der Mikroelektronik ist eine breite Anwendungspalette, die vom Industrieroboter über medizinische Geräte und Sondermaschinen bis zur Software reichen, in der österreichischen Industrie zu finden. Träger der Produktanwendungen sind die Maschinenindustrie (89 Prozent der antwortenden Unternehmen dieser Branche), die Elektroindustrie (71 Prozent) und die Fahrzeugindustrie, wobei auch im Produktbereich deutliche Anwendungszunahmen innerhalb von 3 Jahren festzustellen sind. Fast ein Drittel aller befragten Unternehmen mit produktbezogenen Anwendungen haben diese selbst gefertigt und über die Hälfte der Unternehmen haben die Bauteile adaptiert. Der Anteil der Eigenfertigung liegt selbst bei kleineren Betrieben (bis 200 Mitarbeiter) noch bei 25 Prozent und bei der Adaption bei 45 Prozent.

Bei der Hälfte der Unternehmen erfolgt der Mikroelektronikein-
satz im Rahmen eines umfassenden Planes.

Deutlich manifestiert sich der **Einfluß der Mikroelektronik** auf
die Wettbewerbsfähigkeit der Unternehmen. Bei den in der Anwendung führenden Bereichen, insbesondere Maschinen-, Fahrzeug-,
Papier-und chemischen Industrie stellen zu jeweils mehr als die
Hälfte der Betriebe eine Verbesserung ihrer Wettbewerbsfähigkeit
fest. Mehr als einem Viertel der Unternehmen gelang der Eintritt
auf neue Märkte.

Der Großteil der Unternehmen gibt an, daß mit Amortisationszei-
ten bei Mikroelektronik-Investitionen von 3 bis 5 Jahren gerechnet wird. Von Bedeutung ist dabei, daß nur schwer quantifizier-
bare Faktoren, wie gesteigerte Flexibilität, bessere Qualität
bzw. Wissens- und Marktvorsprünge bei der Investitionskalkula-
tion von den Unternehmen als immer wichtiger erkannt werden.

Über den Erfolg oder Mißerfolg der Unternehmensentwicklung mit
neuen Techniken entscheiden in zunehmendem Maße die Veränderungen im Umfeld des technischen Wandels mit. Insbesondere gilt
dies für die Arbeitsorganisation, die Qualifikation der Mitarbeiter oder die Umstellungsbereitschaft der Belegschaft.

Die überwiegende Mehrheit der Unternehmen hat im Zuge der Mikro-
elektronikeinführung Veränderungen bei Arbeitsorganisation und
Arbeitsstrukturen durchgeführt. Von fast einem Drittel der befragten Betriebe werden große Veränderungen angegeben (1983:
12 Prozent der Unternehmen). Aus der Sicht der befragten Unternehmensleitungen sind die Umstellungsschwierigkeiten für die
Mitarbeiter im Zuge des technischen Strukturwandels mehrheitlich
(61,5 Prozent) klein. Ein Drittel kann überhaupt keine Umstellungsschwierigkeiten feststellen. In einem Viertel der Unternehmen ist es zu einer Dezentralisierung von Aufgaben und Verantwortung gekommen.

Wesentlicher Schwerpunkt der Veränderung ist der Qualifikations-
bereich. Abgesehen davon, daß 44 Prozent der befragten Unternehmen feststellen, daß Maßnahmen der beruflichen Qualifikation bereits im Stadium der Investitionsplanung berücksichtigt werden,

konstatieren mehr als drei Viertel eine höhere Qualifikation
bei den Mitarbeitern in Verbindung mit dem Mikroelektronikein-
satz. Zur Zeit nimmt die Einschulung am Arbeitsplatz bei der
Qualifikationsvermittlung den Spitzenplatz ein, gefolgt von der
Spezialausbildung beim Lieferanten der Maschinen und Geräte.
Oft wird auch die spezielle Ausbildung im eigenen Unternehmen
oder in Weiterbildungseinrichtungen angegeben. In einem Fünftel
der Betriebe ist eine Spezialausbildung im Ausland erforderlich
und bei einem Viertel der Betriebe konnte die Qualifikation durch
die Neueinstellung von Spezialisten erlangt werden.

Die Qualifikationsmaßnahmen erfolgen nicht nur intensiver, sondern erfordern auch die Einbeziehung eines größeren Mitarbeiter-
kreises als früher. Auch das Informationsverhalten des Manage-
ments unterliegt erheblichen Veränderungen. Die Informationen
werden nach Auskunft der Betriebe ausführlicher und früher als
gewohnt gegeben.

Der Wunsch der Belegschaftsvertreter beim technischen Wandel
mitzuwirken, steigt mit zunehmendem Anwendungsstand der Technik.
Die Mitwirkung konzentriert sich vor allem auf Fragen der Ar-
beitszeit, der Pausen, der Schulung, der Arbeitsplatzgestaltung
oder des Datenschutzes und der Löhne. Besondere Bedeutung haben
dabei die Anwendungen, wie Bildschirmgeräte, CNC-Maschinen, CAD-
Arbeitsplätze sowie Datenerfassungs- und Kontrollmaßnahmen. In
mehr als der Hälfte der Unternehmen in denen die Betriebsräte
Wünsche deponiert haben, ist es auch zu einschlägigen Vereinba-
rungen gekommen.

Ein zentrales Diskussionsthema des technischen Wandels ist vor
allem für die Gewerkschaften die Wirkung auf die Zahl der Arbeitsplätze. Trotz einer viel stärkeren Verbreitung der Mikroelektronik in den österreichischen Industriebetrieben seit der
Befragung im Jahr 1983 findet die Vermutung der arbeitsplatz-
vernichtenden Wirkung des Technikeinsatzes keine Bestätigung.
Im Produktionsbereich wird von zwei Drittel der Unternehmen ein
unveränderter Beschäftigungsstand angegeben (13 Prozent Zunahme,
20 Prozent Abnahme). Bei der Produktanwendung zeigt sich ein ar-
beitsplatzschaffender Effekt der Mikroelektronik bei einem Drittel der befragten Unternehmen (61 Prozent keine Veränderung,

7 Prozent Abnahme).

Zusammenfassend kann festgestellt werden, daß durch die positiven Erfahrungen der Unternehmensleitungen im Zusammenhang mit dem technischen Wandel bemerkenswerte Fortschritte bei der Intensität der Technikanwendung in der Produktion und Produkten gemacht wurden.

Die Verbesserungen der Produktqualität, verringerte Rüstzeiten oder steigende Produktionsflexibilität schlagen sich in der Verbesserung der Wettbewerbsfähigkeit und der Gewinnung neuer Märkte positiv nieder.

Vom Anwendungsstand der Mikroelektronik her gesehen, liegt die österreichische Industrie (auf Basis verfügbarer, bisher durchgeführter Untersuchungen) etwa auf dem Niveau wie größenmäßig vergleichbare Industrien in der Bundesrepublik Deutschland, Großbritannien oder Frankreich.

Auf das Management der Unternehmen kommt ein umfangreicher Aufgabenkomplex zu. Umfassende organisatorische Umstellungserfordernisse, die das gesamte Unternehmen einschließen, sind ebenso zu bewältigen wie erhebliche Veränderungen bei der Mitarbeiterqualifikation.

Die innerbetriebliche Sozialpartnerschaft hat sich bis jetzt auch bei diesen Umstellungsherausforderungen bewährt.

Mit Mikroelektronikanwendungen im Produktbereich sind wichtige arbeitsplatzschaffende Effekte verbunden.

Es gilt nun aufbauend auf diesem Anwendungsstand auch entsprechend den künftigen Entwicklungseinschätzungen der Unternehmen selbst, konsequent und innovatorisch diesen technischen Entwicklungspfad fortzusetzen.

Steuerungen
Anzeigen
Sensorik

4. Themenkreis

"ELEKTRONIK IM VERKEHR"

Leitung:

Univ.-Prof. Dipl.-Ing. Dr. H. Leopold
Hofrat Dipl.-Ing. Dr. A. Sethy
Dipl.-Ing. G. List

ENTWICKLUNG UND ANWENDUNG EINES
ELEKTRONISCHEN DIESELMOTORMANAGEMENTSYSTEMS

W. Bittinger, A. Kainz

Voest-Alpine Automotive GmbH.
Elektronikentwicklung, Wien

ZUSAMMENFASSUNG:

Ein neuartiges Dieselmotormanagementsystem, bestehend aus einem elektronischen Regler mit Sensoren und Stellgliedern und
einem zugehörigen Dialogcomputer zur Motorparameterdatenver-
waltung, wird vorgestellt. Durch die Anwendung eines neuen
Multi-Mikrocomputer- und Softwarekonzeptes und modernster
Schaltungstechnik wurde beim Regler eine hohe Leistung bei geringen Abmessungen erreicht. Die beschriebene Anlage eignet
sich für Motoren mit Reihenpumpen sowie Pumpe-Düsen mit ge-
meinsamer Regelstange.

1 Einleitung Und Aufgabenstellung

Die elektronisch gesteuerte Benzineinspritzung beim Ottomotor
ist seit Jahren Stand der Technik. Umso mehr muß es verwun-
dern, daß bislang ein Serieneinsatz elektronischer Dieselmo-
torregler nur in geringem Umfang bekannt wurde. Die Gründe
dafür sind: Ein mit einem mechanischen Regler vergleichbarer
einfacher elektronischer Regler ist nicht konkurrenzfähig, und
weiters haben Sicherheit und Zuverlässigkeit nicht den hohen
Ansprüchen genügt, denn obwohl sich die Qualität elektronischer Bauelemente in den letzten Jahren wesentlich gesteigert
hat, wird man auch in Zukunft mit Ausfällen zu rechnen haben.
Man muß daher nach neuen Konzepten suchen, die nicht nur bei
Hardware-Defekten Unfälle verhindern, sondern auch einen Not-
betrieb ermöglichen.

Dabei scheint die Aufgabenstellung relativ einfach zu sein:
Nach Betätigung des Starters sorgt der Regler für die richtige
Zumessung der Startmehrmenge, die nach Anspringen des Motors
zum Leerlaufpunkt reduziert wird. Bei nicht betätigtem Fahrpedal hält der Regler die Leerlaufdrehzahl konstant, während
bei betätigtem Fahrpedal die Regelstange der Einspritzanlage
unter Beachtung vorgegebener Grenzwerte für Menge und Drehzahl
in Abhängigkeit von der Pedalstellung positioniert wird. Der
Regler ist ein Motorenbestandteil, dessen Parameter während
der gesamten Motoren- bzw. Fahrzeugentwicklung vom Anwender
selbst ohne Mithilfe des Reglerherstellers und auch bei laufendem Motor verändert werden können. Die Aufgabe war es daher auch, dem Benützer ein Gerät zur Verfügung zu stellen, das
ihm eine komfortable und sichere Kommunikation mit dem Reglersystem gestattet.

2 Das Systemkonzept

Das neue Konzept basiert auf einer leistungsfähigen, fehler-
toleranten Multi-Mikrocomputer-Architektur, bestehend aus 2
bis 4 Hochleistungs-Mikrocomputern der 3. Generation und einem
separaten Parameterspeicher. Die Aufgaben sind auf die
einzelnen Computer verteilt und können deshalb simultan ausgeführt werden, was die Rechenleistung gegenüber Ein-Com-
puter-Systemen erheblich steigert. Die Mikrocomputer kontrollieren sich gegenseitig, obgleich sie verschiedene Funktionen
durchführen. Jede Abweichung vom Normalverhalten wird entweder korrigiert, oder, wenn dies nicht möglich ist, wird die
Notabstellung ausgelöst. Die Notabstellvorrichtung kann von
jedem der Computer unabhängig von den anderen aktiviert
werden. Die Kommunikation der Mikrocomputer untereinander sowie mit dem Parameterspeicher erfolgt über einen fehler-
sicheren Spezialbus.

Eines der grundsätzlichen Ziele war die Entwicklung eines einheitlichen Dieselmotorreglers für eine Vielfalt von Motoren
und Fahrzeugen. Deshalb sind alle motor- und fahrzeugspezi-
fischen Parameter und Kennlinien in einem steckbaren Para-
meterspeichermodul untergebracht. Im Falle eines Defektes
eines Reglers wird der Parameterspeicher aus dem betroffenen
Gerät herausgezogen und in das Ersatzgerät gesteckt. Dies ist
die einzige Methode, mit der garantiert werden kann, daß das
Fahrzeug anschließend mit den richtigen Daten weiterfährt.

Die Motordrehzahl als wichtigste Eingangsgröße des elektronischen Reglers wird von 2 unabhängigen Quellen gemessen
und ständig verglichen. Bei Ausfall einer Quelle bleibt die
Funktion des Reglers aufrechterhalten. Motorenwerte wie Gaspedalstellung, Ladedruck, Temperaturen, etc. werden von ver-
schiedenartigen Sensoren gemessen. Im neuen Konzept werden
über die gesamte Lebensdauer des Gerätes und über den gesamten

TABELLE 1: FUNKTIONEN VON REGLER (RG) UND DIALOGCOMPUTER (DC)

```
+===========================================================+==+==+
! **FUNKTIONSBESCHREIBUNG (PARAMETER)                       !RG!DC!
+===========================================================+==+==+
! **PARAMETERSATZVERWALTUNG (INHALTSVERZ./BEARBEITEN/       ! !JA!
!   LÖSCHEN/SPEICHERN/HOLEN/SENDEN/DRUCKEN/KOPIEREN)        ! ! !
! **ALLGEMEINE MOTORDATEN (DREHZAHLMESSUNG/AUFLADUNG)       !JA!JA!
! **STARTMENGENTABELLE (MOTORTEMPERATUR)                    !JA!JA!
! **LEERLAUFREGELUNG (MOTORTEMPERATUR/REGELPARAMETER)       !JA!JA!
! **FAHRPEDALKENNFELD/ENDABREGELUNG (DREHZAHL/MENGE)        !JA!JA!
! **VOLLASTMENGENBEGRENZUNG (LUFT-/LADEDRUCK/DREH-          !JA!JA!
!   ZAHL/KRAFTSTOFFTEMPERATUR/ANSAUGLUFTTEMPERATUR)         ! ! !
! **ABGASRÜCKFÜHRUNGSSTEUERUNG (AGR-VENTIL/DROSSEL-         !JA!JA!
!   KLAPPE/DREHZAHL/MENGE/MOTORTEMPERATUR)                  ! ! !
! **SENSORDATENVERWALTUNG/BEARBEITUNG (FAHRPEDAL/LA-        !JA!JA!
!   DEDRUCK/MOTOR-/KRAFTSTOFF-/ANSAUGLUFTTEMPERATUR)        ! ! !
! **ECHTZEITDATENANZEIGE (DREHZAHL/MENGE/LADEDRUCK/         ! !JA!
!   FAHRPEDAL/MOTOR-/KRAFTSTOFF-/ANSAUGLUFTTEMPERA-         ! ! !
!   TUR/AGR-VENTILPOSITION/DROSSELKLAPPENPOSITION)          ! ! !
! **SONDERFUNKTIONEN (DATUM/UHRZEIT/SERVICE)                ! !JA!
! **FEHLERANZEIGE (ANZEIGELAMPE AM ARMATURENBRETT)          !JA! !
! **FEHLERDIAGNOSE (ANGABE VON FEHLER UND FEHLERORT)        ! !JA!
+===========================================================+==+==+
```

Temperaturbereich Meßfehler seitens der Elektronik sowie auch Exemplarstreuungen eliminiert, sodaß als restlicher Meßfehler nur mehr die Alterung verbleibt.

Als Stellglied dient ein Schrittmotor mit angebautem, absolut anzeigendem und fehlersicherem Rückmelder, der über eine mechanische Kupplung mit der Regelstange der Einspritzvorrichtung verbunden ist. Er wird von einem der Mikrocomputer über eine innovative, kostengünstige und verlustleistungsarme Elektronik angesteuert. Diese Ansteuerelektronik ist unempfindlich gegen Kurzschluß und Unterbrechung, bei Überlastung schaltet sie sich selbsttätig ab.

Die Zuverlässigkeit des elektronischen Reglers wird dadurch erhöht, daß einmal die Anzahl der Bauelemente minimiert wird, und gleichzeitig deren Betriebstemperatur so niedrig wie möglich gehalten wird. Bei Überschreiten einer Innentemperatur von 110 Grad Celsius wird dem Motor beispielsweise langsam die Kraftstoffmenge reduziert, sodaß der Fahrer Gelegenheit hat, den Wagen an den Straßenrand zu fahren. Die Störung wird durch eine Blinklampe angezeigt, nach Abkühlen erlischt die Lampe und es kann wieder gestartet werden.

Das Grundmodell des elektronischen Reglers führt die Einspritzmengenregelung durch. Die Elektronik für zusätzliche Funktionen wie Abgasrückführung, Fahrgeschwindigkeitsregelung und Motordatenanzeige ist auf einer 2. Platine im selben Gehäuse untergebracht. Ein Blockdiagramm des gesamten Motormanagementsystems ist in Abb.1 dargestellt, die einzelnen Komponenten sind in Abb.2 zu sehen. Die Funktionen des Systems sind in Tab.1 zusammengefaßt.

TABELLE 2: INHALT EINES DIESELMOTORPARAMETERSATZES (ÜBERBLICK)

FUNKTION	PARAMETER BEZIEHUNGSWEISE SUBFUNKTION
ALLGEMEINE MOTORDATEN	ZYLINDERZAHL*)/ZÄHNEZAHL AM SCHWUNGRAD*)/ MAX.STARTERDREHZAHL*)/NENNDREHZAHL*)/NOTAB- STELLDREHZAHL*)/VERHÄLTNIS MOTORDREHZAHL ZU LICHTMASCHINENFREQUENZ*)
STARTMENGE	
LEERLAUF-REGELUNG	LEERLAUFTABELLE/NULLFÖRDERKENNLINIE*)/ LEERLAUFREGELPARAMETER*)
VOLLAST-BEGRENZUNG	SAUGMOTOR/AUFGELADENER MOTOR/LUFT-/LADE- DRUCK/KRAFTSTOFF-/ANSAUGLUFTTEMPERATUR
FAHRPEDAL/ENDABREGELUNG	FAHRPEDALKENNFELD/FAHRGESCHWINDIGKEITS- REGELUNG
SENSORDATEN	FAHRPEDAL*)/LADEDRUCK*)/MOTOR-*)/KRAFT- STOFF-*)/ANSAUGLUFTTEMPERATUR*)
ABGASRÜCK-FÜHRUNG	AGR-VENTILSTEUERKENNFELD MIT TEMPERATUR- KORREKTUR/DROSSELKLAPPENSTEUERKENNFELD MIT TEMPERATURKORREKTUR

*)KRITISCHER MOTORPARAMETER

3 Der Dialogcomputer

Die Eigenschaften und das Verhalten von Dieselmotoren werden durch eine Anzahl von Parametern und Kennlinien bestimmt, die im oben erwähnten Parameterspeicher untergebracht sind. Für die optimale Abstimmung des Motorverhaltens müssen diese Daten während der gesamten Motoren- und Fahrzeugentwicklungsphase verfügbar und leicht änderbar sein. Dazu wurde ein tragbarer Dialogcomputer entwickelt, der mit dem elektronischen Regler über eine serielle Schnittstelle verbunden ist (siehe auch Abb.2).

Der Dialogcomputer zeigt die Motorparameter und -daten in einer dem Motorenentwickler vertrauten Form auf einem Farbgraphik-Bildschirm an (siehe als Beispiel Abb.5). Der Benutzer wird durch einen leicht erlernbaren, in Form eines hierarchischen Menübaumes organisierten Dialog geführt. Durch Auswahl des entsprechenden Menüs wird auf einen gewünschten Parameter zugegriffen. Über die Tastatur können sodann mit Hilfe eines komfortablen Texteditors individuelle Parameterwerte geändert und zum Regler gesandt werden; die Änderungen sind sogar bei laufendem Motor möglich. Da unüberlegte Parameteränderungen ein nicht vorhersagbares Motorverhalten verursachen können, wird jede Änderung vom Dialogcomputer sorgfältig auf Plausibilität und Verträglichkeit mit den übrigen Parametern geprüft; nur sinnvolle Parameter werden akzeptiert (siehe dazu auch Tab.3).

Der Inhalt eines Parametersatzes ist in Tab.2 und in den Abb.3 und 4 dargestellt. Kritische Motorparameter wie Nenndrehzahl oder Notabstelldrehzahl werden vor Veränderung durch unbefugte Personen geschützt. Sie können nur unter Verwendung eines Schlüssels geändert werden.

Die Gesamtheit aller Parameter und Kennlinien eines Motors wird Parametersatz genannt. Der Dialogcomputer kann eine große Anzahl von Parametersätzen abspeichern und verwalten. Dadurch können einerseits verschiedene Testparameter archiviert werden, andererseits können auf diese Weise Parametersätze für eine Testserie vorbereitet werden. Für Protokoll-

TABELLE 3: PLAUSIBILITÄTSPRÜFUNGEN UND FEHLERDIAGNOSE

FUNKTION	PLAUSIBILITÄTSCHECKS				FEHLERDIAGNOSE		
	STAT	DYNAM	KREUZ	TREND	INFO	WARNUNG	FEHLER
PARAMETER-SATZVERW.					JA	JA	JA
ALLGEMEINE MOTORDATEN	JA	JA	JA		JA	JA	JA
STARTMENGE	JA			JA		JA	JA
LEERLAUF	JA	JA					JA
FAHRPEDAL	JA	JA	JA	JA		JA	JA
VOLLAST	JA	JA	JA	JA		JA	JA
AGR	JA	JA				JA	JA
SENSOREN	JA					JA	JA
ECHTZEIT-DATEN							JA

zwecke können sowohl einzelne Parameter wie auch gesamte Parametersätze auf einem externen Drucker ausgedruckt werden.

Neben der Änderung von Motorparametern und -kennlinien ermög-
licht der Dialogcomputer aucn die Anzeige von momentanen
Motorbetriebswerten wie Drehzahl, Gaspedalstellung, Ladedruck,
Temperaturen, Regelstangenposition, Abgasrückführrate, usw.,
sowie von Fehlermeldungen des Reglersystems (siehe dazu auch
Tab.3).

4 Anwendungen

Die VAA hat das beschriebene Dieselmotormanagementsystem seit
Oktober 1985 in insgesamt 23 verschiedenen Projekten eingesetzt. Die Anwendungen reichen vom PKW über Geländewagen bis
zum Bus und Schwer-LKW mit Reihenpumpe- oder Pumpedüse-Ein-
spritzsystemen. Die Erfahrungen zeigen, daß die Anpassung des
Reglersystems an den jeweiligen Anwendungsfall sehr rasch erfolgen kann und mit Hilfe des Dialogcomputers auch sehr einfach ist. Die Optimierung des Motordrenmomentverlaufes, der
Fanroedalcharakteristik oder der Abgasrückführrate erfordert
nur die Zeit, die notwendig ist, um die eingestellten Parameter auf dem Motor- oder Rollenprüfstand zu überprüfen.

Abb.6 zeigt einen 2.3-Liter Dieselmotor mit Abgasturboaufladung, der als Versucnsträger für die bei der VAA entwickelten
Pumpe-Düsen in einem Opel Rekord eingebaut wurde. Das dazuge-
hörende Mengenkennfeld mit Fahrpedalcharakteristik, Startmen-
genanhebung und Ladedruckbearbeitung ist in Abb.7 dargestellt.
Zwei Daimler-Benz 300D mit (Abb.8) und ohne Aufladung (Abb.9)
dienen als eigene Dauerversuchsfahrzeuge für das Reglersystem.
Abb.8 zeigt den Motorraum mit dem im Abstand von etwa 30 cm
vom Motor eingebauten Regler. Die bisherigen Erfahrungen zei-

```
TABELLE 4: ANWENDUNGEN DES VAA-DIESELMOTOR-MANAGEMENTSYSTEMS
+====+============+=========+==============================+
!PRO-!EINSPRITZUNG!ANWENDUNG ! BEMERKUNGEN: PKW/LKW/BUS/AGR/ !
!JEKT+------+-----+-----+----+ TUR=TURBOLADER/TEM=TEMPOMAT/  !
!AN- !REIHEN!PUMPE!PRÜF !FAHR! AUT=AUTOMATIKGETRIEBE/        !
!ZAHL!PUMPE !DÜSE !STAND!ZEUG! ADZ=ALLDREHZAHLREGLER         !
+====+======+=====+=====+====+==============================+
! 5  !      !     ! X ! X !   ! PKW/TUR                      !
! 1  !      !     ! X ! X !   ! PKW/TUR/AGR                  !
! 2  !      !     ! X !   ! X ! PKW/TUR/AGR                  !
! 1  !      !     ! X !   ! X ! PKW/TUR/TEM                  !
! 2  !      !     ! X !   ! X ! PKW/TUR/AGR/AUT              !
! 1  ! X    !     !   ! X !   ! BUS/TUR/ADZ                  !
! 2  ! X    !     !   ! X !   ! LKW/TUR                      !
! 2  ! X    !     !   ! X !   ! LKW/TUR/ADZ                  !
! 1  ! X    !     !   !   ! X ! PKW                          !
! 1  ! X    !     !   !   ! X ! PKW/TUR/AUT/TEM              !
! 2  ! X    !     !   !   ! X ! LKW/TUR (1 IN VORBEREITUNG)  !
! 1  ! X    !     !   !   ! X ! LKW/TUR/ADZ                  !
! 1  ! X    !     !   !   ! X ! LKW/TUR/TEM (IN VORBEREITUNG)!
! 1  ! X    !     !   !   ! X ! BUS/LKW/TUR/ADZ              !
+----+------+-----+-----+----+------------------------------+
!ZUS.!      !     !     !    ! 12 PKW/ 9 LKW/ 2 BUS/ 5 AGR/  !
! 23 ! 12   ! 11  ! 11  ! 12 ! 22 TUR/ 3 AUT/ 5 ADZ/ 3 TEM   !
+====+======+=====+=====+====+==============================+
```

gen, daß das Gerät weder von den hohen Umgebungstemperaturen
noch von den Erschütterungen oder der aggressiven Atmosphäre
(Salzsprühnebel im Winter) in seinen Funktionen beeinträchtigt
wurde. Zwei Schwer-LKW´s aus dem VA-Fahrzeugpool wurden ebenfalls mit dem Reglersystem ausgestattet und versehen seit über
einem Jahr ihren Dienst ohne Ausfall. Das Kaltstartverhalten
beider Fahrzeuge war auch im letzten Winter bei Temperaturen
unter -25 Grad Celsius einwandfrei.

Kunden setzen unser Reglersystem hauptsächlich als Hilfsmittel
für die Motoren- und Fahrzeugentwicklung ein. Bei den Anwendungen für direkteinspritzende Dieselmotoren mit Pumpe-Düsen
handelt es sich in allen Fällen um Anlagen mit Abgasrückfüh-
rungsregelung (lagegeregelte Drosselklappe und AGR-Ventil).
Andere Anwendungen sind Busse und LKWs mit stufenlosen und
herkömmlichen Getrieben. Eine Übersicht ist in Tab.4 zu finden.

5   Zukünftige Entwicklungen

Das Reglersystem führt mit seinen 3 Mikrocomputern eine Vielzahl von Regel- und Steueraufgaben durch. Der bisher noch
frei gebliebene 4. Computer wird für spezielle Kundenwünsche,
wie z.B. die Steuerung von Automatikgetrieben, reserviert.
Die Dialogcomputer-Software ist auf CP/M-Systemen, auf
VAX-Computern und auf IBM-PCs und kompatiblen Rechnern lauffähig. Geplant ist noch die graphische Ausgabe aller Kennlinien in 2- und 3-dimensionaler Darstellung sowie die Bearbeitung neuer Regelungsfunktionen.

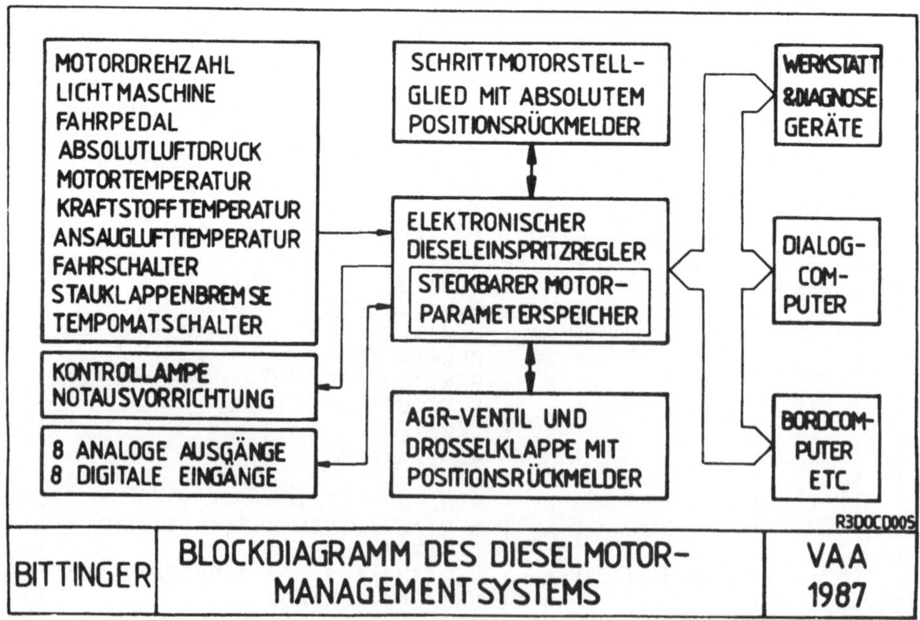

Abb.1: Blockdiagramm des elektronischen Dieselmotormanagementsystems für Pumpe-Düsemotoren der 1. Generation und Reihenpumpen

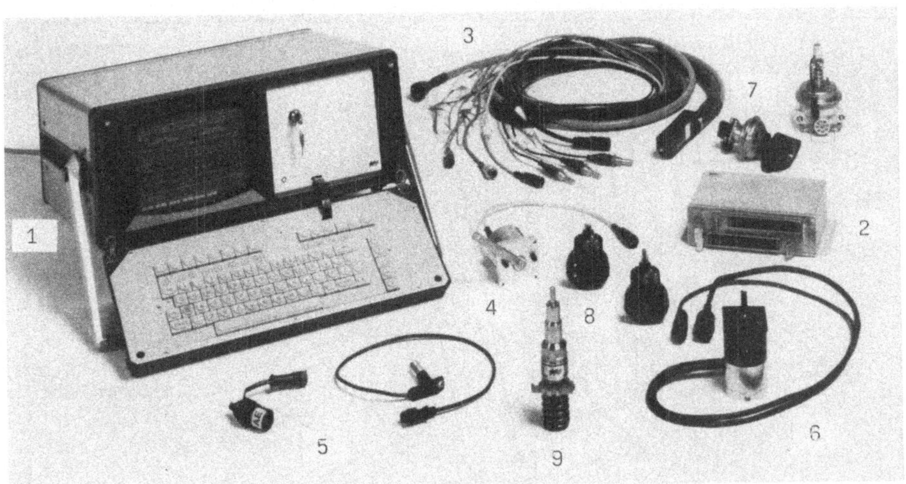

Abb.2: VAA Dieselmotormanagementsystem für Reihenpumpen und
Pumpe-Düsen

1 Dialogcomputer
2 Elektronischer Regler Typ 3
3 Kabelbaum mit Temperatur-
  sensoren
4 Fahrpedalsensor

5 Motordrehzahlsensoren
6 Mengenstellglied
7 AGR-Ventil, Drosselklappe
8 Druckwandler AGR-Steuerung
9 VAA Pumpe-Düse PD1

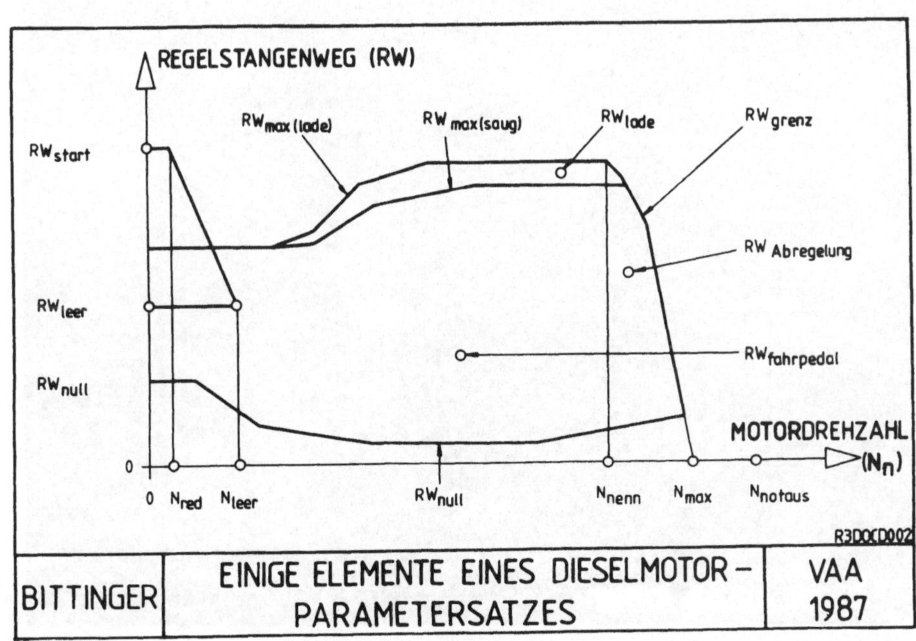

Abb.3: Einige Elemente eines Dieselmotorparametersatzes (Einspritzmengenregelung)

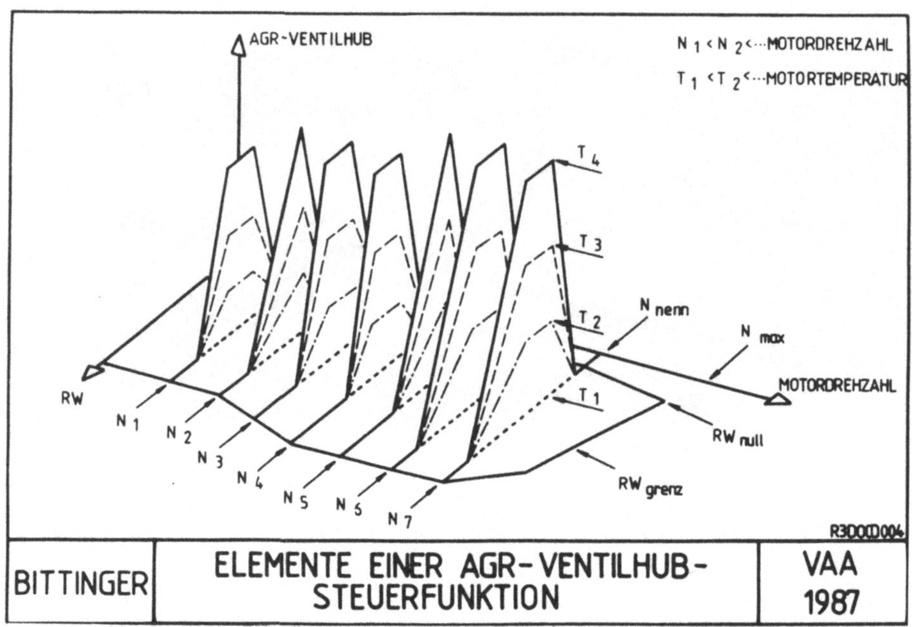

Abb.4: Elemente einer AGR-Ventilhubsteuerungsfunktion (Abgas-
rückfünrungsregelung)

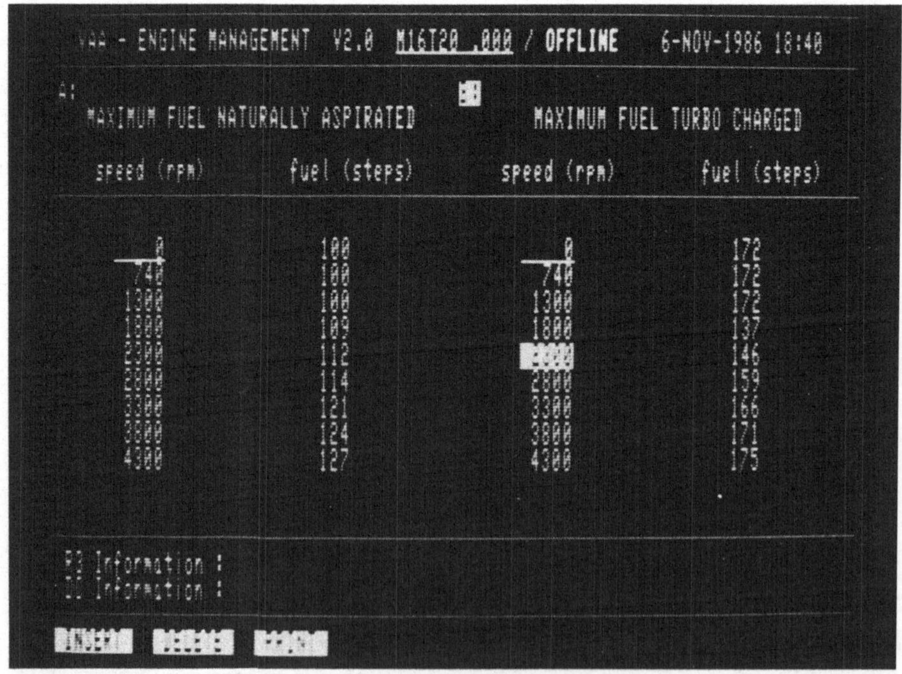

Abb.5: Vollastmengenbegrenzung eines aufgeladenen Motors für
Saugbetrieb (links) und Ladebetrieb (rechts)

Abb.6: 2.3L Pumpe-Düse-Motor mit Abgasturboaufladung (Opel Rekord)

Abb.8: Elektronischer Regler im Motorraum eines DB 300D mit Abgasturboaufladung

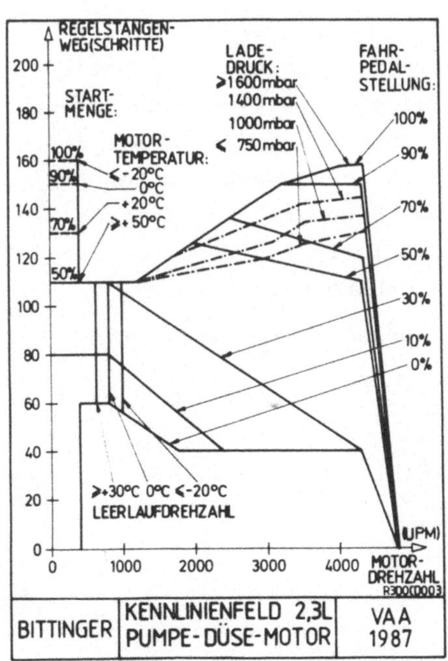

Abb.7: Mengenkennfeld des Versuchsfahrzeuges mit 2.3L Pumpe-Düse-Motor

Abb.9: DB 300D mit Saugmotor für Reglersystemdauertest

Die Verwendung der "ODER"-Verknüpfung im Fehlerbaum zur
Berechnung der Sicherheit.

B. Dejneka

Bundesversuchs- und Forschungsanstalt Arsenal
1030 Wien, Franz Grillstr. 3

ZUSAMMENFASSUNG:

In der Zuverlässigkeitsanalyse werden u.a. die logischen Verknüpfungen "ODER" und "EXODER" verwendet.
Die Frage ist: könnte man, um die Analyse zu vereinfachen, nur eine der beiden Verknüpfungen verwenden?
Es werden die Auswertungsergebnisse für beide Verknüpfungen in Abhängigkeit von den möglichen Ein-
gangssituationen gegenübergestellt. Diese Ergebnisse
zeigen, daß eine Vereinfachung unzulässig ist.

Eine der Zuverlässigkeitsanalyseverfahren ist die sogenannte
Fehlerbaumanalyse. Diese ist vielfach international und national
genormt (IEC, ÖNORM, VDE, u.s.w.). Bei der Fehlerbaumanalyse geht
man von den möglichen Fehlerursachen aus und errechnet die Wahrscheinlichkeit des TOP-Ereignisses (d.h. des unerwünschten Ereignisses). Die Ereignisse, die zu einer Unverfügbarkeit des
Systems führen, kann man mit Hilfe von logischen Symbolen darstellen und miteinander in einem Fehlerbaum verknüpfen.

Eines der Symbole ist die ODER-Verknüpfung zweier Ereignisse
A und B:

$$C = A \vee B \quad W(C) = W(A) + W(B) - W(A \wedge B) \qquad (1)$$

wobei W(C) : Wahrscheinlichkeit des Zustandekommens des Ereignisses C;

W(A) : Wahrscheinlichkeit des Zustandekommens des Ereignisses A,

W(B) : Wahrscheinlichkeit des Zustandekommens des Ereignisses B;

W(A∧B):Wahrscheinlichkeit des Zustandekommens des Durch-
schnittes der Ereignisse A und B.

Sind die Ereignisse A und B unabhängig so ergibt sich der Ausdruck (1) als

$$W(C) = W(A) + W(B) - W(A) \cdot W(B) \tag{2}$$

Sollten sich aber die Ereignisse A und B gegenseitig ausschließen wäre eine EXODER-Verknüpfung anzuwenden, wobei die
Wahrscheinlichkeit des Eintreten des Ereignisses C durch

$$W(C) = W(A) + W(B) \tag{3}$$

gegeben ist.

Es stellt sich in dieser Analysephase eine Frage: könnte man
sich nicht, um die Fehlerbaumanalyse zu vereinfachen (Kosten-
frage bei umfangreicheren Arbeiten), nur für eine Art ODER-Verknüpfung entscheiden? Und wenn "ja", welche von diesen beiden
wird das Ergebnis zur sicheren Seite verändern?

Um die Frage zu beantworten wurden die Ausgangsfunktionen der
beiden Verknüpfungen verglichen, wobei die Eingangsfunktionen
in beiden Fällen die gleichen waren. Beschreiben die Eingangsfunktionen $W_A(t)$ und $W_B(t)$ die einzelnen Bauelemente, so sind
sie die Überlebens- oder Ausfallswahrscheinlichkeitsfunktion
des Elementes und erfüllen die Bedingung:

$$0 \leqslant W_A(t) \leqslant 1 \qquad \text{und} \qquad 0 \leqslant W_B(t) \leqslant 1 \tag{4a,4b}$$

Die Eingangsfunktionen haben folgende Form:

$$W_A(t) = a_1 + a_2 \cdot e^{-\lambda_1 \cdot t} \tag{5}$$

$$W_B(t) = b_1 + b_2 \cdot e^{-\lambda_2 \cdot t} \tag{6}$$

wobei $0 \leqslant a_i \leqslant 1$; $\quad 0 \leqslant b_i \leqslant 1$; $\quad 0 \leqslant \lambda_i \leqslant 1$;
und entweder I: $a_1 = -a_2$, $b_1 = -b_2$

oder II: $a_1 = 1 - a_2$, $b_1 = 1 - b_2$

Hier ist angemommen worden, daß der zeitliche Verlauf der Ausfallrate der einzelnen Elemente eine Badewannekurve bildet, dh.

sich aus drei charakteristischen Phasen zusammensetzt:

- Phase der Frühausfälle (Materialschwäche, Qualitätsschwankungen in der Fertigung),
- Phase der Ausfälle mit konstanter Ausfallrate $\lambda(t) = \lambda$ (zufällige Ausfälle),
- Phase der Verschleißausfälle (Alterung, Abnutzung, Ermüdung),

und daß sich die Elemente in der zweiten Phase befinden.

Die Ausgangsfunktionen haben folgende Form:

   a) ODER-Gatter

$$W_C(t) = W_A(t) + W_B(t) - W_A(t) \cdot W_B(t)$$

Untersuchen wir sie:

$$W_A(t) + W_B(t) - W_A(t) \cdot W_B(t) \leqslant 1$$

$$W_A(t) \cdot \left[1 - W_B(t) \right] \leqslant 1 - W_b(t)$$

$$W_A(t) \leqslant 1 \quad \text{was die Voraussetzung war,}$$

und auch

$$W_A(t) + W_B(t) - W_A(t) \cdot W_B(t) \geqslant 0$$

$$W_A(t) \cdot \left[1 - W_B(t) \right] \geqslant - W_B(t)$$

$$W_A(t) \geqslant - \frac{W_B(t)}{1 - W_B(t)}$$

weil gilt $\dfrac{W_B(t)}{1 - W_B(t)} \geqslant 0$ das heißt $W_A(t) \geqslant 0$ was wieder

die Voraussetzung war. Also die Ausgangsfunktion erfüllt die Bedingung

$$0 \leqslant W_C(t) \leqslant 1$$

solange nur die Eingangsfunktionen $W_A(t)$ und $W_B(t)$ die Wahrscheinlichkeitsfunktionen aus dem Bereich $[0;1]$ sind. Das gilt für eine beliebige Stelle des Fehlerbaumes.

   b) EXODER-Gatter

$$W_C(t) = W_A(t) + W_B(t)$$

Weil die Ereignisse A und B die Teilmengen einer Grundmenge Ω sind und sich gegenseitig ausschließen gilt:

$$0 \leqslant W_A(t) + W_B(t) \leqslant W_\Omega(t) = 1$$

das heißt

$$0 \leqslant W_C(t) \leqslant 1$$

wobei $W_\Omega(t)$ die Wahrscheinlichkeitsfunktion des sicheren Ereignisses ist.

In beiden Fällen haben wir an jeder Stelle des Fehlerbaumes mit Wahrscheinlichkeitsfunktionen des Zustandekommens eines Ereignisses, das an genau dieser Stelle beschrieben ist, zu tun.

Die Ereignisse, die mittels ODER-Verknüpfung miteinander verbunden sind, sind einerseits unabhängig, andererseits vereinbar oder nicht vereinbar. Verwendet man für alle Ereignisse nur die ODER-Verknüpfung, so wird gelten:

$$W_C(t)\Big|_{\overline{ODER}} = W_A(t) + W_B(t) - W_A(t) \cdot W_B(t)$$

Für die vereinbaren Ereignisse wird gelten:

$$W_C(t)\Big|_{ODER}^{ODER} = W_C(t)\Big|_{\overline{ODER}} \qquad \text{was richtig ist.}$$

Für die unvereinbaren Ereignisse wird gelten:

$$W_C(t)\Big|_{EXODER}^{EXODER} = W_C(t)\Big|_{ODER}^{EXODER} - W_A(t) \cdot W_B(t) \qquad \text{was auf der}$$

falschen Seite liegt, dh. die Wahrscheinlichkeit $W_C(t)$ wird kleiner sein als sie in Wirklichkeit ist.

Verwendet man im Fehlerbaum nur die EXODER-Verknüpfung so wird gelten:

$$W_C(t)\Big|_{EXODER}^{\overline{}} = W_A(t) + W_B(t)$$

Für die vereinbaren Ereignisse gilt:

$$W_C(t)\Big|_{EXODER}^{ODER} = W_C(t)\Big|_{ODER}^{ODER} + W_A(t) \cdot W_B(t) \qquad \text{was wieder} > 1 \text{ sein}$$
$$\text{kann.}$$

Für unvereinbare Ereignisse gilt:

$$W_C(t)\Big|_{EXODER}^{EXODER} = W_C(t)\Big|_{EXODER}^{\overline{}} \qquad \text{was richtig ist.}$$

wobei: $W_C(t)\Big|_{L}^{P}$ — die Wahrscheinlichkeitsfunktion des Ausgangsereignisses der Verknüpfung P beschrieben mit der Formel der Verknüpfung L.

Das Ersetzen der ODER-Verknüpfung durch die EXODER-Verknüpfung bewirkt, daß der Wert $W_C(t) > 1$ sein könnte, dh. der Ausdruck $W_C(t)$ wird keine Wahrscheinlichkeit mehr darstellen. Im anderen Fall, wenn die EXODER-Verknüpfung durch ODER-Verknüpfung ersetzt wird, kann das Resultat sehr wohl die Wahrscheinlichkeitsfunktion darstellen, wobei der Wert dieser Funktion kleiner als derjenige der ursprünglichen wird. Da es sich um die Wahrscheinlichkeit des TOP-Ereignisses handelt, ist das Resultat auf der unsicheren Seite.

Man soll also bei der Erstellung des Fehlerbaumes die logischen Verknüpfungen wirklichkeitsgetreu verwenden.

Literatur

1. IEC TC 56, 56 (secretariat) 192, Fault tree analysis. Dec.1984
2. ÖNORM A 9010. Ereignisablaufanalyse: Ereignisablaufdiagram, Methoden und Bildzeichen. August 1984
3. ÖNORM A 9011. Ereignisablaufanalyse: Auswertung des Ereignisablaufdiagramms mit Hilfe der Wahrscheinlichkeitsrechnung. Dezember 1984
4. ÖNORM A 9012. Fehlerbaumanalyse: Methode und Bildzeichen. März 1982
5. ÖNORM A 9013, Fehlerbaumanalyse: Auswertung des Fehlerbaumes mit Hilfe der Wahrscheinlichkeitsrechnung. Entwurf Dezember 1984
6. DIN 25 424. Fehlerbaumanalyse: Methoden und Bildzeichen. Juni 1977

BETRACHTUNGEN ZUR SICHERHEIT UND ZUVERLÄSSIGKEIT VON
INDIVIDUALWARNANLAGEN

G. List

Bundesversuchs- und Forschungsanstalt Arsenal
1030 Wien,

ZUSAMMENFASSUNG:

Eine Individualwarnanlage, ein System zur rechtzeitigen Warnung
vor Zugfahrten von allen im Gefahrenbereich von Gleisen tätigen
Arbeitskräften, wird derzeit im Auftrag des ORE (Forschungs- und
Versuchsamt des internationalen Eisenbahnverbandes) entwickelt.
Die Anforderungen an die Sicherheit und Zuverlässigkeit der
Anlagenhardware und die verwendete Funkübertragung werden im
Hinblick auf die Sicherheits- und Zuverlässigkeitsprüfung dar-
gestellt.

Im Rahmen des ORE-Ausschusses A 158[1] befindet sich derzeit ein
System zur individuellen Warnung von Gleisarbeitern vor heran-
nahenden Zügen in Entwicklung /1/, /2/. Die Entwicklung dieses
Systems ist eine Fortführung der Arbeiten des seinerzeitigen
ORE-Ausschusses A 124[2], welcher sich mit der kollektiven
Warnung von Gleisarbeitern beschäftigte. Bei kollektiver Warnung
werden akustische Warnverfahren eingesetzt, welche sehr hohe
Schalldruckpegel (z.B. Tyfone mit ca. 125dB(A)) verwenden um
die ohnehin schon hohen Störgeräuschpegel (z.B. verursacht durch
Gleisstopfmaschinen) aus Sicherheitsgründen zu übersteigen.
Dies stellt natürlich für die Arbeitskräfte und betroffenen

---

1) A 158 ist ein Expertenkomitee des Forschungs- und Versuchs-
   amtes (ORE) des Internationalen Eisenbahnverbandes (UIC), das
   sich mit der Frage "Systeme zur individuellen Warnung von
   Personen im Gleisbereich" beschäftigt.

2) A 124 war ein Expertenkomitee des ORE, das sich mit der Frage
   "Automatische Warnung von Arbeitsrotten" beschäftigte.

Anwohner eine enorme Lärmbelästigung dar. Eine Individualwarnanlage (z.B. Warnung durch in einen Gehörschutz eingebauten
Signalgeber) würde diese Belästigung vermeiden. Die Entwicklung
einer solchen Anlage mußte bis jetzt aus technischen Gründen
(geforderte Sicherheit nicht erreichbar, unzumutbare Handhabung..)
zurückgestellt werden. Erst in jüngster Zeit konnten durch die
Verwendung der Mikroelektronik, insbesondere der Ein-Chip-Mikro-
prozessoren Fortschritte auf dem Gebiet der Miniaturisierung
der Systemkomponenten erreicht werden, wodurch die Anlage vor-
aussichtlich erfolgreich entwickelt werden kann.

Das Prinzip solch einer Individualwarnanlage (IWA) ist aufgrund
der natürlich notwendigen Bewegungsfreiheit der Arbeiter eine
Funkübertragung der Warninformation zwischen einem Warnsender WS
und dem vom Arbeiter dauernd getragenen Individualwarngerät(IWG).
Die IWA wird beim praktischen Einsatz in vielen Fällen von einer
Zugankündigungsanlage (AKA), welche ein sich dem Arbeitsbereich
näherndes Schienenfahrzeug detektiert und dem Warnsender meldet,
ergänzt. Das Blockschaltbild des Individualwarnsystems, bestehend
aus AKA und IWA ist in Abb. 1 dargestellt.

Wie jedes System mit Verantwortung für Menschenleben hat auch
dieses den sicherheitstechnischen Anforderungen der Bahnverwaltungen zu genügen, dh. das System muß innere und äußere
Störungen erfassen und bewirken, daß es in einen "sicheren"
Zustand geführt wird, im speziellen hier eine Warnung abgibt.
Gleichermaßen ist die Forderung nach angemessener Zuverlässigkeit auch wichtig, da oftmalige Ausfälle in die "sichere" Richtung
die eigentliche Sicherheitswirkung beeinträchtigen können. Im
folgenden werden Forderungen an die Sicherheit und Zuverlässigkeit der Anlage hinsichtlich der Hardware und der Funkübertragung
betrachtet, deren Erfüllung durch die Sicherheitsprüfung bestätigt
werden soll.

Die Anforderungen an die __Hardware__ (für zahlenmäßige Festlegungen
der Sicherheit und Zuverlässigkeit) gehen von folgenden Voraussetzungen aus:
- Der Zeitraum zwischen gefährlichen Situationen, die direkt
  einem Anlagenausfall zuzuschreiben sind, ist 100 Jahre.
- Aufgrund der Elektronik wird kein Unterschied zwischen Einsatzdauer und Lagerungsdauer gemacht, womit 1 Jahr 365 Tage zu
  24 Stunden hat.

- Der Abstand für Zuverlässigkeitsausfälle ist 4 Monate.

Mit diesen Voraussetzungen ergibt sich die Anzahl von zulässigen Gefährdungen pro Stunde als

$$G(F_{System}) = 1,14.10^{-6} \text{ Gefährdung/h}$$

Unter der Berücksichtigung, daß 100 Warnsysteme in Verwendung stehen, der Ausfall für jedes der 100 Warnsysteme gleichwahrscheinlich ist und das System aus je einer AKA und IWA besteht, deren Ausfälle grundsätzlich gleich angenommen werden müssen, ergibt sich als maximal zulässige Anzahl von Gefährdungen pro Stunde für eine IWA

$$G(F_{IWA}) = 5,7 \cdot 10^{-9} \text{ Gef./h}$$

Analoge Betrachtungen liefern die Wahrscheinlichkeit für einen sicherheitsgefährdenden Ausfall des Warnsenders (WS) bzw. des Individualwarngerätes (IWG), wobei allerdings zu berücksichtigen ist, daß der Ausfall des WS n Personen gefährdet, während der Ausfall des IWG 1 Person gefährdet. Mit obigen Voraussetzungen kann analog zur Sicherheitsberechnung die Anforderung an die Zuverlässigkeitsausfallrate berechnet werden, welche sich ergibt als

$$\overline{Z}(IWA) = 1,74.10^{-4} \text{ Ausfälle /h}$$

In dieser Zuverlässigkeitsausfallrate sind sowohl die Hardwareausfälle als auch Störungen enthalten, welche durch äußere Einflüsse (z.B. Fehler in der Datenübertragung) entstehen können.

Die Anforderungen an die Restfehlerrate bei der <u>Informationsübertragung</u> lassen sich aus folgenden Kriterien ableiten:
- Ausfalloffenbarungszeit des Individualwarnsystems T_{IWA}
  (< 3 Sekunden)
- Übertragungsgeschwindigkeit
- Anzahl der zulässigen Telegrammübertragungen w_1 innerhalb der Ausfalloffenbarungszeit T_{IWA}

Eine Gefährdung durch Verfälschung der Information liegt nun vor wenn ein sicherheitsgefährdend verfälschtes Telegramm öfters als w_1-mal empfangen wird, wobei die Verfälschung nicht erkannt wird bzw. die Ausfalloffenbarungszeit überschritten wurde. Mit dem oben errechneten Wert für Gefährdungen pro Stunde $G(F_{IWA})$, der Tatsache, daß für die IWA, wenn sie mit der AKA ein System bildet, die Ausfalloffenbarungszeit um 50% verkürzt wird (für die AKA ist eine gleich lange Ausfalloffenbarungszeit zulässig) ergibt sich

für die Gefährdung pro Telegramm und somit die "Telegrammrest-
fehlerrate"

$$G\ (\text{Tel}) < G\ (\text{IWA}) \cdot T_{IWA}$$

und bei W_1-maliger zulässiger Übertragung

$$G\ (\text{Tel}) < \sqrt[W_1]{G\ (\text{IWA}) \cdot T_{IWA}} \quad \text{bzw.}$$

$$G\ (\text{tel}) < \sqrt[W_1]{1,6 \cdot 10^{-12} \cdot 1,5}$$

Bei der Betrachtung der Zuverlässigkeit ist zu beachten, daß
ein Alarm aus folgenden Gründen gegeben werden kann:
1. Es kann keine Information innerhalb der Offenbarungszeit
   T_{IWA} dekodiert werden (erkannte Fehler).
2. Es wird ein einzelnes Telegramm so verfälscht, daß eine
   falsche Zugwarnung gegeben wird.
Die Abschätzungen nach 1. und 2. ergeben

$$\overline{Z}_1\ (\text{Tel}) = \sqrt[W_2]{\overline{Z}\ (\text{IWA}) \cdot T_{IWA}} = \sqrt[W_2]{4,8 \cdot 10^{-8} \cdot 1,5}$$

mit W_2 als Anzahl der zulässigen Telegrammübertragungen und

$$\overline{Z}_2\ (\text{Tel}) = Z\ (\text{IWA}) \cdot \frac{1}{k} = 4,8 \cdot 10^{-8} \cdot \frac{1}{k}$$

mit k als Anzahl von Telegrammen pro Sekunde.
Da im allgemeinen $W_2 > 1$ gilt, ist die Forderung $\overline{Z}_2$ schärfer als
die Forderung $\overline{Z}_1$.

Diese oben genannten Anforderungen an die Individualwarnanlage
wurden vom ORE-Ausschuß A 158 in das Pflichtenheft für die Entwicklung aufgenommen und bilden dementsprechend die Grundlage
für die Sicherheits- und Zuverlässigkeitsprüfung. Diese kann
aufgrund der derzeit weit fortgeschrittenen Entwicklung bereits
Ende des Jahres begonnen werden. Anschließend wird die Anlage
einer Sicherheitserprobung bei mehreren Bahnverwaltungen unterzogen, wobei nicht nur die Sicherheit der Anlage erprobt wird
sondern vor allem auch die Ergonomie und Akzeptanz. Abschließend
bleibt zu hoffen, daß aus dieser Entwicklung sowohl eine sichere
als auch gut verwendbare Anlage hervorgeht, welche nicht nur den
Arbeitern die Arbeitswelt verbessert sondern auch die Umgebung
vom Lärm der störenden kollektiven Warnung befreit.

Literatur:

/1/ ORE A 158 Bericht Nr.2: Pflichtenheft für Systeme zur
    individuellen Warnung von Personen im Gleisbereich,
    ORE, Utrecht 1984

/2/ L. Lengemann, H. Stein: Die Individualwarnanlage IWA - Ein
    sicheres und umweltfreundliches Warnsystem für Personen
    im Gleisbereich, Der Eisenbahningenieur, Heft 2/87,
    Tetzlaff Verlag GmbH, Darmstadt

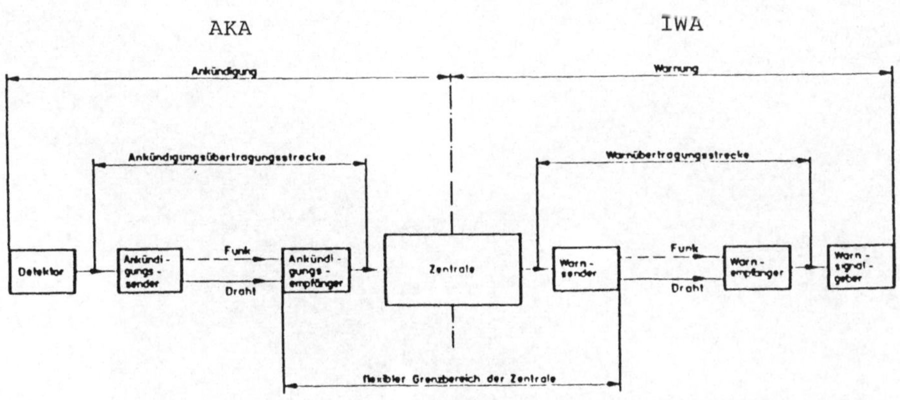

Abb. 1: Blockschaltbild des Individualwarnsystems

KAPSCH
Nachrichtentechnik und Datentechnik –
Technik, die Menschen verbindet
Technologie und
Forschung –
unsere Stärke
KAPSCH

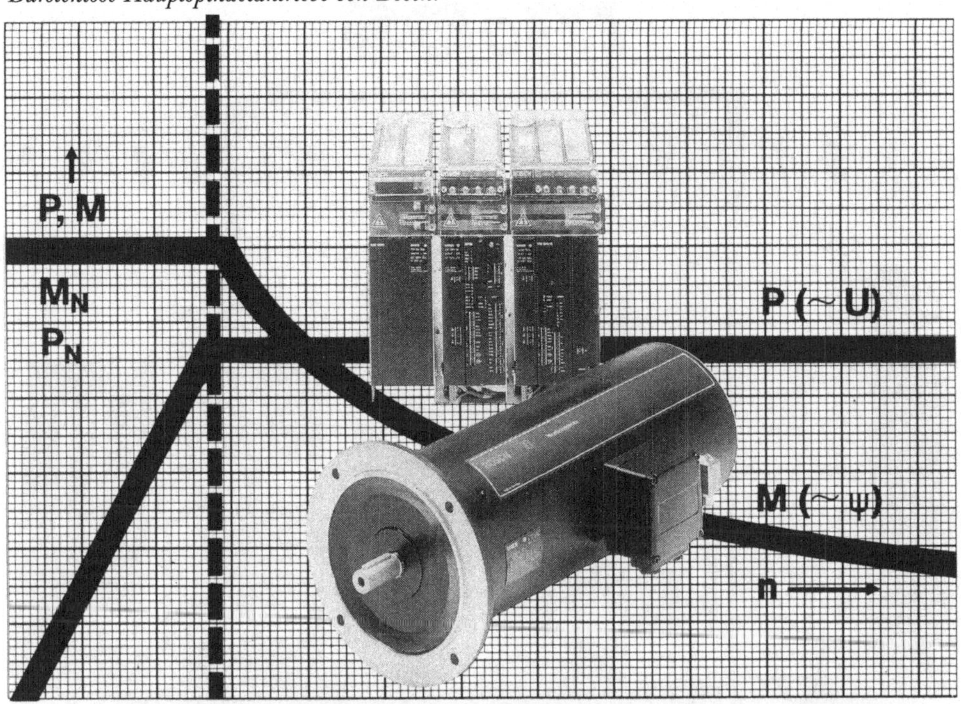

Das Antriebsprogramm nach Maß.
Bosch-Servodyn.

Neue Fertigungsverfahren sind ganz wesentlich von der Reaktion und Präzision der Maschinen abhängig. Diese werden von der Qualität der Antriebe in hohem Maße bestimmt.

Der bürstenlose, mikroprozessorgeregelte Asynchronmotor hat seine Leistungsfähigkeit in der Praxis längst bewiesen. Durch seine einfache Konstruktion erfüllt der Spindelmotor die gestellten Anforderungen an Wartungsfreiheit und Überlastfähigkeit in allen Betriebszuständen. Seine geschlossene Bauweise garantiert die Schutzart IP 54.

Der integrierte Inkrementalgeber bringt die hohe Drehzahlgenauigkeit. Konstante Leistung zwischen 1500 und 6000 min^{-1} im Leistungsbereich zwischen 3,5 und 37 kW ist gewährleistet.

Das modulare Bosch-Servodyn-Umrichterkonzept stellt ein technisch und wirtschaftlich ausgereiftes System dar. Die modulare Bauweise – ein Versorgungsmodul und mehrere achsbezogene Regelmodule – ermöglicht Ihnen uneingeschränkte Flexibilität. Ein Diagnosebaustein signalisiert verschiedene Betriebszustände über Leuchtdioden oder eine Schnittstelle zur SPS. Das verkürzt die Stillstandszeiten.

ROBERT BOSCH AKTIENGESELLSCHAFT
Hüttenbrennergasse 5, 1030 Wien,
Tel. 78 01-0, Telex 131638

BOSCH
Flexible Automation

Eins ist sicher.

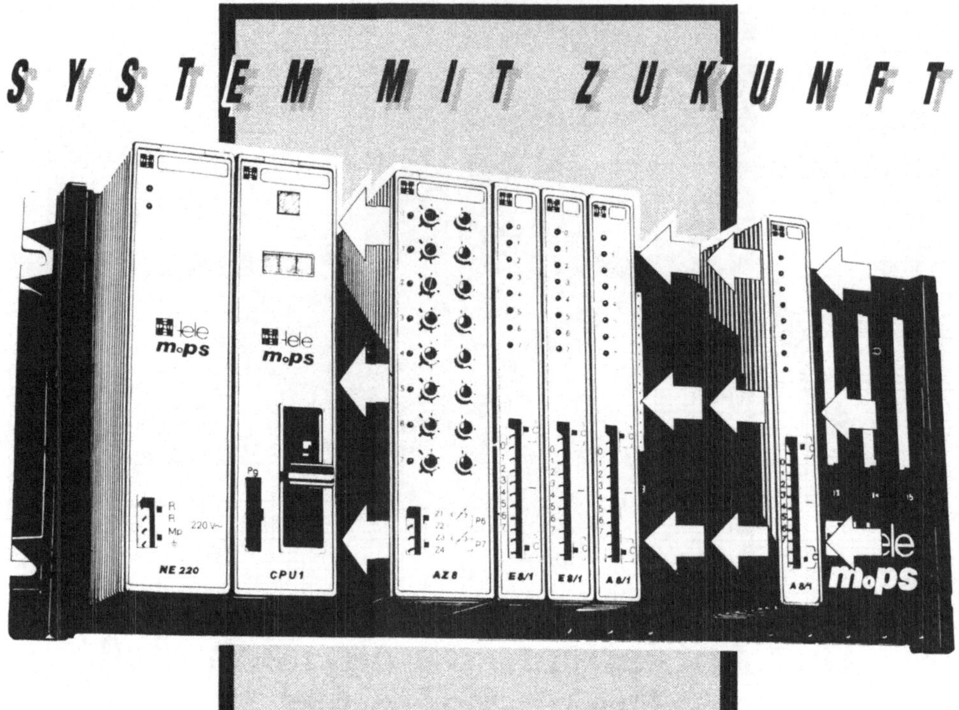

Einfach
● geringer Verdrahtungs- und Montageaufwand ● einfache Programmierung

Problemlos
● steckbare Schraubklemmen wie in konventioneller Technik ● Programmänderungen ohne Lösung der Verdrahtung

Störungssicher
● galvanische Trennung bei Ein- und Ausgängen ● Kurzschluß- und Überlastungsschutz, Verpolungsschutz ● geschlossene Baugruppen in C-MOS-Technik

Anpassungsfähig
● von 8 Ein-/Aus- bis 128 (256) Ein-/Ausgänge modular erweiterbar ● jede kundenspezifische Konfiguration möglich ● große Anzahl von Sondermodulen, z. B. Analog Ein-/Ausgänge, schnelle Zählkarte, serielles Interface für Computer usw.

TH 3a/87

tele ✠ haase

Ihr Spezialist in der Steuerungstechnik.

Tele-Haase Steuergeräte Ges.m.b.H.

A-1151 **Wien**, Haidmannsgasse 4, Telefon (0 22 2) 83 36 28-0, Telex 132236
A-8053 **Graz**, Kärntnerstraße 87, Telefon (0316) 27 33 57
A-4614 **Marchtrenk**, Linzer Straße 95, Telefon (0 72 43) 24 42
A-6800 **Feldkirch**, Amberggasse 10, Telefon (0 55 22) 27 8 05, Telex 52316 bglig a
A-6020 **Innsbruck**, Innrain 15, Telefon (0 52 22) 31 163

1. Themenkreis

"TECHNOLOGIE UND ZUVERLÄSSIGKEIT VON BAUTEILEN UND SYSTEMEN"

Leitung:

Univ.-Prof. Dr. H. Pötzl
Univ.-Prof. Dipl.-Ing. Dr. W. Fallmann
Oberrat Dipl.-Ing. F. Oismüller
Dr. J. Binner

EINSATZ BIPOLARER TRANSISTOREN IN CMOS-OPERATIONSVERSTÄRKERN

A.Gauby

Austria Mikrosysteme International GmbH
Schloß Premstätten
8141 Unterpremstätten

Zusammenfassung:
Durch den Einsatz bipolarer Transistoren in der Eingangsstufe
kann die Eingangsoffsetspannung von CMOS-Operationsverstärkern
wesentlich reduziert werden. Dabei kommen Vertikal- und Lateraltransistoren, die in CMOS-Technologie realisiert werden
können, zum Einsatz.

Textbeginn der Mitteilung:
Der Vorteil einer äußerst großen Integrationsdichte bei sehr
kleinem Stromverbrauch hat zu einer weiten Verbreitung der
CMOS-Technologie geführt. Dieser hohe Integrationsgrad macht
es sinnvoll, komplette Analog-Digitalsysteme auf einem Chip zu
implementieren. Ein Schlüsselelement für analoge Schaltkreise
stellt der Operationsverstärker dar. Bei seiner Realisierung
in CMOS-Technologie sind einige wesentliche Unterschiede zur
traditionellen bipolaren Schaltungstechnik zu beachten.

Hier werden zuerst die für den analogen Schaltungsentwurf
wichtigen Unterschiede zwischen bipolaren Transistoren und
Feldeffekttransistoren erläutert und die Auswirkungen am Beispiel der Eingangsoffsetspannung eines Operationsverstärkers
erklärt. Anschließend werden die Möglichkeiten wie Bipolartransistoren in CMOS-Technologie aufgebaut werden können,
vorgestellt und schließlich wird die Eingangsstufe eines
realisierten CMOS-OPAMP mit bipolaren Eingangstransistoren
beschrieben.

1) Vergleich zwischen Bipolartransistoren und MOSFETs

Der gravierendste Unterschied ist in Abb.1 zu erkennen. Die bipolare Transistorsteilheit

$$g_{mbip} = I_c / U_T$$

ist proportional dem Kollektorstrom, während die FET-Steilheit

$$g_{mFET} = 2 \cdot \sqrt{K_P' \cdot (W/L) \cdot I_D}$$

nur der Quadratwurzel des Drainstromes proportional ist und außerdem eine Funktion der Geometrie ist.

U_T .... Temperaturspannung (ca. 25mV bei Raumt.)

K_P' .... Übertragungsleitwert (A/V^2)

(W/L) ..... MOSFET-Geometrie

Die Folge dieser Zusammenhänge ist, daß die maximale Spannungsverstärkung pro Einzeltransistor g_m/g_a im Bipolartransistor für typisch angewandte Geometrien und Arbeitspunkteinstellungen 10 bis 40 mal höher ist als beim MOSFET.

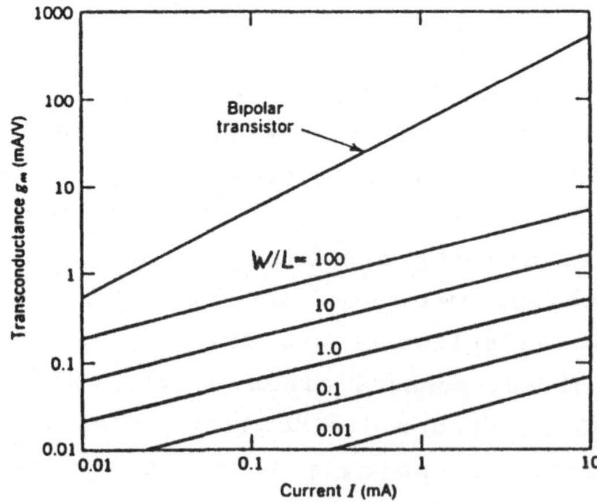

Abb. 1) Transistorsteilheit

Es gilt näherungsweise:

$$(g_m/g_a)_{bip} = U_a/U_T$$

Dies ist ein konstanter Wert und

$$(g_m/g_a)_{FET} = 2L(U_{GS} - U_{th}) \cdot (dx_d/dU_{DS})^{-1}$$

ein Wert der stark vom Arbeitspunkt und von der Transistor-
geometrie abhängt.

U_a .... Earlyspannung (ca. 100V)
U_{th} ... Schwellenspannung
U_{GS} ... Gate-Source-Spannung
U_{DS} ... Drain-Source-Spannung
x_d ... Weite der Verarmungszone zwischen Kanalende und
Drain

2) Einfluß auf die Offsetspannung von Operationsverstärkern

Die Eingangsoffsetspannung des OPAMP setzt sich aus zwei Anteilen zusammen, dem systematischen Offset und dem zufälligen
Offset /1/. Ersterer hängt vom Design ab und existiert auch,
wenn alle Transistorpaare in der Differenzverstärkerstufe
vollkommen identisch sind. In bipolarer Technologie hängt der
systematische Offset, wegen der vergleichsweise großen
Verstärkung pro Verstärkerstufe (ca.500) hauptsächlich vom
Design der Eingangsstufe ab. Im CMOS-OPAMP können auch die
Offsets der Stromspiegel und der Offset der zweiten Verstärkerstufe eine wichtige Rolle spielen.

Der zufällige Offset entsteht, da es nicht möglich ist, per-
fekt gepaarte Transistoren herzustellen. Zur Erklärung wird
der Einfachheit halber ein Differenzverstärker mit ohmschen
Lastwiderständen betrachtet (Abb.2).

Bei Abweichungen der Schaltungsparameter R, (W/L) und Uth
erhält man aus der Bedingung fOr V0 = 0, wenn R1.ID1 = R2.ID2
und unter Vernachlässigung von Termen höherer Ordnung:

$$U_{os} = \Delta U_{th} + \frac{I_D}{g_m} \cdot \left[\left(\frac{-\Delta R_L}{R_L} \right) - \left(\frac{\Delta (W/L)}{(W/L)} \right) \right]$$

Dieser Zusammenhang gilt auch im Fall von Bipolartransistoren.
Es entfällt aber der Term für Schwellenspannungsschwankungen.

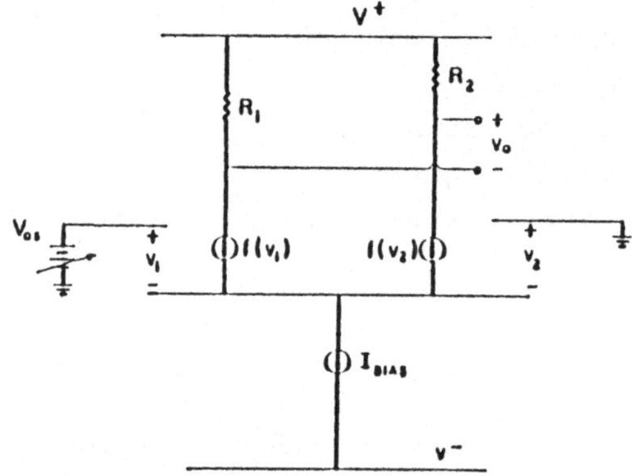

Abb. 2) Zur Entstehung des zufälligen Offset

Betrachtet man den Faktor (I/gm), so erhält man fOr den Bipolartransistor:

    Ic/gm = UT = 25mV bei Raumtemp.

und für den FET:

    Id/gm = (Ugs - Uth)/2

ein arbeitspunktabhängiger Faktor in der Größenordnung
zwischen 100 und 500 mV.

Die Folge ist eine wesentlich höhere zufällige Eingangsoffsetspannung als bei reinen CMOS-OPAMPs.

3) Bipolartransistoren in CMOS-Technologie

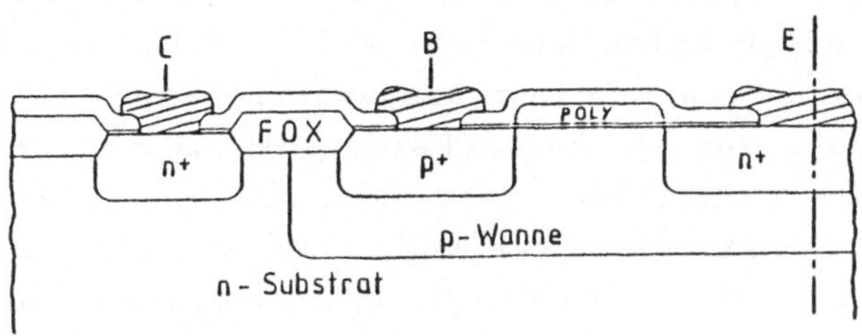

Abb. 3) Vertikaltransistor

Abb. 3 zeigt den Querschnitt durch den Vertikaltransistor, bei dem das Substrat als Kollektor verwendet wird. Sein größter Nachteil ist, daß er nur in Schaltungen verwendet werden kann, bei denen das Kollektorpotential auf positiver Versorgungsspannung liegt.

Um dies zu umgehen, kann man einen n-Kanal-Anreichungs-MOSFET als Lateraltransistor betreiben /2/. Im Querschnitt (Abb.4) ist auch der Ladungsträgertransport eingezeichnet. Man sieht, daß durch das Substrat ein parasitärer vertikaler Kollektorstrom IS fließt, der auch um etliches größer sein kann als der gewünschte laterale Kollektorstrom IC. Dennoch läßt sich eine laterale Stromverstärkung von ca. 100 erzielen. Das Gate erhält eine negative Vorspannung um die Minoritätsträger der Basis unter die Oberfläche zu drängen und damit rein bipolares Verhalten zu garantieren.

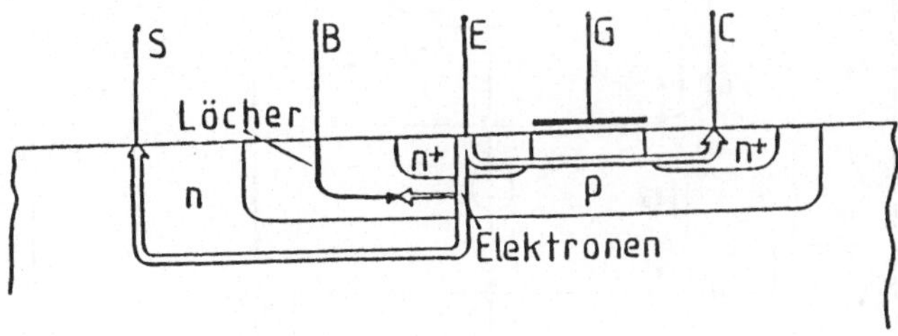

Abb.4) Lateraltransistor

4) CMOS-OPAMP mit bipolaren Eingangstransistoren

Abb.5 zeigt das vereinfachte Schaltbild der Eingangsstufe. Die Darlingtonkonfiguration aus Vertikal- und Lateraltransistor ermöglicht einen sehr kleinen Eingangsruhestrom. Ein besonderes Augenmerk muß auf die Arbeitspunkteinstellung gelegt werden, da das Verhältnis IS/IC beim Lateraltransistor von Chip zu Chip stark schwanken kann. Der Regelkreis mit dem Transistor Q1 sorgt dafür, daß IC unabhängig vom Verhältnis IS/IC konstant bleibt. Der Kollektorstrom IC hängt wegen des ausgeprägten Early-Effekts von Lateraltransistoren (Basisweitenmodulation) stark von der Kollektor-Emitterspannung ab. Daher ist der rechte Teil des Regelkreises identisch mit den Eingangstransistoren und direkt mit der Eingangsstufe gekoppelt. Der Early-Effekt bewirkt auch eine Verminderung der Gleichtaktunterdrückung. Daher ist die Kaskodeschaltung notwendig.

Mit dieser Anordnung läßt sich ein OPAMP mit kleiner Eingangsoffsetspannung (ca. 0.25mV) realisieren /3/. Auch die Offsetspannungsdrift ist kleiner als bei reinen CMOS-OPAMPS.

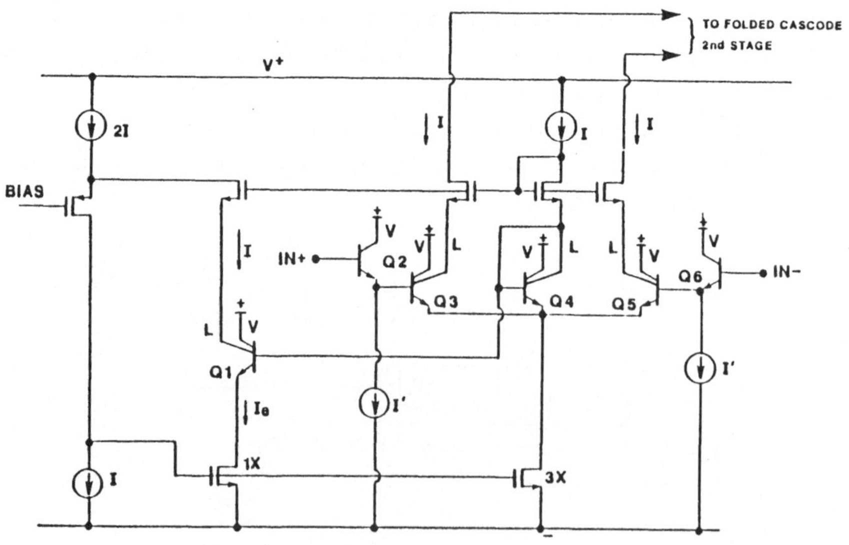

Abb.5) Eingangsstufe

Literatur:

1)   P.R. Gray, R.G. Meyer; MOS Operations Amplifier Design -
     A Tutorial Overview
     IEEE Journal of Solid-State Circuits; Dec. 1982

2)   E.A. Vittoz; MOS Transistors Operated in the Lateral
     Bipolar Mode and their Application in CMOS Technology;
     IEEE Journal of Solid-State Circuits; June 1983

3)   C.A. Laber, C.F. Rahim, S.F. Dreyer, G.T. Uehara, P.T.
     Kwok, P.R. Gray; Design Considerations for a High-
     Performance 3-um CMOS Analog Standard-Cell Library
     IEEE Journal of Solid-State Circuits; April 1987

HOCHGENAUE CMOS A/D-UMSETZER MIT 8 UND 10 BIT AUFLÖSUNG

M. Haas

Entwicklungszentrum für Mikroelektronik Ges.m.b.H. [*], Villach

[*] Ein Unternehmen der Siemens AG und der ÖIAG

ZUSAMMENFASSUNG

In einem Grundlagen- und Entwicklungsprogramm für hochauflösende
CMOS A/D-Umsetzer beginnend mit 8 Bit Auflösung entstanden bisher
2 Produkte, ein 8 Bit und ein 10 Bit A/D-Umsetzer.

Beide Produkte arbeiten nach dem Verfahren der sukzessiven Approximation mit gewichtetem C-Netzwerk.

Die Produkte, die Entwicklung und Realisierung sowie das Kapitel
Meß- und Prüftechnik werden im Folgendem kurz vorgestellt.

Die Ergebnisse aus diesen beiden Entwicklungen und den parallel
laufenden Grundlagenarbeiten bieten einen guten Ausblick für
A/D-Umsetzer noch höherer Auflösung.

Die Produkte

Die Bausteine SDA 0808 und SDA 0810 sind monolithische 8 bzw.
10 Bit A/D-Umsetzer in CMOS, mit 8 Kanal Analogmultiplexer und
einer einzigen 5 V Versorgung. Die beiden Bausteine sind zueinander pinkompatibel. Sie besitzen eine Mikroprozessorschnittstelle
mit 8 Bit Daten- und 3 Bit Adressbus. Eine Track & Hold Schaltung
wurde ebenso mitintegriert wie ein temperaturkompensierter differentieller Komparator mit Offsetkompensation.

Beide Produkte bedürfen keinerlei Abgleich- oder Justiermaßnah-
men, der größte Gesamtfehler (total unadjusted error) liegt unter
0,5 LSB.

Realisiert wurden diese Produkte in einem 3 µ CMOS Standardpro-
zess, bei Chipflächen von 6 bzw. 9 mm^2.

Die Spezifikation des größten Gesamtfehlers wird für den Temperaturbereich -40° C bis +125° C eingehalten.

Mit einer Umsetzrate von ca. 15 µs gehören sie zur Familie der Momentanwertumsetzer für den Bereich Messen, Steuern, Regeln. Ihr Einsatzschwerpunkt liegt im wesentlichen in industriellen Systemen, sowie im Automobil.

Eigenschaften der ADU

- 8 Bit Auflösung
- größter Gesamtfehler ± 1/2 LSB
- keine Codelücken
- Konvertierungszeit 15 µs
- eine 5 V Versorgungsspannung
- 8 Kanal Analogmultiplexer
- µP-Schnittstelle
- kein OFFSET- oder GAIN-Abgleich
- geringe Verlustleistung - CMOS
- Temperatur-Einsatzbereich von -40° C bis +125° C

Entwicklung und Realisierung

Die Umsetzung erfolgt nach dem Verfahren der sukzessiven Approximation. Die Bitgewichtung des Eingangsbereiches erfolgt nicht wie üblich mit R-Netzwerken, sondern über ein binärgewichtetes C-Netzwerk. Dieses Kapazitätsnetzwerk übernimmt auch die Track & Hold Funktion.

Bild 1: binärgewichtetes C-Netzwerk

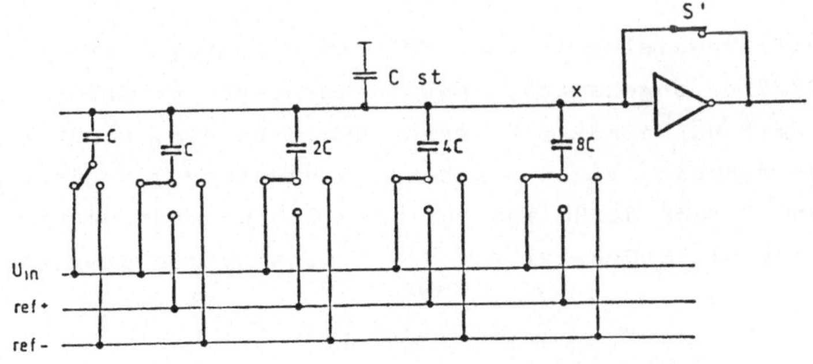

In beiden Produkten wird ein 8 Bit-C-Array verwendet, für 10 Bit
Auflösung wurde an dieses Netzwerk ein 2 Bit C-Netzwerk angekop-
pelt (Splitarraytechnik). Diese Technik bringt einen enormen
Flächenvorteil, da das C-Array für 10 Bit nur marginal größer
ist als das für 8 Bit. Der dafür in Kauf genommene Nachteil von
Streu-C Einflüssen wird beherrscht.

Bild 2: Flächenvergleich 8 und 10 Bit C-Array

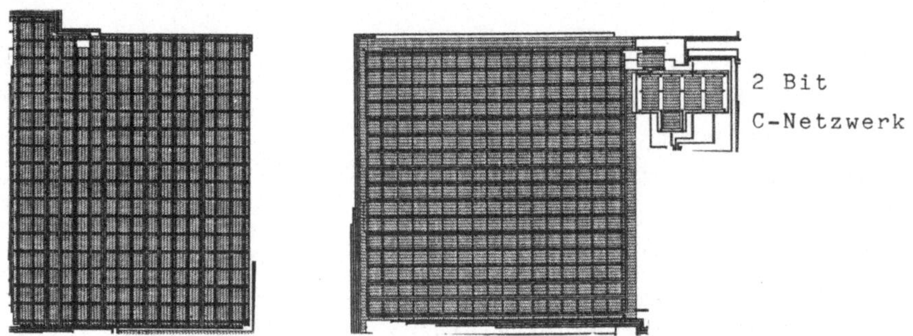

Besonderes Augenmerk in der Entwicklung wurde den Analogteilen
in Hinblick auf das Entwicklungsprogramm in Richtung 12 bis 16 Bit
Auflösung geschenkt. Dies spiegelt sich in der Leistungsfähigkeit
der Komparatoren wieder. Automatische Offsetkompensation, voll
differentieller vierstufiger Aufbau des Komparators mit Tempera-
turkompensation; Das sind nur einige Schlagworte von Schaltungs-
realisierungen, die alle im Komparator des 10 Bit A/D-Umsetzers
zum Einsatz kommen.

Die Auflösung des Komparators liegt unter 500 µV bei einer Einschwingzeit von weniger als 500 ns. Daraus resultiert die Ge-
samtumsetzzeit des 10 Bit ADUs von 15 us bei 1 MHz Taktfrequenz.

Das voll differenzielle Konzept für den Komparator wurde für verbesserte PSRR durchgehalten, insbesonders auch deshalb, da dieser
10 Bit ADU mit nur einer 5 V Versorgung arbeitet. Darüber hinaus
ist es auch denkbar, einen solchen A/D-Umsetzer mit einem µP zu
integrieren. Gerade dafür ist maximale Störunterdrückung anzustreben, da große Störpegel von den Digitalteilen eingekoppelt
werden.

Bild 3: Blockschaltbild des 10 Bit ADU

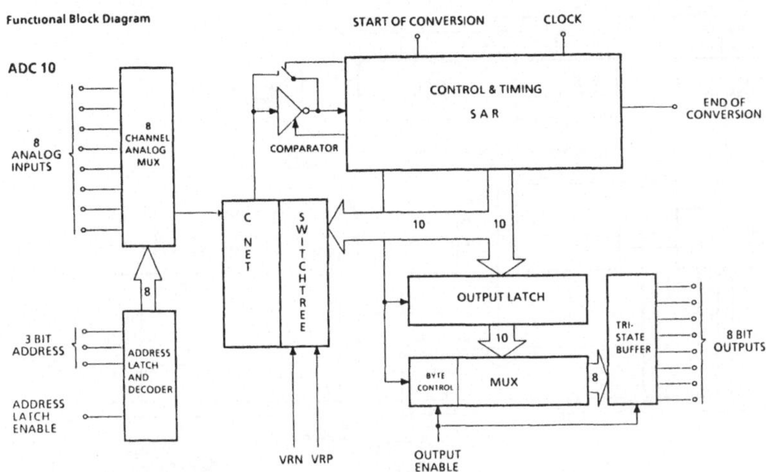

Das Blockschaltbild des 10 Bit A/D-Umsetzers unterscheidet sich vom 8 Bit A/D-Umsetzer nur durch den zusätzlich vorhandenen Datenmultiplexer und den BYTE-CONTROL Block. Die 10 Bit-Daten werden in 2 Bytes auf den Datenbus geschaltet. Zuerst kommt das höherwertige Byte (8 Bit) dann die beiden niederwertigsten Bits.

Mess- und Prüftechnik

Für A/D-Umsetzer gibt es verschiedene Meß- und Prüfmethoden. Für Wandler im mittelschnellen MSR Bereich beschränkt man sich im wesentlichen auf statische Tests. Auch hier gibt es unterschiedliche Verfahren wie z.B. Servoloop, Code Densitiy Test etc.

Die verschiedenen Methoden haben Vor- und Nachteile. Es liegt im Interesse eines IC Herstellers, den Bauteiletest möglichst umfangreich (Fehlerabdeckung) und möglichst zeitoptimiert durchzuführen. Diesen gegensätzlichen Forderungen Trade off wurde mit der sogenannten Direkt Methode Rechnung getragen. Ein hochgenauer D/A-Umsetzer (4 Bit höhere Auflösung als der Prüfling) stellt die Analogquelle dar. Die Fehler des A/D-Umsetzers (Totalfehler) werden digital durch Codevergleich (Sollcode D/A-Umsetzer und Istcode A/D-Umsetzer) direkt bestimmt. Diese Methode ist in weiten Bereichen automatisierbar und sowohl für Laborverhältnisse als auch im Prüffeld gut einsetzbar.

Bild 4: Labormeßkonzept

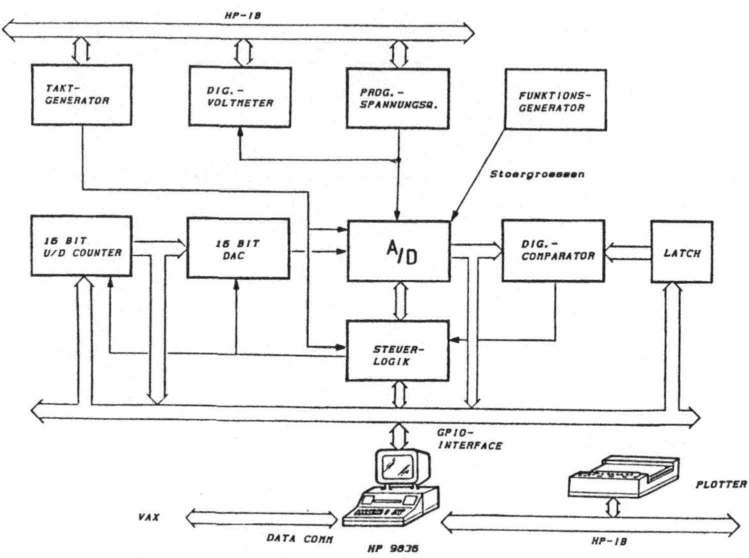

Unterschiedliche Anforderungen für Serienprüftechnik (Kosten)
und Labormeßtechnik (Präzision) führen zu getrennten Lösungen
mit einem gemeinsamen Kern. Diesen Kern stellt eine hochgenaue
Analogplatine mit entsprechendem D/A-Umsetzer und Referenzsig-
nal dar, die zwischen beiden Systemen (Großtester bzw. Labor-
meßplatz) austauschbar ist. Damit sind reproduzierbare Ergebnisse sichergestellt.

Bild 5: Meßergebnis 8 Bit ADU

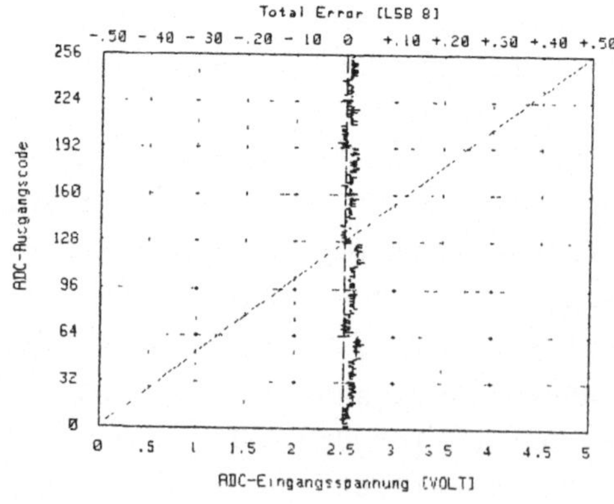

Tot. unadj. error	.04 Lsb (114)
Offset	.01 Lsb
Tot. error without offset	.03 Lsb

Bild 6: Meßergebnis 10 Bit ADU

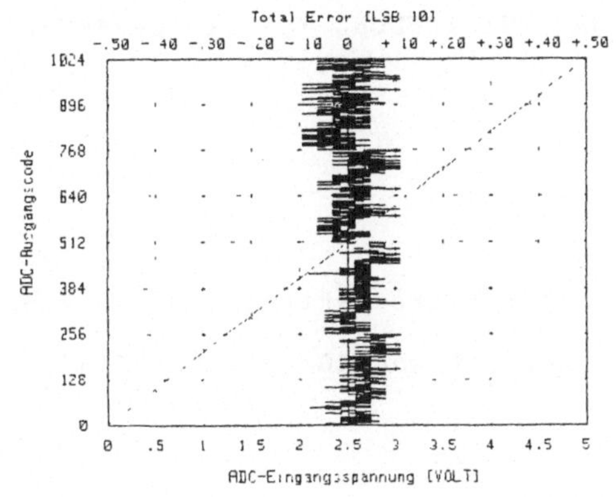

Tot. unadj. error	.11 Lsb (977)
Offset	.02 Lsb
Tot. error without offset	.09 Lsb

Ausblick

Die im Bild 5 u. 6 vorgestellten Ergebnisse zeigen, daß A/D-Um-
setzer bis 10 Bit Auflösung in der vorgestellten Technik in CMOS
gut realisierbar sind.

Der Ausblick auf Produkte noch höherer Auflösung 12 Bit und mehr
zeigt deutlich die Notwendigkeit von Korrektur- bzw. Justiermaß-
nahmen, um die geforderte Linearität zu erreichen. Klassische
Korrekturmethoden sind lasertrimmen bzw. fusen der linearitäts-
bestimmenden Strukturen. Neue Wege, diese Korrekturen durchzuführen, weisen auf selbstkorrigierende Verfahren hin. Verschiedene
Selbstkorrekturverfahren sind in letzter Zeit entwickelt worden.
Dabei werden die Korrekturwerte von Komponenten des A/D-Umsetzers
während einer Kalibrierphase selbst ermittelt. Diese Korrekturwerte werden dann im Zuge einer A/D-Umsetzung entsprechend berücksichtigt. Der Vorteil liegt in der jederzeit möglichen neuen
Kalibrierung des A/D-Umsetzers.

Die beiden vorgestellten Produkte sind das Ergebnis unseres
Grundlagen- und Entwicklungsprogrammes für hochauflösende A/D-Um-
setzer. Selbstkalibrierverfahren sind Bestandteile der weiterfüh-
renden Entwicklungsarbeiten für A/D-Umsetzer mit Auflösungen
größer als 10 Bit.

EINE CMOS-GATE ARRAY-ENTWICKLUNG FÜR DIE SPRACHVERSCHLEIERUNG IM MOBILTELEFON

Dorfer E.

Entwicklungszentrum für Mikroelektronik Ges.m.b.H. [*], Villach

[*] Ein Unternehmen der Siemens AG und der ÖIAG

ZUSAMMENFASSUNG

Im Entwicklungszentrum für Mikroelektronik in Villach wurde ausgehend von einem Logikplan auf Basis von MSI-/ SSI-Standardbau-
elementen ein 1K-CMOS-Gate Array für den Einsatz in einem Mobiltelefon entwickelt.

Anhand des Design-Ablaufs wird auf die Bedeutung der Zusammenarbeit zwischen dem Systementwickler als Kunden und dem IS (=inte-
grierter Schaltkreis)-Entwickler eingegangen.

1. Einleitung

Entscheidet sich ein Systementwickler aus Kosten-, Termin- oder
technischen Gründen für den Einsatz eines Gate Arrays, so ist
es nötig, bereits bei Projektbeginn eine definierte Schnittstelle zum ASIC-Anbieter (ASIC = Application Specific Integrated
Circuit) festzulegen /2/ (Abb. 1).

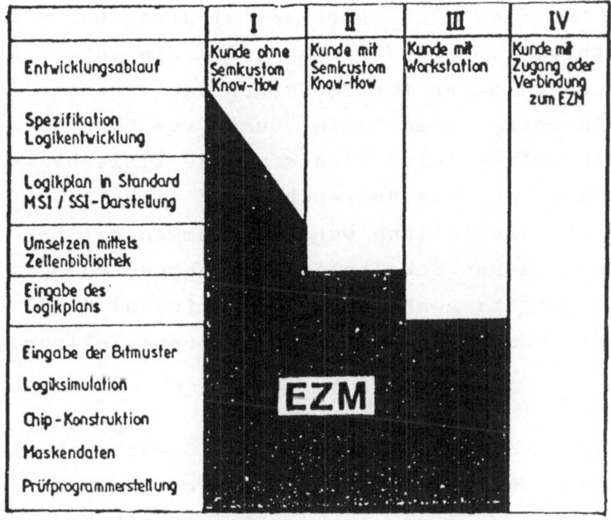

Abb. 1

Während sich beim Kunden mit ASIC-Erfahrung die Schnittstelle immer mehr in Richtung Fertigung verschiebt, sollte ein Kunde ohne spezifisches Know How bereits frühzeitig Kontakt mit dem Entwurfszentrum aufnehmen. Die begleitende Beratung in der Konzeptionsphase sichert die Integrierbarkeit der Schaltung und reduziert die Entwicklungszeit. Eine intensive Zusammenarbeit mit dem IS-Entwickler hilft dem Systementwickler die Lernkurve schneller zu durchlaufen.

Nach unserer Erfahrung besteht beim Kunden vor allem ein Erfahrungsdefizit beim Einsatz von Logiksimulationsprogrammen /2/. Aus diesem Grund soll im Folgenden näher auf die Logikverifikation eingegangen werden.

2. Designablauf

2.1 Logikentwicklung

Ausgangsbasis für diese Gate-Array-Entwicklung war ein handskiz-
zierter Schaltplan mit SSI/MSI-Standardbauelementen. Nachdem
sich der Systementwickler für CMOS (geringe Verlustleistung)
als Technologie entschieden hatte, wurde vom EZM (Entwicklungszentrum für Mikroelektronik) eine erste Realisierbarkeitsabschät-
zung durchgeführt, die die Verwendbarkeit eines 1K-Gate Arrays
ergab. Nach Auftragserteilung wurden zusammen mit dem Kunden
anhand eines präziseren Schaltplans und anhand von Timingdia-
grammen (eines bereits vorhandenen SMD-Aufbaus) Schaltungsde-
tails besprochen und auf Basis der Gate Array-Zellenbibliothek
aufbereitet.

Diese Schaltung wird im Mobiltelefon zur Sprachverschleierung
eingesetzt um unerwünschtes Mithören zu verhindern. Die Gesamtschaltung funktioniert nach einer weiterentwickelten Version
der Bandvertauschung. Das Gate Array besteht aus den logischen
Komplexen Mikroprozessor-Schnittstellen, Takterzeugung und Daten-
Scrambling bzw. Descrambling (Abb. 2).

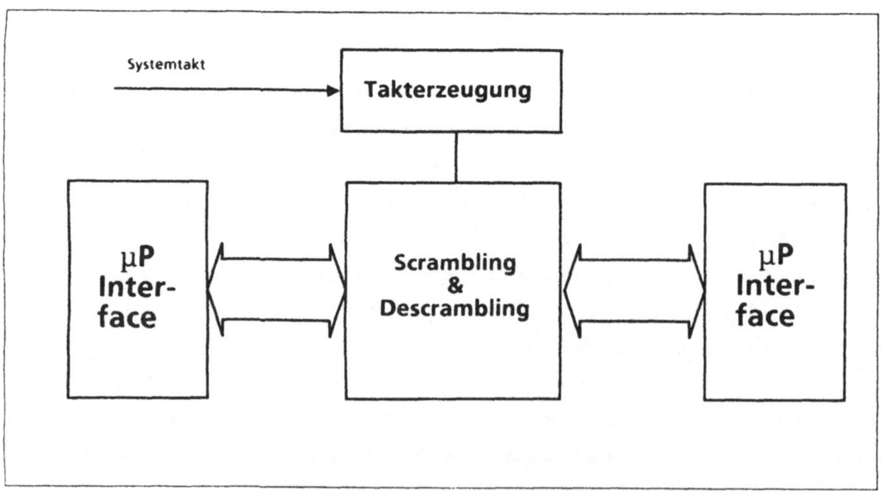

Abb. 2. Blockschaltbild des Gate Arrays

Aus Gründen eines weiteren wichtigen Entscheidungskriteriums
für ASIC's, des Ideenschutzes, kann hier nicht näher auf Schal-
tungsdetails eingegangen werden.

Nach Umsetzung der Schaltung auf die Bibliothekselemente und
Eingabe auf der Workstation werden die Netzlisten (Logikplanbe-
schreibung für Rechner) generiert und in die zentrale Datenhaltung eingebracht.

Eine Prüfbarkeitsanalyse durch automatische Kontrolle von bestimmten Regeln wie Beschränkung der sequentiellen Tiefe im Signalpfad,
keine Rückkopplungen in der Kombinatorik, u.ä. zeigte, daß keine
Schaltungsänderungen zur Verbesserung der Prüfbarkeit eingebracht
werden mußten.

2.2 Logikverfikation

Die Logiksimulation dient zur Überprüfung der Gesamtschaltung
oder von Teilen der Schaltung. Bis zum Vorliegen der fertigen
IS ist die Simulation die einzige Möglichkeit der Kontrolle, ob
das Zeitverhalten des Bausteins den Spezifikationen gerecht wird.
Ein Logiksimulator bietet eine wesentlich genauere Verifikation,
als sie die Untersuchung einer Flachbaugruppe ermöglicht /1/.
Abhängig von den Eigenschaften der verwendeten Elemente wird
aus einem zeitlichen Dateneingangsstrom ein zeitlicher Datenaus-
gangsstrom berechnet. Der Systementwickler muß in Zusammenarbeit
mit dem IS-Entwickler lernen, die berechneten Ergebnisse zu inter-
pretieren.

Die Eingangsbitmuster wurden vom Kunden in Form von Timing-Dia-
grammen und -Sequenzen zur Verfügung gestellt. Nach Umsetzung
auf das notwendige Eingabe-Format wird die Simulation mit dem
Logiksimulator SMILE durchgeführt. Neben einer Simulation mit
typischen, FAST- und SLOW-Zellenschaltzeiten bietet SMILE auch
die Möglichkeit des "Drehknopf-Prinzips" (prozentuale Änderung
der Zeiten).

Mit der SLOW-Bedingung soll nachgewiesen werden, daß die dynamischen Spezifikationen im Prinzip auch unter ungünstigen Randbedingungen erfüllbar sind. Die Verbindungen zwischen den Zellen auf
IS tragen durch Signallaufzeiten und Impulsformverflachungen

negativ zum dynamischen Gesamtverhalten bei. Aus diesem Grund
wird nach der Chipkonstruktion eine Laufzeitanalyse für die Verbindungsleitungen (resultierend aus Plazierung/Verdrahtung auf Grund
von RC-Netzwerken) und eine Resimulation unter Verwendung dieser
realen Sender-Empfänger-Laufzeiten durchgeführt. Unabhängig von
den Bedingungen, die die SLOW- und FAST-Werte der Zellenschaltzei-
ten bestimmen, unterliegen auch die Leitungslaufzeiten fertigungs-
technischen Schwankungen /1/.

Für die maximalen und minimalen Laufzeiten gilt:

$$T_{max} = K_{pmax} \times K_V \times K_T \times T_{Nom} = K_{WC} \times T_{Nom}$$

$$T_{min} = K_{pmin} \times K_V \times K_T \times T_{Nom} = K_{BC} \times T_{Nom}$$

mit K_p: Faktor der Prozeßbandbreite; min = 0.5; max = 1.5
K_V: Spannungsfaktor
K_T: Temperaturfaktor
T_{Nom}: Laufzeit bei 25° C und VDD = 5.0 V

Für die vom Anwender angegebenen Worst Case-Bedingungen von VDD
= 4.75 V und einer Temperatur von $+85^{o}$ C ergibt sich ein Faktor
von K_{WC} = 1.5 x 1.07 x 1.22 = 1.96.

Eine Worst Case-Simulation mit SLOW-Zellenschaltzeiten und maximalen Leitungslaufzeiten liefert Aussagen über zeitkritische
Pfade (zu große Verzögerungszeiten, Laufzeitunsymmetrien oder
nicht zeitgerechte Taktversorgung) unter Einbeziehung der Peripherie.

Die Prüfung der Simulationsergebnisse durch den Kunden mit Unterstützung des IS-Entwicklers zeigte Problembereiche unter Worst
Case-Bedingungen im Gesamtsystem auf, die durch den SMD-Aufbau
nicht erkannt wurden und Änderungen in der Systemlogik notwendig
machten.

Unmittelbar nach Freigabe der Schaltung durch den Kunden wurden
die Fertigungsdaten generiert und die Musterfertigung angestoßen.

Parallel dazu wurde die rechnerunterstützte Prüfprogrammerstel-
lung durchgeführt. Die Prüfbitmuster für die Funktionstests wur-

den vom Kunden geliefert und entsprachen im wesentlichen den Bit-
mustern der Logikverifikation, damit konnten die Worst Case-Bedingungen der Simulation auch am Testautomaten geprüft werden.
Nach der Prüfung des Gate Arrays auf der Scheibe und als Baustein
wurden die ersten Muster an den Kunden geliefert, wo sie zur
vollen Zufriedenheit im System funktionieren (Abb. 3.)

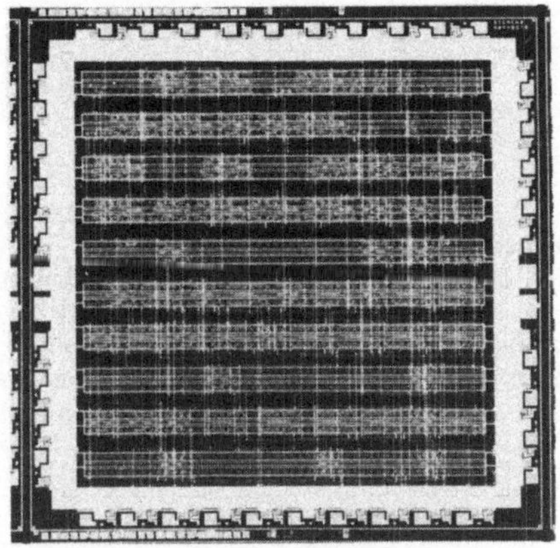

Literatur:

1. Hörbst, E., u.a.: VENUS, Entwurf von VLSI-Schaltungen, Springer-Verlag, Berlin-Heidelberg-New York-Tokyo, 1986.
2. Sandner, G., u.a.: Rechnergestützte Entwicklung von kundenspezifischen Schaltungen in CMOS- und Bipolar-Technologie,
   Mikroelektronik für den Menschen, Tagungsband 1, 11. - 13.9.84
   Johannes Kepler Universität Linz, S. 549-566

CMOS-STANDARDZELLEN IS-DESIGN ERWEITERT UM VOLLKUNDENSPEZIFISCHE MODULE

E. Oitzl

Entwicklungszentrum für Mikroelektronik Ges.m.b.H [*], Villach

[*] Ein Unternehmen der Siemens AG und ÖIAG

ZUSAMMENFASSUNG

Bei der Integration eines programmierbaren 32-Bit-Zählers ergaben sich durch die Forderung nach Pin- und Funktionskompatibilität zu einer vorhandenen LSI-Lösung zwei Problemkreise:

Spezielle Timing-Bedingungen und die Problematik hoher Schaltströme konnten durch Ergänzungen in einem Semicustom-Designablauf risikoarm und mit vertretbarem Aufwand realisiert werden.

1. Einleitung

Für die Entwicklung integrierter Schaltkreise stehen neben optimierenden Designverfahren für Standardbausteine Semicustom-Verfahren zur Verfügung, die durch Zellen- und Modul-Bibliotheken und speziellen CAD-Tools umfassende Unterstützung - ausgerichtet auf die Systementwicklung - bieten. Diese Designmethodik ist für kundenspezifische Bausteine und für integrierte Schaltkreise mit kleineren bis mittleren Gesamtstückzahlen eine wirtschaftliche Lösungsmöglichkeit. Sie sollte auch dann angewendet werden, wenn aufgrund einiger weniger spezifischer Schaltungsteile der unmittelbare Einsatz verhindert wird. Durch eine Kombination von Semicustom-Design mittels geschlossenem CAD-System und auf Transistorbasis entwickelten speziellen Schaltungsteilen wird in vergleichsweise kurzer Entwicklungszeit und unter großer Entwurfssicherheit sicherlich ein optimales wirschaftliches Integrationsziel erreicht.

Auf dieser Basis, welche allerdings System- und Schaltungsentwick-

lungs-Know how erfordert, wurde im Entwicklungszentrum für Mikroelektronik in Villach ein 32-Bit-Zählerbaustein für den industriellen Einsatzbereich entwickelt /1/. (Abb. 1)

Erschwernisse ergaben sich bei diesem Design durch folgende Randbedingungen:
1. Pin- und funktionskompatibel zu einem bereits im Einsatz befindlichen bipolaren Baustein, ergänzt um einige Zusatzfunk-
   tionen.
2. Ausführung in leistungsarmer CMOS-Technologie mit TTL-kompa-
   tibler Treiberleistung.

Aus diesen Forderungen ergaben sich zwei Problemkreise, die eine
Ergänzung des geschlossenen CAD-Ablaufes für Semicustom-IS erforderlich machten:
1. Das Zeitverhalten der Ein-/Ausgangssignale konnte nur durch
   den Entwurf einer speziellen Delay-Zelle erreicht werden, die
   im wesentlichen unabhängig von Temperatur- und Spannungs-
   schwankungen eine definierte Signalverzögerung ermöglichen
   sollte.
2. Das vorgegebene Pinning verhinderte, daß die Forderung nach
   mehreren Versorgungsanschlüssen für komplexe CMOS-Bausteine
   und/oder CMOS-Bausteine mit hoher Treiberleistung erfüllt
   werden konnte. Durch schaltungstechnische, Layout- und Mon-
   tage-Maßnahmen konnte das Problem gelöst werden.

2. Entwicklungsablauf

2.1. Signalverzögerung

Oberste Zielsetzung bei Integration einer Schaltung sollte ein
taktsynchroner Entwurf sein. Viele Probleme, die sich bei asynchronen Abläufen durch unterschiedliche Signallaufzeiten ergeben,
können damit unterbunden werde. Sehr häufig sind jedoch Ein- und
Ausgangssignale eines integrierten Schaltkreises aufgrund der
Systemumgebung asynchron. Kommt dazu noch die Forderung einer
taktunabhängigen Signalverzögerung definierter Dauer, so ist eine
allgemein einsetzbare, standardisierte Lösung wirtschaftlich kaum
mehr durchführbar. So mußte im Rahmen dieser Entwicklung eine
spezielle Delay-Zelle für eine Verzögerungszeit von 100 ns bis

200 ns entworfen werden. Abbildung 2 zeigt die Blockstruktur und einem Layoutausschnitt.

Durch eine temperatur- und spannungskompensierte Konstant-Stromquelle wird ein Kondensator geladen und die Ladespannung über einen Schmitt-Trigger ausgewertet. Damit konnte über den spezifisierten Temperaturbereich von -40° C bis $+125^\circ$ C und für Versorgungsspannungsschwankungen von ± 10 % die Verzögerungszeit sichergestellt werden.

Diese Delay-Zelle wurde so ausgeführt, daß für eine problemlose nachträgliche Schaltungseinbindung folgendermaßen gesorgt wurde:
- Einfache funktionelle und zeitliche Schnittstelle
- Layout-Anpassung an die vorgegebenen Bibliothekelemente.

Somit konnte folgender Entwicklungsablauf durchgeführt werden: Mit dem geschlossenem CAD-System VENUS® und der Standardzellen-Bibliothek für 2 µ-advanced CMOS wurde die komplette Schaltung einschließlich einem "Platzhalter" für die Delay-Zelle entworfen, simuliert und das Layout erstellt /2/, /3/. Dadurch konnte die große Entwurfssicherheit und die kurze Entwicklungszeit, die das System VENUS bietet, voll ausgenützt werden.

Vor der Maskenbanderstellung wurde dann auf einer graphischen Designanlage die "Platzhalter-Zelle" durch das Delay-Element ausgetauscht. Zur Sicherheit wurde dieser geringfügige Layouteingriff noch durch Layout-Kontrollprogramme überprüft.

2.2 Hohe Schaltströme

Wie das Strom-/Spannungsdiagramm des CMOS-Inverters zeigt, kommt es im Umschaltzeitpunkt durch das kurzzeitige Leiten beider Transistoren zu einer niederohmigen Verbindung zwischen V_{DD} und V_{SS} (Abb.3). Diese liegt z.B. bei einer 8 mA-Ausgangstreiber- Zelle unter 100 Ohm, sodaß bei gleichzeitigem Schalten mehrerer dieser Zellen bereits Stromspitzen von einigen 100 mA entstehen.

Durch die Verbindung der On-Chip-Versorgungsleitungen über Pad,
Bonddraht, Spinne bzw. Pin mit der V_{DD}-, V_{SS}-Zuführung treten
neben Leitbahnwiderstand und Koppelkapazitäten auch Induktivitäten auf /4/. Diese Induktivitäten liegen in der Größenordnung
von einigen nH. Bei Schaltströmen von einigen 100 mA treten somit
bereits Versorgungsspannungseinbrüche bzw. Überhöhungen auf,
die in der Größenordnung des TTL-Störabstandes liegen (Abb. 4).

Zur Verringerung dieser Probleme werden abhängig von der Komplexität bzw. von der Art und Anzahl der Treiberzellen eines Bausteines die Verwendung von mehreren V_{DD}- und V_{SS}-Anschlüssen gefordert. Da diese Forderung im Rahmen dieser Entwicklung nicht
erfüllt werden konnte, mußten folgende Maßnahmen ergriffen werden:
- Zeitlich abgestuftes Ansteuern der Ausgangstreiber durch Ein-
  fügen von Delay-Elemente.
- Trennung der Versorgungsleitungen von Kern- und Padbereich.
- Verbreiterung der On-Chip-V_{DD}-/V_{SS}-Leitbahnen
- Mehrfach bondieren der V_{DD}-/V_{SS}-Pads und V_{DD}-Zusatzanschluß
  über einen Inselkontakt.

Die erforderlichen Layout-Änderungen wurden im Zuge der Delay-
Zellenergänzung im automatisch erstellten Layout vorgenommen.
Die gesamte Entwicklungszeit wurde gegenüber einem Semicustom-
Designablauf nur unwesentlich verlängert.

3. Zusammenfassung

Neben dem reinen Semicustom-Design, dessen wirtschaftlicher Vorteil vor allem bei niedrigen Stückzahlen liegt, wird auch in Zukunft, sicherlich mit abnehmender Bedeutung, der Fullcustom-Ent-
wurf eine Notwendigkeit bleiben. Vor allem dann, wenn große Stückzahlen kleine Chipflächen oder die Realisierung spezifischer Funktionen fordern.

Sind für die Realisierung eines integrierten Bausteines nur geringfügige kundenspezifische Ergänzungen erforderlich, bietet sich der Semicustom-Weg mit "Platzhalter" an, wobei dieser Platzhalter nach vollständigem Semicustom-Design durch die speziell entwickelte Zelle ersetzt wird. Designsicherheit und kurze Entwicklungszeit durch den umfassenden Einsatz ausgetesteter Schaltungsteile zeichnen diesen Weg aus. Zur Vermeidung von On-Chip-Versorgungseinbrüchen aufgrund hoher Schaltströme bei CMOS-Schaltkreisen sind schaltungsabhängig mehrere V_{DD}-/V_{SS}-Pins vorzusehen. Kann diese Forderung nicht voll erfüllt werden, ist durch genaue Analyse schaltungstechnisch, layoutmäßig und aufbautechnisch Abhilfe zu schaffen.

<u>Literatur</u>

1. Haas, M., Realisierung eines µP-kompatiblen 32 bit Zählers für Robotersteuerungen als GATE-ARRAY: Tagungsbericht, 11. Internaltionaler Kongress Mikroelektronik München, 13. - 15. Nov. 1984, S. 323-332.
2. Hörbst, E., Nett, M., Schwärtzel, H: VENUS Entwurf von VLSI-Schaltungen. Berlin-Heidelberg-New York-Tokyo: Springer. 1986.
3. Lechner, A., Oitzl, E., Sandner, G.: Rechnergestützte Entwicklung von kundenspezifischen integrierten Schaltungen in CMOS- und BIPOLAR-Technologie. Mikroelektronik für den Menschen, Tagungsband 1, 11. - 13.9.84 Johannes Kepler Universität Linz, S. 549-566.
4. Annaratone, M.: Digital CMOS Circuit Design. Boston-Mass.: Kluwer, 1986

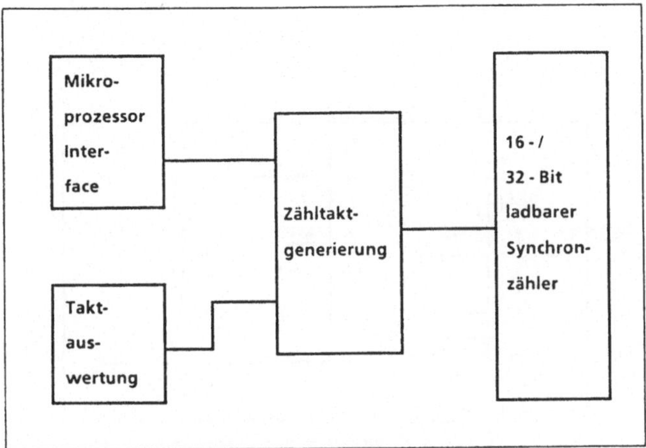

Abb. 1. Universeller, programmierbarer 32-Bit-Zähler, Blockstruktur

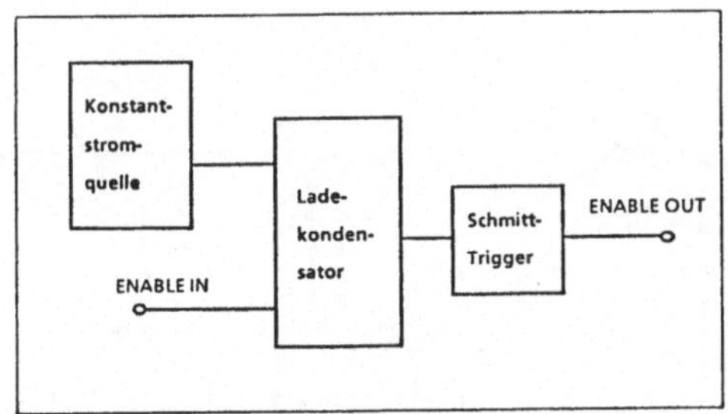

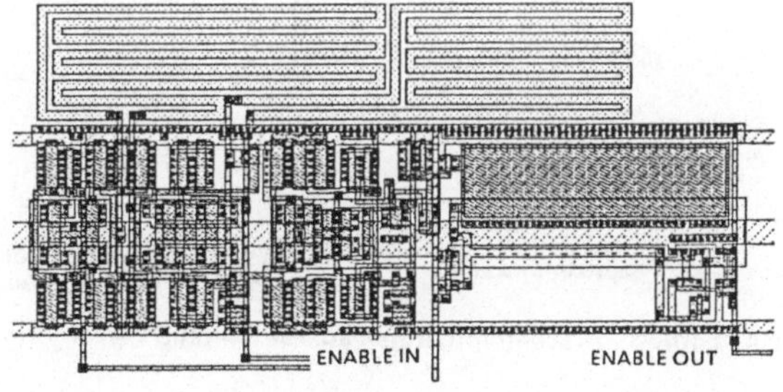

Abb. 2. Delay - Zelle : Blockschaltbild und Layoutausschnitt

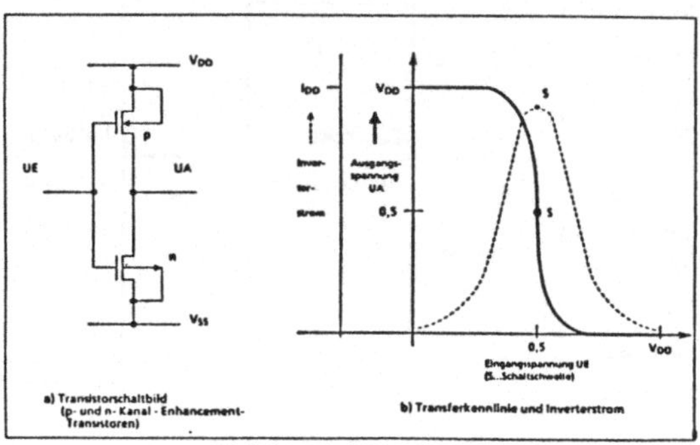

Abb. 3. Inverter in CMOS - Technologie

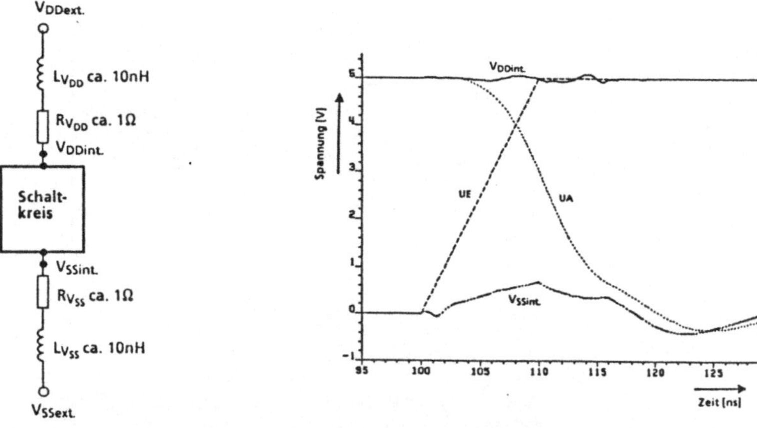

a) Schematischer V$_{DD}$- / V$_{SS}$- Baustein-Anschluß

b) Simulationsergebnis für gleichzeitiges
Schalten von 4 8mA-Ausgangstreibern

Abb.4. Einfluß von Schaltvorgängen auf die On-Chip Versorgungsspannung

Ein 4-Megabit dynamischer Speicher in Sub-μm-CMOS-Technologie

W.Pribyl, M.Bähring, J.Harter, D.Sommer

SIEMENS AG Unternehmensbereich Bauelemente, D-8000 München

Das diesem Projekt zugrundeliegende Vorhaben wurde mit Mitteln des Bundesministers für Forschung und Technologie unter dem Förder-Kennzeichen NT 2696 gefördert. Die Autoren sind verantwortlich für den Inhalt.

1. Einleitung und Zusammenfassung

Seit im Jahre 1970 der erste 1 kBit dynamische Speicher (DRAM) am Markt verfügbar wurde, steigerte sich in regelmäßiger Folge die Integrations- und somit Speicherdichte. Derzeit befindet sich mit dem 4-Megabit Speicher die siebente Generation dynamischer Halbleiterspeicher in Entwicklung, der Fertigungsanlauf dieser Generation kann bei führenden Herstellern für das Jahr 1989 erwartet werden.

Im Rahmen des MEGA-Projektes der Siemens AG wird ein dynamischer 4 Megabit Speicher (4M-DRAM) entwickelt, der in einer Sub-μm-CMOS Technologie gefertigt werden wird. Die vorliegende Arbeit beschreibt die Entwicklung sowie Ergebnisse an ersten Mustern. Im ersten Teil wird die verwendete Technologie vorgestellt. Anschließend erfolgt ein Überblick über Architektur und Schaltungstechnik, wobei besonders auf die Vorteile einer Realisierung in CMOS-Technik eingegangen sowie eine Darstellung der verschiedenen Betriebsarten gegeben wird. Ein weiterer Abschnitt schildert die Methoden der Simulationstechnik während der Entwicklungsphase. Den Abschluß bilden einige Analysebeispiele sowie eine Zusammenfassung der an den ersten Bausteinen gemessenen Parameter (wie z.B. RAS-Zugriffszeit = 70 ns).

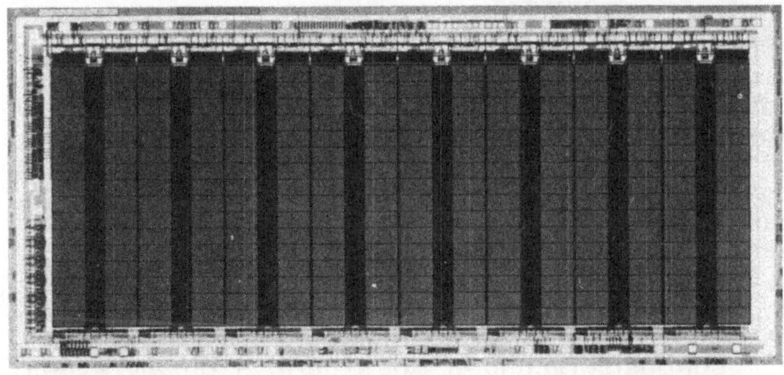

Bild 1: Chipphoto

2. Technologie

Trotz des Ansteigens der Komplexität um einen Faktor 4 je DRAM-Generation stiegen die Chipflächen nur um je etwa 40% . Hierbei darf die Zellkapazität trotz der immer stärker reduzierten Zellfläche einen Grenzwert von etwa 40 fF nicht nennenswert unterschreiten, um eine ausreichende Ladungsreserve für einen sicheren und zuverlässigen Betrieb zu gewährleisten. Immer dünnere Gate-Oxide sowie der beim 4M-DRAM erstmals notwendige Übergang zu dreidimensionalen Strukturen sind hierfür erforderlich. Die hier angewendete Technologie kann wie folgt charakterisiert werden /1/:

* Doppelwannen CMOS-Technologie
* 2 Lagen Polysilizium (Zellplatte, Gate-Elektroden)
* 1 Lage Tantal-Silizid (Bitleitung)
* 1 Lage Ti/TiN/AlSi Metallisierung (Wortleitung)

Die folgenden Innovationen sind wesentlich für die Machbarkeit eines 4M-DRAM mit marktgerechter Spezifikation und Chipgröße:

* 0.9 μm Feinstrukturtechnik (Lithographie, Ätztechnik)
* Dreidimensionale Speicherzelle (Graben-/Trenchzelle) mit einem Querschnitt von 1 μm², einer Tiefe von 4 μm sowie einer Oxiddicke von 13.5 nm in einer P-Wanne
* Sub-μm-Transistoren hoher Spannungsfestigkeit in LDD- (=Lightly Doped Drain)-Technik
* Selbstjustierende Polyzid-Diffusions-Kontakte (FOBIC-Technik: Fully Overlapped Bitline Contact)

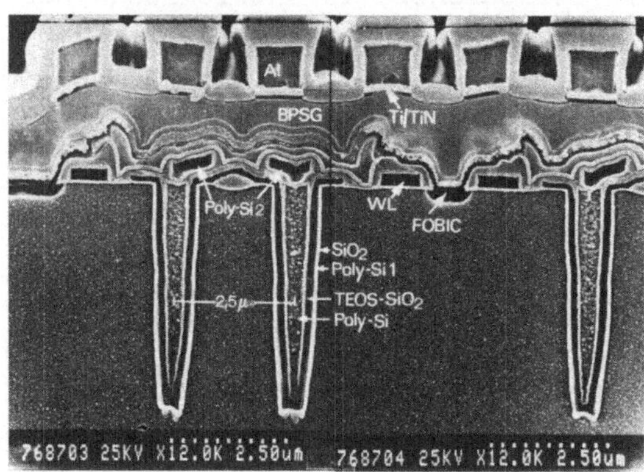

Durch die Anwendung der Grabenzelle im Zusammenhang mit der FOBIC-Technik kann die Zellfläche auf dem niedrigen Wert von 2.3x4.6 = 10.58 μm² gehalten werden.

Bild 2: REM-Aufnahme des Schnittes durch eine Zelle

3. Architektur und Schaltungstechnik

Das Speicherfeld ist in 16 Blöcke a 256 kBit geteilt, es wird das Konzept der "Folded Bitline" angewendet (Bild 3). 4 dieser Blöcke werden in jedem RAS-Zyklus aktiviert, der Rest befindet sich im Stand-By Zustand, um die Verlustleistung und die Störsignale im Chip zu reduzieren. Bei höchstintegrierten Speichern ist es unbedingt notwendig, Redundanzmechanismen zum Ersatz von Wort- und Bitleitungen bei Einzelausfällen im Zellenfeld vorzusehen. Im vorgestellten Design sind je Block 4 redundante Wortleitungen (WL) und 4 redundante Bitleitungen (BL) vorhanden, die bei Bedarf durch mit einem Laser zu trennende Polyzidstege aktiviert werden können. Die Leseverstärker und Ein-/Ausgabeschaltungen befinden sich am einen Ende der Tantal-Silizid BL, die Vorladeschaltungen am anderen Ende. Auf Grund der eingesetzten CMOS Technik kann eine Vorladung auf VDD/2 erfolgen, was gegenüber einer Vorladung auf VDD zu erheblichen Vorteilen wie geringeres Substrat-Noise, schnellere Bewertung sowie deutlich niedrigere Verlustleistung führt. Jeder Bitdekoder bedient zwei benachbarte 256kBit Blöcke (Bild 3). Die Poly-silizium WL wird durch eine Aluminium Leitung alle 128 BL überbrückt, um eine niederohmige Zuführung des überhöhten WL-Steuersignales und somit eine kurze Zugriffszeit zu ermöglichen. Im Speicher ist ein neuartiges Bewertungsschema (Bild 4) realisiert: zunächst gestaffeltes Einschalten des n-Kanal-Teils und nach einer Verzögerung von etwa 5 ns Aktivierung des p-Kanal-Teils der

Leseverstärker zum Regenerieren der Pegel. Auf diese Art erreicht man durch die Dominanz der bezüglich der Einsatzspannung enger tolerierten n-Kanal Transistoren eine höhere Bewertungssicherheit und eine kürzere Zykluszeit. Um die Sicherheit des Bewertungsvorganges in Bezug auf am Chip entstehende Störsignale weiter zu erhöhen, werden die Versorgungsspannungen in zwei entkoppelten Ringen den Schaltungen zugeführt.

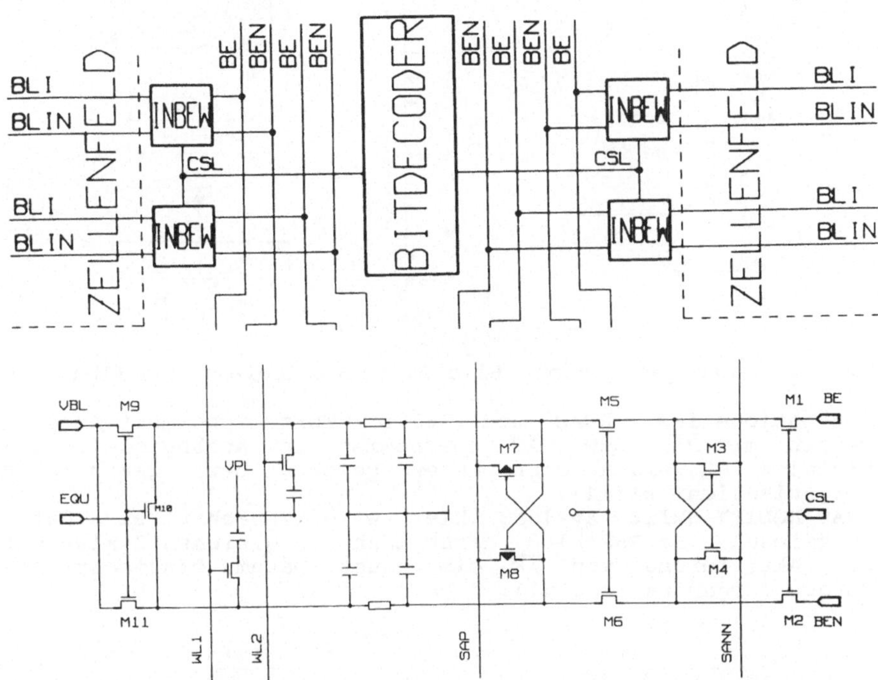

Bild 3: Speicherfeldaufteilung, Folded Bitline Konzept und
Schaltbild der Leseverstärker

Ohne besondere Vorkehrungen steigt bei Speichern die erforderliche Testzeit mindestens um den Faktor 4 je Generation an. Um dies zu vermeiden, wurde ein 8-Bit Parallel-Testmode vorgesehen, der durch die Signalfolge "CAS before RAS with WE low" eingeleitet und durch einen "RAS only refresh" beendet wird. In diesem Testmode werden 8 Bit gleichzeitig mit "0" oder "1" beschrieben und anschließend wieder gelesen. Bei Übereinstimmung der 8 Bit wird der Datenausgang auf "1" gesetzt, im Fehlerfall auf "0".

4. Betriebsarten des Speichers

Boten die ersten dynamischen Speicher (1 kBit) lediglich die Möglichkeit, nach dem Anlegen gemultiplexter Adressen (Row- oder Wort- sowie Column- oder Bit-Adressen) auf das hierdurch angewählte Bit einzeln zuzugreifen, so wurden mit steigendem Integrationsgrad zusehends komplexere Funktionen wie z.B. schneller, sequentieller Zugriff oder Parallelorganisationen eingeführt. Moderne Speicher verfügen außerdem über mehrere Refresh-Varianten, wobei diese meist auch eine chipinterne Refreshsteuerung beinhalten. Im folgenden wird eine Übersicht

über die Betriebsarten des 4M-DRAMs sowie die derzeit
verfügbaren Organisationsformen (1 Bit breit = x1; 4 Bit
breit = x4) gegeben. Das Blockdiagramm (Bild 5) und die
Signalübersicht (Bild 6) dienen als Anhaltspunkt für die Betrachtung der verschiedenen Betriebsmodi.

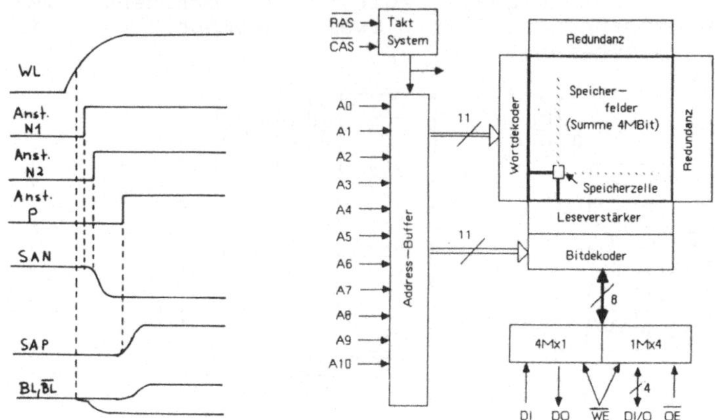

Bild 4: Bewertungssignale   Bild 5: Blockdiagramm des 4M-DRAMs

A: Konventionelles READ und WRITE: Wort- und Bit-Adresse
werden mit $\overline{RAS}$ bzw. $\overline{CAS}$ übernommen, in Abhängigkeit des
Signales WE werden dann Daten gelesen bzw. geschrieben
(Organisation: x1/x4).

B: READ-MODIFY-WRITE Zyklus: Hier wird zunächst ein Datum
ausgelesen, im Anschluß daran kann im gleichen Zyklus mit
der Aktivierung von $\overline{WE}$ ein neues Datum eingeschrieben
werden (Organisation: x1).

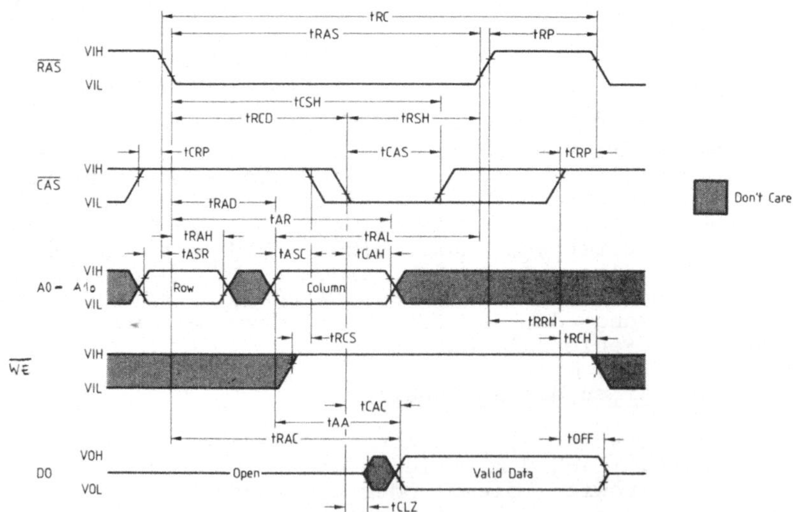

Bild 6: Signalübersicht eines normalen Read-Zyklus

C: FAST PAGE MODE, READ und WRITE: Je Wortadresse werden im Speicher 1024 Bitadressen gleichzeitig ausgelesen. Zum Unterschied von Fall **A**, wo nur einmal eine dieser Adressen durch $\overline{CAS}$ selektiert und das entsprechende Bit an den Datenausgang geleitet wird, kann in der Betriebsart "Fast Page Mode" wahlfrei und in sehr rascher Folge auf jede dieser 1024 Adressen durch Anlegen des Adressmusters und Übernahme mit $\overline{CAS}$ zugegriffen werden (Organisation: x1/x4).

D: FAST PAGE MODE, READ-MODIFY-WRITE: Dieser Mode läuft mit kurzer Zykluszeit ("Fast Page Mode") analog zu Fall **B** ab (Organisation: x1).

E: STATIC COLUMN MODE, READ und WRITE: Dieser Mode ist vergleichbar mit dem "Fast Page Mode", die Adressen werden jedoch nicht mit einer $\overline{CAS}$-Flanke übernommen, sondern die Adressänderung selbst löst den Lese-/Schreibzyklus aus, soferne $\overline{CAS}$ auf "0"-Pegel liegt (Organisation: x1/x4).

F: STATIC COLUMN MODE, READ-MODIFY-WRITE: Entspricht dem Mode **D**, ausgelöst durch Adresswechsel wie in Mode **E** (Org. x1).

G: Konventioneller (RAS-Only) Refresh: Die Refresh-Adressen werden von einem externen Steuerbaustein gemeinsam mit dem $\overline{RAS}$-Signal angeboten, wobei $\overline{CAS}$ = "1" bleibt.

H: CAS before RAS Refresh: Das DRAM enthält einen Refresh-Adressen-Zähler, der bei jedem Auftreten der Bedingung "fallende Flanke von $\overline{CAS}$ vor fallender Flanke von $\overline{RAS}$" weiterzählt und so Wort für Wort einen Refresh durchführt.

I: Hidden Refresh: Durch geeignete Auswahl der Zeitbeziehung zwischen $\overline{RAS}$ und $\overline{CAS}$ in einem Schreib- oder Lesezyklus wird ein Refreshvorgang wie unter **H** beschrieben in einem normalen Zyklus "versteckt" ausgeführt. Der Vorteil dieses Modes liegt in einer höheren Verfügbarkeit des Speichers.

5. Simulationstechnik

Wesentliches Werkzeug bei der Entwicklung der Schaltungen des 4M-DRAMs ist die Simulation des elektrischen Verhaltens. Diese Netzwerksimulation, durchgeführt mit dem Programm SPICE, enthalten im CAD-System VENUS /5/, wurde in zweifacher Weise eingesetzt: bei der Entwicklung von Einzelschaltungen wie Eingangs- und Ausgangsstufen, Generatoren, Treiber- und Boosterschaltungen sowie zur Gesamtsimulation des Speichers.

Entwicklung von Einzelschaltungen

Bild 7 zeigt schematisch den Ablauf bei der Entwicklung und Dimensionierung von Einzelschaltungen. Zunächst wird der Stromlaufplan der Schaltung graphisch an einer Workstation eingegeben. Aus diesem graphischen Stromlaufplan wird dann automatisch eine Netzliste für die Eingabe in SPICE erzeugt. Hierbei werden parasitäre Kapazitäten, die sich später beim Layout der Schaltung ergeben werden, bereits in guter Näherung berücksichtigt. Die elektrische Simulation der Schaltungen erfolgt am Hostrechner. Die Ergebnisse werden interaktiv graphisch aufbereitet, was eine schnelle Fehlersuche ermöglicht. Änderungen der Schaltungsstruktur oder der Schaltungsdimensionierung an der Workstation schließen die Rückkopplungsschleife. Dieses Verfahren, mit dem sämtliche Schaltungen des 4M-DRAMs entwickelt wurden, garantiert eine jeweils aktuelle Dokumentation. Schnittstellenprobleme zwischen verschiedenen Schaltungsteilen werden damit vermieden, gleichzeitig wird die bestmögliche Verifikation des anschließend erstellten Layouts sichergestellt.

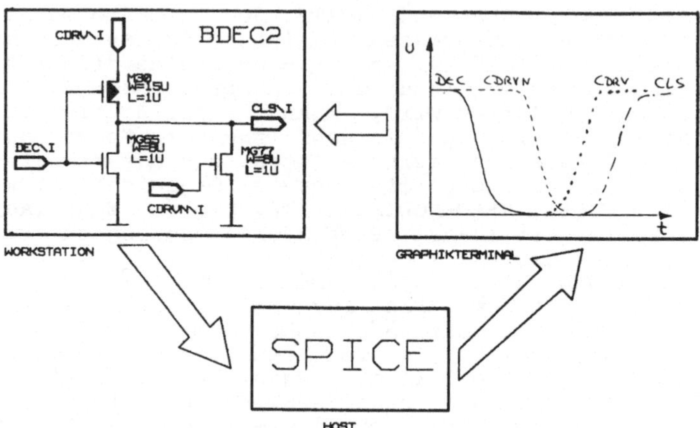

Bild 7: Schematische Übersicht über die Entwicklung von Einzelschaltungen

Gesamtsimulation

Ausgehend von den Stromlaufplänen der Einzelschaltungen wurde an der Workstation eine Datenbasis aufgebaut, die hierarchisch gegliedert sämtliche Peripherieschaltungen des Speichers sowie die gleichzeitig aktivierten Zellenblöcke mit den zugehörigen Ansteuer- und Ausleseschaltungen wie Wort- und Bitdekoder sowie Leseverstärker umfaßt. Diese Datenbasis enthält auch die wesentlichen Widerstände und Kapazitäten der Verdrahtung, die aus dem Floorplan abgeschätzt wurden. Die zugehörige Netzliste umfaßt ca. 5000 Transistoren, die Simu-

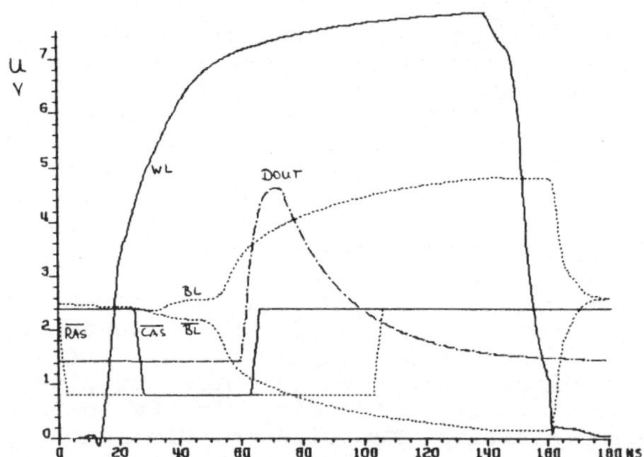

Bild 8: Zeitlicher Verlauf interner Takte der Gesamtsimulation des 4M-DRAMs

lation des Speichers benötigte etwa 4.5 CPU h an einem Vektorrechner.Diese Netzliste wurde verwendet, um die Gesamtfunktion des Speichers zu simulieren, insbesondere um die verschiedenen Betriebsarten für Lesen, Schreiben und Refresh zu untersuchen. Durch Simulation mit Worst-Case-Parametersätzen wurde der Einfluß von Prozeßtoleranzen, Schwankungen der Versorgungsspannung und der Betriebstemperatur berücksichtigt. Ein typisches Ergebnis zeigt Bild 8. Zur besseren Übersichtlichkeit ist nur ein Teil der internen Signale dargestellt.

Degradation durch heiße Elektronen

Die Degradation der Transistorkenngrößen durch heiße Elektronen stellt eines der Schlüsselprobleme bei der Entwicklung von sub-µm Schaltungen dar. Eine Testoption in SPICE erlaubt es, bezüglich ihrer Arbeitspunkte kritische Schaltungsteile bereits während der Entwicklung aufzuzeigen. Hierzu wird der momentane Arbeitspunkt jedes Transistors mit einer vorgegebenen Grenzkurve VDS=f(VGS) (Bild 9) verglichen und jedes Überschreiten gemeldet. Durch schaltungstechnische Maßnahmen wie den Einbau von Dual-Gate-Transistoren /4/ kann dann dieser kritische Arbeitsbereich vermieden werden. Die Einhaltung dieser Grenzkurve garantiert eine Degradation der Transistorkenngrößen von unter 10% während der Lebensdauer des Speichers von 15 Jahren unter nominellen Betriebsbedingungen.

6. Ergebnisse mit Analysebeispielen

Das 4M-DRAM wurde in der oben beschriebenen Technologie hergestellt, die Chipfläche beträgt 91.3 mm². Die Charakterisierung der Bausteine ergab RAS-Zugriffszeiten von 70 ns bei einem Leistungsverbrauch von 350 mW. Im folgenden sind die wesentlichen Eigenschaften des Bausteins zusammengefaßt:

Organisation	4MBit x 1 und 1MBit x 4
Technology	0.9 µm-Doppelwannen-CMOS Prozeß mit FOBIC-Grabenzelle 2.3 x 4.6 = 10.58 µm²
Chipgröße	6.5 x 14.05 = 91.3 mm²
Versorgungsspannung	5 V ± 10% extern und intern
Stromaufnahme	< 70 mA (Betrieb) / < 1 mA (Standby)
RAS-Zugriffszeit	70 ns bei 150 ns Zyklus und Vdd=5V typisch
Static Column	45 ns Zyklus bei Vdd=5V typisch
Refresh	1024 Zyklen in 16 ms, Modes: RAS-only, CAS before RAS, Hidden
Redundanz	4 Wort- und 4 Bitleitungen je 512 kBit
Gehäuse	SOJ 350 mil 26/20 und 400 mil DIP 18
Betriebsarten	Read, Write, Read-Modify-Write, Fast Page Mode, Static Column Mode (Fuse Option)
Test Mode	8 bit parallel gemäß JEDEC-Standard

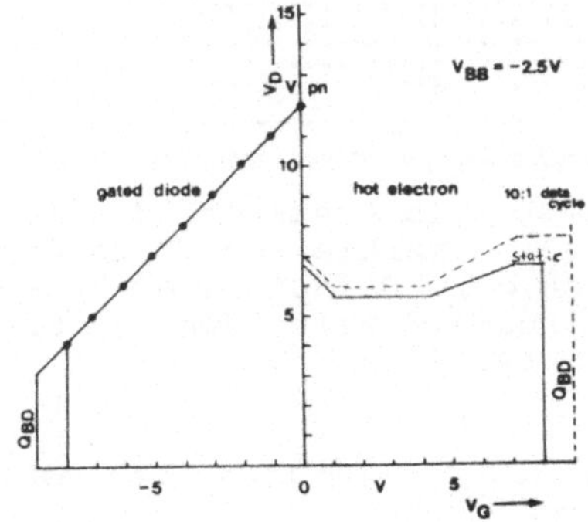

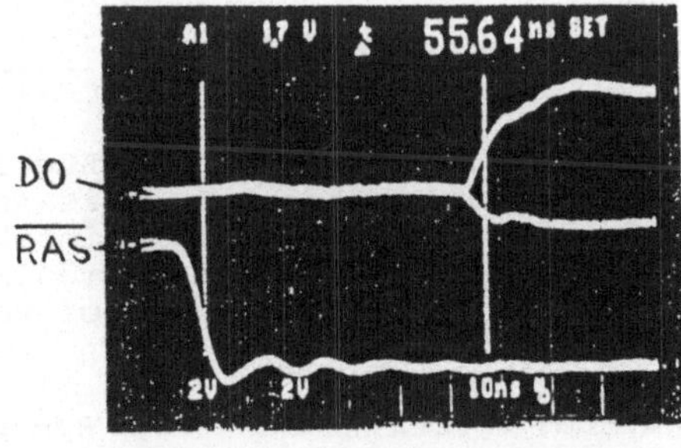

Bild 9: V_{DS}-V_{GS} Grenzkurve zur automatischen Überprüfung kritischer Schaltungsteile hinsichtlich Degradation durch heiße Elektronen.

Bild 10: Oszillogramm des Wortadress-Strobes RAS und des Datenausganges DO, die Zugriffszeit betrug in diesem Fall 55.6 ns.

Die Analyse und Charakterisierung des Bausteins wurde am
Spitzenmeßplatz, Speichertester sowie am Elektronenstrahl-
meßgerät /3/ durchgeführt. Die folgenden Bilder sollen Beispiele für die erzielten Ergebnisse darstellen.

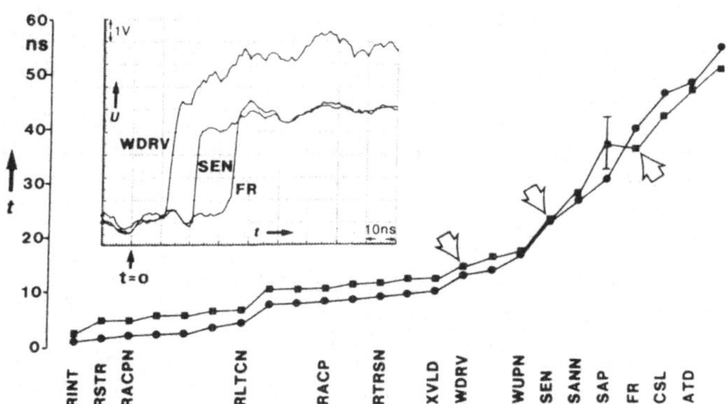

Bild 11: Signalmessungen am Elektronenstrahl-Meßgerät: Die
eingeblendeten Kurven stellen Einzelmessungen an den
Signalen WDRV (Wortleitungssignal), SEN (Aktivierung
des Bewertungsvorganges) und FR (Interne Datenfrei-
gabe) dar. Das große Diagramm stellt simulierte (●)
und gemessene (■) Flankenzeitpunkte einzelner Signale
gegenüber. Im den meisten Fällen konnte eine gute
Übereinstimmung gefunden werden.

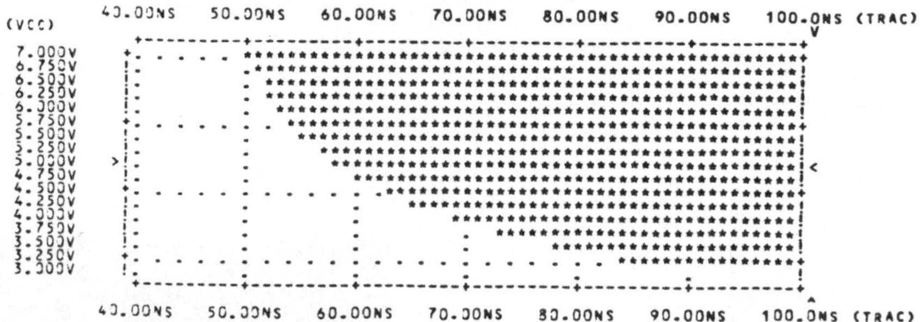

Bild 12: "Shmoo-Plot" der Zugriffszeit als Funktion der Betriebsspannung: Die mit "*" markierten Bereiche
stellen den Funktionsbereich dar. Beispielsweise beträgt die kleinstmögliche Zugriffszeit des unter-
suchten Bausteins bei Vdd=5V etwa 58 ns.

Literatur

1. K.K.Küsters et al.: A High Density 4Mbit DRAM Process Using a Fully Overlapping Bitline Contact (FOBIC) Trench Cell,1987 Symposium on VLSI Technology, Karuizawa, Japan.
2. W.Pribyl et al.: Getting Closer to True CMOS-Circuits in a 4M-DRAM, Vortrag auf der ESSCIRC 1987, Bad Soden, BRD.
3. W.Schäfer, G.Terlecki: Halbleiterprüfung, S.167 ff., Dr.A.Hüthig Verlag, Heidelberg, 1986.
4. H.Terletzki, L.Risch, "Operating Conditions of Dual Gate Inverters for Hot Carrier Reduction", ESSDERC 1986,pp.191 ff.
5. E.Hörbst et al.: VENUS-Entwurf von VLSI-Schaltungen, Springer Verlag, 1986.

DARSTELLUNG VON TESTERGEBNISSEN AN VLSI - SCHALTUNGEN

G.Hoffmann

Bundesversuchs- und Forschungsanstalt Arsenal
Elektrotechnisches Institut, Abt. EA, Wien

Zusammenfassung:

Um genaue Aussagen über die Daten von VLSI - Schaltungen machen
zu können, ist es notwendig, das Testergebnis in der, für jeden
Test individuellen, anschaulichsten und aussagekräftigsten Form
darzustellen. Im folgenden werden, an Hand einiger Beispiele,
praxisorientierte Darstellungsformen erläutert.

1. Einleitung:

Bei der Prüfung von Integrierten Schaltungen gibt es, je nach
Anwendungsfall, grundsätzlich zwei verschiedene Darstellungen
der Testergebnisse. Bei der Ein- bzw. Ausgangsprüfung von Bauelementen werden meist größere Stückzahlen getestet, es ist daher eine genaue Angabe von Meßwerten für jeden Baustein nicht
zielführend und man beschränkt sich auf die Aussage, ob das
Bauelement den Test bestanden hat (GO), oder ob Fehler dabei
aufgetreten sind (NOGO).

2. GO/NOGO - Test:

Hier werden die Bauelemente nach dem Test nur in verschiedene
Qualitätsklassen eingestuft. Bei Verwendung eines automatischen
Bauteilzuführsystems (Handler) wird diese Einstufung durch eine
Sortiereinrichtung durchgeführt. Man kann dem Handler das Prüf-
gut in z.B. Stangenform zuführen und nach dem Test, sortiert in
verschiedenen Qualitätsklassen (BIN - Klassen), wieder ent-
nehmen. Bedingt durch die hohen Stückzahlen, lassen sich durch
statistische Auswertung der Testergebnisse zweckmäßige und anschauliche Resultate erzielen. Als Beispiele seien angeführt :

2.1 Häufigkeit der defekten Bauelemente:

z.B. Zahl der Ausfälle pro Million getesteter Bauteile
(Angabe in "ppm" = parts per million).

2.2 Häufigkeit der defekten Bauelemente auf die Art des Tests bezogen:

z.B. Gesamtausfälle prozentuell auf die verschiedenen Tests
aufgeteilt (In Form eines Histogramms oder Piecharts).

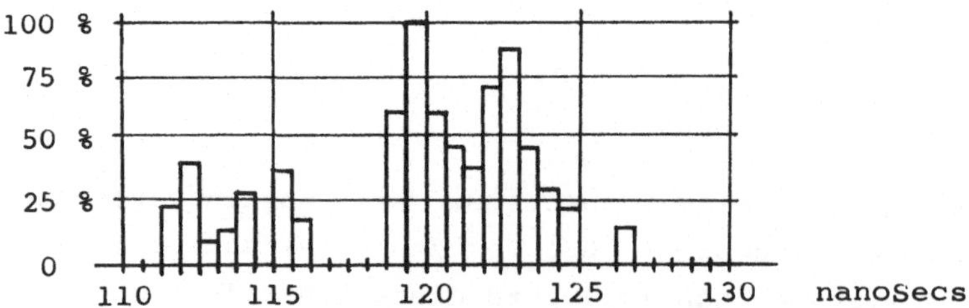

Test	% of bad devices
Opens Test	20
Icc Test	5
Func Test	30
Input Clamp Test	4
Input Current Test	6
Spec Timing Test	24
VOL VOH Test	4
VIL VIH Test	7

Abb. 1. Histogramm und Piechart

2.3 Anzahl der Bauelemente über einer bestimmten Meßgröße aufgetragen:

z.B. Histogramm, bei dem die Anzahl der Bauelemente pro
Intervall auf der Y-Achse und die Speicherzugriffszeit auf
der X-Achse aufgetragen sind.

Abb. 2. Histogramm

Aus dem Diagramm ist zu ersehen, daß es sich wahrscheinlich
um Bauelemente aus zwei verschiedenen Losen handelt.

2.4 Angabe über die Streuung eines bestimmeten Meßwertes:

z.B. Angabe von Mittelwert und Standardabweichung für
für eine bestimmte Meßgröße.

2.5 Darstellung der Veränderung einer bestimmten Meßgröße vor und nach einer speziellen Behandlung des Bauteils (z.B. nach einem Burn-In):

z.B. Darstellung durch ein sogenanntes Wolkendiagramm:

Auf der Y-Achse des Diagramms wird der Meßwert vor dem
Burn-In, auf der X-Achse danach aufgetragen. Gäbe es keine
Abweichungen zwischen den beiden Werten, würden sich die
eingetragenen Punkte auf einer 45°-Geraden befinden.
Durch auftretende Abweichungen zerstreuen sich die Meß-
punkte (zu einer "Wolke").

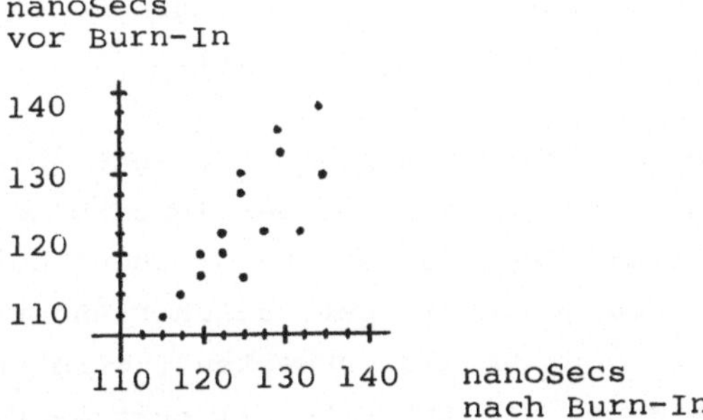

Abb. 3. Wolkendiagramm (Cloud Diagram)

3. Charakterisierung eines ICs:

In vielen Fällen ist es notwendig, auf das Testresultat näher
einzugehen und sich nicht nur auf die GO/NOGO - Darstellung zu
beschränken. Man ist daher bestrebt, konkrete Meßwerte als Ergebnis des Tests zu erhalten. Die Hauptanwendungen dieser Darstellung liegen in der Überwachung der Fertigung, der genauen
Messung von AC- und DC-Parametern (z.B. zur Freigabeprüfung),
der Dokumentation eventuell aufgetretener Fehler und der periodischen Überprüfung des Testsystems.

Ein zeitgemäßes Testsystem bietet hierzu die Möglichkeit, die Meßdaten aufzuzeichnen (Datalogging), um sie individuell weiter zu verarbeiten. Sehr hilfreich ist es, die Daten in einer Form aufzulisten, in der sie direkt mit dem Datenbuch verglichen werden können, um evtl. Abweichungen rasch zu erkennen.

Da die Darstellung der Resultate von Test zu Test verschieden ist, soll nun kurz auf einige Standardtests eingegangen, und die jeweils dazugehörigen Darstellungsmöglichkeiten erläutert werden.

Um die Übersichtlichkeit des Testprogramms zu erhöhen, ist es zweckmäßig, den Test in einzelne Testblöcke aufzuteilen. In jedem dieser Blöcke werden ein oder mehrere zusammengehörige Parameter unter verschiedenen Testbedingungen (Versorgungs- spannung, AC- und DC- Setup) statisch oder dynamisch gemessen. Nach der Art der Ergebnisse lassen sich die Tests in DC-Tests (Messung von Spannungen und Strömen), AC-Tests (Messungen von Zeiten) und logische Tests (Überprüfung der logischen Funktion eines Bausteins mit einer Wahrheitstabelle) einteilen.

Als Meßmethoden kommen die direkte Messung von DC- und AC-Pa- rametern (zur Messung von Ausgangsgrößen des Bauelements) oder die indirekte Messung (zur Ermittlung der Eingangsgrößen) durch Aufsuchen eines Pass/Fail - Übergangs mit periodischer Änderung der Eingangsparameter oder von Vergleichswerten (Strobebe- dingungen) sowohl mit konstanter Schrittweite (linear Search) oder nach einem Algorithmus (binary Search), zur Anwendung.

4. Kurzbeschreibung von Testroutinen:

Folgende Tests sind zweckmäßigerweise in einem Testprogramm für digitale integrierte Schaltungen (LSI, VLSI etc.) ent- halten (die Bezeichnungen wurden so gewählt, wie sie in der BVFA verwendet werden).

4.1 Opens Test (Contact Test, Short Test):

Dieser Test überprüft die ordnungsgemäße Kontaktierung des Prüflings zum Testsystem und untersucht den Baustein auf

evtl. Unterbrechungen oder Kurzschlüsse an den einzelnen
Pins.

Dieser Test liefert als Ergebnis ein Pass oder Fail
(in Ordnung bzw. fehlerhaft).

4.2 Icc Test (Supply Current Test):

Die Messung des Versorgungsstromes wird sowohl statisch als
auch dynamisch durchgeführt. Die statische Messung liefert
einen konstanten Strom, bei der dynamischen Messung können
Spitzenwert und Mittelwert des Versorgungsstromes gemessen
werden.

4.3 VIL-VIH und VOL-VOH Test:

Dieser Test liefert als Ergebnis die Eingangsschwell-
spannungen bzw. die Ausgangsspannungen im High- und Low-
Zustand für jeden Pin.

4.4 Input Clamp Test, Input Current Test und Leakage Test:

Dieser Test mißt die Spannungsbegrenzungseigenschaften der
Eingänge und die Eingangsströme bzw. Leckströme an den Ein-
und Ausgängen.

4.5 Func Test (Funktionstest):

Im Func Test werden sowohl die AC-Parameter gemessen, als
auch die logische Funktion des Bauelementes überprüft. Der
Test wird normalerweise an den "4 Eckpunkten" durchgeführt.
(enges timing / enge Pegel, enges timing /lockere Pegel,
lockeres timing/enge Pegel, lockeres timing/lockere Pegel)

5. Graphische Darstellung:

Da Zeitparameter fast ausschließlich durch die oben genannten
Searches gemessen werden, seien hier noch einige anschauliche
Möglichkeiten zu dieser Meßmethode angegeben:

5.1 Ein-Parameter Search:

Hier werden mehrere Funktionstests durchgeführt, wobei ein Parameter von Test zu Test verändert wird. Es ergeben sich somit Punkte, an denen der Test ein Pass, und solche, an denen er ein Fail als Ergebnis liefert. Aus den Pass/Fail-Übergängen lassen sich die Grenzwerte für den jeweiligen Parameter ablesen.

Beispiel:

```
Func Test    Pass = *    Fail = .

Clock Cycle Time  0    10    20    30    40    50    60    ns
                  I     I     I     I     I     I     I
                ..................*************
                                    I
                                    I Pass/Fail-Übergang
```

Abb. 4. Ein-Parameter Search

Daraus läßt sich als unteres Limit für diese Zeit 34ns ablesen.

Da dieser Test zumeist nur ein oder zwei Werte als Ergebnis hat, bring die graphische Darstellung keinen Gewinn an Übersichtlichkeit und hat daher kaum Bedeutung.

Größere Bedeutung hat diese Darstellung im

5.2 Zwei-Parameter Search (Shmoo - Plot):

Dabei werden zwei Parameter verändert und das Ergebnis in einem rechtwinkeligen Koordinatensystem aufgetragen. Hier läßt sich ein Funktionsbereich sehr anschaulich darstellen.

Beispiel:

Delay Time TIVOV in Abhängigkeit von der Versorgungsspannung.

```
                            TIVOV in SpecAC
       10ns      10.25ns    10.5ns    10.75ns      11ns
        !          !          !          !          !
 3.75v-............................................XXX
        .          .          .          .       XXXXX
        .          .          .          .XXXXXXXXXX
        .          .          .          XXXXXXXXXXX
        .          .          .         XXXXXXXXXXXXX
 4.125v-..............................XXXXXXXXXXXXXXX
        .          .          .      XXXXXXXXXXXXXXXXX
        .          .          .     XXXXXXXXXXXXXXXXXX
        .          .       XXXXXXXXXXXXXXXXXXXXXXXXXX
        .          .       XXXXXXXXXXXXXXXXXXXXXXXXXX
  4.5v-............XXXXXXXXXXXXXXXXXXXXXXXXXXXXXXXXXX
        .          .XXXXXXXXXXXXXXXXXXXXXXXXXXXXXXXX
        .          .XXXXXXXXXXXXXXXXXXXXXXXXXXXXXXXXX
        .          .XXXXXXXXXXXXXXXXXXXXXXXXXXXXXXXXX
        .          .XXXXXXXXXXXXXXXXXXXXXXXXXXXXXXXXX
 4.875v-.........XXXXXXXXXXXXXXXXXXXXXXXXXXXXXXXXXXXX
        .         .XXXXXXXXXXXXXXXXXXXXXXXXXXXXXXXXXX
        .         .XXXXXXXXXXXXXXXXXXXXXXXXXXXXXXXXXX
        .          XXXXXXXXXXXXXXXXXXXXXXXXXXXXXXXXXX
        .          XXXXXXXXXXXXXXXXXXXXXXXXXXXXXXXXXX
 5.25v-......XXXXXXXXXXXXXXXXXXXXXXXXXXXXXXXXXXXXXXXX
```

Abb. 5. Shmoo Plot

Da in letzter Zeit zunehmend graphische Ein - Ausgabegeräte zur
Anwendung kommen, soll noch eine Möglichkeit vorgestellt werden, die den Zusammenhang zwischen drei Parametern anschaulich
darstellt.

5.3 Composite Shmoo Plot:

z.B. Auf der X-Achse wird ein Zeitparameter, auf der
Y-Achse ein Spannungsparameter aufgetragen. Auf der Z-Achse
wird eingetragen, wieviele Bauelemente unter den jeweiligen
Bedingungen den Test bestehen.

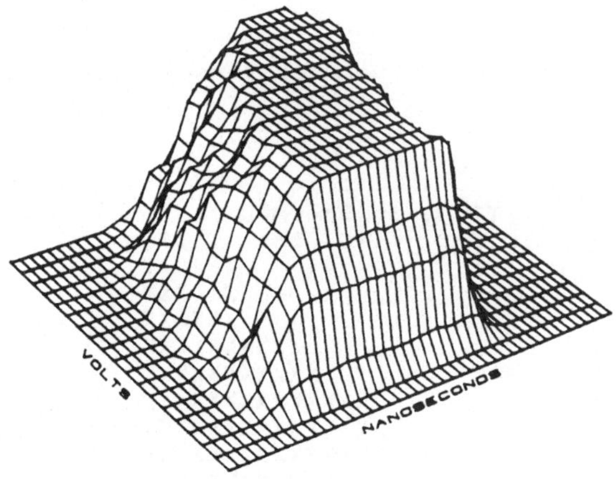

Abb. 6. Composite Shmoo Plot

6. Schlußwort:

In dieser kurzen Zeit ist es natürlich nicht möglich, alle derzeit zur Anwendung kommenden Darstellungformen von Tester- gebnissen zu erläutern. Die Verwendung von graphischen Ausgabe- geräten eröffnet auch neue Möglichkeiten zur anschaulichen Interpretation dieser Resultate, es ist daher in Zukunft eine noch größere Vielfalt von unterschiedlichen Darstellungen zu erwarten.

Literatur:

James T. Healy : Automatic Testing and Evaluation of Digital Integrated Circuits.
Reston Publishing Company, Inc - Reston, Virginia

Qualifikationen - Freigabeuntersuchungen von ICs
Firma CSEE Schweiz

Unterlagen zum VLSI Testsystem " Mega One " der Firma Megatest Corporation California

ASIC-DESIGN FOR TESTABILITY

D.Holzmann
LSI LOGIC GMBH
Arabellastr. 33
8000 München 81

ZUSAMMENFASSUNG:
Der ASIC-Markt ist heute und in nächster Zukunft der am
stärksten wachsende Markt in der Mikroelektronik. Dieses
Wachstum kann aber nur bestehen, wenn die System-Designer
mit leistungsfähigen CAD-Werkzeugen ihre eigenen IC's entwickeln. Im Gegensatz zum Printplatten-Design stehen aber
bei der Integration keine internen Knoten für einen In-
Circuit-Test zur Verfügung. Das wiederum setzt voraus, daß
in der Design-Methodik die Testbarkeit eines Chips von vorn-
herein berücksichtigt werden muß. Der System-Designer muß
also seine Design-Methodik ändern, um sicherstellen zu können,
daß sein ASIC in jedem Fall testbar ist. Hierzu gehört zum
einen ein entsprechendes Training, zum anderen CAD-Werkzeuge,
die dies Maßnahmen entsprechend unterstützen.

Dieser Beitrag behandelt anhand von Beispielen sowohl die
schaltungstechnischen Möglichkeiten als auch die CAD-Unter-
stützung. Dabei werden die Maßnahmen beschrieben, die der
System-Designer treffen muß, um in seinen eigenen Macros
Testbarkeit sicherzustellen. Zu nennen sind hierbei Multiplexen von Ein- und Ausgängen, Testbusse, Scan-Pfad usw. Bei
entsprechend komplexen Bibliothekselementen ist die Testbarkeit bereits eingebaut, der Anwender muß hier nur sicherstellen, daß externe Zugriffe erfolgen können. Ebenso werden die
Möglichkeiten der automatischen Prüfung bei der Testvektor-
Extraktion beschrieben.

1. Testmethoden

1.1. In-Circuit-Test

Beim Testen von PC-Boards hat sich der sogenannte In-Circuit-
Test weitestgehend durchgesetzt, d.h. mit einer entsprechenden Testeinrichtung können sowohl externe als auch interne Punkte auf dem Board kontaktiert werden. Es ist somit möglich sehr viele Punkte einer Schaltung entweder zu stimulie-
ren oder zu observieren. Auch ohne wesentliche Rücksichtnahme
auf die Testbarkeit konnten damit sinnvolle und akzeptable
Testergebnisse erzielt werden.

Bei der Realisierung von ASIC-Designs ist es jedoch nicht
mehr ohne weiteres möglich, auf viele interne Punkte der
Schaltung zugreifen zu können. Es müssen bereits beim Design
der Schaltung entsprechende Maßnahmen ergriffen werden, um
die spätere Testbarkeit zu gewährleisten.

1.2. I/O Multiplexing

Der Zugriff auf interne Schaltungsknoten bedingt normalerweise mehr I/O-Anschlüsse. In sehr vielen Fällen kann jedoch die Zahl der I/O-Pins aus kommerziellen Gründen nicht
beliebig erhöht werden. Außerdem ergeben sich Limitierungen
bedingt durch das verwendete Chip bzw. Package.

Um die Zahl der I/O-Pins in vernünftigen Grenzen zu halten,
werden sowohl Eingangs- als auch Ausgangs-Multiplexer verwendet. Mit ihnen ist es möglich mittels eines oder mehrerer
Test-Pins eine Umschaltung durchzuführen, die den Zugriff
zu internen Schaltungsknoten erlaubt. Im Test-Mode kann dann
der interne Knoten entweder stimuliert oder observiert werden
Diese Methode erlaubt den direkten Zugriff auf größere Macro-
funktionen, die entweder vom Anwender selbst entworfen werden

oder aus entsprechend umfangreichen Bibliothek stammen. Es ist
damit möglich ganze RAM's, ROM's, MAC's usw.,die als Bibliothekselemente verfügbar sind, mit den Pattern des Herstellers
100% zu testen.

1.3. Scan Path

Eine weitere Möglichkeit der Verbesserung der Testbarkeit
besteht im Einsatz eines Scan-Path. Bei dieser Methode, die
zum kompletten 'Level-Sensitive-Scan-Design' (LSSD) ausge-
baut werden kann, sind sämtliche speichernden Elemente des
Designs im Test-Mode als Schieberegister verbunden. Damit ist
es möglich, jedem Flip-Flop seriell eine bestimmte Information zuzuführen und nach den Durchlaufen der kombinatori-
schen Logik auch seriell wieder die Ergebnisse auszulesen.
Der Test wird hierbei auf den Test rein kombinatorischer
Logik reduziert.

Dadurch wird das Erstellen von Testpattern zwar drastisch
vereinfacht, aber die Komplexität der Schaltung wird deutlich größer, was in vielen Fällen nicht akzeptabel ist.

2. Generation von Testvektoren

2.1. Automatische Generation

Die automatische Generation von Testvektoren ist bei rein
kombinatorischer Logik hundertprozentig durchführbar. Bei
sequentieller Logik hingegen ist in den meisten Fällen eine
zusätzliche, manuelle Korrektur unumgänglich.

2.2. Automatische Extraktion von Testvektoren

Ein weitverbreitetes Verfahren ist die automatische Extraktion von Testvektoren aus den Ergebnissen von Schaltungs-
Simulationen. Hierzu werden von einem entsprechenden Programm die Testvektoren aus den Ergebnis-Files einer Simulation extrahiert und alle Files automatisch erstellt, die
der zum Einsatz kommende Digital-Tester benötigt.

2.3. Fehler-Simulation

Zur Überprüfung der Qualität von Testprogrammen werden sogenannte Fehler-Simulationen durchgeführt. Dabei wird sowohl
die Kontrollierbarkeit als auch die Observierbarkeit eines
Testprogramms anhand von Fehlervorgaben überprüft.

ANFORDERUNGEN AN ZEITGEMÄSZE VLSI-IC-TESTSYSTEME

F. Jäger

Bundesversuchs- und Forschungsanstalt Arsenal
Elektrotechnisches Institut, Abt. EA; Wien

ZUSAMMENFASSUNG

Es sollen im folgenden einige Anforderungen bzw. Auswahl-
kriterien zeitgemäßer automatischer Testsysteme für
integrierte Schaltkreise, im speziellen für VLSI Schaltkreise
(in Bipolar- und CMOS- Technik) erörtert werden.
Der Beitrag gliedert sich in drei Teile:
  - Hardware (Testerarchitektur)
  - Software
  - Systemzuverlässigkeit

1. Einleitung

Das Testen von Integrierten Schaltkreisen hat bei einer Viel-
zahl von Anwendungen gegenüber dem ausschließlichen Testen von
Baugruppen in letzter Zeit stark zugenommen. Automatisches
Testen ist heute üblich und die Vorteile, im besonderen die
erreichbare höhere Wirtschaftlichkeit werden kaum noch in
Frage gestellt.
Wegen des hohen Investitionsbedarfs für ein Automatisches
Testystem geht wohl der Anschaffung eines solchen Systems
meist eine ausführliche Evaluation der auf dem Markt
befindlichen Systeme voraus, wofür im folgenden Beitrag einige
Anhaltspunkte gegeben werden sollen.

Ein wesentlicher Punkt, der in weiterer Folge auch Einfluß auf
die meisten anderen Parameter eines Testsystems hat, ist die
grundlegende Struktur des Testers. Gerade hier hat in letzter
Zeit der Schritt von der "Shared Resources"-Architektur zur
"Tester per Pin"-Architektur entscheidende Verbesserungen
gebracht.

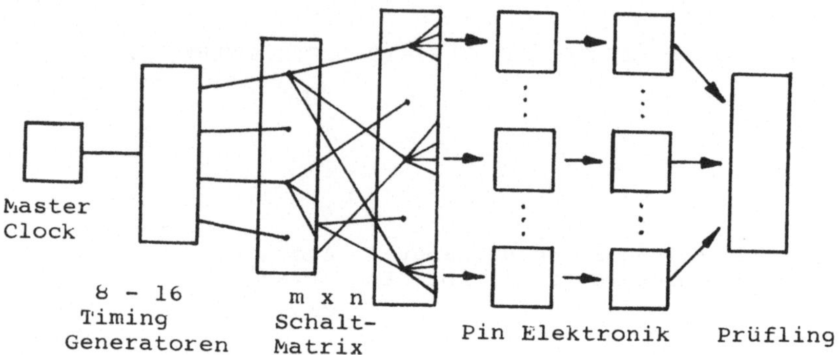

Bild 1. Aufbau eines Test-Systems in traditioneller "Shared Resources"-Technik

In einem "shared Resource"-Test System wird das Timing zentral erzeugt, an eine beschränkte Anzahl von Timing-Generatoren (meistens weniger als 16) weitergeleitet und über eine komplexe Schaltmatrix an die Device-Pins gelegt. So wird ein einzelner Timing-Generator an etliche Pins gemultiplext. Da nun jeder Pfad seine eigene, charakteristische Verzögerung hat und da die Auswahl der Pfade mit steigender Pin-Anzahl immer undurchsichtiger wird, entstehen leicht unkontrollierbare Signalflankenverschiebungen und "Jitter".

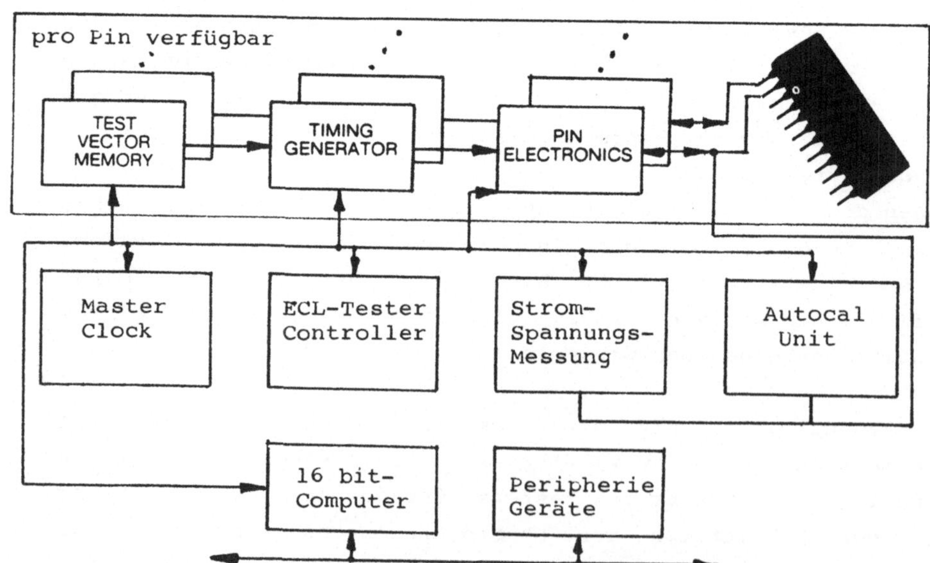

Bild 2. Aufbau eines VLSI-Testers in "Tester per Pin"-Architektur

Der Vorteil der "tester per in"-Architektur beruht auf ihrer prinzipiellen Einfachheit und dem gleichen 'Hintergrund' für jeden Pin.

Bild 2 zeigt die einfache 'eins-zu-eins' Korrespondenz zwischen Tester-Resourcen und Device-Pins, die letztlich für höhere Genauigkeit der Hardware, höhere Software-Flexibilität, besseren Systemdurchsatz und Wartungsfreundlichkeit verantwortlich ist.

2. Hardware

Um VLSI-Bausteine wirklich effektiv testen zu können, müssen von einem Testsystem folgende Eigenschaften gefordert werden:
- Genauigkeit des Timings: < 1ns
- Clock Rate: > 40 MHz (das ist die Taktfrequenz, mit der die Test-Pattern an den Prüfling gelegt werden)
- Local Memory / Pin: mindestens 500kbit

2.1 Genauigkeit und Kalibration
Wie kann nun bei einem Tester (in "Tester per Pin"-Architektur) erreicht werden, daß der Pin-to-Pin Skew, egal bei welcher angelegten Waveform, deutlich kleiner als eine Nanosekunde bleibt, ohne daß, wie bisher üblich, eine Unzahl von Potentiometern für die Kalibrierung nachgeregelt werden müssen?

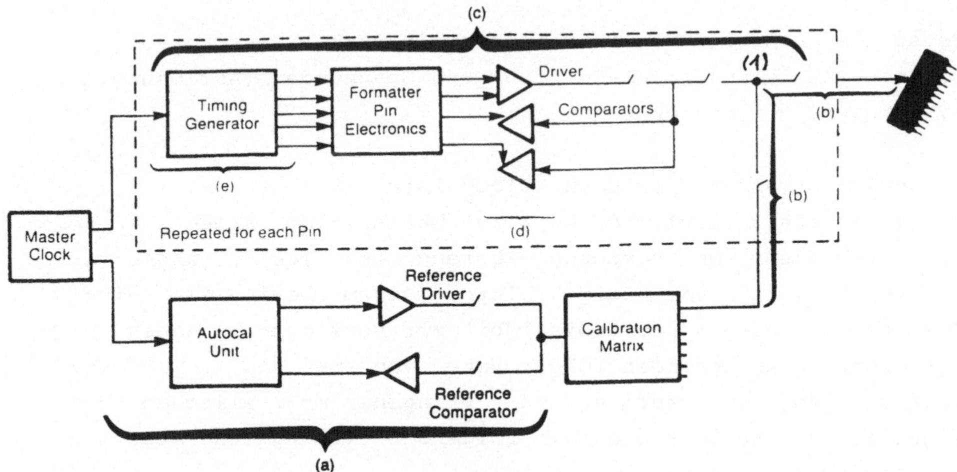

Bild 3. Automatische Kalibration eines VLSI-Testers
(Als Beispiel hier die MegaOne der Firma MegaTest)

Zuerst kalibriert sich die Autocal Unit (a) gegen sich selbst mit Hilfe der Master Clock (Auflösung z.B. 3 ps). Dann werden der Referenz-Treiber und -Komparator kalibriert (Auflösung z.B. 20 ps, Bereich 12 us).

Mit Hilfe der Autocal Unit werden nun alle 72 Kanäle (c) einzeln kalibriert (Auflösung 100 ps, Bereich 12 us) und zwar für alle, im jeweiligen Testprogramm verwendeten Timings, AC- und DC-Setups. Alle diese Werte werden dann in einer Matrix gespeichert. Wenn dann während des Programmablaufs eine Flanke generiert werden soll, wird sie erst um den jeweiligen, vorher gespeicherten Wert verzögert (im Verhältnis zum schnellsten Kanal) generiert.

Diese, 'Autocalibration' genannte Methode, erlaubt bei worst-case-Bedingungen eine Flanken zu Flanken Abweichung zwischen zwei beliebigen Testerpins von zB. 700 ps.

Dies allein würde aber nicht der realen Testsituation entsprechen, da ja der Signalweg nicht am Punkt (1) endet. Um diese weiteren, aufbauabhängigen Verzögerungen ebenfalls in der oben angeführten Matrix berücksichtigen zu können, müssen sie gemessen werden können, zB. mit TDR (Time Domain Reflectometry): Die Autocal Unit sendet einen Impuls, die Zeit bis zum Eintreffen der Reflexion am jeweiligen Sockelpin wird gemessen und halbiert dem Verzögerungswert des jeweiligen Pins hinzuaddiert.

Die gesamte 'Autocal Routine' dauert etwa 30 Sekunden.

Es sollte auch eine Möglichkeit für die exakte Messung von Strömen (Auflösung im pA-Bereich) und Spannungen (Auflösung im uV-Bereich) vorgesehen sein.

2.2 Anlegen von Prüfvektoren, Clock-Rate

Um die Testzeit möglichst kurz zu halten, vor allem aber um das Nachladen von Vektoren während des Testvorganges zu verhindern, ist es nötig hinter jedem Device-Pin einen Speicher von etwa 500kbit bis 1Mbit zur Verfügung zu haben. Um mit einer entsprechenden Clock Rate von etwa 40 bis 80 Mhz Vektoren an den Prüfling zu bringen, muß zwischen dem eigentlichen Speicher und dem folgenden Timing-Generator ein ECL-RAM vorgesehen sein.

Alle zeitkritischen Aufgaben während des Testvorgangs, wie
Kontrolle des Timings, Waveform-Auswahl, Vektoradressengener-
ierung aber auch Autokalibration und schnelle 'Searches' müssen von einem eigenen Rechner (in ECL-Logik) ausgeführt
werden.

2.3 Erweiterung der Pinzahl

Die "Tester per Pin"-Architektur kommt naturgemäß einer
sukzessiven Erweiterung der Pin-Anzahl des Testers sehr entgegen. Die maximal erreichbare Pin-Anzahl sollte zwischen 128
und 256 Pins liegen.

3. Software

Um die Auswahl der Software, deren Qualität wesentlich
schwerer als die der Hardware zu beurteilen ist, zu erleichtern könnten fünf Kategorien gebildet werden:

3.1 Tester operating Software (Betriebssystem)

Das Betriebssystem sollte den gleichzeitigen Zugang für
mehrere Benutzer (multitask) als auch das gleichzeitige Laufen
mehrerer Prozesse (multiuser) erlauben. Geeignete wären z.B.
UNIX, VMS...
Auch ein dezentraler Zugang zum Tester unter Verwendung von
Workstations (Sun, Apollo..) gelangt in letzter Zeit immer
häufiger zur Anwendung. Dadurch kann der Zentralcomputer des
Testers entlastet werden und so können verschiedene Aufgaben
wesentlich schneller durchgeführt werden.

3.2 Tester utility Software
Sie stellt das eigentliche Handwerkszeug des Programmierers
dar; dazu gehören
- Compiler, die die jeweilig auftretenden Programmierfehler
  exakt beschreiben,
- Mehrere Editoren, davon mindestens ein komfortabler Multi-
  Window Editor
- Diagnoseprogramme (siehe nächsten Punkt (4))

3.3 Tester application Software

Dieser Punkt dürfte wohl der wichtigste Faktor für die softwaremäßige Leistungsfähigkeit des Testers sein.

- Dieses Programmpaket sollte eine komfortable Hilfe zur Handhabung (Vektorvergleich, -Wiederholung..) als auch zur Erzeugung von Testvektoren (Pattern Generator) bieten.

- Weiters muß eine Möglichkeit zur Testsimulation vorgesehen sein. Die weitgehende Simulation des Testvorgangs ist eine der wichtigsten Debugginghilfen; sie ermöglicht dem Testingenieur, seine Testprogramme zu debuggen, während gleichzeitig auf dem Tester andere Testprogramme (zB. Eingangsprüfungen) laufen können.

- Zuletzt sollte dieses Programmpaket noch Möglichkeiten zur Analyse und Aufbereitung der Testergebnisse bieten. Dazu gehören neben Datenreduktion die vielfältigen Möglichkeiten der graphischen Darstellung von Testergebnissen.

3.4 Device test programs

- Der Rechner des Testers sollte es ermöglichen, daß die Testprogramme in einer höheren Programmiersprache (zB. Pascal..) geschrieben werden können.

- Die Programme sollten so gestaltet werden können, daß sie leicht verständlich sind (kurze Einschulungszeit) und daß leicht nachträgliche Änderungen durchgeführt werden können.

- Wünschenswert wäre auch, daß eine einfache Übernahme bereits existierender Testpattern (von schon länger auf dem Markt befindlichen Systemen zB. Sentry21 o.ä.) möglich ist.

3.5 Einfluß der Testerarchitektur auf die Software

Bei einem Tester in der bisher üblichen "shared Resources"-Architektur treten einige typische Softwareprobleme auf, die bei der "Tester per Pin"-Architektur völlig vermieden werden können:

- Die zusätzliche, nicht testspezifische Softwarearbeit, die durch die Verwaltung der limitierten Ressourcen des Testers entsteht, verlängert nicht nur die Programmentwicklungsdauer sondern erschwert auch den Debuggingvorgang nicht unwesentlich: Der Programmierer kann oft nicht ohne weiters erkennen, ob ein Fehler von einem Fehler in seiner Testtheorie stammt oder von einer falschen Handhabung der Ressourcen herrührt.

- Weitere Schwierigkeiten können sich auch bei Charakterisierungsprüfungen hochintegrierter Bausteine ergeben: Um einzelne Datenblattwerte exakt ermitteln zu können, ist es oft nötig, die Zustände eines einzigen Dut-Pins gezielt zu ändern, während an den anderen Pins nichts geändert werden soll (oder umgekehrt).

-Bei der Verwendung eines CAD-Systems, das die Prüfvektoren eines Testprogramms (meist aus den Daten, die bei der Herstellung des Bausteins verwendet werden) generiert, müßte dieses nun auch noch die limitierten Ressourcen des Testers berücksichtigen, was eine zusätzliche, unnötige Verkomplizierung dieses Prozesses bedeutet.

4. Systemwartung, Systemzuverlässigkeit

Bei Automatischen Test-Systemen erwartet man sich, nicht zuletzt wegen der hohen Anschaffungskosten, eine hohe Verfügbarkeit. Eine MTBF von etwa 500 h und eine Mean-up-time von 95 % gelten als Standard.
Die Forderung nach einer hohen Verfügbarkeit des Testers (also zB. einer MTTR von < 1h) läßt sich, neben den üblichen Maßnahmen wie
- ausreichende Schulung des Bedienungspersonals
- kompetentes Servicepersonal, möglichst über Modemleitungen erreichbar
- ausreichende Ersatzteilausstattung (Diese läßt sich durch die "Tester per Pin"-Archiktur mit weniger unterschiedlichen Baugruppen (siehe Bild 2) mit relativ geringen Mitteln wirklich komplett gestalten)
letztlich nur durch hohen Entwicklungsstand der Diagnose- und Überwachungssoftware und -hardware erreichen.

Der Testerbetreiber muß durch geeignete Diagnoseprogramme, die sowohl die Funktion der einzelnen Baugruppen für sich als auch die Kommmunikation der Baugruppen untereinander einzeln testen können in die Lage versetzt werden, schnell und selbstständig defekte Boards zu lokalisieren und austauschen zu können.

Weiters sollte der Betreiber durch geeignete Überwachungsein-
richtungen die Möglichkeit haben, kontinuierlich sowohl die
Betriebszustände der einzelnen TesterBaugruppen als auch die
Umgebungsbedingungen im Gerät zu überprüfen.

```
        ----POWER control functions----
a:- Power UP the system or an individual rack.
b:- Power DOWN the system or an individual rack.
u:- Set APD (Auto Power Down on error) mode.(normal)
n:- Set NPD (No Power Down on error) mode.(NOT PROTECTING TESTER)

        ----STATUS summary display----
c:- CURRENT status of a rack.
d:- LAST status collected
e:- ACCUMULATED status summary information.

        ----DETAILED status display----
g:- COMPLETE status of a rack.
f:- FAN sensor status
r:- AC power relay status
s:- POWER SUPPLY status
t:- TEMPERATURE monitor status

        --------CONTROL routines--------
p:- RESET errors, force emu to run
q:- QUIT, return to calling program
?:- REDISPLAY the choices

enter choice >
```

    Bild 4. Auschnitt aus dem Monitor Menü eines VLSI-Testers
           (MegaOne, Megatest)

Literatur

(1) Automatic Testing and Evaluation of Digital ICs
    James T. Healy, Reston Publishing Comp. Virgina, 1981.

(2) Future Testing Requirements for VLSI Devices
    Stratton D. Sklavos, ELECTRONICS TEST, Juni 1984.

(3) VLSI Tester Timing Accuracy Attacked From the Top Down
    Craig Z. Foster, Megatest, San Jose, California, 1984.

(4) Tester Simulation verkürzt Programmentwicklungszeiten
    Lance P. Lawson, Megatest, München, 1985.

(5) Unterlagen und Manuals der Firma MegaTest
    San Jose, California, USA, 1984-85.

(6) Unterlagen und Manuals der Firma Sentry-Schlumberger
    San Jose, California, USA, 1982-85.

AUTOMATISIERUNG DES LEC-KRISTALLZIEHPROZESSES FÜR GaAs MITTELS "INTELLIGENTER" DIGITALER PROZESSREGELUNG

K. Riedling
Institut für Allgemeine Elektrotechnik und Elektronik,
TU Wien, A-1040 Wien

G.H. Schwuttke, K.A. Pandelisev, R.C. White
Semiconductor Materials Laboratory, Arizona State University,
Tempe, Arizona 85281, U.S.A

ZUSAMMENFASSUNG:

Ein an der Arizona State University entwickeltes digitales
Prozeßkontrollsystem für eine Kristallziehanlage für Verbin-
dungshalbleiter vereint konventionelle deterministische Techniken mit heuristischen Methoden, bei denen das System autark
über den Beginn neuer Prozeßschritte oder die Modifikation von
Prozeßparametern entscheidet. Mit dieser Anlage konnten erstmals reproduzierbar GaAs-Einkristalle ohne wesentliche menschliche Eingriffe gezogen werden.

1. Einleitung

Die ersten Versuche zur Automatisierung des Czochralski-Kri-
stallziehprozesses datieren in die frühen Siebziger Jahre zurück /1/,/2/,/3/. Allen diesen frühen Methoden, aber auch in
der jüngeren Vergangenheit gemachten Vorschlägen /4/,/5/ gemeinsam ist eine im wesentlichen deterministische Vorgangsweise, das heißt, ein mehr oder weniger starr festgelegtes
Profil von Prozeßparametern, die als Funktion der Zeit oder der
Kristallänge als Sollwerte vorgegeben werden, was allerdings
wegen der zu geringen Flexibilität dieser Vorgangsweise im allgemeinen keinen vollautomatischen Betrieb zuläßt. Im Gegensatz
dazu verwendet das von den Autoren entwickelte Prozeßkontrollsystem zusätzlich heuristische Methoden, die es ihm erlauben,
selbst komplexe Operationen autonom auszuführen, die früher
manuell eingeleitet oder zur Gänze händisch durchgeführt werden
mußten.

2. Der Czochralski-Prozeß für die Herstellung von Einkristallen aus Verbindungshalbleitern

Bei der Herstellung von Einkristallen aus Verbindungshalbleitern wie GaAs im LEC-(Liquid Encapsulated Czochralski)-Prozeß wird ein Keimkristall mit der gewünschten kristallographischen Orientierung in eine Schmelze aus dem Halbleitermaterial getaucht, deren Temperatur präzise kontrolliert wird, und langsam nach oben gezogen. Das Halbleitermaterial erstarrt am Keimkristall mit einer durch diesen vorgegebenen Orientierung; durch geeignete Einstellung der Temperatur der Schmelze versucht man, einen (abgesehen von einer kegelförmigen Übergangszone) möglichst zylindrischen Kristall mit einem definierten Durchmesser zu ziehen. Man begegnet dem unerwünschten Abdampfen einer flüchtigeren Komponente, z.B. Arsen bei Galliumarsenid, durch eine unter hohem Druck gehaltene Argon-Schutzgasatmosphäre und ein glasartiges, bei den Prozeßtemperaturen flüssiges Einkapselungsmaterial (üblicherweise Boroxid), das die freie Oberfläche der Schmelze und die Umgebung der Erstarrungszone abschließt.

Die folgenden Parameter beeinflussen direkt das Wachstum des Kristalls und müssen geeignet geregelt und überwacht werden:

* Die Temperatur: Das gewünschte Temperaturprofil wird in der Regel durch eine entsprechende Formgebung eines einzigen Heizkörpers eingestellt; der Trend geht aber zu Anlagen mit Heizkörpern mit drei oder mehr getrennt geregelten Zonen.

* Die Geschwindigkeiten von vier Motoren für die vertikale Bewegung und die Rotation von Schmelztiegel und Kristall.

* Der Druck der Schutzgasatmosphäre.

Aus Einfachheitsgründen beschränkt sich das hier vorgestellte System auf die Regelung der Temperatur von bis zu drei unabhängigen Zonen des Heizkörpers sowie der vier Motoren.

Viele einander teilweise widersprechende Parameter bestimmen die Qualität eines Halbleiterkristalls:

* Elektrische Eigenschaften wie Leitfähigkeitstyp, Ladungsträgerdichte, -beweglichkeit und -lebensdauer.

* Kristallographische Eigenschaften wie Orientierung, aber auch Versetzungsdichte und räumliche Verteilung von Versetzungen.

* Technologische und wirtschaftliche Anforderungen wie Ausbeute
und Konstanz des Kristalldurchmessers.

Tatsächlich ist der einzige Parameter eines Kristalls, der bei
seiner Herstellung direkt kontrolliert werden kann, sein Durchmesser. Den Durchmesser der gerade aufwachsenden Zone des Kristalls bestimmt man üblicherweise aus der Zunahme des Kristall-
gewichts mit der Zeit /6/,/7/; durch geeignete Beeinflussung
der Prozeßtemperatur versucht man, seinen Sollwert einzuhalten.
Die übrigen oben aufgezählten elektrischen und kristallographischen Eigenschaften eines Kristalls können dagegen nur indirekt
beeinflußt werden. Die reproduzierbare Herstellung von Kristallen setzt daher die möglichst getreue Wiederholung von Prozeß-
schritten voraus, die zu guten Ergebnissen geführt haben. Dies
ist mit den herkömmlichen, wenn auch teilautomatisierten, Pro-
zeßkontrollsystemen nicht möglich; die Qualität der Kristalle
hängt noch immer weitgehend von der Erfahrung der Kristallzüch-
ter ab. Um die Reproduzierbarkeit des Prozesses zu verbessern,
wurde im Rahmen eines an der Arizona State University laufenden
Forschungsprogramms der konventionelle analoge Prozeßkontroller
einer LEC-Kristallziehanlage für Galliumarsenid durch ein digitales System, basierend auf einem Mikrocomputer, ersetzt.

3. Rechner-Hardware

Die Hardware des Prozeßsteuersystems (CGCS - Czochralski Growth
Control System) basiert auf einem voll ausgebauten, aus handelsüblichen Steckkarten des Intel-Multibus-Systems bestehenden
8-Bit Mikrocomputer. Als Massenspeicher dienen zwei 8"-Disket-
tenlaufwerke. Die Schnittstelle zur Kristallziehanlage bilden
ein 32-Kanal-A/D-Konverter für die analogen Eingangssignale und
ein 16-Kanal-D/A-Konverter für die vom Rechner generierten analogen Steuersignale für die vier Motorsteller und die Thyri-
storregler für bis zu drei Heizkörperzonen. Eine Reihe von digitalen Ein- und Ausgangskanälen wird für die Eingabe von
Schalterstellungen bzw. für die Ansteuerung von Relais, beispielsweise für die Auswahl der Drehrichtungen der vier Motoren, verwendet. Als Ein- und Ausgabegeräte für das Bedienungspersonal dienen ein Bildschirmterminal, ein Matrixdrucker und
ein 12-Kanal-Streifenschreiber.

Die Eingänge des digitalen Prozeßregelsystems liegen parallel zu den Eingängen des bestehenden analogen Reglers. Mittels eines vom Rechner abgegebenen Steuersignals können die Steuereingänge der eigentlichen Kristallziehanlage wahlweise an den Ausgang des analogen oder des digitalen Reglers gelegt werden.

4. Prozeßregelungs-Software

Als Echtzeit-Betriebssystem wurde für das CGCS Intel's Realtime Multitasking Executive für 8080/8085-Prozessoren, iRMX-80, gewählt. Aufgrund der mit einem früheren, ähnlichen System /8/, /9/ gemachten Erfahrungen wurde Wert darauf gelegt, den CGCS-Rechner als unabhängiges "Stand-Alone"-System zu konzipieren, was unter anderem die Verfügbarkeit verschiedener Hilfsfunktionen wie Formatieren von Disketten und Dateienverwaltung voraussetzt. Da iRMX-80 diese Funktionen nicht unmittelbar unterstützt, wurde ein Emulator für das Betriebssystem der Serie II-Entwicklungssysteme von Intel, ISIS-II (Intel's System Implementation Supervisor) entwickelt, für das die erforderlichen Hilfsprogramme vorhanden waren. Der Gesamtumfang der eigentlichen CGCS-Software übersteigt bei weitem den zur Verfügung stehenden Platz im Arbeitsspeicher des Rechners; aus diesem Grunde wurde ein Teil des Programms - der Befehlsinterpreter - mit insgesamt 21 Overlays realisiert.

Die Prozeßregel-Software erlaubt vier prinzipielle Betriebszustände; in der unten angeführten Reihenfolge umfaßt jeder Betriebsmodus die Funktionen aller vorangehenden.

(1) Überwachung: Alle Meßdaten und die zugehörigen Sollwerte werden laufend am Bildschirm des Konsolterminals ausgegeben und bei Bedarf periodisch auf Diskette gespeichert.

(2) Emulation der Funktionen des analogen Prozeßregelsystems: Während im obigen Modus die Kristallziehanlage noch unter der Kontrolle des konventionellen analogen Systems stand, wird sie nun vom digitalen CGCS her betrieben, wobei unterschiedlich komplexe Regelfunktionen wählbar sind. Digital implementierte PID-Regler sorgen für eine Einhaltung der vorgegebenen Sollwerte, die entweder augenblicklich oder linear innerhalb beliebiger Zeiträume auf einen neuen Endwert hin verändert werden können. Neben den "primären" Parametern - Motorgeschwindigkeiten

und Heizkörpertemperaturen - kann eine beliebige Zahl von internen Variablen in einer Diskettendatei deklariert werden, die mit symbolischen Namen identifiziert und beliebig angezeigt, in gleicher Weise modifiziert, oder für interne Entscheidungen (siehe unten) herangezogen werden können. Damit ist eine dynamische Modifikation von beliebigen Programmparametern, etwa von PID-Konstanten, möglich.

(3) <u>Programmgesteuerter Betrieb:</u> Alle für den eigentlichen Kristallziehprozeß relevanten Befehlseingaben an der Bedienungskonsole können, versehen mit einer Zeitmarke, in einer Diskettendatei aufgezeichnet werden. Die resultierenden Dateien werden als "Macro"-Befehle bezeichnet; sie können, wenn notwendig, mittels eines speziellen Programms am CGCS-Rechner editiert oder überhaupt neu generiert werden. Wird zu einem späteren Zeitpunkt der (beliebig wählbare) Name einer Macro-Befehlsdatei als Befehl im CGCS aufgerufen, so werden die in dieser Datei enthaltenen Befehle in der vorgegebenen zeitlichen Abfolge abgearbeitet. Damit können auch komplexe Befehlsfolgen - wie bei allen bisher publizierten Automatisierungsversuchen - exakt wiederholt werden. Dies allein ist aber erfahrungsgemäß wegen der komplexen thermodynamischen Vorgänge beim Kristallziehen nicht ausreichend, um über einen längeren Zeitraum hinweg einen automatischen Betrieb zu garantieren.

(4) <u>"Intelligente" Prozeßregelung:</u> Eine Funktion des CGCS erlaubt, Macro-Befehle dann und nur dann zu starten, wenn ein frei wählbarer Parameter einer bestimmten Bedingung genügt (beispielsweise, größer oder gleich einem konstanten Wert ist). Solche "bedingte Macro-Befehle" können jederzeit während eines Prozesses gegeben werden; sie werden vom CGCS in Evidenz gehalten, bis die Bedingung erfüllt ist und der angegebene Macro-Befehl ausgeführt wird, oder bis der bedingte Befehl explizit gelöscht wird. Da jeder Macro-Befehl, bedingt oder unbedingt, andere Macro-Befehle aufrufen kann, ist die Erstellung komplexer Macro-Programme mit Verzweigungen und Schleifen möglich. Damit war es erstmals möglich, praktisch den ganzen Ziehvorgang unter autonomer Kontrolle des CGCS und ohne wesentliche menschliche Intervention ablaufen zu lassen.

5. Experimentelle Ergebnisse

Die erste funktionsfähige Version des CGCS wurde Ende 1985 fertiggestellt und an einer Cambridge Instruments CI-358-Anlage an der Arizona State University implementiert. In den seither vergangenen etwa eineinhalb Jahren wurden an die 30 Kristalle mit 3" (76 mm) Nenndurchmesser und 4 kg Masse unter digitaler Kontrolle gezogen. Von den im Laufe des letzten Jahres durchwegs praktisch vollautomatisch, ohne nennenswerte Eingriffe des Bedienungspersonals, hergestellten Kristallen waren über 70% Einkristalle mit exzellenter Geometrie (die restlichen knapp 30% waren infolge von Zwillingsbildungen nur bedingt brauchbar). Dem steht eine Ausbeute von etwa 30 Prozent in den konventionellen Anlagen der amerikanischen Industrie entgegen.

6. Schlußfolgerungen

Ein digitales Prozeßkontrollsystem für eine LEC-Kristallziehanlage wurde an der Arizona State University, Tempe, Arizona, entwickelt. Dieses System vereinigt konventionelle deterministische Methoden mit neuartigen heuristischen und erlaubt einen praktisch vollautomatisierten Ablauf des Kristallziehprozesses. Die Ausbeute ist beim digital geführten Prozeß deutlich besser als bei konventioneller analoger Prozeßkontrolle; erste Ergebnisse einer kristallographischen und elektrischen Charakterisierung der mit dem digitalen System gezogenen Kristalle ergaben durchwegs mit dem Standard vergleichbare oder bessere Werte.

Diese Arbeiten wurden unter der Leitung von Dr. G. H. Schwuttke, Direktor, am Semiconductor Materials Laboratory, College of Engineering and Applied Sciences, Arizona State University, Tempe, Arizona, USA, unter DARPA Contract No F49620-85-C-0010 ausgeführt.

Literatur

1. A.E. Zinnes, B.E. Nevis, C.D. Brandle, Automatic diameter control of Czochralski grown crystals; J. Cryst. Growth <u>19</u>, 187 - 192, (1973).

2. D.F. O'Kane, T.W. Kwap, L. Gulitz, A.L. Bednowitz, Infrared
   TV system of computer controlled Czochralski crystal
   growth; J. Cryst. Growth 13/14, 624 - 628, (1972).

3. W. Bardsley, G.W. Green, C.H. Holliday, D.T.J. Hurle, Automatic control of Czochralski crystal growth; J. Cryst.
   Growth 16, 277 - 279, (1972).

4. E. Kubota, Y. Ohmori, K. Sugii, High-quality semi-insulat-
   ing indium phosphide single crystals grown by novel ADC
   system; Inst. Phys. Conf. Ser. No 63/1, 31 - 36, (1981).

5. T. Fukuda, S. Washizuka, Y. Kokubun, J. Ushizawa, M.
   Watanabe, Growth of large-diameter GaP single crystals by a
   computer controlled LEC technique; Inst. Phys. Conf. Ser.
   No 63/1, 43 - 46, (1981).

6. W. Bardsley, D.T.J. Hurle, G.C. Joyce, The weighing method
   of automatic czochralski crystal growth: I. Basic theory;
   J. Cryst. Growth 40, 13 - 20, (1977).

7. W. Bardsley, D.T.J. Hurle, G.C. Joyce, G.C. Wilson, The
   weighing method of automatic czochralski crystal growth:
   II. Control equipment; J. Cryst. Growth 40, 21 - 28,
   (1977).

8. A. Kran, K.M. Kim, K. Riedling, G.H. Schwuttke, P. Smetana,
   Application of computer simulation in advanced crystal
   growth development, Electrochem. Soc. Ext. Abstr., 83-2,
   546 - 547, (1983).

9. K.M. Kim, A. Kran, K. Riedling, P. Smetana, Digital Control
   of Czochralski silicon crystal growth, Solid State Technol.
   28, 1, 165 - 168, (1985).

Steckverbinder für SMT - "Exoten" in der Oberflächenmontage?
H.Holzmann, Burisch Ges.m.b.H., Wien

Das Angebot von in Oberflächenmontagetechnik verfügbaren aktiven und passiven Bauelementen läßt von seiten der Anwender kaum
mehr Wünsche offen. Für elektromechanische Bauteile, von SMT-
Anwendern auch gerne als "Exoten" bezeichnet, wurden jedoch über
Jahre nur unzulängliche Problemlösungen angeboten. Die Gründe
hierfür, aber auch entsprechende Lösungsvorschläge sollen in der
Folge für den Bereich Steckverbindungen, betrachtet werden.

Hierzu sind die Unterschiede zwischen Leiterplatten in Durchsteckmontage bzw. in Oberflächenmontage unter dem Gesichtspunkt
der Leiterplattenausführung und der Lötmethode zu betrachten.
Mit Abb. 1 sind die 3 gebräuchlichsten Methoden, nämlich Durchsteckmontage (A), Mischtechnik (B) und reine Oberflächenmontage
(C) dargestellt. Diese Methoden bestimmen die Auswahl der Löt-
techniken und die Klassifizierung der eingesetzten Bauelemente.

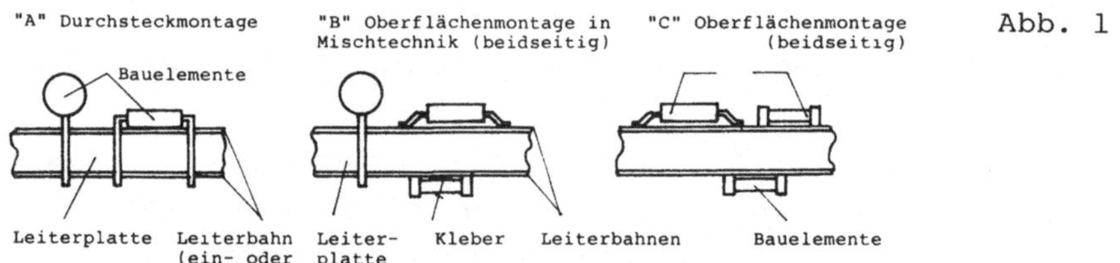

Lötverbindungen auf Leiterplatten sind nicht als kraftschlüssige
Verbindungen zugelassen. Bei Leiterplatten in Druchsteckmontage
werden jedoch in den meisten Anwendungsfällen die Befestigungen
der Steckverbinder nicht benutzt, sondern die beim Stecken und
Ziehen auftretenden Beanspruchungen von den Lötanschlüssen kompensiert. Aus diesen Gründen wurden in den Anfängen der Oberflächenmontagetechnik Steckverbindungen in fast 100 % der Anwendungsfälle in Durchsteckmontage ausgeführt. Die Forderung nach
Automatisierung verlangt jedoch das Eliminieren von "Exoten".
Die an die Stecker-Hersteller herangetragenen Wünsche lassen
sich aus den aufgeführten Leistungsforderungen ersehen:

- Mechanische Beanspruchung
  Die Steckverbinder sowie die Lötverbindungen müssen allen Belastungen, die beim Betätigen auftreten, beschädigungsfrei
  widerstehen können (Steck- und Ziehkräfte, Scherbeanspruchung,
  Vibration, Schockbelastung).

- Thermische Beanspruchung
  Die verwendeten Materialien müssen unter Berücksichtigung der
  Kriterien, wie z. B. Spitzentemperaturbelastung beim Löten,
  Wärmeausdehnungskoeffizienten, Alterungsbeständigkeit etc.
  gleichzeitig noch alle anderen Forderungen an Steckverbinder,
  wie mechanische Stabilität, elektrische Durchschlagsfestigkeit,
  gute Spritzbarkeit usw., erfüllen.

- Geringe Fertigungstoleranzen
  Bei kleinsten Kontaktabständen und dem Wunsch nach automati-
  sierbarer Verarbeitung sind die Fertigungstoleranzen ungleich
  enger als bei Steckverbindern für Durchsteckmontage.

- Niedrige Steck- und Ziehkräfte
  Niedrige Steck- und Ziehkräfte vorlangen edle Kontaktoberflä-
  chen oder erfordern ZIF-Verbindungen.

- Bestehende Standardschnittstellen
  Bestehende Standards wie z. B., DIN 41612, DIN 41651 usw. sind
  eine weitere Einengung für den Konstrukteur, da die Steckbar-
  keit zu diesen Schnittstellen gewährleistet sein muß.

- Automatische Verarbeitung
  Die Forderung nach automatischer Verarbeitung (Integration in
  automatische Fertigungsstraßen) verlangt die Entwicklung von
  Verpackungskonzepten, Bereitstellungssystemen und geeigneten
  Pick und Place Robotern.

- Produktionnovation
  Wünsche wie z. B. höhere Packungsdichte, Abschirmung usw.
  stellen weitere Herausforderungen an den Konstrukteur dar.

Ausgehend von diesen Anforderungskriterien kann man die Entwicklung von Steckverbindern für Oberflächenmontage in 3 Abschnitte
unterteilen:

Phase A: Die Anpassung bestehender Steckverbinder ist in ver-
         schiedene Bereiche unterteilt:

Thermische Anpassung - Durch Auswahl geeigneter Kunststoffe lassen sich die geforderten Temperatur-, Toleranz- und Ausdehnungs-
anforderungen erfüllen. Dies bedingt jedoch neue Spritzformen,
da die geänderten Kunststoffe auf Grund unterschiedlichen
Schrumpfverhaltens nicht mit der geforderten Maßgenauigkeit ge-

spritzt werden können. Darüber hinaus kann durch entsprechende Abstimmung der Wärmeausdehnungskoeffizienten von Leiterplatte und Steckverbinder die Scherbelastung der Lötstellen besser beherrscht werden.

Chemische Anpassung - Neben den thermischen Beanspruchungen muß der verwendete Kunststoff auch gegen Flux- und Reinigungsmittel, etc. beständig sein.

Mechanische Anpassung - Die mit Abb. 2 gezeigten Befestigungen der Verbinder zur Platine sind nur 3 von vielen Möglichkeiten. Angespritzte Einpreßstifte ermöglichen die exakte Positionierung des Steckers und sind durch anschließendes Verschweißen zusätzliche mechanische Entlastung gegen Zug- und Scherkräfte. Klebebefestigung, Niet- oder Schraubmontage, Einschnappverbindungen, usw. stellen weitere Lösungen dar.

Abb. 2

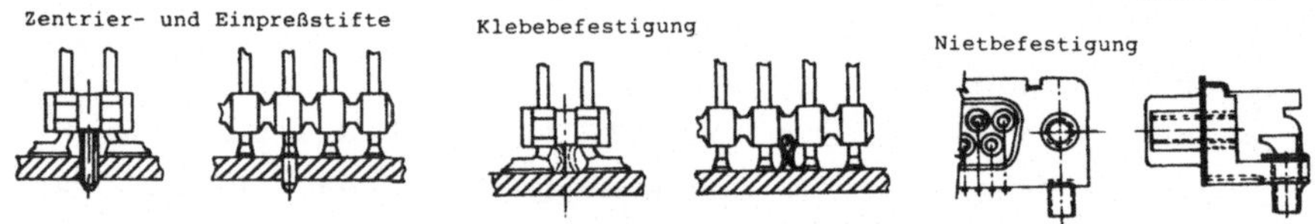

Kontakt Anpassung - Im Gegensatz zur Drahtanschlußform für Durchsteckmontage müssen die Anschlüsse für Oberflächenmontage weitere Funktionen übernehmen. So sollen sie neben der elektrischen Zuverlässigkeit auch abfedernde Funktionen bei mechanischer Belastung und bei unplaner Auflage einen gewissen Tolernazbereich abdecken. Die Vor- und Nachteile der Kontaktformen "Gullwing" und "J-Lead" können in Abb. 3 ersehen werden.

Abb. 3

Kontaktausführungen:	Gullwing	"J"-Anschluß
Federung X - Y (verringert den Einfluß thermischer Ausdehnung und mechanischer Beanspruchung)	+	-
Federung Z (Anpassung an nicht plane Auflage)	+	-
Prüfbarkeit (visuell)	-	+
Packungsdichte	-	+

Steck- und Ziehkräfte - Vielpolige Verbinder erfordern hohe
Steck- und Ziehkräfte, die bei unsachgemäßer Betätigung unkontrollierte Beanspruchungen der Lötstelle verursachen. Die Kräfte
lassen sich durch Kontaktausführung, Kontaktmaterialien, Kon-
taktoberflächen usw. beeinflussen. Für Anwendungsfälle mit starker Beanspruchung stehen LIF- oder ZIF-Verbinder zur Verfügung.

Phase B: Die Forderung nach automatischer Bestückung im Bereich
der Oberflächenmontage erforderte für Steckverbinder gänzlich
neue Entwicklungen. Hierbei war zu berücksichtigen, daß weder
die vorhandenen Verpackungen für Bauelemente noch die Verarbei-
tungsgeräte den Anforderungen von Steckverbindern entsprachen.
Die Hauptanforderung für Steckerverpackungssysteme stellen sich
wie folgt dar:

- größtmögliche Anzahl von Steckverbindern pro Verpackung
- automatenfreundliche, lagerichtige Positionierung
- mechanisch stabile Ausführung zum Schutz der Bauteile
- Schutz gegen elektrostatische Aufladung
- schnelle Austauschbarkeit ohne lange Stillstandzeiten
- sequentielle Bestückung unterschiedlicher Bauteile
- kostengünstige Verpackung
- zu den Verpackungen passende Bereitstellungssysteme

Die nicht vollständige Liste von Forderungen läßt erkennen, daß
ein universelles Verpackungssystem nicht entwickelt werden kann.
Zur Zeit werden 4 Lieferformen angeboten, die den Kundenanforde-
rungen entsprechend wiederum modifiziert werden können. Die Vor-
und Nachteile dieser Verpackungen sind wie folgt:

Lose Verpackung (Schüttgut)
Diese Verpackungsform ist zwar die preiswerteste Lösung, sie
bietet jedoch keinen Schutz gegen mechanische Beschädigung. Die
lose Verpackung erfordert in den meisten Fällen eine Zuführung
zum Bestückungsautomaten mittels Rüttler, so daß sich der ursprünglich vorhandene Preisvorteil wieder reduziert.

Stangenmagazinverpackung
Diese Verpackung ist vergleichbar mit den Standard-DIP-Verpak-
kungen. Die Form ist abhängig von Abmessungen der Steckverbinder
und das Aufnahmevolumen hängt von Typ und Größe ab. Die Verpak-

kung in Schienen ist technisch eine gute Lösung, die Kosten
sind aufgrund der begrenzten Aufnahmefähigkeit jedoch recht hoch.
Die Bereitstellungssysteme sind zur Aufnahme von Magazinsätzen
ausgelegt. Die Bauform erlaubt die modulare Anordnung von mehreren Systemen für Verbinder unterschiedlicher Bauform oder Pol-
zahl. Durch die Steckerreserve im Bereitstellungssystem ist ein
Nachladen ohne Anlagestillstand möglich.

Rechteck-Magazinverpackung
Verwendbar bei mittleren bis großen Stückzahlen. Dieses System
ist vergleichbar mit der Schienen-Verpackung jedoch werden die
einzelnen Schienen nicht nur übereinander, sondern zusätzlich
auch noch nebeneinander gestapelt.

Gurt- und Rollenverpackung
Diese Art der Verpackung wird empfohlen bei hohen Stückzahlen.
Abweichend von anderen Bauelementen sind in den meisten Fällen
die Abmessungen der Steckverbinder größer, dementsprechend die
Gurte auch breiter. Während bei aktiven und passiven SMD's Gurte
mit den Breiten 8, 12, 16 und 24 mm zum Einsatz kommen, bietet
Molex entsprechend dem EIA RS 481A Standard 56 mm und für große
Steckverbinder 80 mm breite Gurte an. Berücksichtigt man alle
Verpackungsarten, die Arten der Zugriffsmöglichkeiten, die Tole-
ranzen und Zuführsysteme, so bietet diese Art der Verpackung ein
Maximum an Effektivität. Nachteile dieser Verpackungsform sind
z. B. erschwerte Bedingungen bei AQL-Prüfungen, so daß diese
Verpackung in den meisten Fällen mit einer "Zero defect"-Forde-
rung des Abnehmers verbunden ist.

Bereitstellungssysteme und Pick and Place-Roboter (Abb. 4)
Entsprechend der Verpackungssysteme sind wiederum hierzu die
darauf abgestimmten Bereitstellungssysteme erforderlich. Diese
Systeme müssen nicht nur den störungsfreien Betrieb sichern sondern auch andere Kriterien, wie z. B.
- kompakte Bauweise zur besten Nutzung des Zugriffsbereiches
- flexible Umrüstung auf andere Steckformen oder Polzahlen
- kontinuierliche Fertigung durch Reserve für das Nachladen
- schnittstellenkompatibel zu vorhandenen Bestückungsrobotern
- erforderliche Präzision bei engsten Toleranzen zur störungsfreien Montage
erfüllen.

Pick and Place Roboter mit Bereitstellungssystemen

Abb. 4

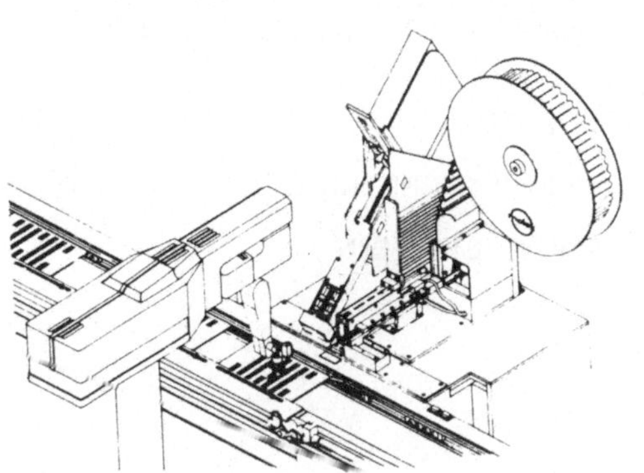

Phase C: Unter diesen Bereich fallen alle derzeit laufenden Entwicklungen und Studien. Angefangen von Entwicklungsprojekten wie
z. B. kleinere Rasterabstände, ZIF- oder LIF-Stecker, abgeschirm-
te I/0 Stecker über die konstruktive Anpassung von Steckern an
neue Lötmethoden bis hin zu Grundlagenuntersuchungen für neue
Steckermaterialien steht für den Steckverbinderhersteller ein
großes Betätigungsfeld offen (Abb. 5 und 6)

Abb. 5   Abb. 6

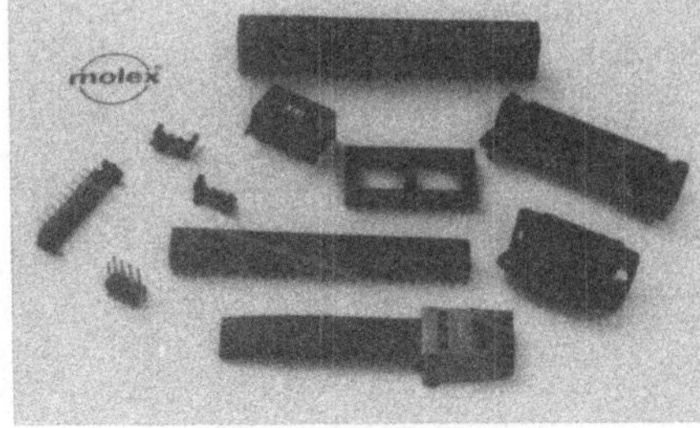

Die Forderungen aus Phase A bis C lassen erkennen, daß nur eine
lückenlose Verkettung von der ersten Stufe der Steckerauswahl
über die zweckmäßigste Verpackungsform sowie die Auswahl des geeigneten Bereitstellungssystemes bis hin zum Pick and Place Roboter die optimale Problemlösung für den Anwender garantieren kann.
Nur ein Fertigungskonzept unter Mitarbeit aller beteiligten Stellen (Entwicklung, Fertigung, Planung, Beschaffung, Qualitätskontrolle) und die Auswahl von Lieferanten mit entsprechender Ferti-
gungstiefe und Entwicklungskapazität stellt sicher, daß alle Vorteile der Oberflächenmontagetechnik voll zum Tragen kommen.

ZWEI-DIMENSIONALE TRANSIENTE SIMULATION DES EINSCHALT-VERHALTENS EINES PLANAREN MOS-TRANSISTORS

W.Kausel, G.Nanz, S.Selberherr, H.Pötzl

Institut für Allgemeine Elektrotechnik und Elektronik
Abt. für CAE
TU - WIEN, Gußhausstraße 27-29, A-1040 WIEN

ZUSAMMENFASSUNG:

Auf Grund der steigenden Schaltgeschwindigkeiten integrierter Schaltkreise ist das Schalt-verhalten von MOS-Transistoren von größter Bedeutung für den Bauelementhersteller. MOS-Transistoren finden nicht nur in herkömmlichen CMOS- Logik-Schaltungen Verwendung, sondern auch in Leistungsbauelementen (z.B: MOS gesteuerten Thyristoren). Wir zeigen daher eine vollständige zwei dimensionale transiente Simulation des Ein- und des Ausschaltvorganges eines planaren MOS- Transistors mit einer Kanallänge $L_{eff}=0.7\mu m$. Die Simulation wurde mit dem Device Simulator BAMBI durchgeführt, der die drei Halbleitergleichungen mit Hilfe eines Newton- Algorithmus auf einem Rechteckortsgitter und einem Zeitgitter simultan löst [1,2].

1.Einschaltvorgang

Das Dotierungsprofil des simulierten Transistors zeigt Bild 1. Es handelt sich hierbei um ein realistisches Profil, das mit Hilfe analytischer Funktionen [3] gewonnen wurde. Auf eine tiefe Kanalimplantation wurde verzichtet, da diese ohne Bedeutung für das transiente Verhalten des Bauelementes ist und in den betrachteten Spannungsbereichen kein Durchbruch auftritt. Die Kanaldotierung unterhalb des Oxides beträgt $N_a=1\cdot10^{17}cm^{-3}$, die Substratdotierung $N_a=6\cdot10^{15}cm^{-3}$; die Oxiddicke ist $d_{ox}=250$Å.

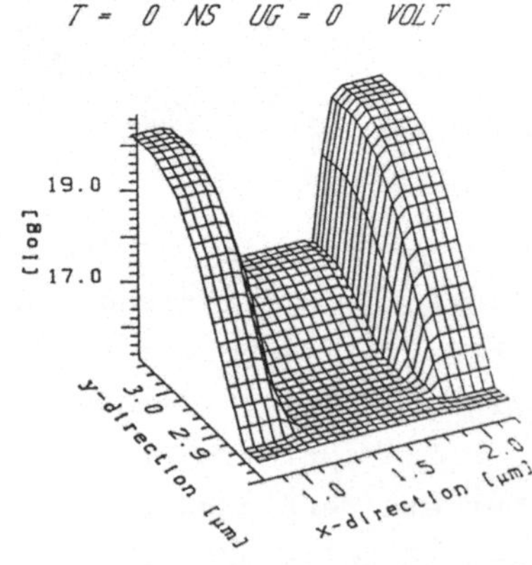

Abb. 1

Bei einer Drainspannung von $V_d = 5V$ wird am Gate nach 20ps mit einer Spannungsrampe angesteuert, die in 50ps von -0.3V auf 7V ansteigt, wodurch der Transistor in den Triodenbereich geschaltet wird.

Die Bilder 2-9 zeigen nun die Entwicklung der Elektronenkonzentration und der Löcherkonzentration im Kanalbereich. Im stationären Zustand sind die Trägerdichten im thermodynamischen Gleichgewicht (Abb. 2,3). Deutlich ist die drainseitige Raumladungszone (RLZ) durch den Beginn des Anstieges der Elektronenkonzentration bzw. des Abfalles der Löcherkonzentration bei $x = 1.6\mu$m zu erkennen. Unmittelbar unter dem Gate ergibt sich in der RLZ ein kleine Akkumulation von Löchern. Schon nach 10ps ist die Elektronenkonzentration signifikant angestiegen, und man sieht, daß sich eine Inversionsschicht ausbildet, während die Löcher langsam von der Oberfläche wegfließen(Abb. 4,5). Drainseitig ist die RLZ unverändert geblieben, und die Träger können den pn-Übergang nicht passieren, während sourceseitig die Sperrwirkung fast

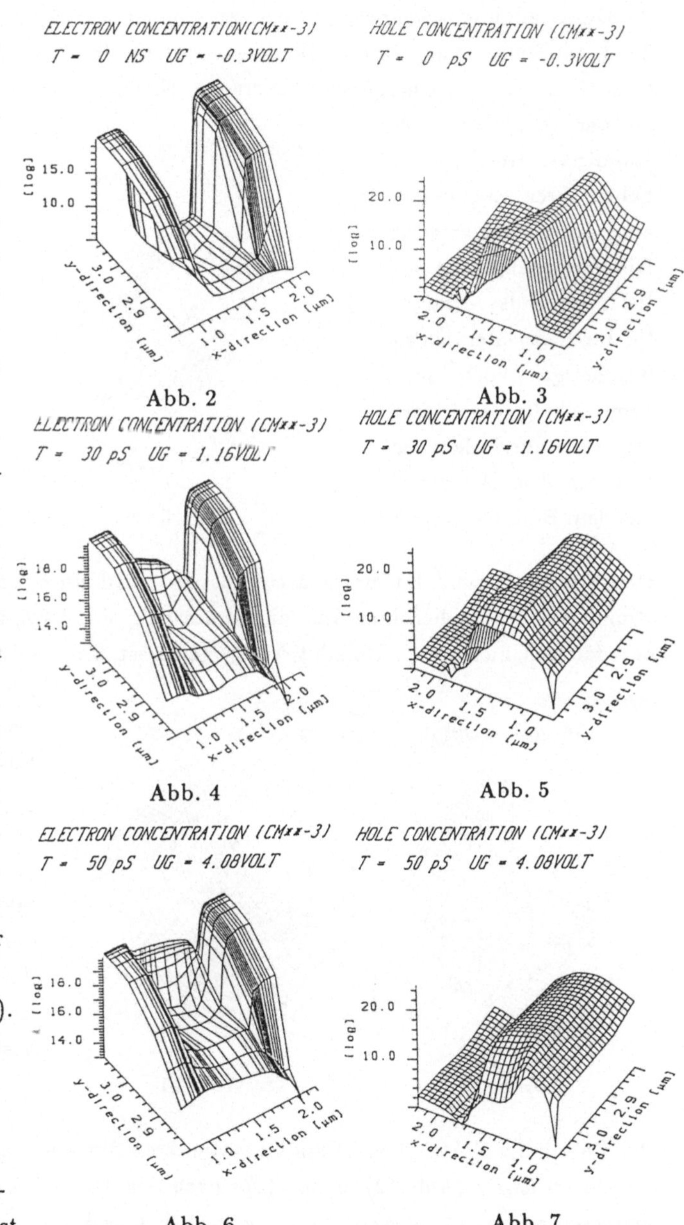

Abb. 2   Abb. 3

Abb. 4   Abb. 5

Abb. 6   Abb. 7

völlig verloren gegangen ist und die erhöhte Löcherkonzentration schwache Injektion anzeigt. Dieser Prozess setzt sich fort, und weitere 20ps später ist der Kanal bis auf eine kleine Pinch-Off Zone fast vollständig aufgebaut, unter der sich noch immer ein transversales Feld befindet, das die kleine Anhebung der Konzentration hervorruft(Abb. 6). Die Löcher verarmen an der Oberfläche und fließen weiterhin zurück in die Bulkregion (Abb. 7). Bild 8 zeigt, daß die Elektronen nach 50ps ihren Endzustand erreicht haben, da die Gatespannung weit über der Einsatzspannung liegt. Die Inversionsschicht ist durchgehend von Source nach Drain vorhanden und tiefer im Bulk hat die Elektronenkonzentration bis zu den pn-Übergängen konstantes Niveau. Die Löcher sind zwar unmittelbar

an der Oberfläche vollständig verarmt (Abb. 9), haben ihren Endzustand aber noch nicht erreicht. Die Verarmung setzt sich tiefer im Bulk, drainseitig durch das laterale Feld begünstigt, noch nach dem Schaltprozess fort, was auch durch den Verlauf des Kontaktstromes aus dem Bulk bestätigt wird.

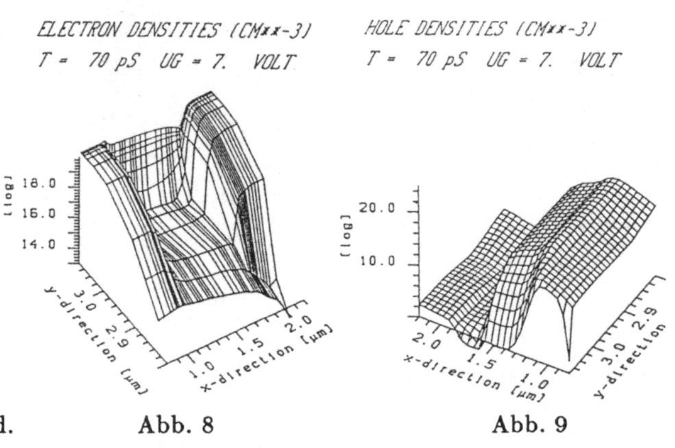

Abb. 8

Abb. 9

Der Potentialverlauf im stationären Zustand wird durch den Verlauf der RLZ'n bestimmt, wobei zu beachten ist, daß drainseitig die RLZ tiefer im Bulk, auf Grund der dortigen niedrigeren Bulkdotierung, gößer ist als unmittelbar unterhalb der Oberfläche (Abb. 10). Im Laufe des Schaltvorganges steigt das Potential an der Oxidgrenzschicht entsprechend der Elektronenzunahme kontinuierlich an, bis es schließlich in der gesamten Region zwischen Source und Drain, durch die hohe negative Ladung (Elektronen und Akzeptoren), einen Zustand mit positiver Krümmung annimmt (Abb. 11).

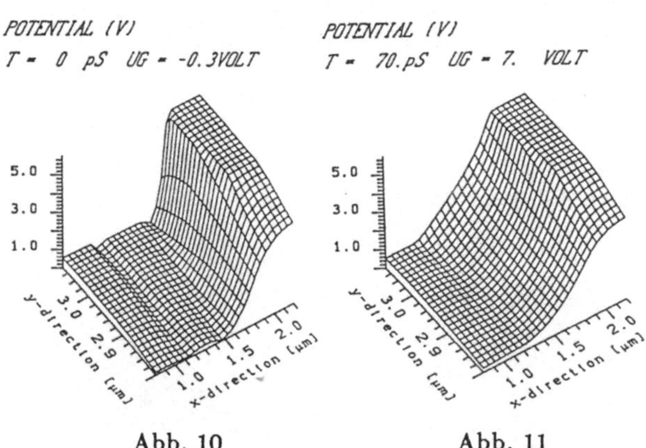

Abb. 10

Abb. 11

Der Betrag des elektrischen Feldes im stationären Zustand zeigt uns deutlich den Verlauf der beiden RLZ'n (Abb. 12). Schon 10ps nach Beginn des Einschaltvorganges ist das Feld sourceseitig fast völlig verschwunden (Abb. 13). Gleichzeitig entsteht an der Grenzschicht ein Inversionsfeld, das den Kanalaufbau verursacht. Drainseitig hat sich die Feldspitze unter dem Oxid verkleinert. Die Feldrichtung an dieser Stelle weist natürlich immer noch eine starke Komponente in positive y-Richtung auf. Nach 70ps (50ps nach Beginn des

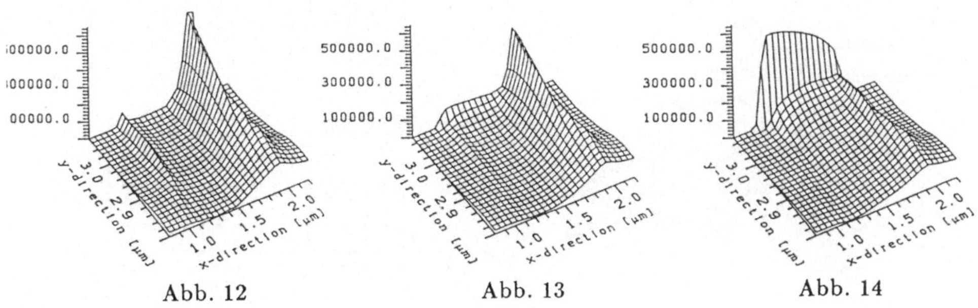

Abb. 12   Abb. 13   Abb. 14

Einschaltvorganges) ist das Maximum der Gate-spannung erreicht, das Feld unmittelbar an der Halbleiteroberfläche ist stark angestiegen (Abb. 14). Es weist über die ganze Kanallänge in negative y-Richtung. Ab 0.2μm Tiefe ergibt sich drainseitig eine stark reduzierte laterale Feldkomponente (Abb. 15).

Die Bilder der Elektronenstromdichte beweisen, daß der Kanal anfänglich nur von Source her aufgebaut wird, da der drainseitige pn-Übergang gesperrt ist. Die Elektronenstromdichte hat genau am pn-Übergang einen

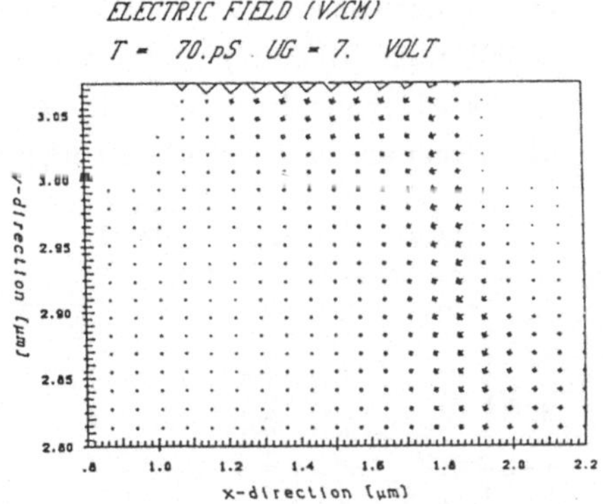

Nulldurchgang (Abb. 16) und wechselt dort die Richtung (Abb. 17). Mit fortschreitendem Wachstum der Inversionsschicht steigt die Elektronenstromdichte dramatisch an (Abb. 18), wobei sich nahe von Source ein Maximum ergibt. Dieses Maximum ist durch eine Strompfadeinschnürung begründet (Abb. 19), die durch die Feldrichtung (Abb. 15) hervorgerufen wird.

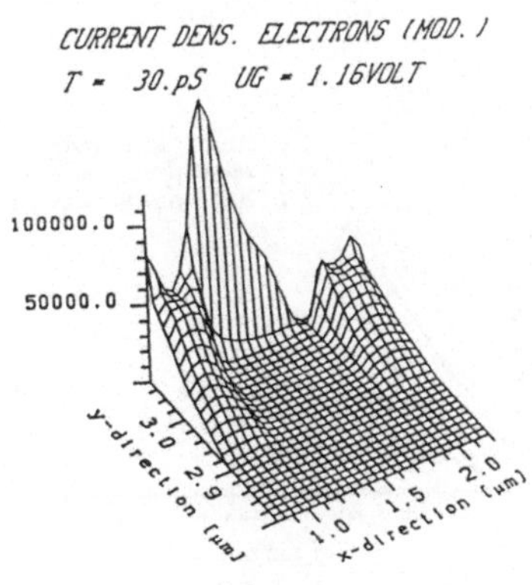

Abb. 16

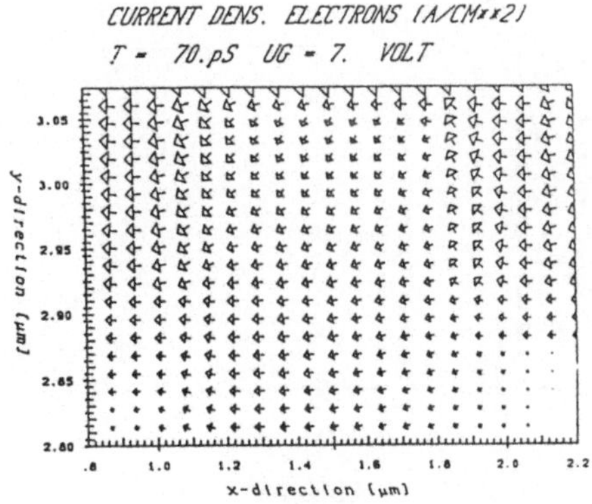

Abb. 17

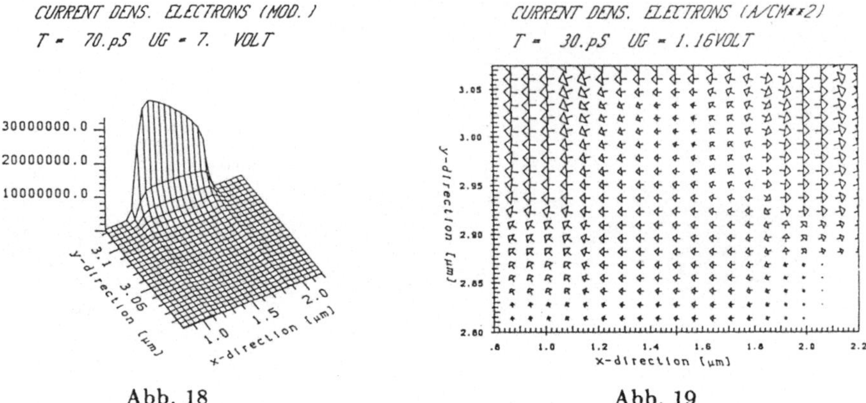

Abb. 18

Abb. 19

Der Löcherstrom führt die Löcher von der Halbleiteroberfläche zurück in den Bulk und zum Bulkkontakt (Abb. 20). Die Stromrichtung ergibt sich aus der Feldrichtung. Deutlich ist die Verschiebung der Stromdichte tiefer zurück in den Bulk entsprechend der Verarmung der Löcher an der Oberfläche zu erkennen(Abb. 21), bis schließlich ein schmaler Strompfad entsteht, der die verbleibenden Löcher aus dem Gebiet abführt (Abb. 22).

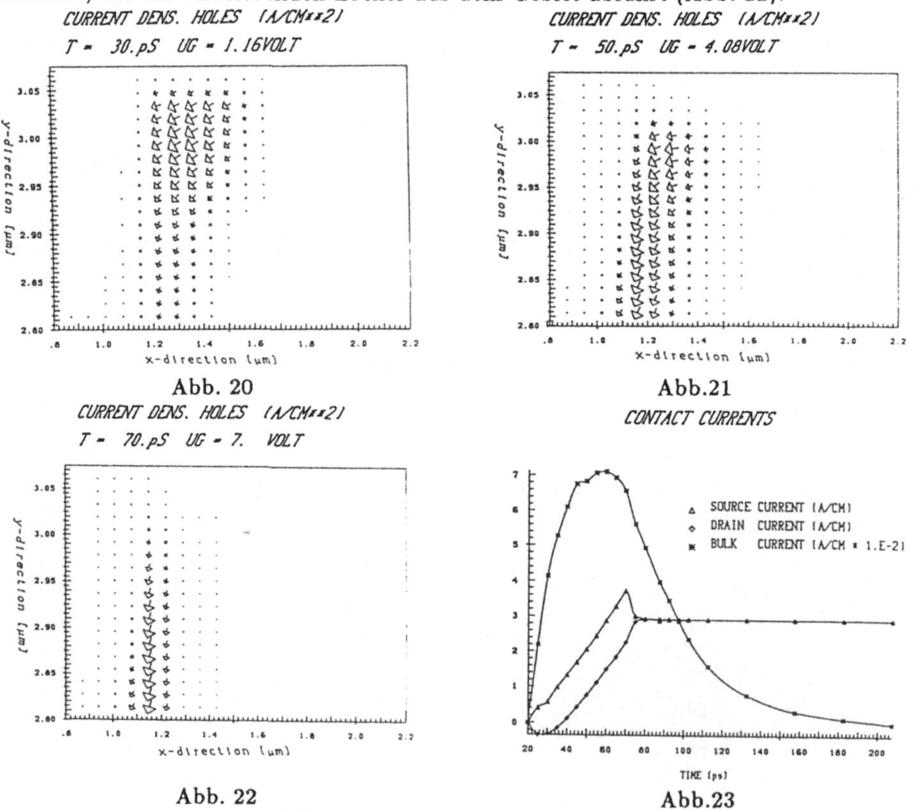

Abb. 20

Abb.21

Abb. 22

Abb.23

Der Verlauf der Kontaktströme(Abb. 22) zeigt typisches transientes Verhalten. Source-
und Bulkstrom fließen aus dem Bauelement heraus, während der Drainstrom anfänglich ebenfalls herausfließt, entsprechend der Transitzeit der Kanalladung, nach einer Verzögerungszeit von τ_d =18ps sein Vorzeichen aber wechselt. Die Differenz von Source- und
Drainstrom vom stationären Stromwert I_0 ergibt sich nach [4,5] durch den Aufbau der
Speicherladung im Kanalbereich.

$$I_0 = -0.5 \cdot \mu \cdot C_{ox} \cdot \frac{W}{L} \cdot (V_{gd}^2 - V_{gs}^2) \tag{1}$$

$$I_s(t) = I_0 - \frac{dQ_s}{dt} \tag{2}$$

$$I_d(t) = I_0 + \frac{dQ_d}{dt} \tag{3}$$

$$Q_s(t) = -q \cdot W \cdot \int_A \left(1 - \frac{y}{L}\right) \cdot n(x,y,t) \cdot dA \tag{4}$$

$$Q_d(t) = -q \cdot W \cdot \int_A \frac{y}{L} \cdot n(x,y,t) \cdot dA \tag{5}$$

(1) beschreibt die stationäre Stromkennlinie. (2),(3) beschreiben die transienten Kontakt-
ströme. Die Speicherladungen ergeben sich aus der gewichteten Integration über die
Elektronenverteilung und über die Fläche A unterhalb des Gates (4),(5).
Der Bulkstrom steigt stark an, entsprechend dem Aufbau der RLZ unterhalb des Gates,
erreicht vor dem Endwert der Gatespannung sein Maximum und nimmt dann langsam ab,
bis die Löcher ihre stationäre Verteilung erreicht haben.

Literaturverzeichnis:

[1] A.F.FRANZ, G.A.FRANZ, BAMBI-A Design Model for Power MOSFET's
   in IEEE Trans. on CAD, Vol.Cad-4, No.3, July 85, p.177
[2] A.F.FRANZ, G.A.FRANZ, S.SELBERHERR, CH.RINGHOFER, P.MARKOWICH
   Finit Boxes-A Generalization of the Finite-Differences Method Suitable for
   Semiconductor Device Simulation
   in IEEE Trans.on Electr.Dev., Vol. ED-30, No.9, Sept 83
[3] S.SELBERHERR, Analysis and Simulation of Semiconductor Devices,
   Springer-Verlag 1984
[4] SOO-YOUNG OH, D.E.WARD, R.W.DUTTON
   Transient Analyses of MOS Transistors
   in IEEE Trans. on Electr.Dev., Vol. ED-27, No.8, Aug.80
[5] K.GOSER Einschaltzeiten und Umladungsvorgänge bei MOS-Transistoren
   in AEÜ, Band 24, 1970, Heft 1

<u>MASSNAHMEN ZUR SICHERUNG DER ZUVERLÄSSIGKEIT IM PROZESSDATENSYSTEM mPDS 4000</u>

H. Leopold, R. Röhrer

Institut für Elektronik der Technischen Universität Graz und
Laboratorium für Sensorik der Forschungsgesellschaft Joanneum, Graz

ZUSAMMENFASSUNG:

Im vorliegenden Beitrag werden jene Maßnahmen beschrieben, die dem im Arbeits-
kreis der Verfasser entwickelten und durch die A. Paar KG, Graz, gefertigten
Prozeßdatensystem mPDS 4000 die geforderte Zuverlässigkeit verleihen und es
den rauhen elektrischen, mechanischen und chemischen Bedingungen seiner "Arbeitswelt" anpassen.

Die erfolgreiche Entwicklung elektronischer Einrichtungen für die Automation
industrieller Prozesse ist vorrangig durch den Aspekt der Systemzuverlässigkeit motiviert. Der im Wert kleine Anteil der elektronischen Instrumentierung
bestimmt die Verfügbarkeit der ganzen - oft sehr kostspieligen - Anlage und
entscheidet nicht selten über den betriebswirtschaftlichen Erfolg großer Investitionen. Diese Tatsache ist erfahrenen (meist großtechnischen) Betreibern
industrieller Prozesse und verantwortungsvollen Elektronikherstellern voll
bewußt. Unklarheit darüber herrscht häufig im Bereich der nichtelektronischen
Klein- und Mittelbetriebe, also in einer der großen potentiellen Anwender-
gruppen, und bei vielen Anbietern von Datenerfassungsgeräten und -systemen,
die in Verbindung mit einem Personalcomputer Prozeßaufgaben aus der Sicht
ihrer Rechnerleistung lösen können.

Das busorientierte modulare Konzept /1/, /2/ des Prozeßdatensystems mPDS 4000
als die Grundlage für die Flexibilität in der Anwendung macht die Maßnahmen
besonders wichtig, erschwert aber ihre Durchsetzung im Vergleich zu einem
System fester Konfiguration. Mechanisch besteht das System aus einem oder
mehreren 19-Zollrahmen mit bis zu 10 steckbaren Modulen pro Rahmen. Zur Verbindung mit der Außenwelt ist jedem Modul ein eigenes Abteil im Klemmenkasten

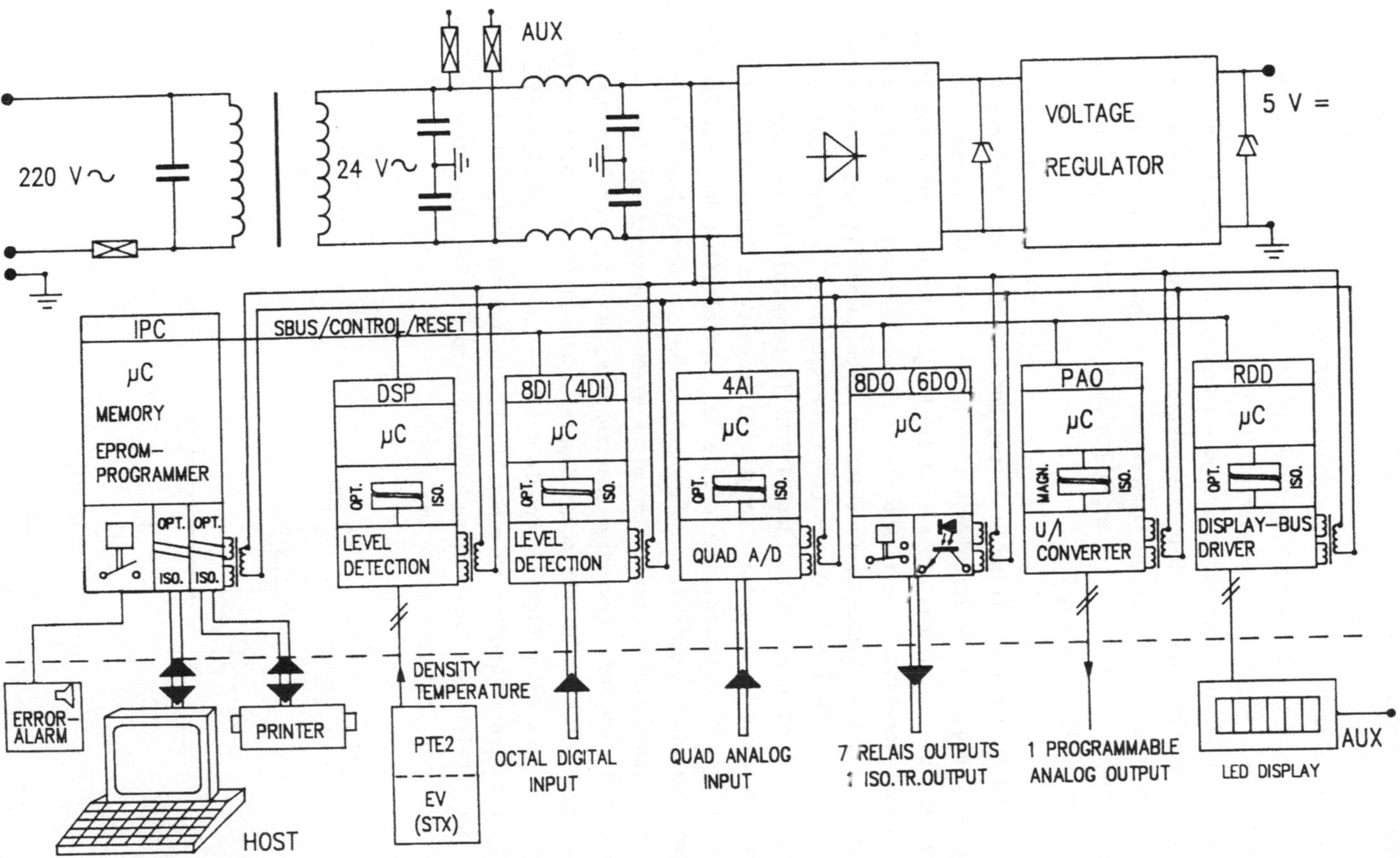

Abb. 1. Stromversorgung und Potentialtrennung im Prozessdatensystem mPDS 4000

zugeordnet, welches zugänglich ist, wenn der 19-Zollrahmen zur Seite ge-
schwenkt wird. Im geschlossenen Zustand ist das robuste Stahlgehäuse (für
Wand-oder Gestellmontage) dicht. Das Tastenfeld und die Anzeige in der Frontplatte werden nur bei der Inbetriebnahme und der Kalibrierung von Sensoren
verwendet. Sie sind daher hinter der durchsichtigen Abdeckung angeordnet.
Tastenfeld und Anzeige übernehmen auch die Funktion der notwendigen Ein-
stellorgane in allen Modulen. Die Konstruktion ist daher frei von allen
mechanischen Schaltern und Schleifkontakten. Da im ganzen System nur Halbleiterspeicher Anwendung finden, entfallen auch die mechanischen Probleme
der üblichen Speichermedien.

Das dichte Gehäuse erlaubt keine Belüftung und zwingt zu sorgfältiger Aus-
nützung der Energie um die Innentemperatur im Interesse der Lebensdauer der
Bauelemente klein zu halten. Daher wird ein Ringkerntransformator höchsten
Wirkungsgrades verwendet. Die in Abb. 1 sichtbare kapazitive Beschaltung der
Sekundärwicklung bildet mit der parasitären Koppelkapazität des Transformators
einen kapazitiven Teiler 1:100. Ein LC-Filter schwächt die verbleibenden Störspannungen vom Netz und jene aus dem 24 V Hilfsstromkreis hinreichend ab.
Schnelle Suppressordioden und ein sorgfältig ausgelegter Schaltregler /3/
garantieren eine störungsfreie Versorgung des Digitalteiles des Systems, der
nirgendwo elektrischen Kontakt zur Außenwelt aufweist. Jedes Modul verfügt
über einen eigenen Kleintransformator mit kleiner Streukapazität für die Versorgung seines nach außen gewandten Schaltungsteiles und einen langsamen
optischen oder schnellen magnetischen Koppler (Abb. 2) für die potentialfreie
Übertragung zweiwertiger Signale. Module mit D/A- oder A/D-Funktion enthalten
die Koppler mitten im Wandler an einer Stelle, an der die Information zeit-
kodiert dargestellt ist. Durch diese Maßnahme wird der Genauigkeitsengpaß der
üblichen analogen Trennverstärker umgangen.

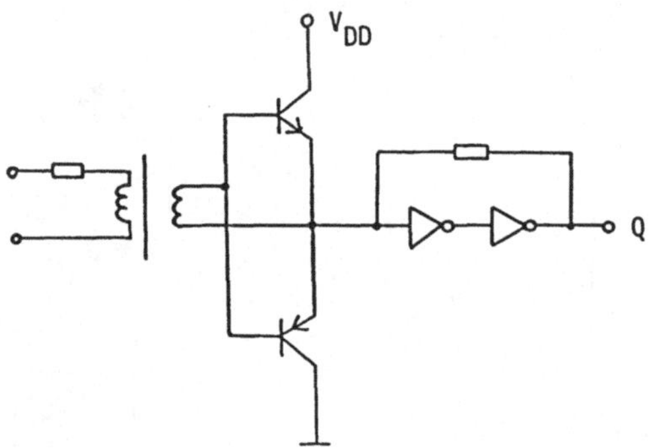

Abb. 2. Magnetischer Koppler zur schnellen Übertragung zweiwertiger Signale

Das System mPDS 4000 benötigt für seine Datenintegrität keine unterbrechungsfreie Stromversorgung. Die Versorgung des Digitalteiles wird sorgfältig überwacht. Bei einer Unterschreitung des unteren Grenzwertes der Betriebsspannung
werden die Daten im batteriegepufferten Speicher gesichert. Die Überwachung
und Sicherung ist im vollen Bereich der möglichen Versorgungsspannung (0 - 5 V)
wirksam. Abb. 3 zeigt die Überwachungsschaltung, die auch mit einem "Watchdog"
kombiniert ist. Große Kondensatoren halten die Versorgungsspannung während
kurzer Netzeinbrüche innerhalb des zulässigen Bereiches.

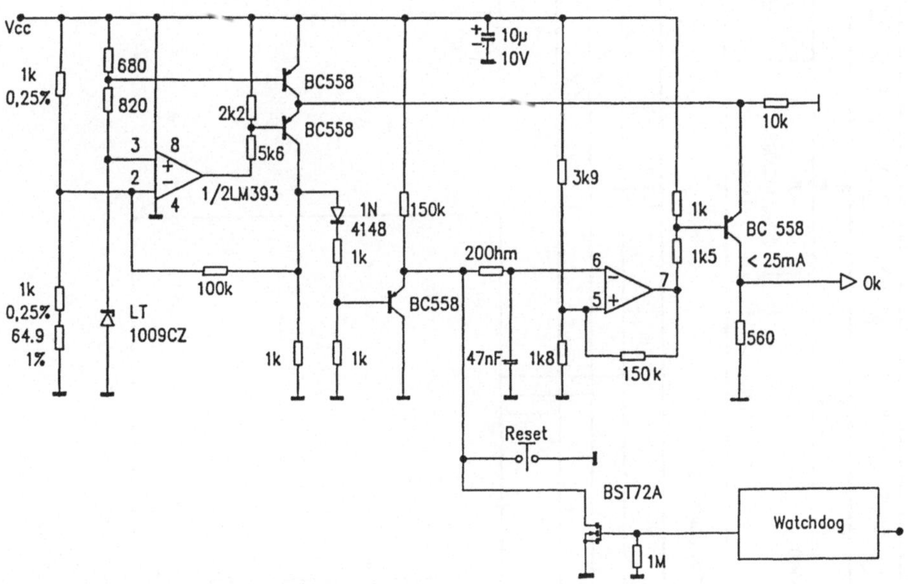

Abb. 3. Überwachung der Versorgungsspannung

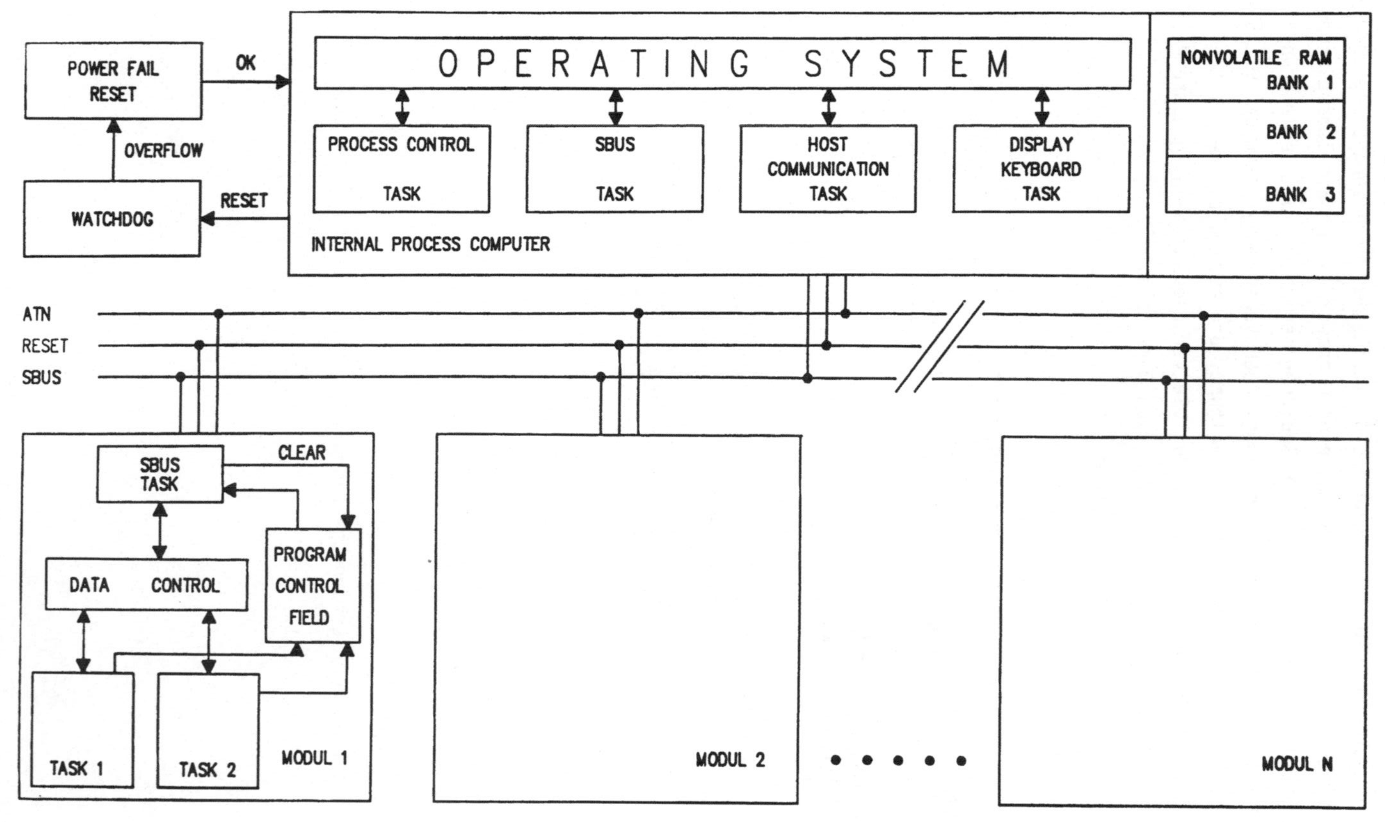

Abb. 4. Hierarchische Überwachung der Software

111

Die Störsicherheit der Software wird durch eine hierarchische Tasküberwachung gewährleistet, wie sie in Abb. 4 dargestellt ist. Alle Module des Systems mPDS 4000 enthalten eigene Mikrocomputer, die über den gemeinsamen SBUS mit dem internen Prozeßrechner (IPC) gekoppelt sind. Dem Mikrocomputer eines Moduls sind meist verschiedene Echtzeitaufgaben zugeordnet, die von den einzelnen Tasks bearbeitet werden. In diesen Programmen sind mehrere Stellen vorgesehen, bei deren Passieren in einem Programmkontrollfeld Bits gesetzt werden müssen, die den korrekten Programmablauf signalisieren. Übergeordnet fragt der den SBUS bedienende Programmteil dieses Kontrollfeld ab und löscht die Eintragungen. Bei einer fehlenden Eintragung oder einem Ausfall des Bustasks selbst gibt das Modul dem Prozeßrechner keine oder eine fehlerhafte Antwort, worauf dieser das Modul zurücksetzt und ihm über die Steuerleitung ATN zeigt, daß es sich um keinen Neustart des gesamten Systems handelt. Der Prozeßrechner selbst wird von einem "Watchdog" überwacht, der periodisch vom installierten Programm zurückgesetzt werden muß.

Die Prozeßparameter und Angaben über die Systemkonfiguration sind in einom batteriegepufferten RAM dreifach (redundant) gespeichert. Während des Programmlaufs wird dieses RAM zyklisch überprüft und, wenn nötig, nach dem Verfahren "Best of three" richtiggestellt. Die umfangreichen Fehlerbehandlungen im System sind in /2/ beschrieben.

Die erwähnten Maßnahmen waren großteils vor der Produktionsüberleitung geplant worden. Ein kleiner Teil ist erst das Resultat aus den betrieblichen Erfahrungen mit dem Einsatz von etwa 50 Anlagen in sehr unterschiedlichen Prozessen.

<u>Literatur</u>

1. Röhrer, R., Stöckler, G.: Konzept eines modularen Systems zur Erfassung und Verarbeitung von Meßdaten. In: Mikroelektronik in Österreich, ME 85, S. 262-266. Wien-New York: Springer. 1985
2. Röhrer, R., Stöckler, G.: Ein Betriebssystem für einen Single-Chip-Basic Computer zur Verwaltung der Meßdatenverarbeitung. In: Mikroelektronik in Österreich, ME 85, S. 267-272. Wien-New York: Springer. 1985.
3. Leopold, H., Winkler, G.: Ein Spannungsregler mit unterlagerter, getakteter Stromregelung. Im selben Band.

EIN SPANNUNGSREGLER MIT UNTERLAGERTER, GETAKTETER STROMREGELUNG

H. Leopold, G. Winkler

Institut für Elektronik der Technischen Universität Graz

ZUSAMMENFASSUNG:

Das Konzept eines linearen Spannungsreglers mit unterlagertem, getaktetem
Stromregler vereint den guten Wirkungsgrad getakteter mit dem wünschens-
werten dynamischen Verhalten stetiger Regler. Die fließenden Ströme sind
immer unter Kontrolle, Maßnahmen zur Kurzschlußstrombegrenzung und zum sanf-
ten Start sind überflüssig. Ein entsprechend entwickeltes Netzgerät für zuverlässige µC-Anwendungen bestätigt die Richtigkeit der aufgezeigten Argu-
mente.

Trotz der bekannten Nachteile (Störstrahlung, schlechtes dynamisches Verhalten, aufwendige Schaltungstechnik, Welligkeit der Ausgangsspannung) werden Schaltregler wegen ihres guten Wirkungsgrades in zunehmendem Maße linearen
Reglern mit ihren zu kühlenden Leistungstransistoren vorgezogen. Das Konzept
des linearen Spannungsreglers mit unterlagertem, getaktetem Stromregler /1/,
/2/ beseitigt wesentliche der oben angegebenen Nachteile. Die meisten Schalt-
netzteile arbeiten mit fester Schaltfrequenz. Die Beeinflussung der Ausgangsspannung erfolgt über das Tastverhältnis des Schalters mit nachfolgender
Glättung durch ein LC-Filter. Der Regelverstärker bildet aus der Abweichung
der Ausgangsspannung vom Sollwert eine Stellspannung, die dem Pulsdauermo-
dulator zugeführt wird. Das dynamische Verhalten des Reglers ist ungünstig,
weil sich in der Regelschleife ein Tiefpaß 2. Ordnung befindet. Bei dieser
Art der Regelung wird auf die fließenden Ströme keine Rücksicht genommen.
Zum sicheren Betrieb derartiger Schaltregler sind daher aufwendige Maßnahmen
zum Schutz des Reglers und seiner Last im Fall des Kurzschlusses und beim
Anlauf notwendig.

Abb. 1 zeigt ein Blockschaltbild eines linearen Spannungsreglers mit unterlagertem, getaktetem Stromregler. Der Spannungsregler bestimmt einen (be-

grenzten) Sollwert des Stromes, der vom Stromregler über das Tastverhältnis
des Schalters eingestellt wird. Der Strom bleibt immer unter Kontrolle, weil
jederzeit ohne Verzögerung ausgeschaltet werden kann. Die Stromregelschleife
stellt für niedrige Frequenzen ein System nullter Ordnung dar. Damit ist das
dynamische Verhalten der übergeordneten Spannungsregelschleife frei wählbar.
Eine Schleife 1. Ordnung, in der Stromquelle mit Filterkondensator am Ausgang einen (einzigen) Integrator bilden, bietet große Vorteile: Jede beliebige kapazitive Last ist zulässig. Der Filterkondensator wird beim Einschalten vom begrenzten Maximalstrom geladen; ein Überschwingen am Ende des Auf-
ladevorgangs und durch Lastsprünge kann nicht auftreten.

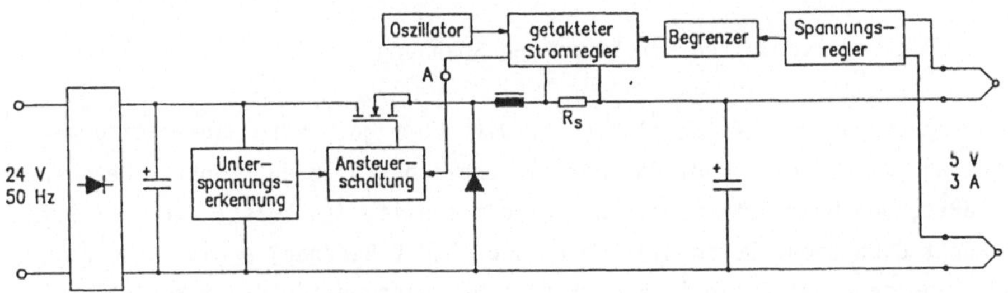

Abb. 1. Blockschaltbild des Reglers

Für kritische Mikrocomputeranwendungen im Bereich der Prozeßautomation /3/
wurde aufgrund der ausgeführten Überlegungen ein Netzgerät mit nachfolgenden
Spezifikationen entwickelt.
Eingangsspannung: 24 V $\pm$ 25 %, 50 Hz
Ausgangsspannung: $\geq$ 5,0 V bei 3 A Last, $\leq$ 5,15 V im Leerlauf
Kein Überschwingen der Ausgangsspannung über die angegebenen Grenzen beim
Einschalten und bei 100 % Lastsprüngen. Bei einer Störung innerhalb des
Netzteiles muß eine Beschädigung des angeschlossenen Verbrauchers ausgeschlossen sein. Es wurde ein Durchflußwandler mit der Schaltfrequenz von
50 kHz entwickelt. Das Schema entspricht Abb. 1. Die Unterspannungserkennung
blockiert die Ansteuerung des Leistungstransistors (BUZ 72A) unterhalb aus-
reichender Eingangsspannung. Der Leistungstransistor wurde entsprechend /4/
angesteuert. Details des Spannungsreglers sind in Abb. 2 dargestellt.

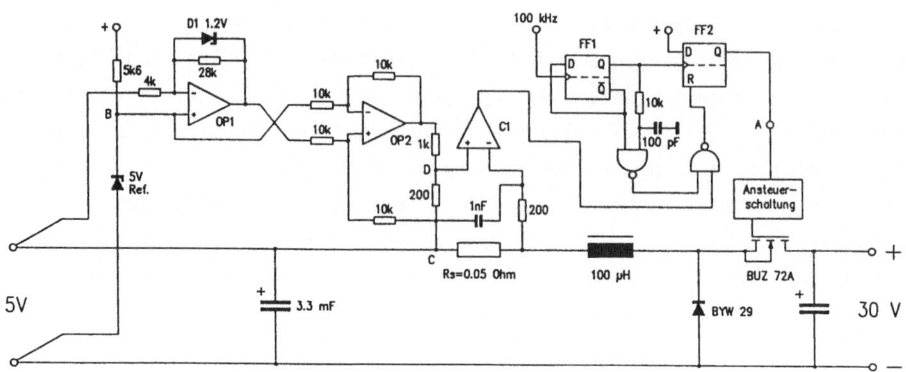

Abb. 2. Die Regelschleifen für Strom und Spannung

Die Ausgangsspannung des Schaltreglers wird über getrennte Fühlerleitungen
erfaßt und mit einem 5 V Bandgapnormal verglichen. Die auf Punkt B bezogene,
verstärkte und begrenzte Abweichung wird mit Hilfe des Verstärkers OP2 auf
den Punkt C bezogen. Durch die Begrenzung (1,2 V Bandgap) ergibt sich am
Punkt D bezogen auf C ein Größtwert der Sollspannung für den Stromregler
von 0,2 V. Der Komparator C1 beobachtet den Spannungsabfall des Stromes durch
die Drossel im Widerstand R_S (50 mOhm) und setzt im Fall der Überschreitung
des Stromsollwertes das Flip-Flop FF2 zurück. Das Flip-Flop FF1 sorgt für
einen Größtwert des Tastverhältnisses von 50 %. Da der Leistungsschalter
jederzeit vom Komparator C1 ausgeschaltet werden kann, ist das Netzteil unabhängig von der Höhe der Eingangsspannung kurzschlußfest. Der Kurzschlußstrom beträgt 4A. Da der Spannungsregler eine Regelverstärkung von 1 aufweist, ist der Innenwiderstand des Schaltreglers gleich R_S (50 mOhm). Dies
erscheint ein sehr geeigneter Wert für die Versorgung in 5 V Logiksystemen.

Als zusätzlicher Schutz im Falle eines Kurzschlusses im Leistungstransistor
ist eine Crowbarschaltung vorgesehen, die die Eingangssicherung zum Abschmel-
zen bringt, wenn die Ausgangsspannung für die Dauer einer Millisekunde größer
als 5,8 V wird. Daneben sorgen schnelle Spannungsbegrenzerdioden dafür, daß
kurze Spannungsspitzen 6,5 V nicht überschreiten können. Der Wirkungsgrad
inklusive Gleichrichterschaltung wurde bei Vollast mit 72 % ermittelt. Abb. 3
zeigt die Antwort auf einen Lastsprung von 0 auf 3 bzw. 3 auf 0 Ampere.

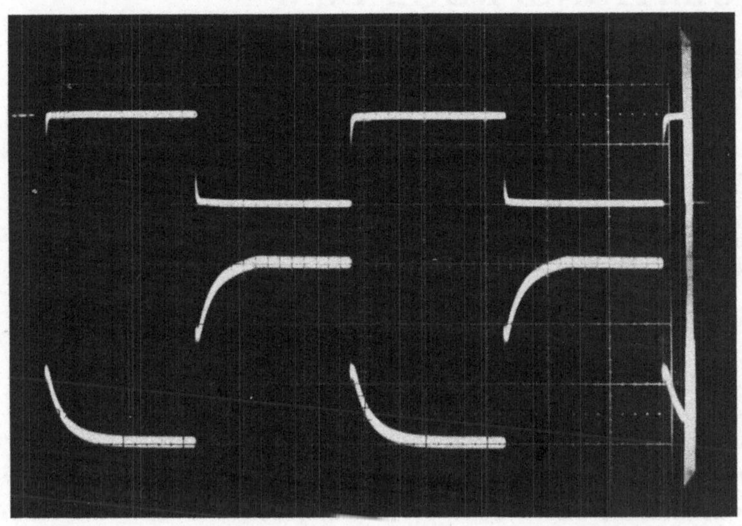

Abb. 3. Ausgangsspannung bei Lastsprung 0 auf 3 A bzw. 3 auf 0 A
Zeitmaßstab 1 ms/Skt
oben: Laststrom (2A/Skt)
unten: Antwort der Ausgangsspannung (50 mV/Skt)

<u>Literatur</u>

1. Hsu, S.P., Brown, A., Rensink, L., Middlebrook, R.D.: Modelling and
   Analysis of switching DC-TO-DC Converters in Constant-Frequency current-
   programmed Mode. In: Proceedings of the IEEE PESC 1979, S. 284-301.
2. Nelson, C.: LT 1070 Design Manual. In: Linear Technology Application
   Note 19, Juni 1986.
3. Leopold, H., Röhrer, R.: Maßnahmen zur Sicherung der Zuverlässigkeit
   im Prozeßdatensystem mPDS 4000. Im selben Band.
4. Siemens Aktiengesellschaft: Schaltbeispiele, Bestellnummer B/2987,
   Oktober 1983.

DIE ERWEITERUNG VON MINIMOS AUF EIN 3D SIMULATIONSPROGRAMM

M. Thurner, S. Selberherr

Institut für Allgemeine Elektrotechnik und Elektronik
Technische Universität Wien
Gusshausstraße 27–29, A–1040 Wien, AUSTRIA

ZUSAMMENFASSUNG:

Ein dreidimensionales Simulationsprogramm für MOSFET's ist durch die Erweiterung von MINIMOS (Vers.4) in die dritte Dimension entwickelt worden. Das physikalische Modell basiert auf dem 'hot-electron-transport' Modell, dieses umfaßt die Poisson Gleichung, die Kontinuitätsgleichungen und ein selbstkonsistentes System von Gleichungen für die Ströme, die Beweglichkeiten und die Ladungsträgertemperaturen. Um die CPU–Zeit und den Speicherbedarf so klein wie möglich zu halten, werden die standard Diskretisierung der finiten Differenzen und das SOR–Verfahren (successive over relaxation) verwendet. Zur Gleichverteilung des Diskretisierungsfehlers ist ein automatisch adaptiver Gittergenerator entwickelt worden. Mit unserem Simulationsprogramm konnten dreidimensionale Effekte, wie erhöhte Schwell- und Durchbruchspannung für MOS-Transistoren mit schmalem Kanal und Akkumulation von Ladungsträgern an der Kanalkante, erfolgreich modelliert werden. Unsere Analysen zeigen deutlich, daß dreidimensionale Berechnungen für genaue Bauteilmodellierungen unabdingbar sind.

1 Einleitung

Die heutige ULSI–Technik fordert neue Methoden im Bauteilentwurf. Die gegenwärtigen integrierten Schaltungen enthalten Transistoren von extrem kleinen Abmessungen daher hängen die Kennlinien dieser Bauteile stark von dreidimensionalen Effekten ab. Zweidimensionale Simulationsprogramme sind Stand der Technik, diese können aber keinerlei Weiteneffekte berücksichtigen und gerade diese gewinnen steigende Bedeutung für gegenwärtige und zukünftige ULSI MOS Bauteile. Deshalb haben wir das zweidimensionale MINIMOS Programm mit zusätzlichen dreidimensionalen Simulatoreigenschaften versehen. Der Zweck dieses Berichtes ist es ein dreidimensionales Modell vorzustellen, die Grenzen einer zweidimensionalen Näherung zu zeigen und durch Vergleiche von 2D– mit 3D–Resultaten einen besseren physikalischen Einblick zu erhalten.

Im Kapitel 2 wollen wir kurz Details des physikalischen Modelles, der Gleichungen und der Annahmen des dreidimensionalen Simulationsprogrammes aufzeigen.

Die numerischen Methoden und einige mathematische Untersuchungen über die Konvergenz der Lösung werden im Kapitel 3 diskutiert.

Abschließend präsentieren wir einige Resultate von unseren Simulationen und diskutieren diese in Kapitel 4. Es werden auch Effekte präsentiert, die aus der Theorie und von praktischen Messungen bekannt sind, aber bisher noch nicht modelliert worden sind.

2 Das physikalische Modell für die Erweiterung

Die MOSFET Bauteilstruktur, wie sie in den drei Dimensionen simuliert wurde, ist in Fig. 1 gezeigt. Das Feldoxyd, das die Kanalweite begrenzt, kann an der Rückseite des Modelles gesehen werden. Die dreidimensionale mathematische Formulierung ist durch die Halbleitergleichungen gegeben.

$$div\ grad\ \psi = \frac{q}{\varepsilon}(n - p - C) \tag{2.1}$$

$$div\ J_n = qR \tag{2.2}$$

$$div\ J_p = -qR \tag{2.3}$$

Für das 'hot-electron-transport' Modell [1] schreiben wir weiter:

$$J_n = -q\mu_n(n\ grad\ \psi - grad\ (U_{t_n}n)) \tag{2.4}$$

$$J_p = -q\mu_p(p\ grad\ \psi + grad\ (U_{t_p}p)) \tag{2.5}$$

$$U_t = U_{t_0} + \frac{2}{3}\tau_\epsilon v_{sat}^2\left(\frac{1}{\mu_{LISF}} - \frac{1}{\mu_{LIS}}\right) \tag{2.6}$$

τ_ϵ bezeichnet die Energierelaxationszeit, die als konstant angenommen wird.

Die Funktion μ_{LIS} verbindet die Beweglichkeit beeinflußt durch Gitter- und ionisierte Störstellenstreuung mit dem Einfluß der Oberflächen Streuung und ergibt somit die Beweglichkeit von kalten Landungsträgern. Die Beweglichkeit μ_{LIS} wird dann mit dem Einfluß der treibenden Kraft F und der Sättigungsgeschwindigkeit v_{sat} verbunden, woraus die Beweglichkeit μ_{LISF} von heißen Ladungsträgern resultiert.

In unsereren Simulationen wird die Poisson Gleichung (2.1) immer vollständig dreidimensional gelöst. Für die erste Stufe der Erweiterung über dem 2D 'hot-electron-transport' Modell nehmen wir vernachlässigbaren Strom in die Richtung der Kanalweite als natürliche Vereinfachung der Kontinuitätsgleichungen (2.2 bis 2.3) an.

$$J_{n_z} = J_{p_z} = 0$$

Bei Gültigkeit der Boltzmann Statistik ist die vorherige Annahme gleich mit konstanten Quasiferminiveaus in die dritte Dimension:

$$\frac{\partial \varphi_n}{\partial z} = \frac{\partial \varphi_p}{\partial z} = 0$$

Unter diesen Bedingungen können wir die Trägerdichten im gesamten Simulationsgebiet ausdrücken indem wir die zweidimensionale Lösung der Kontinuitätsgleichungen, die in der Mitte der Kanalweite berechnet wird, folgendermaßen erweitern:

$$n_{x,y,z} = n_{x,y,\frac{w}{2}} \cdot exp(-\frac{1}{U_t} \cdot (\psi_{x,y,\frac{w}{2}} - \psi_{x,y,z})) \qquad (2.10)$$

$$p_{x,y,z} = p_{x,y,\frac{w}{2}} \cdot exp(+\frac{1}{U_t} \cdot (\psi_{x,y,\frac{w}{2}} - \psi_{x,y,z})) \qquad (2.11)$$

Der Index $\frac{w}{2}$ kennzeichnet die Mitte der Kanalweite.

Die zweite Stufe der 3D Version erhält man mit der Annahme von vernachlässigbarem Strom in die dritte Dimension für die Majoritätsträger und der voll dreidimensionalen Lösung der Kontinuitätsgleichung der Minoritätsträger.

In der dritten Stufe werden die Kontinuitätsgleichungen für Minoritäten und Majoritäten vollständig dreidimensional gelöst.

Mit dem vorhin beschriebenen Modell konnten bekannte Effekte, wie 'channel narrowing', erhöhte Schwell- und Durchbruchspannung bei MOSFET's mit schmalem Kanal verglichen mit weitem Kanal, simuliert werden.

3 Die numerische Methode

Der vollständig automatisch adaptive Gitterverfeinerungsalgorithmus wurde wesentlich verbessert um den Diskretisierungsfehler der partiellen Differentialgleichungen möglichst gleichzuverteilen. Die Diskretisierung durch standard finite Differenzen in alle drei Dimensionen ist genauer in [2] beschrieben. Die drei gekoppelten nichtlinearen Differentialgleichungen werden mit dem Gummel-algorithmus gelöst. Die Lösungen der linearisierten Gleichungen werden mit dem SOR-Verfahren berechnet. Der Relaxationsfaktor ω des SOR-Verfahrens wird im Falle der Poisson Gleichung durch ein adaptives Verfahren [5] bestimmt währen dieser bei den dreidimensionalen Kontinuitätsgleichungen konstant 1.5 gesetzt wird. Mit einer guten Startlösung wurde die Endlösung zweimal so schnell (eingeschlossen der Zeit zur Findung der Startlösung) denn ohne erreicht. Durch einige Untersuchungen konnte somit eine sichere und schnelle Konvergenz erzielt werden.

Die Lösung für das Gleichungssystem $A \cdot x = b$ kann bei Verwendung des SOR-Verfahrens mit wenig Aufwand für die Präkonditionierung vereinfacht angeschrieben werden:

$$x_i^{(n+1)} = (1 - \omega) \cdot x_i^{(n)} + \omega(b_i - \sum_j x_j^{(n+1)} a_j - \sum_k x_k^{(n)} a_k) \qquad (3.1)$$

für $j < i$ und $k > i$ während $i = 1...NX \cdot NY \cdot NZ$.

Unter Berücksichtigung der speziellen Linearisierung durch finite Differenzen (mit NX Punkten in x-Richtung, NY Punkten in y-Richtung, NZ Punkten in z-Richtung) kann (3.1) reduziert werden:

$$x_i^{(n+1)} = (1 - \omega) \cdot x_i^{(n)} + \omega(b_i - $$
$$- x_{i-1}^{(n+1)} a_{i-1} - x_{i-NX}^{(n+1)} a_{i-NX} - x_{i-NXY}^{(n+1)} a_{i-NXY} - $$
$$- x_{i+1}^{(n)} a_{i+1} - x_{i+NX}^{(n)} a_{i+NX} - x_{i+NXY}^{(n)} a_{i+NXY}) \tag{3.2}$$

in welcher wieder $i = 1...NX \cdot NY \cdot NZ$.

Im Fall der Poisson Gleichung wurden zwei zusätzliche Schritte eingeführt um die Konvergenz zu verbessern. Erstens wird eine SOR Subiteration im Kanalbereich für eine verbesserte Startlösung durchgeführt. Zweitens wurde ein zweiter Schritt für das SOR–Verfahren implementiert [4]; mit (3.2) können wir schreiben:

$$x_i^{(n+2)} = x_i^{(n-1)} \cdot \gamma^{(n)} + x_i^{(n+1)} \cdot (1 - \gamma^{(n)}) \tag{3.3}$$

γ ist ein Faktor, der von der Anzahl der Punkte und dem Iterationszyklus abhängt. $\gamma \propto \frac{1}{N}$ worin N die Zahl der Iterationszyklen ist. Durch diese Verbesserungen erhalten wir sicherere und schnellerore Konvergenz auch für schlecht konditionierte Probleme.

4 Einige Ergebnisse

Im Folgenden werden wir einige Ergebnisse, die mit dem erweiterten MINIMOS für einen realistischen MOSFET mit einem $1\mu m$ x $1\mu m$ Kanal berechnet wurden, präsentieren. Die geometrischen Spezifikationen des MOSFET's sind in Fig. 1 angegeben. Die Dicke des Gateoxydes ist $15nm$; die Substratdotierung beträgt $2 \cdot 10^{16} cm^{-3}$.

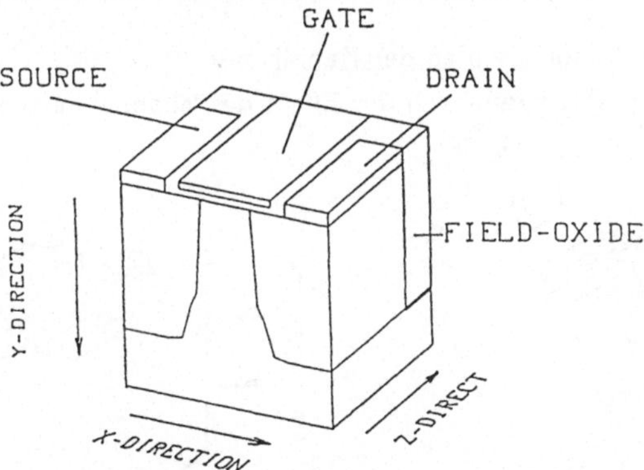

Fig.1:Perspektive der dreidimensionalen MOSFET–
Struktur.

Für eine detailierte Präsentation wollen wir zwei Effekte herausgreifen. Zuerst die Schwellspannung und 'channel narrowing', anschließend als neuen Effekt die Akkumulation der Minoritäten an der Kanalkante.

Schwellspannung

Die Ergebnisse der dreidimensionalen Simulation mit dem erweiterten MINIMOS sind in Fig. 2 und 3 gezeigt. Der Arbeitspunkt liegt mit $U_D = 2.0V$, $U_S = U_B = 0.0V$ und $U_{GS} = 0.73V$ nahe der Schwellspannung.

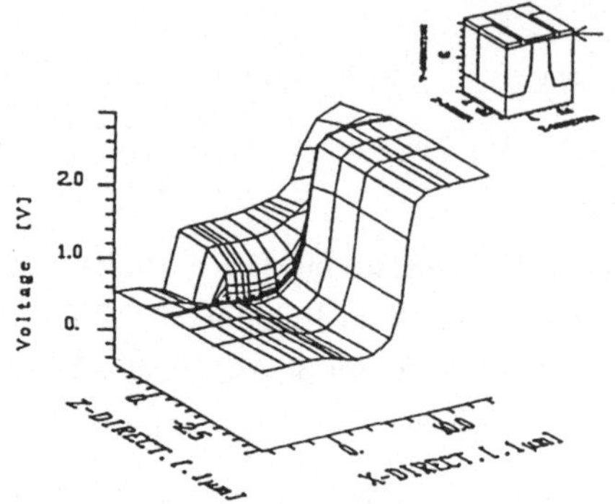 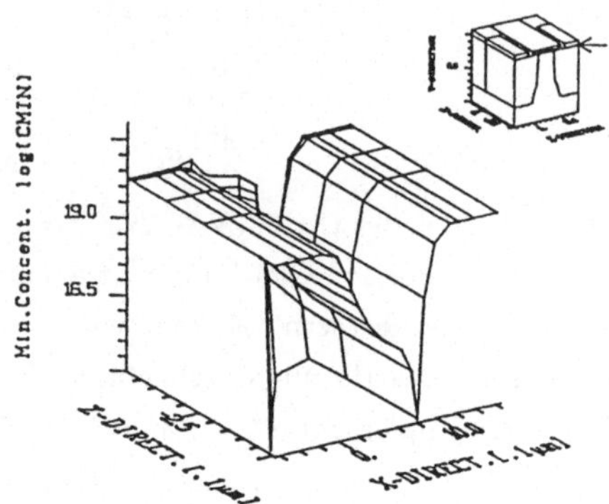

Fig.2: 3D–Zeichnung des Oberflächenpotentials bei $U_{DS} = 2.0V$, $U_{BS} = 0.0V$, $U_{GS} = 0.73V$.

Fig.3: 3D–Zeichnung der Minoritätsträgerdichte bei $U_{DS} = 2.0V$, $U_{BS} = 0.0V$, $U_{GS} = 0.73V$.

Durch die dreidimensionale Darstellung des Oberflächenpotentials (Fig. 2) ist nicht direkt erkennbar warum die Schwellspannung für MOSFET's mit schmalem Kanal höher sein soll als für solche mit weitem. Jedoch ist in Fig. 3 leicht ersichtlich, daß die Kanalladung der Minoritäten (in unserem Falle Elektronen), die für den Strom verantwortlich sind, kleiner ist als in der 2D–Simulation angenommen. Dieser Effekt ist in der Begrenzung des Kanales begründet. Dieser Effekt wird umso dominierender je schmäler der Kanal wird. Daher muß die Schwellspannung mit schmäler werdendem Kanal steigen. Der gut bekannte Effekt des 'channel narrowing' resultiert aus den selben Gründen.

Die Akkumulationn der Minoritäten an der Kanalkante

In bestimmten Arbeitspunkten kann sich der Effekt des 'channel narrowing' in sein

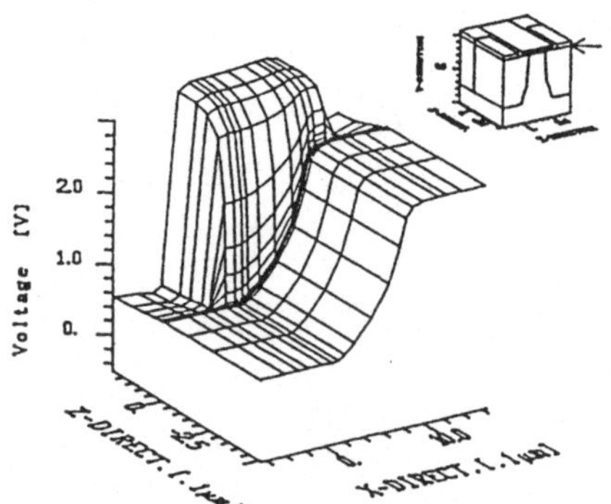 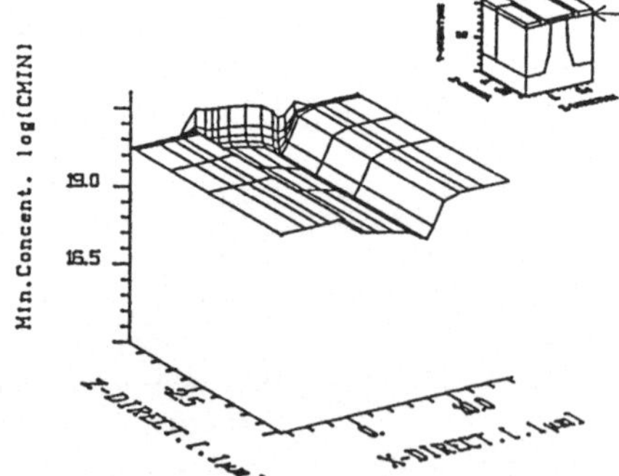

Fig.4: 3D–Zeichnung des Oberflächenpotentials bei $U_{DS} = 2.0V$, $U_{BS} = 0.0V$, $U_{GS} = 3.0V$.

Fig.5: 3D–Zeichnung der Minoritätsträgerdichte bei $U_{DS} = 2.0V$, $U_{BS} = 0.0V$, $U_{GS} = 3.0V$.

Gegenteil umkehren, sodaß an der Kanalkante die Minoritätsträger akkumulieren (Fig. 5).
Der Arbeitspunkt ist mit $U_D = 2.0V$, $U_S = U_B = 0.0V$ und $U_{GS} = 3.0V$ gegeben. Die
korrespondierende dreidimensionale Darstellung des Oberflächenpotentials ist in Fig. 4
gezeigt. Die Erklärung dieses Effektes ist einfach; bei sehr hohen Gatespannungen
zwingt das elektrische Feld in der Feldoxyd–Halbleiter Schicht die Elektronen (in unserem Falle) in diesem Gebiet zu akkumulieren. So kann eine hohe Stromdichte an
der Kanalkante beobachtet werden, dies ist auch in der $I_D - U_{GS}$ Kennlinie (Fig. 6)
ersichtlich.

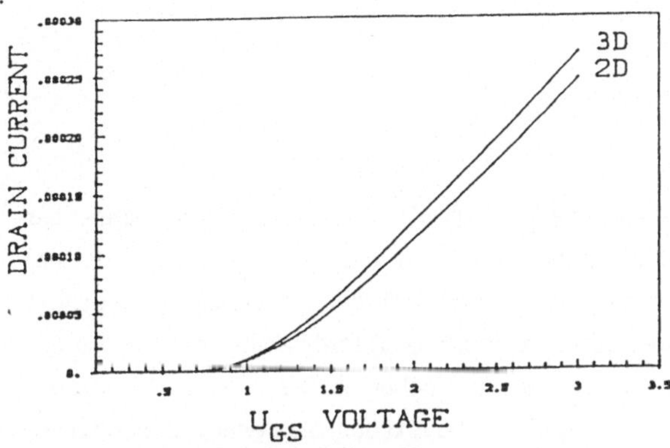

Fig.6: Kennlinie I_D über U_{GS}.

Literatur:

[1]   S.Selberherr, The status of MINIMOS, Proc. Simulation of semiconductor
devices and processes, pp 2-15, Swansea, 1986

[2]   S.Selberherr, Analysis and simulation of semiconductor devices , ISBN 3-
211-81800-6, Springer, WIEN NEW-YORK, 1984

[3]   S.M.Sze,Physics of semiconductor devices, ISBN 0-471-09837-X, John Wiley
& sons, 1981

[4]   L.A.Hageman,Franklin T.Luk,David M.Young, On the equivalence of certain
iterative acceleration methods, SIAM J.NUMER.ANAL., pp 852-873, vol. 17
No. 6, Dec 1980

[5]   O.Axelsson,Solution of linear systems of equations;Iterative methods, Lec-
ture notes in mathematics 574, SMT, 1976

ZUVERLÄSSIGKEIT VON KERAMISCHEN BAUELEMENTEN,
INSBESONDERE FÜR OBERFLÄCHENMONTAGE

K. Seiner

Siemens Bauelemente OHG, Deutschlandsberg

ZUSAMMENFASSUNG:

Der Markt für SMD-Bauelemente wächst mit dem raschen Fortschreiten der
SMD-Leiterplatten-Technik schnell an. Um die Vorteile der Leiterplatten-
Technik voll ausnutzen zu können, muß bei der zunehmenden Bestückungs-
dichte jedes Einzelbauelement höchste Qualitätsansprüche erfüllen. Für
SMD-Vielschicht-Kondensatoren wurden neben konsequenter Umsetzung bekannter
Qualitäts-Grundsätze neue Wege der Qualitäts-Sicherung beschritten.

Auch heute im Zeitalter der Silicium-LSI und ungeachtet ihrer Erfolge
nimmt der Bedarf des Marktes an diskreten passiven Bauelementen für
klassischen Schaltungsaufbau eher zu. Der hohe Bestückungsgrad moderner
Schaltungen auf Leiterplatten kann dazu führen, daß unter Umständen das
Versagen eines Einzelstückes die Funktion einer ganzen Leiterplatte mit
Hunderten anderer Teile vereitelt. Demgemäß haben wir an Qualität und
Zuverlässigkeit des Einzelproduktes Ansprüche in zuvor nicht üblicher
Höhe zu stellen. Die bei Siemens Deutschlandsberg betriebene Qualitäts-
sicherung setzt bekannte Grundsätze konsequent in praktizierte Methode
um und nimmt neue Möglichkeiten der Qualitätssicherung wahr.

Bei keramischen Bauelementen beginnt – wie bei anderen Bauelementen auch –
die Qualitätssicherung beim Eingang der Zukaufmaterialien. In Analyse-
Labors, die nach dem derzeitigen Stand der Technik eingerichtet und auf dem
laufenden gehalten werden, erfolgt die Kontrolle sämtlicher Basis-
materialien hinsichtlich Übereinstimmung mit vereinbarten Lieferbedingungen.
Außer der klassischen Naßanalyse kommen dabei AAS, RFA, DTA, Korngrößen-
analyse u. a. Verfahren zum Einsatz. Die zeitlich durchgehende Proto-
kollierung der Prüfergebnisse und der ständige Kontakt mit den Lieferanten

gewährleistet eine konstante Beschaffenheit der Ausgangswerkstoffe, also
die Grundvoraussetzung für Qualitätssteuerung.

Nach Eingangsfreigabe gelangt das Rohmaterial in die Fabrik, wo zunächst
Probemuster des keramischen Werkstoffes erstellt werden, um die Eignung
der Rohstoffe auch im konkreten Herstellprozeß zu beurteilen.
An dieser Stelle werden alle Eigenschaften des Werkstoffes geprüft, von
denen ein Einfluß auf Qualität und Zuverlässigkeit des Endproduktes bekannt ist. Anhand von Pilot-Losen wird dann die optimale Einstellung der
Verfahrensparameter ermittelt und sodann die Herstellung der Serie frei-
gegeben.

Der Fertigungsablauf ist so weit von Qualitäts-Sicherung durchdrungen,
daß bei jedem Schritt der für das Endprodukt jeweils wesentliche Parameter
überwacht wird. Damit ist erreicht, daß bei erkennbaren Abweichungen von
Sollwerten sofort gegengesteuert werden kann. In diesem Zusammenhang
bauen wir derzeit die sogenannte Selbstprüfung aus. Das Wort erläutert
bereits den Begriff, nämlich die Kontrolle des Produktes bzw. des Zwischen-
produktes durch den an der Herstellvorrichtung tätigen Mitarbeiter.
Hierdurch ist der kleinstmögliche und dadurch wirksamste Qualitäts-Regel-
kreis geschaffen. Außerdem hat sich dabei die persönliche Aufwertung des
Operateurs durch Übernahme von Produktverantwortung als qualitätsförderlich
bewährt.

Vor Lieferung zum Verkauf erfolgt eine 100%ige Endkontrolle auf die Datenblattwerte. Sie wird bei großen Stückzahlen an Automaten durchgeführt,
die direkt in den Herstellprozeß eingegliedert sind. Daran schließt sich
als Endfreigabe eine Typenstichprobe seitens der Qualitätsabteilung an,
die Gewißheit darüber liefert, daß die Automatenprüfung einwandfrei ab-
gelaufen ist. Gleichzeitig mit der Typenstichprobe vor Lieferung an Verkauf
werden die eventuell verlangten Lieferzertifikate erstellt und weiterhin
die Muster für die Langzeiterprobungen entnommen.

Die Langzeitzuverlässigkeit wird durch regelmäßig durchgeführte Dauer-
belastungsversuche überwacht. Neben den bekannten Bedingungen 56 Tage
bei Nennspannung und 40°C in 92% rel. Feuchte oder 1000 Stunden bei er-
höhter Spannung und Temperatur kommen auch im eigenen Hause entwickelte
Belastungen zur Anwendung. Selbstverständlich werden auch die Zuverlässigkeitsprüfungen nach den gängigen Normen (IEC,CECC,DIN...) durchgeführt.

In allen Stadien des Prozeßdurchlaufes sind die Mitarbeiter über Qualitätsgruppen an der Qualitätsschöpfung beteiligt. Wir wissen, daß die derzeit
verlangte und noch mehr die zukünftige Qualität nicht mehr allein durch
Prüfungen zu sichern ist. Selbst doppelte und dreifache Vollprüfung ist
nicht in der Lage, Qualitätsziele der Größenordnung 10 dpm oder 1 fit,
wie sie diskutiert werden, zu erreichen. Hierzu ist vielmehr die völlige
Prozeßbeherrschung erforderlich, und diese setzt wiederum das überzeugte
Engagement der produktschaffenden Mitarbeiter voraus.
Wir betreiben in regelmäßigen Abständen umfangreiche Qualitäts-Motivations-
Kampagnen. Besonders wirksam ist die Einrichtung von solchen Qualitätsgruppen, in denen Mitarbeiter verschiedener Abteilungen, die aber dem
gleichen Produkt verbunden sind, Maßnahmen zur Qualitätssteigerung er-
arbeiten. In solchen Qualitätsgruppen ist bereits jeder vierte unserer
Mitarbeiter tätig gewesen, und wir konnten mit dieser Einrichtung beacht-
liche qualitätstechnische und psychologische Erfolge erzielen.

In den vor uns liegenden nächsten drei Jahren wollen wir den bereits einge-
leiteten Einstieg in CAQ (Computer-Aided-Quality assurance) vornehmen,
der uns instand setzen soll, unseren Anwendern fundierte, im jeweiligen
Stand abrufbare Daten unseres Qualitäts-Niveaus zu präsentieren. Außerdem
werden wir die regelrechte Güteüberwachung durch CECC und andere Organisationen weiter ausdehnen.

ZUVERLÄSSIGKEIT VON ELEKTROLYTKONDENSATOREN

G. Walther

Österreichische Philips Industrie GmbH
Zweigniederlassung Klagenfurt
Bauelementewerk

In der Industrie werden pro Jahr weltweit ca. 33 Milliarden Elektrolytkonden-
satoren hergestellt. Verwendet werden diese Kondensatoren von der billigsten
Unterhaltungselektronik, bis zur sicherheitsrelevanten Anwendung für die
Kraftfahrzeugelektronik.

In Europa kommt nur mehr die Erzeugung von qualitativ hochwertigen Produkten
in Frage. Deshalb ist die Zuverlässigkeit der Bauteile ein wichtiges Kriterium geworden.

In der Praxis gibt es verschiedene Begriffe der Zuverlässigkeit:

Der Entwickler wählt einen Kondensator mit bestimmten Eigenschaften aus, wobei unter den spezifischen Kenngrößen auch die Lebensdauer ein wichtiges Kriterium ist.

Den Fabrikanten interessiert in erster Linie die sogenannte Nullstundenzuver-
lässigkeit (ppm = Fehler pro Million Bauteile).

Für den Endverbraucher ist die Zuverlässigkeit des Gerätes wichtig (fit oder
auch "Call Rate" beim Service).

Um die Zuverlässigkeit von Elektrolytkondensatoren zu erhöhen, hat man folgende Möglichkeiten:

A. Reduktion der Frühausfälle und der zufällig auftretenden Fehler durch:

- Prozeßbeherrschung
- Prozeßabsicherung
- "Burn In" Prozeß am bereits fertigen Produkt

B. Beeinflussung der Lebensdauer durch:

- Auswahl des Folien-Elektrolytsystems
- Auswahl der Abdichtung und Kontaktierung
- Auswahl der Bauform

Definition der Zuverlässigkeitskriterien

Um Vergleichsmöglichkeiten zu haben, sollten die Resultate eines Elektrolytkondensatorenprogrammes, mit einer spezifizierten Lebensdauer von 2000 Stunden bei 85° C und Nennspannung, als Beispiel angeführt werden.

1. Lebensdauer - Failure Rate

Der Entwickler hat aus dem Katalog die Information über Lebensdauer und Failure Rate bei maximalen Betriebsbedingungen. Für dieses Programm ist die Failure Rate mit maximal 10^{-6} angegeben.

Um diesen Wert im Qualitätslabor zu bestätigen, sind zumindest 50 fehlerlose Lebensdauerproben mit jeweils 10 Stück, 2000 Stunden lang, notwendig.

Das Lebensdauerende tritt in der Regel zwischen 3000 und 5000 Stunden ein. Das bedeutet bei einer Umgebungstemperatur von 40° C eine Betriebslebensdauererwartung von ca. 40.000 Stunden oder ca. 5 Jahren.

Im Stand by Betrieb, wo man mit Temperaturen über 40° C rechnen muß, liegt die Lebensdauererwartung nur mehr bei 3 Jahren. Das heißt, ein Programm mit einer spezifizierten Lebensdauer von 2000 Stunden ist in diesem Fall nicht ausreichend, es muß ein professionelles Programm mit einer Lebensdauer von 5000 Stunden gewählt werden. Über die tatsächlichen Werte gibt es leider sehr wenige Rückmeldungen.

Die Korrelation zwischen Betriebstemperatur und Betriebslebensdauererwartung
wird aus nachstehendem Diagramm deutlich:

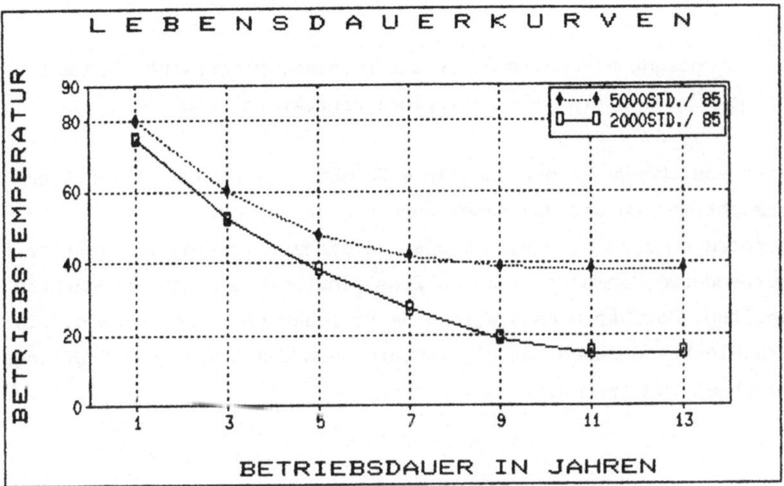

2. Nullstunden-Ausfälle - ppm

Hier geht es um Fehler, die die Funktion des Bauelementes bzw. der Schaltung
behindern. In der Regel sind es Kurzschlüsse, Unterbrechungen oder hohe Leckströme. Nach Beobachtungen im Zeitraum Jänner/Mai 1987 aus drei Fabriken mit
einer verbauten Stückzahl von 6,62 Mio. wurden bei unseren Elkos 9,5 ppm Fehler gefunden.

Hinter diesen Ziffern verbirgt sich ein hoher Aufwand, sowohl bei unseren Kunden um diese Ausfälle zu sammeln, als auch in der Fabrik um diese Fehler zu
analysieren und daraus konkrete korrektive Maßnahmen einzuleiten.

Der Erfolg dieser Zusammenarbeit ist daran zu messen, daß vor einigen Jahren
Fehlerprozentsätze von 0,1 % noch durchwegs akzeptabel waren, was ein ppm-
Niveau von 1000 !!! bedeutet hat.

3. Frühausfälle - Call Rate - fit

Die Gerätehersteller fordern: von 1 Mio. Stück verbauten Kondensatoren dürfen
maximal 6 Stück während der ersten 300 Stunden Laufzeit des Gerätes ausfallen.
Auch hier gibt es wenig konkrete Rückmeldungen unserer Kunden.

A. Reduktion der Frühausfälle und der zufällig auftretenden Fehler

1. Prozeßbeherrschung

Als Statement kann gesagt werden, daß nur ausfallarme, beherrschte Prozesse
die Voraussetzung für eine als Ziel fehlerlose Produktion sind.

Für eine bereits bestehende Produktionslinie bedeutet dies, daß alle Prozeßschritte untersucht werden und die dementsprechenden Verbesserungen bei den
einzelnen Automaten angebracht werden müssen. Gleichzeitig sind die Vorschriften für die verwendeten Rohmaterialien in Zusammenarbeit mit den Produzenten
neu zu überarbeiten. Darüber hinaus wird eine Prozeßkontrolle notwendig, die
nicht nur Gut/Schlecht-Aussagen tätigt, sondern auch das Niveau der Prüflinge
für eine Prozeßsteuerung festhält.

2. Prozeßabsicherung

Trotz aller Mechanisation und computerunterstützter Datenerfassung bleibt der
produzierende Arbeiter als wichtiger Faktor im Brennpunkt, wenn es darum geht,
zuverlässige Produkte zu schaffen. Die Umwandlung eines Arbeiters im altherge-
brachten Sinn, wo es hauptsächlich um kontrollierte physische Leistungen ging,
zu einem mitdenkenden, sich selbst überprüfenden Mitarbeiter, ist nicht einfach. Das Problem liegt nicht nur beim Arbeiter selbst, sondern in einem neu
zu schaffenden Umfeld.

Die wichtigsten Voraussetzungen hiefür sind:

- einwandfreie Kontrollvorschriften
- gut geschulte Mitarbeiter
- rasche Visualisierung und Rückkoppelung der Resultate
- größtmögliche Reinheit

Aus der Erfüllung dieser Forderungen und den daraus resultierenden, ständigen
Verbesserungen ergibt sich erst die Möglichkeit, zuverlässige Produkte zu erzeugen.

3. "Burn In" Prozeß

Ein qualitativ wichtiger Arbeitsgang bei der Herstellung von Elektrolytkondensatoren ist das Nachformieren. Das Nachformieren hat die Aufgabe bei den vorherigen Arbeitsgängen unvermeidbar beschädigte, anodische Oxydstellen aufzubauen bzw. zu heilen. Dieser Arbeitsgang ist gleichzeitig eine Selektion auf
mechanische Fehler wie Kurzschlüsse und schlechte Abdichtung.

Wenn man diesen Arbeitsprozeß verschärft (Temperatur, Spannung und Zeit)
dann wird aus einem normalen Fertigungsablauf ein Streßtest für das Produkt,
der einem "Burn In" Prozeß gleichzusetzen ist.

B. Beeinflussung der Lebensdauer

1. Auswahl des Folien-Elektrolyt-Systems

In den letzten Jahren hat sich die spezifische Kapazität der Anodenfolien
drastisch erhöht. Gleichzeitig wurden die Elektrolytkondensatoren immer mehr,
wie es nachfolgende Übersicht zeigt, verkleinert.

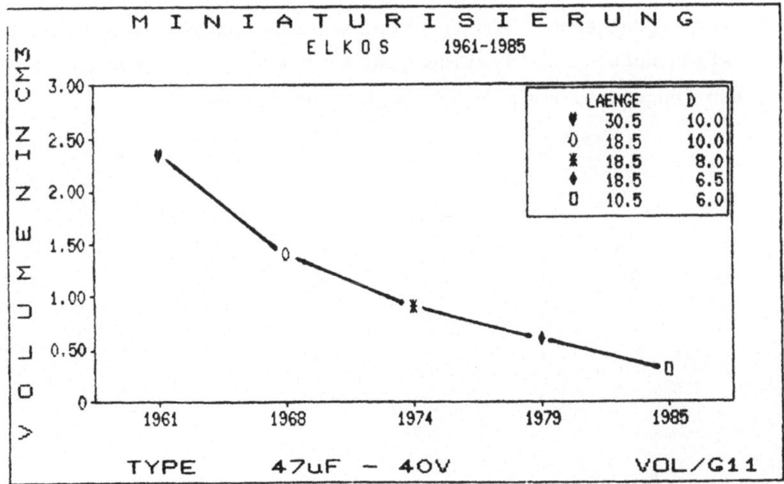

Bei diesen Verkleinerungen mußten zusätzliche Anforderungen, wie erweiterter

Temperaturbereich, verbesserte Lebensdauer, stabilere elektrische Parameter und erhöhte Zuverlässigkeit berücksichtigt werden.

2. Auswahl der Abdichtung und Kontaktierung

Diese zwei Produktmerkmale sind wiederum von der Art des Programmes abhängig. Ein professionelles Programm fordert eine geschweißte Kontaktierung und aufwendige Abdichtung, bei der auch der chemische Einfluß des verwendeten Elektrolyten berücksichtigt werden muß.

3. Auswahl der Bauform

Zum Bestücken der Leiterplatten werden bei den Anwendern unterschiedliche Methoden verwendet, die wiederum verschiedene Bauformen der Kondensatoren verlangen. Im Moment gibt es folgende Bauformen:

- Single Ended Kondensatoren
- Axiale Kondensatoren
- SMD Kondensatoren (SMD = Surface Mounted Devices)

Die durch die Bauform vorgegebenen Konstruktionsmerkmale haben großen Einfluß auf die zur Produktion notwendigen Fertigungsabläufe und müssen ebenfalls beim Entwurf eines neuen Programmes sorgsam berücksichtigt werden.

STANDARDS ZUR SOFTWARE-QUALITÄTSSICHERUNG UND SICHERHEIT

Erwin Schoitsch

Österreichisches Forschungszentrum Seibersdorf
A-2444 Seibersdorf

ZUSAMMENFASSUNG

Im Gegensatz zu den stürmischen Anfangsjahren der Software-Technologie, in
denen (wie bei jeder neuen Technik) alles erlaubt schien, was zu Ergebnissen (wenn auch unterschiedlichster Qualität) führt, werden heute wie bei
jeder Ingenieurdisziplin ganz andere Anforderungen an das Produkt gestellt. Für eine <u>Basistechnologie</u> der Informationstechnik ist es erforderlich, objektivierbare Kriterien zu finden, zu definieren und auch ihre
Überprüfbarkeit zu gewährleisten.

Die produktimmanenten Eigenschaften der Software führen dabei schon beim
Begriffsbildungsprozeß zu Problemen, z.B. können hardwareoreintiert gedachte Begriffe wie Wartung, Fehlerwahrscheinlichkeit, a priori Zuverläs-
sigkeitsbetrachtungen usw. auf Software nicht im genau gleichen Sinne
angewandt werden.

Es haben sich daher verschiedenste Auftraggeberorganisationen (vor allem
im militarischen Bereich, aber auch europaische Organisationen wie ESA,
EWICS), Fachorganisationen (IEEE, IEE, IEC, OVE u.a.) sowie Normungsorganisationen (ISO, CEPT, DIN/RAL, ONORM u.a.) mit der Frage von Standards
in diesem Bereich (Software-Qualitätssicherung, Safe Software usw.) beschäftigt. Damit soll Eindeutigkeit der verwendeten Terminologie sowie
Vergleichbarkeit der Produkte gewährleistet werden.

1. Einleitung und Überblick

In der Anfangszeit war im Softwarebereich (fast) alles erlaubt, was Resultate lieferte - dieser Sturm- und Drangperiode ist die Software heute entwachsen, sie ist Basistechnologie der Informationstechnik. "Qualitätssicherung " umfaßt alle Maßnahmen zur Erzielung der geforderten Qualität. Da Software als (ideelles) Produkt Verschleißteil ist, sondern als Charakteristikum nur "eingebaute" Fehler (in Spezifikation, Entwurf oder Kodierung) besitzt, liegt der Schwerpunkt der Standards im Verfahrensbereich (Software-Produktionssystem), es gibt vor allem qualitative Vorschriften oder Empfehlungen. Auf dem Gebiet des Quantitativen, der Maßzahlen, sind erst Ansätze möglich, da dem theoretischen Überbau noch die Verbindung zur Praxis, zum Machbaren, fehlt.

Heute werden von Normungsorganisationen und anderen wichtigen staatlichen Stellen Normen zur Qualitätssicherung erarbeitet und vorgeschrieben. Dazu gehören vor allem IEEE (Institute of Electrical and Electronic Engineers /1/, /2/, /22/), IEC (Internationale Electrotechnial Commission /11/, /14/, /15/, /16/, /25/) und, meist im Gefolge von IEEE und IEC, die ISO (International Standardisation Organisation). Weitere wichtige Standards sind die MIL-Standards des DoD (US-Department of Defense /4/) und die NATO-Standards /3/. In Europa ist auf diesem Gebiet besonders EWICS (European Workshop on Industrial Computer Systems) hervorzuheben, eine EG-geförderte Einrichtung. Als Anwendernorm sind die ESA-Software-Engineering Standards (European Space Agency) zu nennen /12/, /13/.

In der Bundesrepublik entstand erstmalig ein anerkanntes Prufsiegel der Gütegemeinschaft Software im RAL. Basis ist die Din-Vornorm 66285 "Prüfgrundsätze für Anwendungssoftware". Diese enthält einige wenige grundlegende Anforderunge an Software und vor allem Prüfgrundsätze. Ein ähnlicher Ansatz ist in Österreich im Entstehen.

In zunehmendem Maße werden auch im zivilen Bereich sicherheitsrelevante Aufgaben an softwarekontrollierte Systeme übergeben mit hohen Risken für Personen, Umwelt und Sachwerte. Hier hat sich die IEC, Subcommittee SC65A Workinggroup WG9, zum Ziel gesetzt, vor allem für den sicherheitsrelevanten Teil der Qualitätssicherung Standards zu formulieren. Die Grundlagen dafür wurden 1982 durch einen Vorschlag einer ad-hoc Arbeitsgruppe des ÖVE gelegt. 1985 wurde von der österreichischen ÖVE-Arbeitsgruppe R65AC1 in Ergänzung zu den mehr konventionellen, dem Qualitätssicherungszyklus entsprechenden Themen ein zusätzlicher Themenvorschlag "Architecture of

Safety Relevant Software Systems" eingebracht, dessen erste Fassung fertiggestellt wurde /35/.

2. Software-Qualitätssicherung und Software-Sicherheit

Qualität ist laut Din 55350, gleichlautend den Definitionen der ASQC (American Society of Quality Control) oder der EOQC (European Organisation for Quality Control),

"die Gesamtheit von Eigenschaften und Merkmalen eines Produkts oder Tätigkeit, die sich auf die Eignung zur Erfüllung gegebener Erfordernisse bezieht".

Solche Eigenschaften sind:

Effektivität (Funktionserfüllung), Effizienz (Ressourcennutzung), Robustheit (Widerstand gegen unerwartete Fehler auch aus der Systemumgebung), Zuverlässigkeit (Wahrscheinlichkeit der korrekten Funktionserfüllung bei korrekten Umgebungsbedingungen), Akzeptanz (Benutzerbezogene Eigenschaft), Wartbarkeit (Fehlererkennung und -behebung), Adaptierbarkeit (Anpaßbarkeit an neue/geänderte Funktionalität), Portabilität (Anpaßbarkeit an andere Systemumgebung).

Diese Eigenschaften lassen sich noch weiter unterteilen, z.B. Effektivität in Korrektheit, Vollständigkeit, Konsistenz u.s.w. Die Widersprüchlichkeit ist leicht ersichtlich, betrachtet man nur Effizienz und Portabilität: höchste Ressourcennutzung führt zu systemnaher und systemabhangiger Programmierung, d.h. geringer Portabilität und Wartbarkeit.

Die Kontrolle der Erfullung dieser Qualitätsanforderungen wird in allen Standards über den Lebenszyklus der Software gesehen (die Qualitätssicherung übernimmt dabei Validierung (in den frühen Phasen, Kernfrage: "Machen wir das richtige Produkt") bzw. Verifizierung (Kernfrage: "Machen wir das Produkt richtig"). Das Ergebnis ist ein Dokument, welches Annahme oder Zurückweisung des Phasenergebnisses beinhaltet.

Ein wesentlicher Bestandteil der Normen (IEEE /1/, ESA /12/) ist dem Projektmanagement gewidmet: Software-Konfigurationskontrolle und Dokumentation. Vor allem im Dokumentationsbereich sind die meisten (und ältesten) Normen zu finden, viele davon (z. B. Flußdiagramme) sind heute bereits funktionell überholt, da es neuere Beschreibungsmodelle gibt.

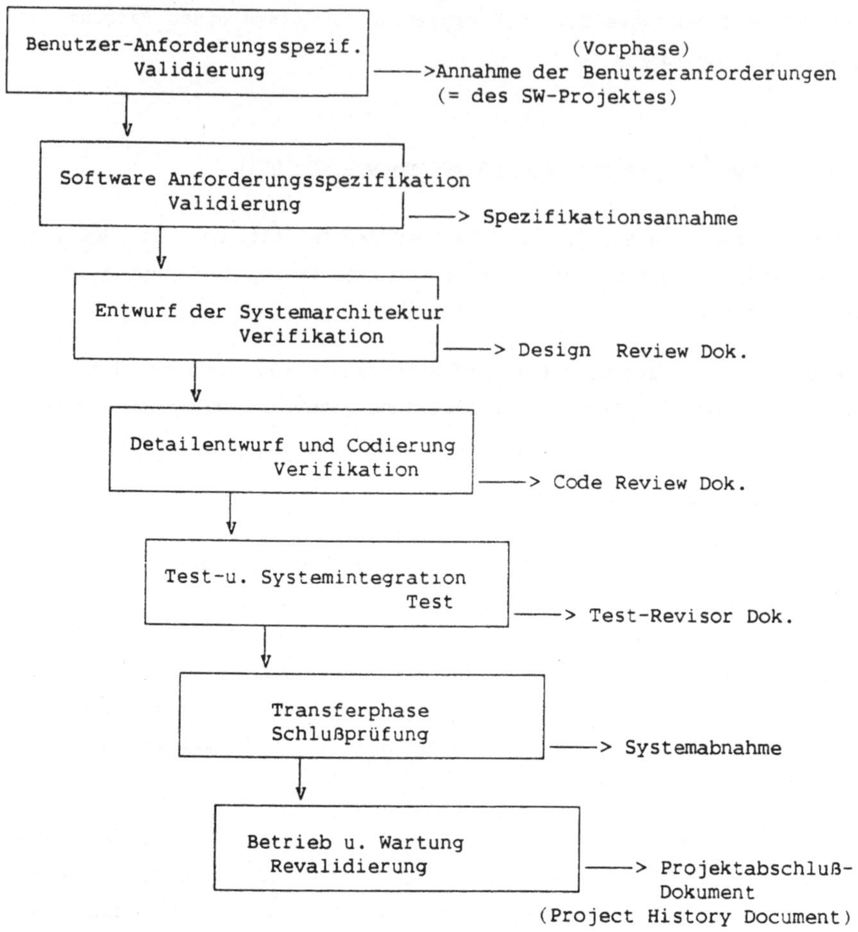

Abb. 1. Qualitätssicherung in der Software, ESA-Modell

Das Hauptziel der Qualitätssicherung im klassischen Sinne ist

FEHLERVERMEIDUNG

Doch soweit wie in den entsprechenden Fachgruppen allgemein anerkannt wird, können (heute) Software-Fehler nicht durch irgendwelche Maßnahmen in Systemen vernünftiger Größe im Echtzeitbereich völlig ausgeschlossen werden (IEEE, FTCS [Fault Tolerant Computing Systems]); EWICS (Safe-Software, TC7, Systems Reliability, Safety and Security), IEC (WG9, Safe SW)). Großangelegte Versuche mit "Perfektem Programmieren" (Nacy Levenson, "Gold Program") in den USA haben dies gezeigt.

Das Hauptziel aller Bestrebungen zur Erhöhung der Software-Sicherheit ist
daher

FEHLERTOLERANZ.

3. Verläßlichkeit (Dependability) von Software (und Systemen)

Unter dem Begriff "Software Sicherheit" werden Konzepte, Verfahren und
Systemarchitekturen (mit ihren softwaremäßigen Auswirkungen) subsummiert,
welche unter bekannten Randbedingungen des betrachteten Systems die
Sicherheit des Systems mit Mitteln der Software bis zu einem gewissen
Grade gewährleisten.

Es ist also nicht möglich, sich auf den reinen Softwarestandpunkt zurück-
zuziehen, es müssen auch Methoden und Systementwurfskonzepte inkludiert
werden, bei denen mit Hilfe von Software die Systemsicherheit als solche
erhöht wird.

Unter dem Überbegriff "Verläßlichkeit" (Dependability) /24/, /27/, /33/,
werden vier Gruppen von Zuverläßigkeits- bzw. Sicherheitsbegriffen zusammengefaßt,die leider oft unrichtig angewendet werden, weil vielen deren
Definition unklar ist.

Verläßlichkeit-Maße ("Dependability Measures") sind:

- Einsatz-Zuverlässigkeit (mission reliability):
  Die charakteristische Größe ist die Wahrscheinlichkeit, daß kein (kritischer) Fehler während des Einsatzes (z.B. Flug) eintritt. Diese Kenng-
  größe ist deshalb charakteristisch, weil das Eintreten nur _eines_ (kritischen) Fehlers während der Einsatzdauer zum gefährlichen Ereignis wird.

- Mittlere Zeit bis zum Auftreten eines Fehlers (Mean Time to Failure):
  Diese Größe ist charakteristisch in Anwendungen, bei denen ein System in
  einen sicheren Zustand geführt werden kann. Hier sind vor allem unent-
  deckte Fehler kritisch (mean time to critical failure). Dies gilt z.B.
  in Anwendungen der Transportsysteme und Verkehrskontrolle (Eisenbahnsi-
  cherungswesen).

- Verfügbarkeit (steady state availability):
  Diese Größe ist charakteristisch in Systemen, bei denen Einzelfehler
  nicht sicherheitskritisch sind, aber die dauernde (eventuell teilweise

eingeschränkte) Verfügbarkeit Haupterfordernis ist (z.B. Kommunikationssysteme, Datenbanken), weil sonst enorme Kosten auflaufen können. Hier
ist die Ausfallzeit und ihre Verteilung entscheidend.

- Security:

Darunter versteht man "Sicherheit" im Sinne von "Polizei". Security
ist Fehlertoleranz gegenüber FEHLERN DURCH BEWUSSTE EINGRIFFE (Laprie
/27/). Methoden der Fehlervermeidung und Fehlertoleranz werden in Zukunft wegen der Zunahme verteilter Systeme und Netzwerke vermehrt diesen
Aspekt berücksichtigen müssen.

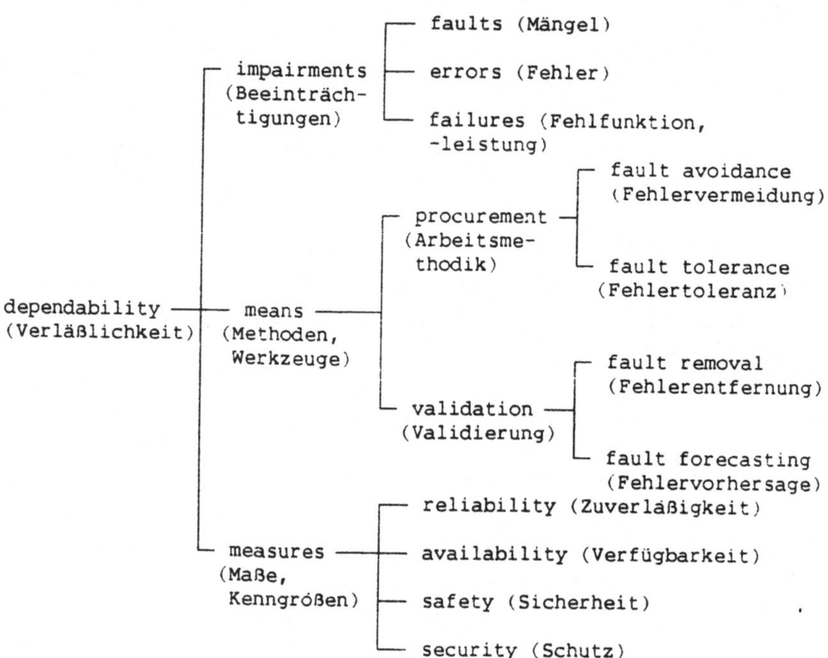

Abb.2. Internationale Begriffsbestimmung im Bereich der Verläßlichkeit

4. Sicherheit und Zuverlässigkeit im Vergleich

Es wird manchmal irrtümlich angenommen, daß ein zuverlässiges System
auch automatisch ein sicheres System sei. Genauere Überlegungen zeigen
allerdings, daß Zuverlässigkeit nicht direkt mit Sicherheit korreliert
ist. (Mulazzani, /18/).

Zuverlässigkeit ist ausgerichtet auf die Funktionalität des Systems, auf die Bereitstellung der Dienstleistungen des Systems.

Sicherheit berücksichtigt in erster Linie die Folgen von möglichen Fehlern. Sicherheitsmaßnahmen haben zu garantieren, daß das System auch im Falle nichtvorhergesehener Ereignisse keinen gefährlichen Zustand erreicht. Dabei ist es gleichgültig, ob das System seine erwarteten Funktionen auch erfüllt, solange nur die Sicherheitsanforderungen nicht verletzt werden (Beispiel: im Falle einer falschen Weichenstellung wird einfach das grüne Licht nicht gesetzt, sodaß der Zug stehen bleiben muß. Die Funktion der Eisenbahn, Personen und Guter zu transportieren, wird in diesem Falle nicht mehr erfüllt (Zuverlässigkeitsproblem), die Sicherheit der Passagiere dagegen ist nicht gefahrdet). Andererseits kann das System hochzuverlässig sein, aber auch unsicher: Ein System mit formal verifizierter Software (Korrektheitsbeweis !) kann durchaus seine spezifizierte Funktion erfullen, aber trotzdem zu gefährlichen Zuständen führen, wenn eine sicherheitskritische Situation zu spezifizieren vergessen wurde.

Ein Beispiel kann den inneren Zusammenhang zwischen Sicherheit und Zuverlässigkeit recht gut demonstrieren:

Betrachten wir ein System mit zwei Rechnern, die in aktiver Redundanz arbeiten, daß heißt beide Rechner führen paralell mit der selben Hard- und Software bei gleichen Eingaben dieselbe Aufgabe durch. Die Ergebnisse beider Computer werden verglichen. Im Falle von Ungleichheit der Ergebnisse (Fehler!), gibt es je nach Zielvorstellung zwei Strategien:

1. Das Ziel ist Sicherheit:

   Beide Computer müssen gestoppt werden und der Prozeß in einen sicheren Zustand gebracht werden. Es ist unmöglich, sicheren Betrieb weiter aufrecht zu erhalten, weil es unmöglich ist, weitere Fehler am verbleibendem System ohne Redundanz zu erkennen.

2. Das Ziel ist Zuverlässigkeit:

   In diesem Falle sind Vorkehrungen notwendig, den fehlerhaften Rechner zu identifizieren, dann kann der Betrieb ohne weitere Redundanz mit dem (höchstwahrscheinlich) intakten Rechner fortgesetzt werden.

Der Gedanke läßt sich weiter ausarbeiten:

Bei N Rechnern wird die <u>Sicherheit</u> des Systems mit N erhöht, wenn <u>alle N</u> <u>Ergebnisse</u> übereinstimmen müssen, um den Betrieb fortzusetzen. (N aus N Abstimmung). Die Zuverlässigkeit nimmt jedoch ab, da nur ein einziges der N Systeme ausfallen muß, um abzuschalten.

Bei Mehrheitsabstimmung (M > N/2 aus N) unter den N Rechnern steigt die Zuverlässigkeit (Folgefehler können auch noch entdeckt werden, solange mindestens 2 Rechner übrigbleiben). Die Sicherheit wird geringer, da eine bestimmte Wahrscheinlichkeit besteht, daß eine Mehrheit fehlerhafter Systeme die korrekten überstimmt.

Software im speziellen besitzt eine Zuverlässigkeit an sich, das ist die Wahrscheinlichkeit, ein gewünschtes Ergebnis nach Eingabe der entsprechenden Daten wiederholbar zu erhalten. Es ist im Prinzip möglich, die Zuverlässigkeit von Softwarepaketen zu überprüfen und zu messen.

In der Frage der Softwaresicherheit jedoch ist es notwendig, den gesamten Systemzusammenhang in der speziellen Applikation zu betrachten : es ist sinnlos von einem sicheren Programm zum Sortieren von Daten zu sprechen, wenn in dieser Anwendung keine Gefährdung zufolge eines Fehlers im Sortierprogramm möglich ist. In jeder sicherheitskritischen Anwendung gibt es sicherheitskritische und nichtsicherheitskritische Teile und nur die sicherheitskritischen müssen auch in der Software in dieser Hinsicht untersucht werden.

5. Klassifizierung Sicherheitsrelevanter Systeme

Das Sicherheitsrisiko für die Öffentlichkeit wird, in Anlehnung an Gewohnheiten in der Flugtechnik, Kerntechnik u.s.w. meist in der folgenden Weise klassifiziert (IEC, IEEE):

(B1) Risiko für Leib und Leben in großem Maßstab.
(B2) Umweltgefährdung in großem Maßstab ohne direkte Gefährdung für Leib und Leben.
(B3) Risiko für Leib und Leben in begrenztem Maßstab (z.B. Betriebspersonal, die Abgrenzung ist örtlich oder betrieblich bedingt).
(B4) Wirtschaftliches Risiko in großem Maßstab, aber nicht für Leib und Leben.

(B5) Kein Risiko für Leben oder Besitz.

Diese Klassifizierung kann angewendet werden auf ein Softwaresystem als Ganzes, aber auch auf Komponenten desselben. Als Maßstab für die Gefährdungsklasse, der ein Softwaresystem zuzurechnen ist, kann z.B. der Anteil kritischer Komponenten im Gesamtsystem herangezogen werden.

Eine übliche Unterteilung sicherheitskritischer Systeme basiert auf bestimmten systemabhängigen Eigenschaften und sieht etwa so aus:

5.1. Fehlertolerante Systeme:

a) Fail-Safe Systeme: es gibt immer einen sicheren Ruckfallzustand des Systems, in welchem kein gefährliches Ereignis auftreten kann und welchen man unter allen Betriebsbedingungen erreichen kann.

b) Non-Stop Systeme (Fehlerkompensierende Systeme): es gibt keinen sicheren Rückfallzustand. Das System muß Maßnahmen treffen, um die Auswirkungen der Fehler unter Kontrolle zu halten (z.B. durch Redundanz, Fehlererkennung und Entscheidungsalgorithmen, Fehlerreparatur, Fehlerkompensation, Rekonfiguration und Recovery).

5.2. Mischsysteme:

Das System hat entweder partiell oder zeitlich bedingt einen sicheren stabilen Zustand.

a) Fail-Safe mit Restfunktionalität: im sicheren Zustand benötigen wir zumindestens etwas Funktionalität (Beispiel: Aufrechterhaltung des Kühlsystems noch einige Zeit nach Abschaltung der Anlage).

b) Zeitweise fail-safe Systeme: unter bestimmten Umständen kann ein sicherer Zustand nicht erreicht werden, in anderen Fällen sehr wohl (Beispiel: in der modernen Flugtechnik kann es stabile Flugzustände geben und instabile, bei denen der Pilot ohne Computerführung hilflos ist).

5.3. Höhere strategische Konzepte

Über die oben genannten Systemmodelle hinausgehend gibt es noch Methoden auf höherer Ebene, die man am besten mit dem Begriff "Strategien" umschreibt. Zu diesen Methoden gehören z.B. Hintergrundsimulation in Fertigungsanlagen (es werden parallel zum tatsächlichen Ablauf die zu erwarteten und möglichen Störfälle simuliert um gefährliche Zustände voraussehen zu können), allmähliche Funktionsverminderung (Graceful Degradation) oder der Einsatz von Expertensystemen, um mögliche Gefährdungen zu erfassen und vorausplanbare Gegenmaßnahmen zu treffen /31/.

Diese Strategien haben zwei Hauptaufgaben zu erfüllen:

    a) Früherkennung bzw.Verhinderung gefährlicher Zustände
    b) Rechtzeitiges Treffen von Gegenmaßnahmen

6. Der Fehlerbegriff (Failures, Faults and Errors)

Der Fehlerbegriff ist im Deutschen leider nicht eindeutig. Im Englischen wird dagegen zwischen Failure, Fault and Error unterschieden.

6.1. Failures (Fehlfunktion):

Wir sprechen von einen "Failure", wenn das System in seinen Funktionen von der Spezifikation der erwarteten Systemleistungen abweicht. Dieser Fehler kann sowohl im Wertebereich als auch im Zeitverhalten (die Ergebnisse werden zu früh oder zu spät erhalten) auftreten.

6.2. Errors (Fehlerzustand)

Ein "Failure " tritt auf, weil das System fehlerhaft ist. Als "Error" wird jener Systemzustand bezeichnet, welcher zu diesem Fehlerzustand führt.

6.3. Faults (Mängel)

Die tatsächliche Ursache für den auftretenden Error heißt Fault. Es gibt physikalische Fehler (Alterungseffekte in Systemkomponenten, äußere Störungen wie Hitze, elektromagnetische Felder etc.) und Entwurfsfehler.

Physikalische Fehler treten zufällig auf (statistisch verteilt). Sie können permanent sein (Zerstörung einer Komponente) oder vorübergehend (transient), z.B. elektromagnetische Störungen.

Entwurfsfehler werden in der Entwurfsphase eines Systems gemacht. Er wird, latent vorhanden, erst beim Zusammentreffen verschiedener Eingabe und Zeitbedingungen in Form falscher Resultate sichtbar.

6.4. Zusammenfassung

Ein Fault einer Komponente des Systems manifestiert sich nach außen in Form eines Errors. Dieser Error beeinträchtigt die Funktionalität des Systems, das heißt, er tritt in der nächsthöheren Systemebene als Failure des Systems in Erscheinung.

7. Methoden zur Verbesserung von Zuverlässigkeit oder Sicherheit

Die Hauptmethoden sind Diversität einerseits und Redundanz andererseits. Sicherheit läßt sich in erster Linie durch Diversität erhöhen und Zuverlässigkeit durch Redundanz.

7.1 Diversität

Die Ursache für die Unsicherheit eines Systems liegt vor allem in den Entwurfsfehlern. Daher muß deren Anzahl vermindert werden. Es hilft nicht z.B. ein Rechnersystem mit der selben Software mehrfach hinzustellen, weil ein Softwareentwurfsfehler in gleichen gefährlichen Situationen auf Grund der Gleichheit des Verhaltens identischer Software zum selben gefährlichen Zustand führen muß ("common faults"). Daher ist es notwendig, ein System möglichst auf mehrere Arten unabhängig zu entwerfen und zu implementieren. Die so entstandenen Versionen erhalten die gleichen Eingabedaten, die Ergebnisse werden verglichen. Treten Unterschiede im zeitlichen Verhalten oder im Wertebereich auf, muß ein Entwurfsfehler vorhanden sein, welcher dann erkannt und behandelt werden kann.

Man muß sich jedoch klar sein, daß noch ein Rest von Entwurfs- oder sogar Spezifikationsfehlern in allen Versionen des Systems vorhanden sein kann, sei es auch nur entstanden durch gleichartige Ausbildung und Denkweise der beteiligten Arbeitsteams. Es handelt sich hier also nur um eine Verbesserung der Sicherheit des Systems, absolute Sicherheit kann nicht gewährleistet werden.

Es gibt verschiedene Ansätze, Diversität in ein System einzubringen. Die Auswahl der geeigneten Methode für eine spezielle Anwendung hat so zu erfolgen, daß die Vor- und Nachteile, die technischen und kommerziellen Möglichkeiten und die charakteristischen Eigenschaften dieser Anwendung mit in diese Auswahl einbezogen werden müssen. Man kann keine allgemeine

Bewertung für jeden Fall angeben. Es ist stets der Einzelnachweis erforderlich.

Diese Methoden umfassen Techniken wie N-Version Programmierung, Recovery-Block Schema, Assertion programming und Safety Bag Technik.

Vorschläge zur Entwurfsdiversität

- Ein Satz unterschiedlicher Entwurfs- und Testteams
- Verschiedene Programmiersprachen und Compiler
- Verschiedene Entwicklungswerkzeuge
- Optimale Sicherheit: verschiedene Rechnertypen und Betriebssysteme
- Diverse Spezifikation vermindert entscheidend die Gefahr von "Common Faults" (z.B. Spezifikationsansatz "was soll das System tun" und "was soll das System nicht tun", oder getrennte Denkmodelle vom Betriebs- oder Sicherheitsstandpunkt aus fur das System)
- unterschiedliche Peripherie, Stromversorgungen u.s.w.

Ein noch nicht ausdiskutiertes Problem stellt die mangelnde Meßbarkeit von Diversität dar. Ein qualitativer Ansatz ergibt sich in Form einer Klassifizierung der "Diversitätstiefe", d.h. ab welcher Stufe des Phasenmodells des SW-Lebenssystems wird Diversitat durchgezogen, wo ist das Prinzip (z.B. aus Kostengründen) verletzt worden. Dies entspricht dem Verfahrensnachweis bei der Erbringung eines Sicherheitsnachweises.

7.2 Redundanz

Redundanz ist die Mehrfachausfuhrung identischer Komponenten oder Systeme. Dadurch wird die Zuverlässigkeit eines Systems erhöht, die Redundanz eines Systems (Anzahl identischer Komponenten eines Systems) ist ein Maß fur die Fähigkeit, physikalische Fehler zu erkennen und auszugleichen.

Redundanz kann auf verschiedenen Art und Weise in ein System eingebracht werden und zwar als parallele Redundanz, serielle Redundanz, aktive Redundanz ("Hot Stand By") oder passive Redundanz ("Cold Stand By").

Im Falle paralleler Redundanz mit mehr als doppelter Ausfuhrung können Fehler nicht nur endeckt, sondern auch maskiert werden ("Fault Masking"), indem die Mehrheit der Systeme das fehlerhafte System ausschaltet.

Synchronisation und Vergleich

Rechner können rein hardwaremäßig ohne Softwarehilfe synchronisiert werden, indem in jedem Taktzyklus ein Hardwarevergleich stattfindet (Mikro-
synchronisierung).

Synchronisation kann auch softwaremäßig erfolgen, indem das Programm in
bestimmte Schritte unterteilt wird und nach jeden Schritt ein Ergebnis-
vergleich erfolgt (Softwarevoting).

Redundanz ist leichter meßbar als Diversität, da die Ausfallswahrschein-
lichkeiten bei Hardware statistisch erfaßbar sind und Art bzw. Grad der
Redundanz in die Berechnung leicht eingebracht werden können.

8. Schlußfolgerung

Normung fördert laut DIN "die Rationalisierung und Qualitätssicherung in
Wirtschaft, Technik, Wissenschaft und Verwaltung". Trotz der Einschränkung
mangelnder Meßbarkeit vieler Aussagen im Bereich der Software-Standards
und damit weitgehender Notwendigkeit der Beschränkung auf qualitative
Aussagen und Verfahrensnachweise kann bereits heute gesagt werden, daß mit
Hilfe der vorhandenen und in Entwicklung befindlichen Standards eine gewisse Vereinheitlichung der Terminologie, Produktentwicklung, -prüfung und
damit objektivere Vergleichbarkeit der Produkte erreicht werden können.

Für Spezialfälle (Programmiersprachen ADA, MinimalBASIC, COBOL, FORTRAN,
PASCAL), Magnetbanddateiformate und das graphische Kernsystem GKS gibt es
bereits Validierungsdienste, die Prüfzertifikate erstellen könne. Diese
Prüfzertifikate gewährleisten ein hohes Niveau der Normenkonformität
des Produktes, wenn auch nicht die Fehlerfreiheit. Das Europäische Nor-
mungskomitee CEN arbeitet an einem allgemein verbindlichen Zertifikats-
schema (derzeit PASCAL, GKS). Eine Weiterentwicklung des Zertifikations-
systems der Prüfung einzelner Produkte wie z.B. GKS zu allgemeineren
Kriterien der Softwareprüfung erscheint wünschenswert.

9. Literaturhinweise

1. ANSI/IEEE Std. 730 - 1981. IEEE Guideline for
   SW-Quality Assurance Plans, New York (1981)

2. IEEE- Norm 823 - 1983. IEEE Standard for Software
   Test Documentation. New York 1983

3. Richtlinie für die SW-Dokumentation von DV-Anteilen
   in Lehrmaterial (BRD, 1983)

4. Software Configuration Management Plan
   (DoD Mil.Std. 480a)

5. EWICS TC7 (System Integrity Sub-group)
   "Guidelines for the maintenance and modification of safety-related
   computer systems."
   Document: WP 423 Draft 1, Version 4 March, 1986

6. EWICS TC7
   "Guidelines for The Assessment of the Safety and Reliability of High
   Integrity Industrial Computer Systems"
   Document: WP 489, Feburary, 1986

7. EWICS TC7
   "The Prediction and Measurement of Software Reliability: A Review of
   Techniques"
   Document: WP 490, February, 1986

8. EWICS TC7 - Systems Reliability, Safety and Security "IEEE: Draft
   Standard for Software Verification and Validation Plans"
   Document: WP 492, February 18th 1986

9. BSI (IEE Guidelines)
   "Guidelines for the Documentation of Software in Industrial Computer Systems", 22-01-1986

10. EWICS TC7 - "Attributes, Criteria and Measures"
    Document: WP 485, January, 1986

11. IEC TC83 (Information Technology Equipment)
    Draft: "Guide to Software Requirements Specifications"
    October, 1985

12. ESA Software Standards (Doc. No. BSSC (85)1, Issue No.1)
    "Software Configuration Management", October, 1985

13. ESA - "Software Engineering Standards"
    September 1985

14. IEC TC83 (Information Technology Equipment)
    Draft: "Software Test Documentation"
    September, 1985

15. IEC TC83 (Information Technology Equipment)
    Draft: "Software Configuration Management Plans"
    September, 1985

16. IEC TC83 (Infomation Technology Equipment)
    Draft: "Software Quality Assurance Plans"
    September, 1985

17. EWICS TC7 (Safety and Security)
    "Techniques for Verification and Validation of Safety
    Related Software"
    Position Paper No. 5, January, 1985

18. M. Mulazzani
    "Reliability Versus Safety", Safecomp'85, 1985

19. EWICS TC7 (Safety and Security)
    "Guidelines for Documentation of Safety Related Computer
    Systems"
    Position Paper No. 4, October, 1984

20. EWICS TC7 (Safety and Security)
    "Guidelines for Verification and Validation of Safety
    Related Software"
    Position Paper No. 3, June, 1983

21. N. Leveson, T.J. Shimeall
    "Safety Assertions for Process-Control Systems"
    IEEE-FTCS-1983

22. IEEE 56WG10 (Secretary)47
    "IEEE Standard Glossary of Software Engineering Termino-
    logy", December 1982

23. EWICS TC7 (Safety and Security)
    "Development of Safety Related Software"
    Position Paper No. 1, October, 1981

24. A. Avizienis, J.-C. Laprie
    "Dependable Computing: From Concepts to Design Diversity"
    Proc. of the IEEE, Vol. 74, Nr. 5, May 1986, p.629-638

25. Draft IEC SC65A WG9
    "The Safety Aspects of a Software Requirements
    Specification", Nov. 1986

26. IEC/ACOS Circular 239/1986
    "Functional Safety of Programmable Electronic Systems",
    December 1986.

27. J.-C. Laprie
    "The Dependability Approach to Critical Systems".
    Proc. SAFECOMP '86, October 1986, Sarlat, France.

28. K. S. Tso, A. Avizienis, J.P.J. Kelly
    Error Recovery in Multi-Version Software
    IFAC SAFECOMP'86, Sarlat, France, 1986

29. J. P. J. Kelly et al.
    Multi-Version Software Development
    IFAC SAFECOMP'86, Sarlat, France, 1986

30. J. C. Rouquet, P. J. Traverse
    Safe and reliable computing on Board the Airbus and Atr Aircraft
    IFAC SAFECOMP'86, Sarlat, France, 1986

31. N. Theuretzbacher
    Using AI-Methods to improve Software Safety
    IFAC SAFECOMP'86, Sarlat, France, 1986

32. N. G. Leveson
    An Outline of a Program to enhance Software Safety
    IFAC SAFECOMP'86, Sarlat, France, 1986

33. M. Mulazzani, K. Trivedi
    Dependability Prediction: Comparison of Tools and Techniques
    IFAC SAFECOMP'86, Sarlat, France, 1986

34. S. Bologna, D. M. Rao
    Testing Strategies and Testing Environment for Reactor Safety System
    Software
    IFAC SAFECOMP'86, Sarlat, France, 1986

35. Draft ÖVE-AG R65AC.1
    Architecture of Safety-Critical Software-Systems
    March 1987

36. Schoitsch, E.
    Software-Safety and Software Quality Assurance in Real-Time Applica-
    tion. 7 European Summer School on Computing Techniques in Physics
    (1987). To be published in Computer Physics Comm. North Holland, 1988

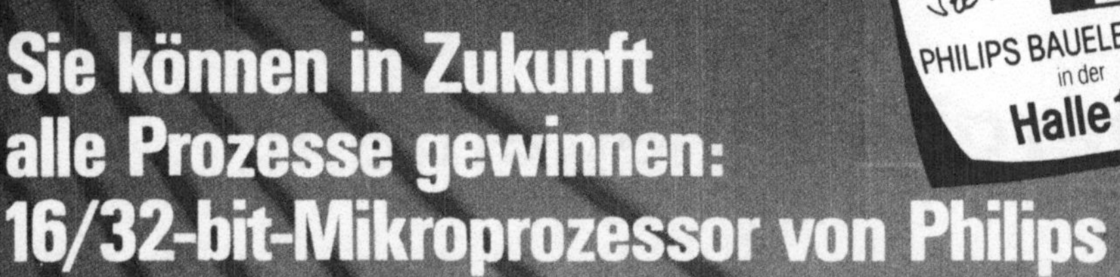
Sie können in Zukunft
alle Prozesse gewinnen:
16/32-bit-Mikroprozessor von Philips

Energiemanagement

Maximumwerk mit
IR-Ausleseschnittstelle
UHER 7FM75
(gemäß VEÖ)

Das Gerät ermöglicht in
Verbindung mit einem Impuls-
geberzähler die Messung von
Strom und Leistungsmaxima
in zwei Tarifen und die jeweilige Speicherung von bis zu
16 Vorwerten.

Optimale Anpassung an EVU-
spezifische Erfordernisse:

- Steuerung über externe
  oder interne Zeitlaufwerke
  bzw. durch eingebautes
  Rundsteuermodul (mit bis
  zu drei verschiedenen
  Befehlen).
- Meßperiode von 1–6.000
  Minuten parametrierbar.
- Weitergabe von Impulsen
  und Meßperioden zur
  Steuerung von Über-
  wachungsgeräten.
- Setzbarkeit und
  Löschbarkeit bestimmter
  Meßwerte.
- Erweiterung für
  telefonische Fernauslesung
  vorgesehen.

**Uher – Ihr Partner
für die Energieverrechnung**

ZÄHLERAUSLESUNG
mobil und effizient mit
PTC 701-ES von TELXON

- Bewährtes, praxiserprobtes
  Standardprogramm

  - Routenoptimierung
  - Restantenbearbeitung
  - gesicherte Datenfern-
    übertragung durch Ein-
    satz der professionellen
    Übertragungssoftware
    TCOM 201 (nach dem
    IBM Standard 3780)

- Die leistungsfähige cobol-
  ähnliche Programmier-
  sprache TCAL gewährleistet
  eine einfache Softwareer-
  stellung und einen raschen
  Änderungsdienst.

- Programmkapazität bis
  64 KB

- Datenspeicher bis 512 KB
  ausbaufähig

Weltweit über 30.000 PTC
701-ES bei EVU's im Einsatz.

Uher Aktiengesellschaft
für Zähler und elektronische Geräte
A-1194 Wien, Postfach 17, Tel. 0222/37 35 31 Serie

MOBILE DATEN-
ERFASSUNG- UND
VERARBEITUNG

1080 WIEN
LAUDONGASSE 29-31
TEL. (0222) 48 25 51

4. Themenkreis

"ELEKTRONIK IM VERKEHR"

Leitung:

Univ.-Prof. Dipl.-Ing. Dr. H. Leopold
Hofrat Dipl.-Ing. Dr. A. Sethy
Dipl.-Ing. G. List

BERÜHRUNGSLOSE MESSUNG VON WASSERSCHICHTDICKE UND SALZGEHALT AUF STRASSEN

S. Hertl, G. Schaffar

Zivilingenieurkanzlei Dr. Schaffar, Hofern 14, 2081 Niederfladnitz

ZUSAMMENFASSUNG:

Die berührungslose Messung der Wasserschichtdicke mit Hilfe von Mikrowellen wurde bereits (ohne Berücksichtigung des Salzgehaltes) technisch realisiert. Zur theoretischen Untersuchung dieses Verfahrens und zur Klärung der Frage, ob damit auch die Salzkonzentration berührungslos gemessen werden kann, wurden die Fresnelschen Formeln für die Reflexion elektromagnetischer Strahlung auf das System Luft-Wasserschicht-Straße bzw. Luft-Salzwasser-Straße angewandt. Mit diesem Rechenmodell konnte der optimale Frequenzbereich, in dem eine Messung der Salzkonzentration möglich ist, bestimmt werden.

1 Problemstellung

Die automatische Erkennung von zukünftigen Glättesituationen auf Verkehrsflächen ermöglicht eine beträchtliche Erhöhung der Verkehrssicherheit. Durch eine auf objektiven Grundlagen beruhende Frühwarnung des Straßendienstes können rechtzeitig entsprechende Maßnahmen (z.B. ein optimaler, richtig bemessener Streumitteleinsatz) ergriffen werden, wodurch sich schon über relativ kurze Zeiträume große volkswirtschaftliche Vorteile ergeben. Für die rechtzeitige Vorhersage von Straßenglätte werden primär zwei Meßgrößen benötigt: die Fahrbahntemperatur und die Dicke einer eventuell auf der Fahrbahn befindlichen Wasserschicht. Die Fahrbahntemperatur kann mit Hilfe eines eindimensionalen Straßenmodells errechnet werden. Kernelement des Straßenmodells ist eine partielle Differentialgleichung, deren eine Randbedingung der in die Fahrbahn fließende Wärmestrom ist.

Im folgenden wollen wir uns auf den Teilaspekt der Messung von Wasserschichtdicken und ihres Salzgehaltes beschränken. Die berührungslose Messung der Wasserschichtdicke mit Hilfe von Mikrowellen wurde bereits (ohne Berücksichtigung des Salzgehaltes) technisch realisiert[1]. Im Rahmen eines Forschungsvorhabens, das vom ehemaligen Bundesministerium für Bauten und

Technik unterstützt worden ist, wurde dieses Verfahren theoretisch genauer untersucht und die Frage geklärt, ob mit demselben Verfahren auch die Salzkonzentration berührungslos gemessen werden kann. Derzeit kann der Salzgehalt nur händisch durch chemische Meßverfahren oder durch Messung der elektrischen Leitfähigkeit mit Hilfe von in der Fahrbahn eingebauten Sensoren gemessen werden. Die händischen Verfahren haben den grundsätzlichen Nachteil, daß Meßwerte nicht kontinuierlich zur Verfügung gestellt werden. Überdies ist die Messung zumeist bei widrigen Wetterverhältnissen erforderlich. Die bisher bekannten Verfahren zur Messung der elektrischen Leitfähigkeit (und damit der Salzkonzentration) erfordern aufwendige und wartungsintensive Einbauten in der Fahrbahn, die bei stärker befahrenen Straßenstücken öfter ausgewechselt werden müssen. Von Nachteil ist auch die kleine Meßfläche der Sonden, die nur etwa einen Quadratdezimeter beträgt und für die Straßenverhältnisse oft nicht repräsentativ ist.

2 Berührungslose Messung der Wasserfilmdicke

2.1 Theoretische Grundlagen

Die Ellipsometrie untersucht die Änderung des Polarisationszustandes einer elektromagnetischen Welle bei Reflexion (oder Transmission) durch eine ebene, nicht senkrecht auf die Ausbreitungsrichtung der Welle stehende Grenzfläche zwischen zwei oder mehreren Medien[2]. Es erweist sich als zweckmäßig, jede beliebig polarisierte monochromatische Welle in zwei zueinander orthogonale linear polarisierte Teilwellen zu zerlegen. Man wählt die Richtung der einen Komponente senkrecht zur Ebene, die von einfallendem und reflektiertem Strahl gebildet wird ("s-Komponente"); die Polarisationsebene der anderen Teilwelle liegt in dieser Ebene ("p-Komponente"). Die Beziehungen, die zwischen der einfallenden und der reflektierten oder transmittierten Welle in p- bzw. s-Richtung bestehen, werden in den sogenannten Fresnelkoeffizienten zusammengefaßt. Die Polarisationszustände der reflektierten und transmittierten Welle unterscheiden sich von jenem der einfallenden Welle und untereinander. Das ist die direkte Konsequenz aus der Tatsache, daß die Fresnelkoeffizienten der p- und s-Komponenten unterschiedlich sind, sodaß sich die Amplituden- und Phasenrelationen zwischen diesen zwei Komponenten bei Reflexion beziehungsweise Transmission ändern. Im gegenständlichen Fall ist natürlich nur die reflektierte Komponente der elektromagnetischen Strahlung von Interesse. Es wird das Reflexionsverhalten von elektromagnetischer Strahlung an dem Dreischichtsystem Luft - Wasser - Straße untersucht.

Die Fresnelkoeffizienten sind von den Dielektrizitätskonstanten der drei Medien abhängig. Für absorbierende Medien ist die Dielektrizitätskonstante komplex; es existiert der folgende Zusammenhang zwischen Brechungsindex und

Dielektrizitätskonstante:

$$\varepsilon^* = \varepsilon' - j\varepsilon'' = (n - jk)^2$$

ε^*..... komplexe Dielektrizitätskonstante
ε'..... Realteil der Dielektrizitätskonstante
ε''..... Imaginärteil der Dielektrizitätskonstante
n ..... "gewöhnlicher" (reeller) Brechungsindex
k ..... Absorptionskoeffizient

Die Aufgabe besteht nun darin, die komplexen Amplituden der resultierenden reflektierten Welle zur einfallenden Welle in Beziehung zu setzen, und zwar hinsichtlich ihrer Amplitude und ihres Polarisationszustandes. Aus den Messungen der Polarisationszustände der einfallenden sowie der reflektierten Welle wird das Verhältnis

$$\rho_r = R_p / R_s = \tan \Psi^* e^{i\Delta}$$

bestimmt. Es ist das Verhältnis der komplexen Gesamt-Reflexionskoeffizienten R_p und R_s für die p- und die s-Richtung.

2.2 Rechenmodell zur Simulation der Reflexion von Mikrowellen

Eine Anwendung der ellipsometrischen Formeln auf das System Luft - Wasserschicht - Straße benötigt folgende Eingangsgrößen:

1. die komplexen Dielektrizitätskonstanten (bzw. Brechungsindices als Quadratwurzel der Dielektrizitätskonstanten) in Abhängigkeit der Temperatur und der verwendeten Wellenlänge (und damit der Frequenz) der Mikrowellen von
   a) Luft
   b) Wasser
   c) Straßenoberflächen
2. Temperatur, bei der das Reflexionsverhalten der Mikrowellen berechnet werden soll
3. Wellenlänge der Mikrowellenstrahlung
4. Einfallswinkel der Mikrowellen
5. Dicke der Wasserschicht

Aus diesen Größen können mit Hilfe der ellipsometrischen Formeln

1. der Absolutbetrag des Reflexionskoeffizienten von parallel zur Fahrbahnoberfläche polarisierter Strahlung (R_s);
2. der Absolutbetrag des Reflexionskoeffizienten von vertikal zur Fahrbahnoberfläche polarisierter Strahlung (R_p);

3. die Größe tan Ψ als das Verhältnis der Größen $|R_p|$ zu $|R_s|$; und
4. die Phasenverschiebung Δ zwischen einfallendem und reflektiertem Strahl berechnet werden.

Die Kenntnis des Reflexionskoeffizienten ist äquivalent mit der Kenntnis der Amplitude der reflektierten Strahlung, soferne die Amplitude der einfallenden Strahlung bekannt ist. Die Brechungsindices von Luft und der Straßenoberfläche wurden bei der Rechnung als konstant angenommen. Für Luft wurde ein reeller Brechungsindex von 1,00029 angenommen und für die Straßenoberfläche ein komplexer Brechungsindex von (1,43/-0,21). Der Brechungsindex (bzw. die Dielektrizitätskonstante) von Fahrbahnoberflächen ist nicht sehr gut bekannt, doch wirkt sich eine Variation des Brechungsindex der Fahrbahnoberfläche nur schwach auf die anderen Größen aus.

Zumeist wurde bei einer Temperatur von 0 °C gerechnet. Der Einfallswinkel wurde zwischen 25 Grad und 85 Grad variiert. Eine technische Ausführung eines Ellipsometers mit einem großen Einfallswinkel (z.B. 85 Grad) ist allerdings nur in Form eines Interferometers denkbar, weil die Abschirmung des direkten Strahls von Sender zu Empfänger bei so großen Winkeln nicht mehr möglich ist. Schließlich wurde aber ein Einfallswinkel von 60 Grad als optimal erkannt.

Die Messung der Dicke einer Wasserschicht kann durch Messung eines der beiden Reflexionskoeffizienten oder des Winkels Ψ erfolgen. Die Phasenverschiebung Δ ist hingegen für die Messung der Schichtdicke weniger gut geeignet, weil sie kaum von der Schichtdicke der Wasserschicht abhängt. Die Frequenz der Mikrowellenstrahlung kann in einem relativ weiten Bereich frei gewählt werden. Im speziellen kommt der Frequenzbereich von 500 MHz bis 10 GHz in Frage. Es zeigte sich, daß bei niedrigen Frequenzen (das sind in diesem Zusammenhang Frequenzen um ca. 500 MHz) neben der Abhängigkeit von der Wasserfilmdicke auch eine Abhängigkeit von der Salzkonzentration (meßbar bis zu einer Konzentration von etwa 100 g NaCl pro 1 Wasser) besteht. Diese zusätzliche Abhängigkeit der Größen R_s, R_p und tan Ψ von der Salzkonzentration ist nicht erwünscht, weil dadurch die Eindeutigkeit bei der Messung der Wasserfilmdicke nicht mehr gewährleistet ist.

Ab einer Frequenz von etwa 2 GHz ist die Abhängigkeit von der Salzkonzentration so gering, daß sie die Grenze der Meßgenauigkeit unterschreitet. Aus diesem Grund ist eine Messung der Wasserfilmdicke mit Hilfe von Mikrowellen erst ab einer Frequenz von etwa 2 GHz zu empfehlen.

Es besteht jedoch der Nachteil, daß die maximale Dicke der Wasserschicht, die gerade noch gemessen werden kann, mit steigender Frequenz sinkt. So kann z.B. bei einer Frequenz von 10 GHz eine Schichtdicke von höchstens 1 mm gemess werden; Schichten, die dicker als 1 mm sind, ändern die Meßgröße R_s, R_p oder Ψ nicht mehr. Bei 2,6 GHz kann im Rahmen der angenommenen Meßgenauigkeit (5 % bei R_s und R_p) eine Wasserfilmdicke von maximal 2 mm aufgelöst werden.

3 Berührungslose Messung des Salzgehaltes

Für die Berechnung des Reflexionsverhaltens von Mikrowellen an einer Salzwasserschicht gelten grundsätzlich dieselben Verhältnisse wie beim System Luft - Wasserschicht - Straße. Lediglich die Dielektrizitätskonstante (und damit auch der Brechungsindex) von Wasser muß durch die entsprechenden Werte für eine Salzlösung ersetzt werden. Es wurde ausschließlich eine Salzlösung bestehend aus NaCl und Wasser untersucht. Andere Salze, die im Auftausalz enthalten sein können, weisen auf diesem Gebiet sehr ähnliche physikalische Eigenschaften auf.

Der Imaginärteil der Dielektrizitätskonstante beschreibt die Dämpfung einer elektromagnetischen Welle bei der Fortpflanzung in einem Medium; die Dämpfung wird durch den sog. Verschiebungsstrom bei der Polarisation des Mediums hervorgerufen. Soferne es sich beim betrachteten Medium um keinen Isolator handelt, tritt auch ein Ladungstransport (z.B. durch Ionen in elektrolytischen Lösungen) auf. Die Dämpfung - und damit die Größe des Imaginärteils der Dielektrizitätskonstante - wird also durch einen zusätzlichen Anteil infolge der (Gleichstrom-)Leitfähigkeit bestimmt. Da es sich bei in Wasser gelöstem NaCl um einen ionisch gelösten Stoff handelt, wird der zusätzliche Leitfähigkeitsanteil auch in diesem Fall beobachtet. Dieser zusätzliche Anteil ist umgekehrt proportional zur Frequenz des elektromagnetischen Feldes.

Es stellte sich heraus, daß für die Messung der Salzkonzentration eine niedrige Mikrowellenfrequenz günstiger als höhere Frequenzen ist. Dies ist vor allem auf den Leitfähigkeitsanteil im Imaginärteil der Dielektrizitätskonstante zurückzuführen, der ja umgekehrt proportional zur Frequenz ist. Es wird eine Mikrowellenfrequenz von etwa 500 MHz als optimal erachtet. Außerdem ist neben den bereits erwähnten Meßgrößen R_s, R_p und tan Ψ auch die Phasenverschiebung Δ, die bei der Reflexion der Mikrowellen auftritt, von Interesse. Diese Phasenverschiebung ist nur sehr schwach von der Filmdicke der Wasserschicht abhängig. Die Untersuchung ihrer Abhängigkeit von der Salzkonzentration ergibt, daß bei einer Mikrowellenfrequenz von 500 MHz die Salzkonzentration sicher bis 70 g NaCl/l, mit erhöhtem Geräteaufwand vielleicht bis 100 g NaCl pro l Wasser bestimmt werden kann. Die Verwendung von niedrigen Frequenzen (500 MHz) hat zusätzlich den Vorteil, daß dann die Größe Δ überhaupt nicht mehr von der Dicke der (Salz-)Wasserschicht abhängt. Es zeigte sich weiters, daß die Größen R_s, R_p und Ψ bei 500 MHz ebenfalls verwendet werden können, um die Salzkonzentration zu bestimmen: die Verwendung von R_s als Meßgröße gestattet es beispielsweise, die Salzkonzentration bis etwa 75 g/l zu ermitteln. Allerdings sind die Größen R_s, R_p und Ψ auch von der Schichtdicke abhängig, sodaß in jedem Fall eine unabhängige Messung der Schichtdicke vorgenommen werden muß.

4 Zusammenfassung

Die kombinierte Messung von Schichtdicke und Salzkonzentration erfordert - im Vergleich zur alleinigen Messung der Schichtdicke - eine zusätzliche unabhängige Meßgröße. Theoretische Überlegungen legen die folgende Vorgangsweise nahe:

1. Messung der Wasserfilmdicke auf der Fahrbahn durch Ermittlung des Reflexionskoeffizienten R_s oder R_p bei einer Meßfrequenz von ungefähr 2,6 GHz. Wenn eine maximal auflösbare Wasserschichtdicke von 0,8 bis 1 mm ausreicht, kann auch die Frequenz der bereits käuflichen Geräte, die bei einer Frequenz von 10,6 GHz arbeiten, beibehalten werden. Die Verwendung der niedrigeren Arbeitsfrequenz von 2,6 GHz erhöht den Wert der maximal auflösbaren Wasserschichtdicke auf etwa 2 mm.

2. Messung der Salzkonzentration in der Wasserschicht bei einer Meßfrequenz von ungefähr 500 MHz. Es ist möglich, auch hier einen der Reflexionskoeffizienten R_s oder R_p als Meßgröße heranzuziehen. Dies kann die Herstellung der beiden Geräte erleichtern, weil dann mehrere Komponenten für die Schaltungselektronik bei beiden Geräten identisch ausgeführt werden können. Eine Messung der Phasenverschiebung Δ hätte allerdings den Vorteil, daß damit eine Meßgröße zur Verfügung steht, die größtenteils nur von der Salzkonzentration und nicht auch von der Schichtdicke abhängt.

3. Der Einfallswinkel der Mikrowellen soll bei ungefähr 60 Grad liegen. Eine Abweichung von dieser Größe verschlechtert die erzielbare Auflösung der Messungen.

Dieses Forschungsvorhaben wurde als Straßenforschungsprojekt (645) vom Bundesministerium für wirtschaftliche Angelegenheiten unterstützt.

Literatur:

1   P.Braun, H.Störi, E.Söllner, Verfahren zur Messung wetterbedingter Zustands-änderungen an der Oberfläche von Verkehrsflächen und Vorrichtung zum Durchführen des Verfahrens, GESIG Patentanmeldung Nr. 84904064.7 beim Europäischen Patentamt mit der Priorität der Erstanmeldung in Österreich vom 7.11.1983.

2   R.M.A.Azzam, N.M.Bashara, Ellipsometry and Polarized Light, North Holland, Amsterdam, 1977.

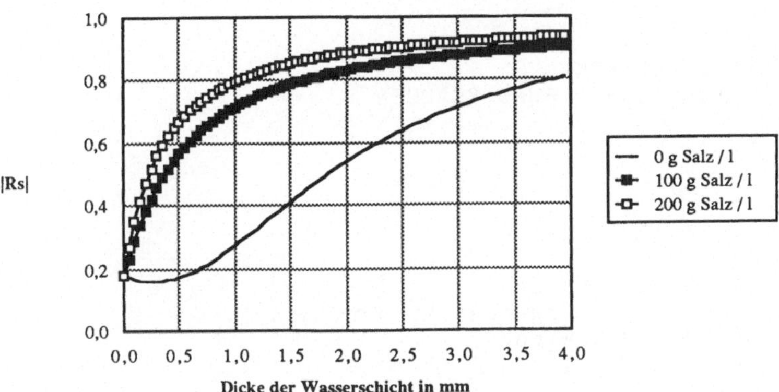

Betrag des Reflexionskoeffizienten R_S bei 500 MHz und einem Einfallswinkel von 60 Grad (berechnet für 0 °C).

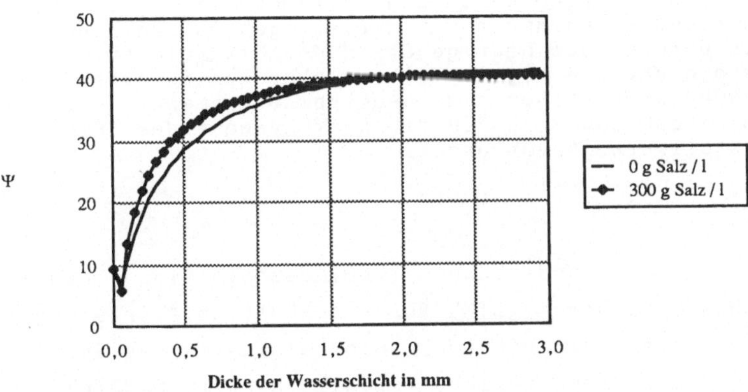

Winkel Ψ (in Grad) bei 2,6 GHz und einem Einfallswinkel von 60 Grad (berechnet für 0 °C).

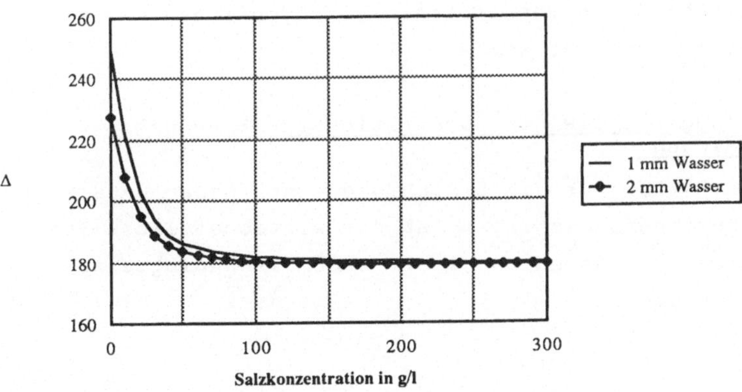

Phasenverschiebung Δ (in Grad) bei 500 MHz und einem Einfallswinkel von 60 Grad (berechnet für 0 °C).

ELEKTRONISCHES STELLWERK
FÜR DIE ÖSTERREICHISCHEN BUNDESBAHNEN

K. Schmidt
Österreichische Bundesbahnen
Generaldirektion - Arbeitsgebiet Sicherungsdienst
Friedrichstraße 4, 1010 Wien

ZUSAMMENFASSUNG:

Die bisher bei den Österreichischen Bundesbahnen (ÖBB) eingesetzten Sicherungsanlagen entsprechen im Bezug auf Sicherheit,
Verfügbarkeit und Lebensdauer den derzeitigen Anforderungen
der Betriebsführung. Der heutige Stand der Mikroelektronik
bietet aber nunmehr die Möglichkeit, bisher Realisiertes
kostengünstiger zu fertigen bzw. neue Leistungsmerkmale zu
integrieren, sodaß auch die ÖBB die Einführung eines "Elektronischen Stellwerkes" vorbereiten.

Einleitung:

Die Österreichischen Bundesbahnen (ÖBB) beabsichtigen, ein
Elektronisches Stellwerk (ESTW) für die künftige Ausrüstung
ihres Streckennetzes einzuführen, soferne dieser neue Stell-
werkstyp den ÖBB wirtschaftliche Vorteile bietet. Dadurch
sollen die wesentlichen Aufgaben dieser Anlagen, nämlich die
zentralisierte und rationelle Betriebsführung bei gleichzeitigem Ausschluß von menschlichen Handlungsfehlern mit geringeren Kosten erreicht werden.

Zielvorstellung für die neue Generation von Eisenbahn-sicherungsanlagen:

Wesentlicher Faktor für die Einführung einer neuen Generation
von Eisenbahnsicherungsanlagen ist der wirtschaftliche Vorteil, der durch die Anwendung einer neuen Technologie zu erreichen sein müßte.

Die bisher eingesetzten Relaisstellwerke, die bezüglich der
Sicherheit, Verfügbarkeit und Lebensdauer voll den derzeitigen Anforderungen entsprechen, sind im wesentlichen aus
Komponenten aufgebaut, die speziell für den Einsatz in der
Eisenbahntechnik konstruiert und gefertigt sind. Tragendes
Element dieser Technologie ist das sogenannte Signalrelais,
bei dem aufgrund der konstruktiven Ausführung (z.B. Zwangs-
führung der Kontakte) bestimmte Fehler nicht angenommen
werden müssen und somit Bestandteil eigensicherer Schaltungen
sein können. Die Anwendung neuester Technologien und der Einsatz handelsüblicher anstelle speziell gefertigter Bauelemente führen dazu, den Aufbau von Stellwerken unter Verwendung von Mikrocomputern in einem wirtschaftlich vertret-
baren Rahmen zu ermöglichen.

Die ÖBB erwarten daher, daß ein ESTW sowohl hinsichtlich der
Investitionskosten als auch bezüglich des Aufwandes für Er-
haltung und Störungsbehebung wesentlich günstiger als die
derzeit eingesetzten Relaisstellwerke sein wird.

Neben diesen rein kaufmännischen Gesichtspunkten bietet die
Anwendung von Rechnern aber weitere Vorteile gegenüber der
derzeitigen Relaistechnik.

In der bisherigen Relaistechnik waren der Zentralisierung
der Sicherungsanlagen durch eine begrenzte Stellentfernung
(ca. 6,5 km) Grenzen gesetzt, die nur durch einen zusätzlichen Aufwand (Fernsteuerung) zu überbrücken wären.
Die derzeitigen Konzepte von elektronischen Stellwerken
bieten allesamt die Möglichkeit der dezentralen Anordnung
von Rechnern, sodaß ohne zusätzlichen technischen Aufwand
eine zentrale Betriebsführung über einen großen Strecken-
bereich möglich ist.

Neben der eigentlichen Sicherung der Verschub- und Zugsbe-
wegungen werden den Eisenbahnsicherungsanlagen auch immer
mehr Aufgaben der Betriebssteuerung, der Automatisierung und
der Disposition aufgebürdet. Diese Aufgaben (wie z.B. Zugnummernmeldeanlagen, Zuglenkung, u.a.m.) werden schon jetzt
größtenteils mit Rechnersystemen gelöst, die mit einem
relativ großen Aufwand an die Technologien der Relaistechnik

angepaßt werden mußten. Auch hier bietet die Entwicklung des
ESTW die Möglichkeit, diese zusätzlichen Funktionen in das
System zu integrieren oder zumindest eine systemkonforme
Schnittstelle zu peripheren Systemen wie oben angeführt zur
Verfügung stellen zu können.

Ein weiterer Aspekt bei der Einführung des ESTW ist die Be-
dienungsfreundlichkeit und die Ergonomie des Arbeitsplatzes
des Bedieners der Anlagen. Waren bisher von verschiedenen
Firmen unterschiedliche Bedienprozeduren vorgegeben, so wollen
die ÖBB bei der Entwicklung des ESTW von Haus aus eine einheitliche Ausgestaltung der Bedienoberfläche festlegen.

<u>Vorgangsweise der ÖBB für die Einführung des ESTW:</u>
Die ÖBB haben in einem Rahmenvertrag, der im wesentlichen die
Phasen Entwicklung, Errichtung und Erprobung von Teststell-
werken sowie die anschließende Ausschreibung behandelt, die
Bedingungen für die Einführung des ESTW bei den ÖBB festge-
legt.

Phase Entwicklung:
Anders als bei anderen Bahnverwaltungen werden den Firmen
seitens der ÖBB nur die betrieblichen und funktionellen Bedingungen des ESTW vorgegeben, jedoch bezüglich der technischen Realisierung keinerlei Einschränkungen auferlegt.
Lediglich die Vereinheitlichung der Bedienperipherie sowie
die Notwendigkeit der Weiterverwendung bestehender Elemente
der Außenanlage bzw. Kabelnetze zwingen die Firmen dazu, zumindest Anpassungsmöglichkeiten in ihrem System vorzusehen.

Ziel der Phase Entwicklung ist der Aufbau eines funktions-
fähigen Laborstellwerkes in der Konfiguration des anschließend zu errichtenden Teststellwerkes im jeweiligen
Firmenlabor in Österreich. Anhand dieses Prototyps wird
seitens der ÖBB und des Bundesministeriums für öffentliche
Wirtschaft und Verkehr die Reife und Eignung für die Durchführung einer praktischen Felderprobung festgestellt und die
Freigabe für die Errichtung eines Teststellwerkes erteilt.

Phase Teststellwerk:
Dieser Abschnitt beinhaltet die Errichtung und Erprobung des Prototyp-ESTW unter Einbeziehung aller betrieblichen Anforderungen und der Umweltbedingungen. Nach der Überprüfung der Funktionstauglichkeit, der Abwicklung des eisenbahnrechtlichen Genehmigungsverfahrens und der Einbeziehung etwaiger aus dem Feldversuch resultierender nachträglicher Vorschreibungen wird diese Phase mit der Erklärung der Serienreife abgeschlossen.

Phase Ausschreibung:
Nach Abschluß der Felderprobungen wird von den ÖBB eine Ausschreibung durchgeführt, mit dem Ziel, eine freihändige Vergabe des ESTW an zwei Systemlieferanten zu ermöglichen. Dies bedeutet, daß die ESTW beider Firmen technisch gleichwertig und preisgleich sein müssen. Nachdem das ESTW im Zuge der Feldversuche bis zur Serienreife herangeführt wird, kann somit von technischer Gleichwertigkeit gesprochen werden, wenn beide Systeme die Vorgaben der ÖBB sowie etwaige Vorschreibungen des BMf.ö.W.u.V. erfüllen.

Eine Preisgleichheit wird angestrebt, indem die Angebotspreise des Bestbieters sowie des Zweitbieters auf ein rechnerisch ermitteltes Billigstpreisniveau reduziert werden, wobei zur Erreichung eines Wettbewerbes dem Bestbieter ein Bonus im Bezug auf das jährliche Vergabevolumen zugesichert wird.

Anschließend an die Ausschreibung wird dann mit den beiden zugelassenen Systemlieferanten eine Funktionspreisliste erstellt, anhand der dann die freihändige Vergabe von ESTW durchgeführt werden kann.

Technische Problemstellung:
Die Problematik, die bei der Entwicklung von Eisenbahnsicherungsanlagen jedweder Technologien vorliegt, resultiert im wesentlichen aus den an sich widersprüchlichen Forderungen einer möglichst absoluten Sicherheit einerseits und der ge-

wünschten hohen Zuverlässigkeit andererseits. Beide dieser
Ziele konnten durch die derzeit eingesetzte Relaistechnik in
sehr hohem Ausmaß erreicht werden.

Bezüglich der Sicherheit der Einrichtungen baut die Relaistechnik auf dem sogenannten "fail-safe"-Prinzip auf. Dieses
Prinzip beruht darauf, daß Sicherheitsschaltungen so entworfen sind, daß bei unvermeidlichen Bauteilausfällen der
Schaltzustand in einen für den Eisenbahnbetrieb ungefähr-
lichen - meist jedoch hemmenden Zustand übergeht. Durch die
sorgfältige Auswahl bzw. die spezielle Konstruktion der Bauelemente dieser Technologie lassen sich bestimmte Ausfall-
arten ausschließen und wird durch geeigneten Schaltungsaufbau (Ruhestromprinzip, Überwachungen u.ä.) ein sicheres Verhalten gewährleistet. Über dieses sichere Verhalten ist ein
qualitativer Sicherheitsnachweis anhand aller anzunehmender
Bauteilefehler zu führen, der dann Grundlage für die Er-
teilung der behördlichen Genehmigungen für den Einsatz in
der Eisenbahnsicherungstechnik sein wird. Die Übertragung
dieses Prinzipes auf die Rechnertechnologie ist jedoch nicht
möglich, da das Ausfallverhalten z.B. eines Mikrocomputers
nicht mehr definiert werden kann und so die Führung eines
quantitativen Sicherheitsnachweises nicht mehr möglich ist.

Es müssen daher bei Anwendung dieser Technologie neue Verfahren gefunden werden um der Anforderung der signaltechni-
schen Sicherheit zu entsprechen. Gerade diese Aufgabe beschäftigt die Entwicklungsingenieure der Signalbaufirmen
schon einige Jahre. Vom Einsatz eines sicheren Rechnersystemes
(Doppelrechner mit sicherem Vergleicher) über ein 2v3-
Rechnersystem mit Softwarevergleich bis hin zum Einsatz von
Expertensystemen für die Überwachung von nicht sicheren
Rechnersystemen spannt sich der Bogen der derzeitigen Firmen-
entwicklungen. Aber auch für diese Systeme ist ein Nachweis
über ihr sicheres Verhalten zu führen und von den zuständigen
Stellen zu prüfen, wobei seitens der ÖBB und des BMföWuV daran
gedacht ist, diese Begutachtung bereits entwicklungsbegleitend
durchzuführen, um etwaige Fehlentwicklungen hintanzuhalten und
so eine frühere Serienreife zu bewirken.

Neben der Sicherheit kommt aber auch der Zuverlässigkeit insofern große Bedeutung zu, als sich jeder Ausfall je nach Konzeption mehr oder weniger hemmend auf die Betriebsführung auswirkt, der Zugsverkehr aber durch Hilfsmaßnahmen, die aber dem menschlichen Fehlverhalten unterliegen, weitergeführt werden muß. Waren bei der Relaistechnik aufgrund des modularen Aufbaues bei Ausfällen meist nur wenige Elemente der Außenanlage betroffen und Totalausfälle sehr unwahrscheinlich, so wäre beim Einsatz von Rechnern durch die Konzentration der meisten Funktionen in einige wenige Komponenten die Wahrscheinlichkeit eines Totalausfalles (gem. Rahmenvertrag: Ausfall der Funktionsfähigkeit von größeren Weichen- oder Gleisbereichen mit einschneidender betrieblicher Bedeutung) ohne entsprechende zusätzliche Redundanzmaßnahmen ungleich größer. Es wurde daher im Rahmenvertrag zwischen den ÖBB und den Firmen festgelegt, daß durch die entsprechende Systemkonzeption eine maximale Anzahl von einem Totalausfall je Stellwerk innerhalb von zehn Jahren gewährleistet sein muß.

Diese Ausführungen sollen veranschaulichen, mit welchen Problemen die Einführung der Rechnertechnologie in der Eisenbahnsicherungstechnik verbunden ist. Nichts desto trotz rechnen die ÖBB mit entsprechendem Engagement der Entwicklungsingenieure der Firmen und sind überzeugt, ab 1990 serienreife Elektronische Stellwerke einsetzen zu können.

Das elektronische Stellwerk der Alcatel Austria

H. Steinbrecher

Alcatel Austria AG, Wien
Abteilung für Failsafe und Prozeßsteuerung

Zusammenfassung:

Das elektronische Stellwerkssystem der Alcatel Austria AG erfüllt die hohen Forderungen an Sicherheit und Zuverlässigkeit
durch Anwendung modernster sicherheitsrelevanter Echt-Zeit-
Technologien. Die dem letzten Stand der Technik entsprechenden
Technologien ermöglichen auch den wirtschaftlichen Einsatz
dieser Stellwerkssysteme.

Die gegenwärtig in der Eisenbahnsicherungstechnik eingesetzten
Technologien haben seit Jahrzehnten den für dieses Verkehrs-
system geforderten hohen Stand an   Sicherheit und Zuverlässigkeit gewährleistet. Vor allem die Stellwerke in Relaistechnik
erfüllen in ihren betrieblichen Funktionen und mit ihrer hohen
Verfügbarkeit die Anforderungen des modernen Bahnbetriebes.
In jahrelanger Entwicklung und Erprobung konnten mit der Spurplantechnik Funktionseinheiten für alle Bahnhofsgrößen realisiert werden. Die Basistechnologie dieser Systeme ist das mit
zwangsgeführten Kontakten versehene Signalrelais. In kompakter
Form werden hier Logikfunktionen und hohe Schaltleistung vereinigt mit den erforderlichen signaltechnisch sicheren, unver-
lierbaren Eigenschaften.
In gewissen Teilbereichen war es jedoch auch in der Relaistechnik notwendig, sicherheitsrelevante Elektronik einzusetzen,

wie z.B. bei elektronischen Achszählern oder elektronischen Gleisrelais.

Steigendes Verkehrsaufkommen und Rationalisierungen in der Betriebsführung haben in den letzten Jahren die Einführung moderner Rechnertechnologie in jenen Teilbereichen bewirkt, in denen keine signaltechnische Sicherheit erforderlich ist. Modernste Zugüberwachungs- und Zuglenksysteme sowie Bedieneinrichtungen und Zugnummernsysteme für Spurplananlagen, wie z.B. das VIDEO-PULT der Alcatel Austria, wären ohne Einsatz modernster Micro-elektronik gar nicht realisierbar.

Gerade beim VIDEOPULT zeigte es sich, daß integrierte Lösungen für die Betriebsführung, die mittlerweile sogar gewisse sicherheitsrelevante Funktionen beinhalten, durch den Einsatz modernster Technologien wirtschaftlich realisierbar sind.

Der heutige Stand der Technik erlaubt es, diese modernen Rechnertechnologien nun auch im Bereich der Stellwerkstechnik im Vergleich zur Relaistechnik wirtschaftlich einzusetzen. Die Möglichkeit, Funktionen mit hoher Komplexität zu realisieren, ist die Voraussetzung, reine sicherheitsrelevante Stellwerksfunktionen und Betriebsführungssysteme wirtschaftlich in ein Gesamtsystem zu integrieren.

Das elektronische Stellwerkssystem ELEKTRA von Alcatel Austria wurde auf Basis der von den ÖBB vorgegebenen betrieblichen und funktionellen Bedingungen entwickelt.

Die grundsätzliche Struktur des Stellwerkssystems ELEKTRA gliedert sich in drei Funktionsebenen:
- Bedienebene
- Stellwerkslogik- und Sicherheitsverarbeitung
- Peripheriesteuerung

Vertikal ist die Struktur in einen Logikkanal und in einen Sicherheitskanal geteilt.

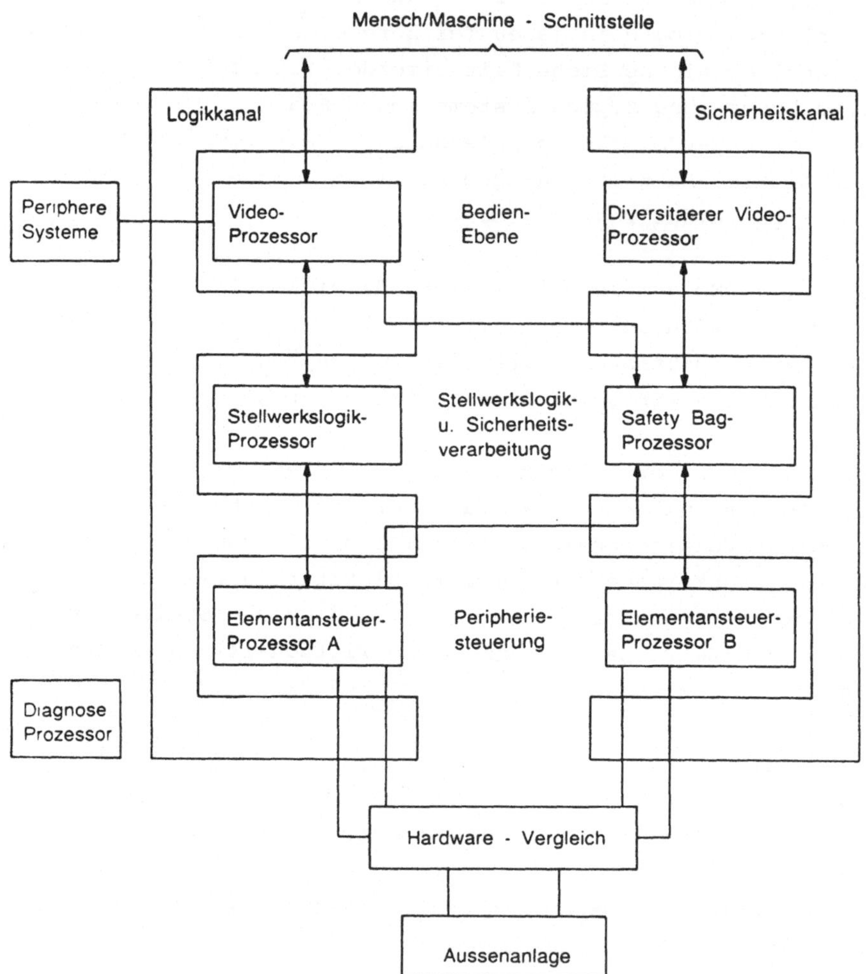

ELEKTRA
Grundlegende Struktur

Die für die Stellwerkstechnik notwendige Sicherheit wird durch
die "safety bag"-Methode erzielt. Diese Methode ist dadurch gekennzeichnet, daß ein Ergebnis zunächst in einem Kanal (Logik-
kanal/Stellwerkslogik Prozessor) ermittelt wird und das Ergebnis daraufhin im zweiten Kanal (Sicherheitskanal/Safety Bag
Prozessor) mit diversitärer Software überprüft wird.

Ein eingegebener Befehl wird im Logikkanal nach betrieblichen
und sicherheitstechnischen Bedingungen geprüft; bei positivem
Ergebnis wird die Ausgabe des Befehls vorbereitet. Vor dieser
Ausgabe erfolgt jedoch eine Überprüfung des vom Logikkanals
ermittelten Ergebnisses. In getrennter Rechner-Hardware wird
mit diversitärer Software geprüft, ob die Durchführung des Befehls zu keinem gefährlichen Zustand führt.

Die Diversität in der Software ist durch unterschiedliche
Spezifikationen für beide Kanäle und unterschiodliche Programmiersprachen realisiert. In einem Kanal wird die Programmiersprache CHILL, im anderen Kanal "Artificial Intelligence" in
Form eines regelorientierten Echtzeit-Expertensystems mit dem
Namen "PAMELA" ("Pattern Matching Expert System Language")
verwendet.

Wird durch die Überprüfung im Sicherheitskanal keine Sicher-
heitsgefährdung gefunden, so wird der Befehl von beiden Kanälen für sich   ausgegeben. Beide Ausgaben werden noch
einem sicheren Hardware-Vergleich unterzogen, bevor die Ausgabe über entsprechende Interfaces an die Außenanlage erfolgt.

Die Rechner-Hardware besteht aus den Komponenten der von
Alcatel Austria entwickelten und gefertigten 16 bit- und 8 bit-
Rechner (Alcatel 16 plus und Alcatel O8O2). Das für die Software notwendige CHILL-Betriebssystem, das notwendige Entwick-
lungs- und Test-Environment sowie das Expertensystem PAMELA
wurden von Alcatel Austria in Zusammenarbeit mit dem Alcatel/
ELIN-Forschungszentrum entwickelt. Bei der Software-Erstellung
kommen modernste graphische Entwurfsmethoden zur Anwendung.

Das für ELEKTRA gewählte Sicherheitsverfahren entspricht den
Empfehlungen der ORE ebenso wie den Vorschriften der ÖVE-T3.

Bei Einsatz moderner Rechnertechnologie ist die Frage der Zuverlässigkeit ebenso von Relevanz wie die der Sicherheit. Von elektronischen Stellwerken wird eine ebenso hohe Zuverlässigkeit erwartet, wie sie Relaisstellwerke bieten. Dies ist jedoch mit der viel komplexeren Hardware der Rechnertechnologie wesentlich schwerer zu realisieren als in der Relaistechnik.

Um größtmögliche Zuverlässigkeit zu erzielen, wird bei ELEKTRA eine Verdreifachung der Rechner unter Anwendung des von Alcatel Austria in Zusammenarbeit mit dem Alcatel Austria/ELIN-Forschungszentrum entwickelten "VOTRICS" ("Voting Triple Modular Computing System") durchgeführt. Dieses System ist durch drei lose gekoppelte, autonom arbeitende, gleichartige Rechner gekennzeichnet, welche in aktiver Redundanz arbeiten. Mit "VOTRICS" wird eine "2 aus 3"-Majoritätsentscheidung durchgeführt.

In der Bedienebene kommt als Mensch/Maschine-Schnittstelle das in die ELEKTRA integrierte, in der Spurplantechnik bereits bewährte VIDEOPULT-System von Alcatel Austria zur Anwendung. Wesentliche Merkmale dieses Systems sind die assoziative Bildschirmdarstellung, die Bedienung über Lichtgriffel, sowie eine Vielzahl von betrieblichen Leistungspaketen (z.B. Zugnummernmeldung, automatisches Zugmeldeverfahren) im Sinne einer integrierten Betriebsführung. Sicherheitsrelevante Anzeigen werden signaltechnisch sicher auf den Anzeigemonitoren dargestellt, sodaß vor allem bei großen Anlagen die heute obligate Panoramatafel entfallen kann.

Das Systemkonzept ist so ausgelegt, daß bestehende Außenanlagen, wie Kabelnetz und Stellelemente unverändert an das elektronische Stellwerk angeschlossen werden können. Bestehende periphere Systeme, wie z.B. Zugnummernmeldeanlagen, Verkehrslenkzentralen oder Fernsteuersysteme können ebenfalls über genormte Schnittstellen an das System angepaßt werden.

Durch den modularen Aufbau des Systems ELEKTRA lassen sich durch reine Rechner-Rechner-Verbindungen größere Stellentfernungen wirtschaftlicher realisieren als in der Relaistechnik.

Ein wesentlicher Faktor bei so komplexen Systemen wie einem
elektronischen Stellwerk ist die effiziente Fehlerdiagnose
im Störungsfall und die rasche Störungsbehebung. Durch Einsatz des Expertensystems "PAMELA" sowie mittels Diagnosezu-
griffen auf alle Rechner des ELEKTRA-Systems wird die Möglichkeit geschaffen, unterstützt durch entsprechende Dokumentation
und Ausgabemedien, den Forderungen der ÖBB betreffend Wartung
und Störungsbehebungen voll zu entsprechen.

Derzeit erfolgt der Labortest des Stellwerkssystems ELEKTRA
im Labor der Alcatel Austria AG; im zweiten Halbjahr 1989
kann die Inbetriebnahme eines Prototypenstellwerkes erfolgen.

Aufgrund der gewählten Sicherheits- und Zuverlässigkeitsmetho-
den sowie der eingesetzten Rechnertechnologie handelt es sich
beim elektronischen Stellwerk der Alcatel Austria AG um ein
dem letzten Stand der Technik entsprechendes, zukunftsweisendes
System, daß den wirtschaftlichen Einsatz von elektronischen
Stellwerken und damit den Übergang von der Relaistechnik zur
Elektronik auch im Stellwerksbereich ermöglicht.

IVIS (INTEGRIERTES VERKEHRSINFORMATIONSSYSTEM)

F. Voggenberger

ELIN-UNION AG, 1141 Wien, Penzinger Straße 76

ZUSAMMENFASSUNG:

Ziel des integrierten Verkehrsinformationssystems ist, im Strassenverkehr eine bessere Ausnutzung der bestehenden Verkehrsflächen durch höhere Reisegeschwindigkeit bei dichterem Verkehr und durch Vermeidung von Staus zu ermöglichen. Dazu wird die Straße, das Kraftfahrzeug und der Lenker als ein geschlossenes System verstanden, dem drei Regelkreise unterlagert sind, die im folgenden genauer beschrieben werden.

1. Einführung

Das geschlossene System - Straße, Kraftfahrzeug und Lenker - soll optimal gestaltet werden, wobei je nach Betrachtungsweise der Begriff "optimal" unterschiedliche Bedeutung haben kann. Der Autofahrer versteht unter einem optimalen System mehr Sicherheit im Verkehr, weniger Verbrauch und einen raschen Transport von A nach B. Der Straßenerhalter versteht unter einem optimalen System geringe Bau- und Erhaltungskosten, während der Umweltschützer dagegen unter einem optimalen System wenig Verkehrsfläche, die nutzbringendes Ackerland zerstört, und geringe Umweltbelastung durch weniger Emission versteht. Obwohl diese Vorstellungen zum Teil stark divergieren, lassen sie sich jedoch unter dem Schlagwort "bessere Ausnutzung bestehender Verkehrsflächen" zusammenfassen. Neben Maßnahmen im Straßenbau kann diese bessere Ausnutzung durch Regelungen erfolgen, bei denen die Soll/Ist-Abweichungen der Verkehrsdaten erfaßt werden und entsprechende Maßnahmen zur Steuerung des Verkehrs eingeleitet werden.

Diese Regelkreise bestehen aus den Elementen
      Erfassung des Verkehrs (Messen)
      Verarbeitung der Daten (Berechnen)
      Beeinflussung des Verkehrs (Steuern)

2. Erfassung des Verkehrs

Zur Erfassung des Verkehrsgeschehens bzw. der Unregelmäßigkeiten (Soll/Ist-Vergleich) werden drei verschiedene Datensätze herangezogen:

2.1 Verkehrsmeßdaten

Die effiziente Überwachung, Steuerung und Beeinflussung von Verkehrsabläufen und eindeutige Erkennung von Störungen im Verkehrsfluß setzen die genaue Kenntnis des aktuellen Verkehrszustandes voraus. Zählstellen mit herkömmlichen Fahrzeugdetektoren stellen die Fahrzeuganwesenheit fest und ermitteln somit Verkehrsstärke und lokale Geschwindigkeit. Verkehrsabläufe zwischen zwei Zählstellen können mit verschiedenen Verfahren und Methoden (z.B. Summen- und Differenzverfahren, Prognosen aus dem Fundamentaldiagramm) aus der lokalen Verkehrsstärke und der lokalen mittleren Geschwindigkeit errechnet werden. Um genauere Aussagen zu erhalten, muß entweder die Dichte der Meßstellen drastisch erhöht werden oder zu neuen im folgenden beschriebenen Methoden der Fahrzeugerfassung (System MAVE) gegriffen werden.

Nach dieser Methode werden am Meßquerschnitt i neben der Messung der lokalen Verkehrsstärke q_i(KFZ/h) und der lokalen Geschwindigkeit v_i die Fahrzeuge je Spur in 16 bis 32 verschiedene Fahrzeugkategorien eingeordnet. Während eines Beobachtungszeitraumes erscheint nun am Meßquerschnitt i eine bestimmte zufällige Folge von Fahrzeugen (Fahrzeugkategorien) F_i. Bei absolut homogenem Fahrzeugfluß zwischen den Meßquerschnitten i und i+1 muß diese zufällige Folge am folgenden Meßquerschnitt nach der mittleren Reisezeit (t_r) wieder erscheinen.

$$F_i(t) = F_{i+1}(t+t_r) \tag{1}$$

Durch eine Korrelation der zeitversetzten zufälligen Folgen zweier benachbarter Meßquerschnitte erhält man einerseits Aussagen über die Homogenität des Verkehrsflusses (z.B. Überholvorgänge, Durchmischung von Spuren), andererseits kann die mittlere Reisezeit aus der Zeitverschiebung der Folgen ermittelt werden. Abweichungen zwischen der lokalen Geschwindigkeit und der Reisegeschwindigkeit lassen Staubildung bereits im Entstehen erkennen, z.B.

$$v_i = v_{i+1} \gg v_r = \frac{1}{t_r} \qquad (2)$$

2.2 Zustandserfassung

Zustände, die die Grenzwerte und die Parameter der Regelkreise bestimmen, gliedern sich in Zustände der Umwelt wie z.B. Nebel, Regen, Schnee, und werden durch automatische Meßsensoren bzw. über Funk vom Straßenerhalter und den Straßenaufsichtsorganen ins System eingegeben. Zustände, die die Beschaffenheit der Straße wiedergeben wie z.B. Hindernisse, Baustellen und Verkehrsbeschränkungen werden ausschließlich vom Straßenerhalter und von den Straßenaufsichtsorganen ins System eingegeben.

2.3 Ereignisse

Ereignisse wie z.B. Unfälle, Pannen werden einerseits über die an den Autobahnen und teilweise auch an Bundesstraßen vorhandenen Notrufeinrichtungen bzw. von den entsprechend alarmierten Einsatzdiensten dem System gemeldet. Aus diesen eingegebenen Daten können auf Grund der aktuellen Meßdaten kurzfristige Prognosen für weitere Streckenabschnitte abgeleitet werden.

3. Verarbeitung der Daten

Die einlangenden Daten werden in drei Regelkreisen mit unterschiedlichen Zielsetzungen weiterverarbeitet und davon Maßnahmen abgeleitet. Die Verarbeitung erfolgt je nach Regelkreis und Ausbaugrad manuell oder automatisch. Die Regelkreise im einzelnen sind:

3.1 Regelkreis - Einsatzlenkung

    Verarbeitung: manuell

    Ziel: Hilfe und Absicherung

    Maßnahmen: entsprechende Einsatzlenkung von Polizei, Rettung, Feuerwehr und Straßendienst

    Parameter: Verkehrsdaten, Einsatzpläne, Dienstbereitschaft

3.2 Regelkreis - Beeinflussung des Autofahrers

Verarbeitung: manuell / automatisch

Ziel: Verkehrslenkung

Maßnahmen: Information über Wechselverkehrszeichen, variable Hinweisschilder, Autoradio, öffentliche PTT-Dienste.

3.3 Regelkreis - Planung

Verarbeitung: automatisch

Ziel: Unterlagen für Verkehrsplanung, Parameter für den Regelkreis 3.2.

4. Beeinflussung des Verkehrs

Die Beeinflussung des Verkehrs erfolgt in zwei Kategorien, durch

- Gebote und Verbote mit bindendem Charakter im Sinne der STVO (direkte Beeinflussung)
- Hinweise und Empfehlungen, deren Befolgung im Ermessen des Autolenkers liegen (indirekte Beeinflussung)

Während die direkte Beeinflussung des Autofahrers auf Grund der derzeit gültigen Gesetzeslage stark beschränkt bleibt auf Wechselverkehrszeichen, Lichtsignalanlagen und Weisungen der Aufsichtsorgane, gibt es in der zweiten Kategorie der indirekten Beeinflussung wesentlich mehr Spielraum. In dieser Kategorie unterscheidet man grundsätzlich zwei mögliche Informationsarten, die passive und aktive Information (Beeinflussung des Autofahrers). Bei der passiven Information des Lenkers werden dem Lenker ohne sein Zutun die für den eben befahrenen Streckenabschnitt relevanten Informationen, sei es über Durchsagen, sei es durch entsprechende Hinweisschilder, zur Kenntnis gebracht, während bei den aktiven Informationen der Autofahrer aktiv die gewünschte Information über einen bestimmten Streckenabschnitt auswählt. Durch diese Aufgliederung der Informationen und Maßnahmen und durch die Einführung entsprechender Erfassungsmethoden der Verkehrsdaten sowie einer im Anschluß beschriebenen zentralen Datenhaltung wird sichergestellt, daß die richtigen Informationen zum richtigen Zeitpunkt am richtigen Ort anstehen.

5. Datenhaltung

Jede Bundesstraße, Schnellstraße und Autobahn in Österreich wird in Segmente unterteilt. Diese Segmente sind in der Regel Straßenstücke zwischen zwei Abzweigungen und stellen im Informationssystem die kleinste beschreibbare Einheit dar. Dieses Segment wird adreßmäßig dargestellt durch die Straßennummer, Segmentabschnitt der Straße und Fahrtrichtung. Die Daten des Segments enthalten den Verkehrszustand (normal, dicht, zähflüssig, Stau) und zehn besondere Verkehrsbedingungen wie z.B. Straßenglätte, Kettenpflicht, Baustelle usw..

In einer zentralen Datei werden die aktuellen Daten jedes Strassensegments (kurz Segmentstring genannt) abgelegt.

Die Informationen für die Steuerkreise, über die nach Freigabe durch die örtliche Gendarmerie bzw. automatisch Wechselverkehrszeichen und Wechselwegweiser bzw. Stau- und Unfallwarnungen an den Notrufsäulen angesteuert werden, sind nie älter als 30 Sekunden (exklusive der fallweise erforderlichen Glättungszeiten).

Aus dieser zentralen Datei kann die Information auf verschiedene Weise abgefragt werden. Beim Entwurf eines Abfragesystems muß davon ausgegangen werden, daß
1. eine rasche Einführung
2. spätere Entwicklungen auf dem Gebiet der Autofahrerinformation bzw. direkter Beeinflussung des Fahrzeuges
möglich sind.

In der ersten Ausbaustufe werden daher diese zentralen Daten einerseits über das bestehende Bildschirmnetz der Österreichischen Postverwaltung verteilt. Somit ist diese zentrale Datei von jedem Bildschirmtextterminal abfragbar. In der Bildschirmtextzentrale sind zwei verschiedene Informationsseiten angelegt:

der Seitentyp A,

der alle unveränderlichen Daten wie z.B. geographische Lage, Ortsnamen, Straßennummern udgl. enthält,

der Seitentyp B,

der die variablen Daten der einzelnen Straßensegmente enthält, d.s. Verkehrsdichte und die besonderen Verkehrsbedingungen.

Für eine passive Information ist dieses System zur Zeit nicht
geeignet, da der Autofahrer aktiv die Auswahl des für ihn in-
teressanten Streckenabschnittes durchführen muß. Die passive
Information des Autofahrers erfolgt einerseits über änderbare
Vorwegweiser, die die Verkehrssituation des weiteren Straßen-
verlaufes und eventuell empfohlene Umleitungsrouten anzeigen.
Andererseits wird als nächster Schritt eine passive Autofahrerinformation geplant. Entsprechende Regionalsender des ORF werden mit gebietspezifischen Verkehrsfunkdurchsagen beaufschlagt,
wobei zwei Durchsagemodi zur Verfügung stehen:

    - Zyklische Durchsage:
In regelmäßigen Abständen erfolgt eine Gesamtübersicht über
alle Straßensegmente des Bereiches.

    - Spontane Durchsage:
Bei Änderung einer kritischen Verkehrssituation wird diese Änderung spontan eingeblendet.

Aus den Segmentstrings (aktuelle Daten des Straßensegments)
werden durch eine Maskierung automatisch alle Segmentstrings
ausgeschieden, die
- nicht zu dem entsprechenden Bereich gehören,
- keine Verkehrsbehinderungen und Kennungen aufweisen.

Die nach der Maskierung verbleibenden Segmentstrings werden geordnet und automatisch in Sprache umgesetzt.

Ein weiterer Zwischenschritt am Weg in die Zukunft kann ein
automatischer Telefontonbanddienst sein, wo nach Anwahl einer
bestimmten Rufnummer ein Satz von Segmentstrings in gleicher
Weise den Autofahrer über den Zustand der jeweiligen Strecke
informiert. Diese Information kann auch von einem mobilen Auto-
telefon abgefragt werden.

Eine Demonstrationsanlage über das System IVIS wurde während
der Ausstellung "STRASSE 2000" im Raum Villach probeweise installiert.

RECHNERUNTERSTÜTZTE SYSTEME FÜR DEN VERSCHUBBETRIEB
IN MODERNEN BAHNANLAGEN

W. Windischhofer

Siemens, Wien

Die hohen Leistungsanforderungen in modernen Verschiebebahn-
höfen erfordern den Einsatz modernster Elektronik zur weit-
gehenden Automatisierung des Betriebsablaufes. Um im neu
gebauten Zentralverschiebebahnhof Wien eine Leistung von
6100 Wagen/Tag bzw. 300 Wagen/Stunde zu erreichen, unterstützen Rechnersysteme die Betriebsbediensteten.

Einleitung

Die Aufgabe eines Verschiebebahnhofes ist es, die Güterwagen
angekommener Züge entsprechend ihren Zielorten zu sortieren
und Ausgangszüge nach den entsprechenden Bestimmungsbahnhöfen
zusammenzustellen. Im Zentralverschiebebahnhof Wien (Zvbf)
werden die Wagen über einen Abrollberg gedrückt und rollen
dann infolge ihrer Schwerkraft in die ihrem Laufziel zuge-
ordneten Richtungsgleise, wo sie kuppelreif gesammelt werden.

Die 3 Rechnersysteme

Ein in den Zvbf einfahrender Güterzug wird in eines von
15 Gleisen der Einfahrgruppe geführt. Hier werden dem rechner-
gestützten D i s p o s i t i o n s s y s t e m (DS) alle zur
Zugzerlegung benötigten Daten eingegeben (Wagennummer, Länge,
Gewicht, Bestimmungsbahnhof, Anzahl der Achsen, usw.).
Parallel dazu erfolgen im Rahmen der Eingangszugsbehandlung
noch technische Kontrollen und verschubdienstliche Arbeiten.
Nach Abschluß aller Tätigkeiten übergibt das DS die Zerlegedaten an das S i m u l a t i o n s s y s t e m (SS).

Dieses simuliert in umfangreichen Rechenoperationen den tatsächlichen Zerlegevorgang: das Anrücken des Zuges aus dem Einfahrgleis zum Abrollberg, das Abrollen der einzelnen Wagensätze bis die letzte Achse des Zuges das Richtungsgleis
erreicht hat. Es erkennt dabei Konfliktsituationen (unzu-
lässiges Einholen, Eckstoßgefahr) und berechnet so die optimale Abdrückgeschwindigkeit der einzelnen Wagensätze. Das
Ergebnis dieser Berechnungen wird an das DS übermittelt.

Nach dem Abziehen der Zuglok und Ankuppeln des Abdrücktriebfahrzeuges sowie Einstellung einer Fahrstraße vom Einfahrgleis
zum Abrollberg ist dieser Zug nun für den tatsächlichen
Zerlegevorgang bereit.

Der Abrollmeister gibt über ein Codewort an das prozeßrechner-
gesteuerte O p e r a t i o n s s y s t e m (OS) den Auftrag
zur Zugzerlegung. Das OS fordert daraufhin vom DS die Zerlegedaten an. Nach Durchführung der notwendigen Plausibilitätskon-
trollen nimmt das OS die Funkfernsteuerung des Abdrücktriebfahrzeuges auf. Auf Grund der im SS berechneten Geschwindigkeiten werden die Wagen des Zuges an den Abrollberg herange-
bracht und über diesen abgedrückt. Entsprechend ihrem Ziel-
bahnhof steuert das OS die Wagen via Ablaufstellwerk in ein
Gleis der Richtungsgleisgruppe. Dazu ist das OS über Prozeß-
Ein-/Ausgabeelemente mit den peripheren Einrichtungen der
Außenanlage (Weichen, Kontakte, Lichtschranken) verbunden.

Über diese werden vom OS die abrollenden Wagen erfaßt, entsprechend ihren Laufzielvorgaben die Weichen gestellt und das Laufverhalten überwacht. Dabei vergleicht das OS die Istzeiten zwischen den Kontakten mit den vom Simulationssystem errechneten Sollzeiten. Bei erkannten Abweichungen werden Schutzmaßnahmen (Stellen von Weichen in Schutzlage, Stoppen des Abdrücktriebfahrzeuges) durchgeführt.

Am Ende des Zerlegevorganges wird das Abdrücktriebfahrzeug angehalten und aus der Funkfernsteuerung entlassen. Wenn der letzte Wagen des abgedrückten Zuges sein Richtungsgleis erreicht hat, schickt das OS die aktualisierten Zerlegedaten an das DS zurück.

Die Wagen in den Richtungsgleisen werden gekuppelt und zu Ausgangszügen zusammengestellt. Das DS aktualisiert die Wagen- und Gleisbuchhaltung, es legt Zuggrenzen (zulässige Achsenanzahl) auf Grund von Belastungstafeln für Triebfahrzeuge und Längenbeschränkungen fest, führt Bremsberechnungen durch und unterstützt den Bediener bei der Bildung der Ausgangszüge. Erhält das DS die Meldung über die Ausfahrt eines Zuges, so werden die zugehörigen Zug- und Wagendaten im DS gelöscht.

Variable Abdrückgeschwindigkeit und Triebfahrzeugfernsteuerung

In konventionellen Anlagen wurden bisher Gleisbremsen dazu verwendet, um punktförmig die Geschwindigkeit der abrollenden Wagen zu steuern. Erstmals wird im Zvbf für eine Anlage dieser Größe eine quasikontinuierliche Geschwindigkeitssteuerung eingesetzt, die durch ca. 42000 autark arbeitende Bremselemente, die in der Verteilzone entlang den Schienen angeordnet sind, realisiert ist.

Die Verzögerung der Abrollgeschwindigkeit von 4,25 m/s auf die
zulässige Auflaufgeschwindigkeit von 1,5 m/s nach der letzten
Verteilweiche stellt einen kritischen Bereich dar. Lange
Gruppen leichter Wagen werden z.B. sehr früh auf das lang-
samere Geschwindigkeitsniveau verzögert, sodaß die letzten
Wagen noch weit in den Bereich mit dem hohen Geschwindigkeitsniveau reichen. Nachfolgende Wagen könnten diese Gruppe einholen, was zu unzulässig hoher Auflaufgeschwindigkeit, Eckstoßgefahr bzw. Falschläufern führen würde.

Da die Bremselemente keine gewichtsabhängige Steuerung der
abrollenden Wagen zulassen, müssen Maßnahmen an anderer Stelle
getroffen werden, um diese Probleme zu beherrschen. So wird
vom Simulationssystem für diese Gefahrensituation für den
nachfolgenden Wagen eine verminderte Abdrückgeschwindigkeit
errechnet und vorgegeben. Um einerseits eine möglichst hohe,
durchschnittliche Abdrückgeschwindigkeit zu erreichen und um
andererseits einen möglichst ruhigen Abdrückvorgang zu
ermöglichen, ist es notwendig, die Geschwindigkeit in
möglichst kleinen Stufen vorzugeben.

Die im Zvbf eingesetzten Abdrücktriebfahrzeuge der Baureihe
1064 können Geschwindigkeitsänderungen bis zu minimal 5 cm/s
regeln und sind, um die Änderung genau steuern zu können, mit
Funkfernsteuereinrichtungen ausgerüstet.

Das OS nimmt beim Anrücken des Zuges an den Berg über eine
Funkstrecke den Telegrammverkehr mit dem Abdrücktriebfahrzeug
(TFZ) auf. Ein Sendetelegramm enthält alle notwendigen
Steuerinformationen an das TFZ: Die Nummer des TFZ das ange-
sprochen werden soll (es können bis zu 3 TFZ von der Fern-
steuerung bearbeitet werden), die Sollgeschwindigkeitsvorgabe,
Bremsstufen, Beschleunigungscharakteristik für das TFZ sowie
diverse Bits für Störungserkennung und Testhilfen.

Die stationäre Sende/Empfangsanlage im Stellwerk (Fixstation-
FS) sendet das Telegramm auf einer Frequenz von 468 MHz an die
mobile Sende/Empfangsanlage auf dem TFZ (Mobilstation-MS).
Diese gibt die Daten an den Telegrammrechner weiter. Von hier
wird das Solltelegramm auf eine parallele Schnittstelle dem
Lokrechner zur weiteren Steuerung übergeben. Über die gleiche
Schnittstelle wird der jeweils aktuelle Zustand des TFZ in
Form eines Isttelegrammes dem OS zurückgemeldet. Zusätzlich
zur Istgeschwindigkeit und zur Istbremsstufe sind darin noch
gegebenenfalls diverse Störungen des TFZ, der Schnittstelle
zum Lokrechner bzw. der Speicher des Telegrammrechners sowie
eine Paritätskontrolle vermerkt.

Beim Fernsteuer-Betrieb mit einem TFZ schickt das OS zyklisch
alle 200 ms ein Solltelegramm und erwartet innerhalb ca 180 ms
vom TFZ als Antwort ein Isttelegramm. Sollte innerhalb dieser
Zykluszeit kein Isttelegramm eintreffen, so wird das Solltelegramm wiederholt. Dieser Vorgang wird bis zu 3 mal zugelassen; dann bricht das OS ab, die Funkstrecke gilt als unterbrochen und das TFZ löst selbsttätig einen Nothalt aus. Auf
diese Art wird die Verbindung OS-TFZ ständig überwacht, kurzzeitige Funk- bzw. Verbindungsstörungen jedoch überbrückt.

Beim Anrücken des Zuges an den Abrollberg wird im Solltelegramm die vom SS errechnete Anrückgeschwindigkeit übergeben.
Diese liegt, abhängig vom Zuggewicht, im Bereich von ca. 4 bis
6 m/s (14 bis 21 km/h). Im Abstand von 145 m, 75 m und 15 m
vor dem Berggipfel befinden sich Einwirkstellen (Schienen-
kontakte). Die Befahrung dieser Kontakte durch die Zugspitze
wird durch Eingaben dem OS gemeldet, das daraufhin eine
reduzierte Zulaufgeschwindigkeit an das TFZ vorgibt. Damit
wird erreicht, daß es zu möglichst wenig dynamischen
Bewegungen zufolge Pufferstreckungen kommt und der Zug gefahr-
los (ohne Zughakenbrüche) am Berg angehalten werden kann.

Für das weitere Abdrücken gibt das OS für jeden einzelnen
Wagen die vom SS berechnete maximal zulässige Abdrückgeschwindigkeit vor. Außerdem wird im Isttelegramm an das TFZ
ein geringeres Beschleunigungsverhalten (0,025 m/s²) vorgegeben, um ein Überschwingen der Geschwindigkeit zu vermeiden.
Die Abdrückgeschwindigkeit ist, bedingt durch das Entkuppeln
am Berg, mit 1,6 m/s (Schrittgeschwindigkeit) begrenzt und
liegt im Schnitt bei ca. 1,4 m/s.

Hardware und Stellwerkstechnik

Um die Anforderungen nach hoher Zuverlässigkeit und großer
Leistungsfähigkeit erfüllen zu können, werden reaktions-
schnelle Siemens-Prozeßrechner R30 eingesetzt. Zur Erhöhung
der Verfügbarkeit der Rechneranlagen sind DS und OS als
Doppelrechner im Hot-Standby-Betrieb ausgeführt. Beide Rechner
erhalten die gleichen Eingaben; der jeweils aktive führt die
Ausgaben an den Bediener bzw. an den Prozeß. Bei Ausfall des
aktiven Rechners sorgt eine Umschaltung dafür, daß der andere
Rechner den Prozeß ohne Unterbrechung weiterführen kann. Das
Simulationssystem besteht, zur Erhöhung der Rechenkapazität,
aus zwei Einzelrechneranlagen. An Bedienperipherie stehen dem
Bahnhofspersonal über 30 Sichtgeräte und 20 Drucker zur
Verfügung.

Der Telegrammrechner auf dem TFZ ist durch einen Mikroprozessor des Systems SIMIS realisiert und dient als Schnittstelle zu der von der Fa. BBC gebauten Loksteuerung.

Das Fahrstraßen-Stellwerk wurde als Gleisbildstellwerk in
Spurplantechnik der Bauart Siemens Österreich ausgeführt. Bei
der rechnergesteuerten Zugzerlegung sorgt eine Rechnerver-
bindungsschaltung dafür, daß nur das OS auf die sicherungs-
technischen Einrichtungen (Weichen, Signale) im Zulauf- bzw.
Abrollbereich einwirken kann.

Projektverlauf und Ausblick

Das Entwicklungsprojekt für den Zentralverschiebebahnhof Wien wurde im Jahre 1980 begonnen. In enger Zusammenarbeit zwischen den ÖBB und Siemens wurde anhand eines Projektsteuerverfahrens mit klar definierten Zielsetzungen und Ergebnissen vorgegangen. Nach einer wirtschaftlichen Realisierung des Projektes wurde der offizielle Betrieb am 26. September 1986 planmäßig aufgenommen.

Die seit der Inbetriebnahme gewonnenen Erfahrungen bestätigen die Richtigkeit des Lösungsweges und machen den Zentralverschiebebahnhof Wien zu einem der leistungsfähigsten und modernsten Verschiebebahnhöfe Europas. Ein weiteres, gleichartiges System ist daher für den Großverschiebebahnhof Villach in der Realisierungsphase, die Inbetriebnahme ist für Anfang 1990 geplant.

ADAPTIVE LINEARISIERUNG EINER MODULATIONSKENNLINIE

R.Turba, J.Grabner*, H.Aberl*, F.Seifert

Institut für Allgemeine Elektrotechnik und Elektronik, Abt. Angewandte Elektronik
Technische Universität Wien, Gußhausstraße 27-29, A-1040 Wien / AUSTRIA
* VÖEST-Alpine AG., Abteilung ETE 5 , A-4010 Linz

ZUSAMMENFASSUNG:

Die Entfernungsmessung mittels frequenzmoduliertem Dauerstrich-(FMCW-)Radar erfordert eine exakte Linearität der verwendeten Frequenzmodulation. Durch die Verwendung einer Kapazitätsdiode zur Abstimmung des Mikrowellenoszillators ist die
Modulationskennlinie nichtlinear. Da eine fest eingestellte Linearisierungschaltung
Veränderungen der Kennlinie (Temperatur, Vibrationen, Alterungseffekte) nicht aus-
gleichen kann, wird die jeweils aktuelle Modulationskennlinie mit Hilfe eines Mikroprozessors gemessen, die entsprechende Linearisierungsfunktion berechnet und einer
Ablaufsteuerung übergeben. Damit wird eine verbesserte Empfindlichkeit und Entfernungsauflösung gegenüber einer analogen Linearisierungsschaltung erreicht und störende Kennlinienänderungen können rasch und zuverlässig ausgeglichen werden.

1. EINLEITUNG

Viele industrielle Anwendungen verlangen die Messung von Entfernungen im Bereich
bis 50 m durch eine durch Abgase, Temperaturschwankungen und Staub sehr stark
gestörte Atmosphäre. Diese Einflüsse machen eine Messung durch akustische und
optische Verfahren (Sonar, Laser) unmöglich: Für Sonar ist die $T^{\frac{3}{2}}$ - Temperaturabhängigkeit der Schallgeschwindigkeit die störende Größe, Laserlicht wird durch Staub-
teilchen in der Größenordnung der Wellenlänge gestreut.Die geeignete Methode ist
deshalb das Mikrowellenradar. Auf Grund des kurzen Meßbereichs und der geforderten Genauigkeit wird kein Pulsradar, bei dem aus der Laufzeit eines Mikrowellenpulses
auf die Entfernung eines Reflektors geschlossen wird, sondern ein frequenzmoduliertes
Dauerstrichradar (FMCW - Radar) verwendet.

2. FUNKTIONSWEISE

Der Aufbau eines frequenzmodulierten Dauerstrichradars ist in Bild 1 dargestellt. Ein Oszillator sendet ein Mikrowellensignal konstanter Amplitude aus und wird mit Hilfe einer Kapazitätsdiode linear frequenzmoduliert.

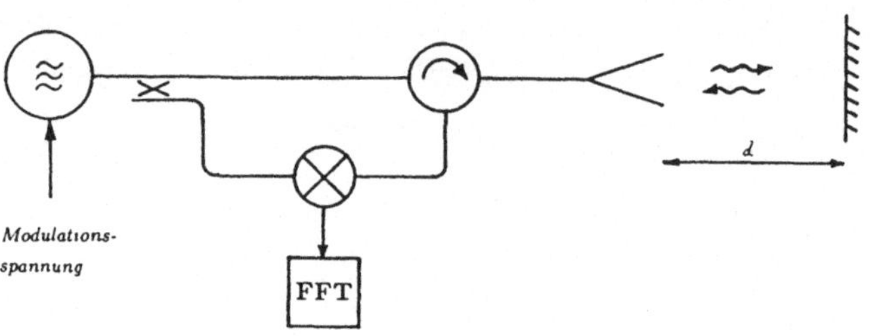

Bild 1 : Aufbau eines FMCW-Radarsystems zur Entfernungsmessung

Das Sendesignal gelangt über Richtkoppler und Zirkulator zur Antenne, wird an einem Ziel reflektiert, über Antenne und Zirkulator dem Mischer zugeführt und dort mit einem vom Hauptoszillator mittels Richtkoppler abgezweigten Teil des Sendesignals gemischt. Der Zirkulator ermöglicht die Verwendung einer einzigen Antenne für gleichzeitiges Senden und Empfangen. Die beim Mischvorgang entstehende Summenfrequenz wird durch Filterung unterdrückt, die im Audiobereich liegende Differenzfrequenz mit einem Spektrumanalysator ausgewertet. Das von einem Ziel in der Entfernung d reflektierte Signal ist um die Laufzeit

$$\tau = \frac{2d}{c} \tag{1}$$

(c = Lichtgeschwindigkeit) gegenüber dem Sendesignal verzögert. Wird der Hauptoszillator zeitlich linear frequenzmoduliert, wobei in der Zeit T die Bandbreite B durchlaufen wird (Bild 2),

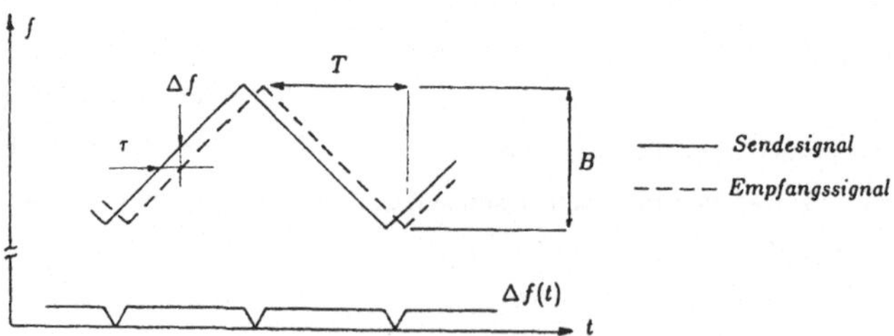

Bild 2 : Zeitlicher Verlauf von Sende-, Empfangs-und Differenzfrequenz

so ist die entstehende Differenzfrequenz konstant und direkt proportional der Entfernung, wie mit Hilfe von Bild 2 gezeigt werden kann. Auf Grund ähnlicher Dreiecke gilt:

$$\frac{\Delta f}{\tau} = \frac{B}{T} \tag{2}$$

Damit erhält man folgende Beziehung zwischen Entfernung d und der am Mischer auftretenden Differenzfrequenz Δf :

$$\Delta f = \frac{2Bd}{cT} \tag{3}$$

Die Differenzfrequenz kann also linear in die entsprechende Entfernung umgerechnet werden. Sie ist allerdings keine kontinuierliche Sinusschwingung, sondern weist an den Umkehrpunkten der Modulation Phasensprünge auf. Man erhält ein Linienspektrum (die Differenzfrequenz ist eine periodische Funktion mit der Periodendauer 2T) mit dem Linienabstand $\frac{1}{2T}$ und pro Reflektor im Abstand d eine Einhüllende der Form $\frac{\sin t}{t}$, deren Maximum bei Δf nach Gleichung (3) liegt. Sind mehrere Reflektoren vorhanden, so besitzt das Linienspektrum mehrere Einhüllende bei den der jeweiligen Entfernung entsprechenden Frequenzen.

3. ENTFERNUNGSAUFLÖSUNG UND EMPFINDLICHKEIT

Die Entfernungsauflösung ist durch die Linienstruktur des Spektrums begrenzt. Jeder Frequenzlinie entspricht eine bestimmte Entfernung. Die Ermittlung von Δf durch Periodendauermessung kann durch unerwünschte Reflexionen, vor allem im Nahbereich, die eine Verschiebung der Nulldurchgänge der Differenzfrequenz bewirken, gestört werden.

Mit einem Spektrumanalysator können alle am Mischerausgang auftretenden Frequenzen gleichzeitig erfaßt werden, man erhält die Ziele in dem von der Antenne bestrahlten Bereich nach Entfernung (Frequenz) geordnet, wobei die Amplitude der Einhüllenden ein Maß für die Stärke der jeweiligen Reflexion darstellt. Die Empfindlichkeit des Meßsystems ist durch diese Einhüllende begrenzt, da schwache Echos von den Nebenmaxima eines starken Echos überdeckt werden können. Um eine ausreichende Anzahl voller Perioden der Differenzfrequenz zwischen den Phasensprüngen zu erreichen, ist ein möglichst großer Modulationshub B anzustreben, wodurch sich erhöhte Anforderungen an die Linearisierung ergeben.

4. LINEARISIERUNG

Ein Mikrowellenoszillator - üblicherweise ein Gunnoszillator - kann mit einer Varaktor(Kapazitäts-)diode, deren Kapazität C_{var} von der anliegenden Sperrspannung U_{var} abhängt ($C_{var} \propto U_{var}^{-1/2}$), frequenzmoduliert werden. Die resultierende Modulationskennlinie $f_{osz} = f_{osz}(U_{var})$ ist nichtlinear und von der Anordnung der Varaktordiode im Resonatorraum, von dessen Form und Abmessungen sowie von den darin befindlichen Abstimmelementen stark abhängig.

Zur Erreichung des gewünschten linearen Zusammenhanges zwischen f_{osz} und U_{var} muß die an die Varaktordiode angelegte Dreiecksspannung geeignet vorverzerrt werden. Dies wurde bisher mittels Analogschaltungen (z.B. Diodennetzwerke) erreicht. Neben der langwierigen punktweisen Kennlinienmessung und dem aufwendigen Abgleich der Analogschaltung besteht der Hauptnachteil dieser Methode darin, daß jede *nach der Linearisierung* eingetretene Kennlinienänderung nicht mehr ausgeglichen werden kann. Die in diesem Fall (Bild 3) erhaltene Differenzfrequenz ist nicht mehr

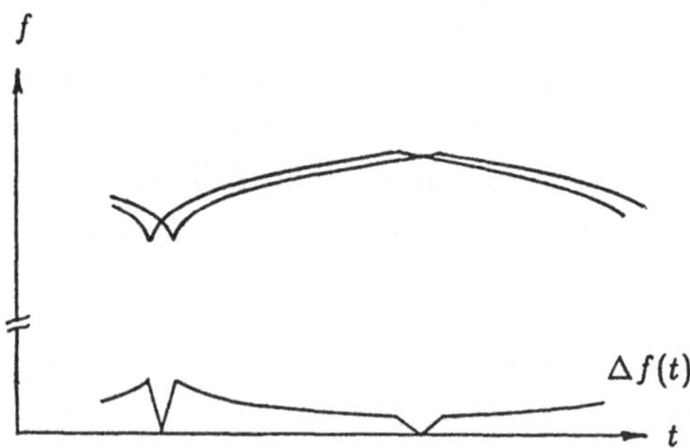

Bild 3 : Auswirkungen einer nichtlinearen Modulationskennlinie

zeitlich konstant, das Spektrum weist deutliche Verbreiterungen auf, die seine Auswertung erschweren. Diese Kennlinienänderungen können durch Temperatureinfluß (Änderung der Resonatorabmessungen und der Eigenschaften der Gunndiode), Vibrationen (Bewegung mechanischer Abstimmelemente, wie bei dem hier verwendeten Oszillator) und Alterungseffekte der Bauteile hervorgerufen werden.

5. LINEARISIERUNG MIT MIKROPROZESSORSTEUERUNG

Die Probleme mit zeitlich veränderlichen Kennlinien führten zur Entwicklung einer rechnergesteuerten Linearisierungsschaltung. Die erforderliche Modulationsspannung wird der Varaktordiode mittels Digital-Analog-Wandler (DAC) zugeführt. Um die Varaktorspannung fein genug aufzulösen, ist ein DAC mit mindestens 4096 Stufen nötig. Die zu einem Spannungswert U_{var} gehörige Mikrowellenfrequenz f_{osz} wird mit einem stabilen Referenzoszillator in eine Zwischenfrequenz umgesetzt, verstärkt und gemessen (Bild 4).

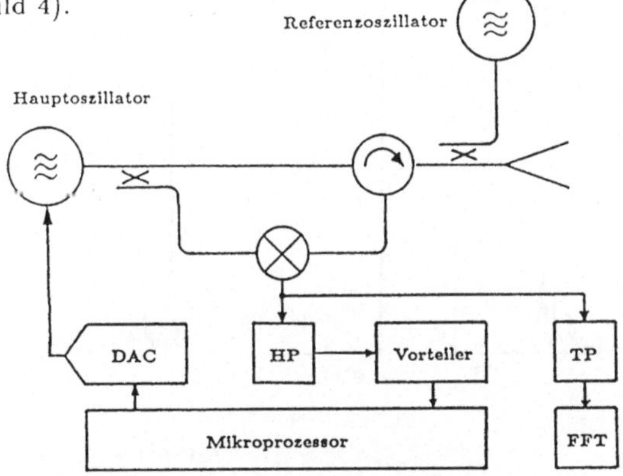

Bild 4 : Kennlinienmessung mit Prozessorsteuerung

Da es beim FMCW-Verfahren nicht auf den Absolutwert der ausgesandten Frequenz ankommt, sind Frequenzänderungen des Hauptoszillators - solange die Kennlinie dabei erhalten bleibt - unerheblich. Die Abwärtsmischung mittels Referenzoszillator bewirkt eine reine Verschiebung der Modulationskennlinie zu tieferen Frequenzen (Bild 5).

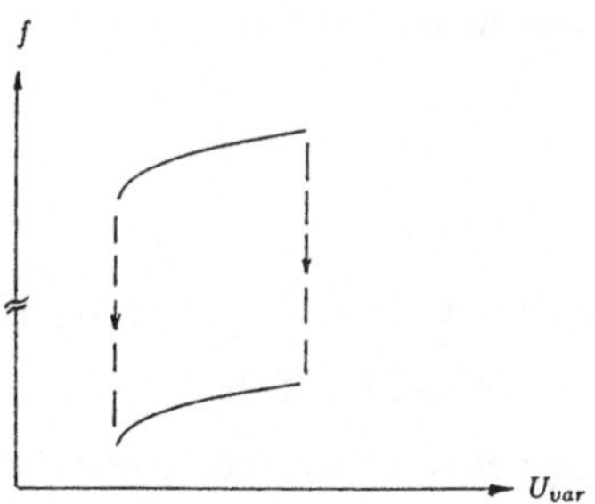

Bild 5 : Frequenzmessung durch Abwärtsmischung : $f_{ZF} = f_{Osz} - f_{Ref}$

Die Genauigkeit der Kennlinienmessung beruht auf der Konstanz der Referenzspannung des DAC und der Frequenzstabilität des Referenzoszillators. Um die Meßzeit zu verringern, wird die Kennlinie durch 65 Meßpunkte in 64 Abschnitte geteilt. Dadurch werden gleichzeitig die Drifteinflüsse des Referenzoszillators stark vermindert. Aus den Wertepaaren f_{osz}, U_{var} berechnet der Mikroprozessor die jeweils aktuelle Kennlinie und übergibt der Ablaufsteuerung, die aus Geschwindigkeitsgründen als reine Hardware-baugruppe ausgeführt ist, die entsprechenden Parameter zur Ansteuerung des DAC. In Bild 6 ist der Vergleich zwischen zwei Spektren, die mit einer fix eingestellten bzw. mit der hier erläuterten adaptiven Linearisierung erhalten wurden, dargestellt.

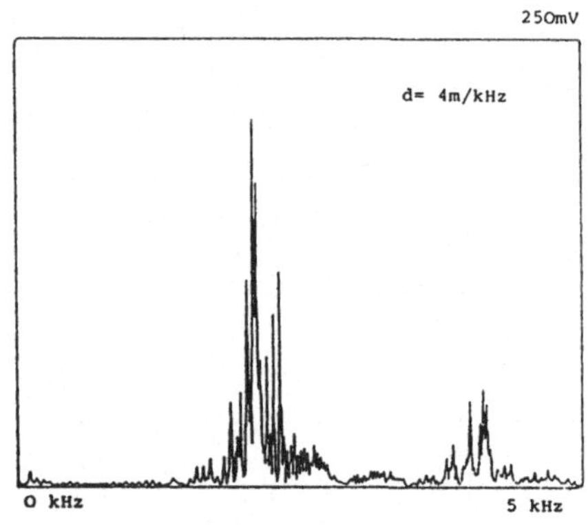

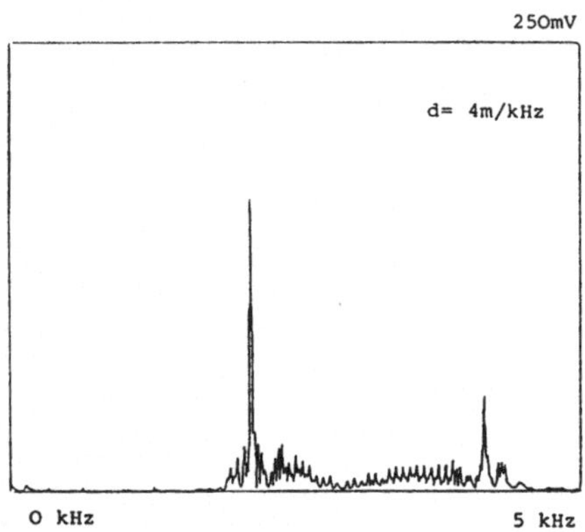

Bild 6 : Nichtadaptive   Adaptive

Linearisierung   Linearisierung

Anwendungen in der Industrie zeigten die erwartete Entfernungsauflösung von 12 cm (30 Hz Modulationsfrequenz bei einem Umrechnungsfaktor von 4m/kHz) im Bereich bis 50m und die einfache und zuverlässige Kompensation der temperatur- und erschütterungsbedingten Kennlinienänderungen vor Ort.

6. LITERATUR

1. Ulaby, Moore, Fung : Microwave Remote Sensing. Addison - Wesley, 1981.

2. Skolnik, M. : Radar Handbook. McGraw-Hill, 1970.

3. Rihaczek, A.W. : Principles of High-Resolution Radar. Mark Resources, 1977.

4. H.Meinke, F.Gundlach : Taschenbuch der Hochfrequenztechnik. Springer, 1962.

2. Themenkreis

"SENSOREN IN INDUSTRIE UND UMWELTSCHUTZ"

Leitung:

Univ.-Prof. Dipl.-Ing. Dr. H. Leopold
Univ.-Prof. Dipl.-Ing. Dr. G. Zeichen

BILDERKENNUNG FÜR EINE VERPACKUNGSMASCHINE VON MOZARTKUGELN

F. Buschbeck, K. Wallisch

Institut für Elektronik und Institut für Werkstofftechnologie,
Österreichisches Forschungszentrum Seibersdorf Ges.m.b.H.,
2444 Seibersdorf

ZUSAMMENFASSUNG:

Von einem Hersteller von Mozartkugeln wurde die Aufgabe gestellt, die Kugeln maschinell mit dem Bild Mozarts in der
richtigen Lage in die Schachteln zu bringen. Hierfür wurde
eine einfache Bilderkennungseinrichtung entwickelt, die mittels eines Optosensors und einer Korrelationsberechnung Bild-
lagefehler in zwei Achsen erkennen kann und die Verpackungs-
maschine entsprechend steuert.

1. Ausgangssituation

Vom Hersteller der Mozartkugeln wird ein Teil der Kugeln derart in Schachteln verpackt, daß die Abbildung Mozarts sichtbar
oben aufliegt und das Gesicht auf allen Kugeln in die gleiche
Richtung gerichtet ist. Es werden fünf Schachtelgrößen mit
unterschiedlicher Stückzahl produziert. Die mittlere Taktge-
schwindigkeit, mit der die Kugeln die Stannioliermaschine (Um-
hüllung der Kugeln mit der Folie) verlassen, beträgt ca. 600
ms, wobei große individuelle Abweichungen auftreten können.
Ausführliche Beobachtungen sowie die Auswertung von Video-
Aufzeichnungen der rotierenden Kugelbewegung beim Verlassen
der Stannioliermaschine zeigten, daß sich die überwiegende
Anzahl der Kugeln bereits derart um einegünstige Achse drehen,
daß eine Lagekorrektur um nur diese eine Achse ausreichend
ist.

2. Genereller Lösungsweg

Es mußte ein Lagesensor entwickelt werden, der mit der notwendigen Geschwindigkeit (max. ca. 120 ms) die Lage der Abbildung mit einer Genauigkeit von besser als +/- 10 Grad in zwei Achsen bestimmen kann. Aufgrund des jeweiligen Meßresultates erfolgt sodann entweder eine Korrekturdrehung um den erforderlichen Winkel oder bei zu starker seitlicher Neigung eine Aussonderung zum Stückgut. Die in der Lage korrigierten Kugeln werden danach in ein drehbares Zwischenmagazin übergeben, welches diese über einen beweglichen x-y-Koordinatentisch befördert, auf dem sich die zu füllenden Schachteln befinden und anschließend in die jeweils folgende freie Position der Schachtel ausgestoßen.

3. Lösungskomponenten

3.1 Drehmechanik

Um Zeitverluste durch Übergabe der Kugeln aus einer Meßstation an eine Korrekturstation zu vermeiden, wurde eine Konstruktion geschaffen, in welcher sowohl die Lagemessung als auch die Korrektur durchgeführt werden können. Abb. 1 zeigt den Versuchsaufbau dieser Konstruktion. Im Erwartungszustand befindet sich die große Antriebsrolle in einer höheren Lage, als auf der Abb. 1 dargestellt ist, sodaß eine Kugel ungehindert von rechts über die Schienen in die Meßposition rollen kann. Sobald ein optischer Sensor erkennt, daß eine Kugel eingetroffen ist, wird die Antriebsrolle abgesenkt und beginnt sich, von einem Schrittmotor betrieben, zu drehen. Der Lichtsensor tastet dabei die Helligkeitswerte des reflektierten Lichtes nach jedem Schritt ab. Diese Werte gelangen über eine Analog-Digital-Konversion in den Steuerrechner. Spätestens nach einer vollständigen Umdrehung der Antriebsrolle, die den gleichen Umfang wie die Kugel hat, kann der Rechner die Bildlage sowie die Zahl der notwendigen Korrekturschritte bestimmen. Nach Durchführung der Lagekorrektur bleibt die Antriebsrolle stehen, drückt jedoch weiterhin mittels einer Feder auf die Kugel. Nunmehr werden die beiden unteren Rollen, welche auf den Schenkeln von Drehmagneten angebracht sind, auseinandergeklappt. Durch die genannte Feder wird die Mozartkugel

mit mehr als 1 g nach unten beschleunigt, sodaß ein Kraft-
schluß zwischen der Antriebsrolle und der Kugel erhalten
bleibt und sich diese beim Öffnen der unteren Rollen nicht
verdreht. Die Kugel fällt nun in eine freie Position des dreh-
baren Zwischenmagazins.

3.2 Mikroreflexe

Unerwartete Schwierigkeiten ergaben sich beim Abtasten der
Reflexionswerte. Hierfür wurde zunächst ein Strichcodeleser
(HP HEDS 1000) verwendet. Es zeigte sich jedoch, daß schon von
der unbedruckten, gewellten Folienoberfläche sehr unterschiedliche Helligkeitswerte reflektiert werden, wobei diese Unterschiede die Helligkeitsunterschiede von Bild zu Goldfolie bei
weitem übertrafen. Erst eine diffuse Beleuchtung mittels vieler Leuchtdioden ergab verwendbare Signale.

3.3 Korrelationsmethode

Mit Hilfe der Korrelation ist es möglich, die Ähnlichkeit von
zwei Funktionen zahlenmäßig anzugeben.
Im vorliegenden Fall wird die Korrelation zwischen der gemessenen Helligkeitsfunktion entlang der Abtastbahn einerseits
und andererseits der Referenzfunktionen für jede mögliche Ku-
gelstellung berechnet. Als Bildlage wird diejenige Lage angenommen, mit deren Referenzfunktion die beste Korrelation gefunden wurde. Der Korrelationswert ist die Summe der Produkte:
(Helligkeitswert) mal (Wert der Referenzfunktion) summiert
über alle möglichen Stellungen einer Umdrehung (siehe Abb. 4).
Den Zusammenhang zwischen den Korrelationswerten und ihren
Versetzungen gegenüber der ersten Referenzfunktion bezeichnet
man Korrelationsfunktion.
Die Lage des Minimums der Korrelationsfunktion (hier Minimum,
da die Lage der dunkelsten Stelle gesucht wird) zeigt die Referenzfunktion mit der besten Lagedeckung an (hier bei $\tau = 4$).
Die Tiefe des Minimums ist ein Maß für die Güte der Übereinstimmung und kann zur Beurteilung der seitlichen Kugelver-
drehung verwendet werden.

3.4 Ausführung

Aufgrund der geforderten Lagetoleranz der Kugeln in der
Schachtel wurde ein Dreiphasen-Schrittmotor mit 48 Stellungen
pro Umdrehung gewählt.

Abb. 5 zeigt typische Verläufe der gemessenen Helligkeitsfunktionen sowie die dazu berechneten Korrelationsfunktionen.
Als günstigste Referenzfunktion erwies sich die Funktion, die
den längsten Schwarzbereich im Mozartbild charakterisiert
(Abb. 3, Bahn B-B'). Seitliche Abweichungen des Bildes (Richtung x-x') ergeben somit eine schlechtere Korrelation, was
sich an der geringeren Tiefe des genannten Minimums zeigt.
Durch Vorgabe von Schwellwerten für die Mindesttiefe des Minimums lassen sich Kugeln mit unzulässig hoher seitlicher Ver-
drehung erkennen und ausscheiden. Die Verwendung einer binären
Referenzfunktion ermöglichte die schnelle Berechnung aller
Korrelationswerte bereits während der Messung und liefert
trotzdem ausreichend genaue Resultate.

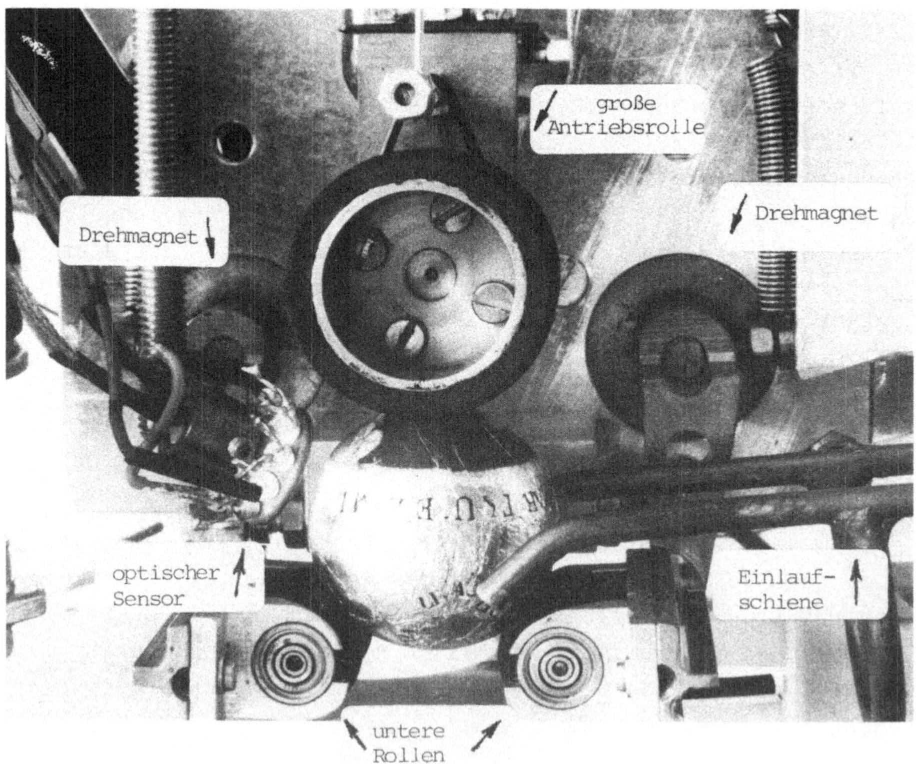

Abb.1 Versuchsaufbau der Meß- und Lagekorrekturstation

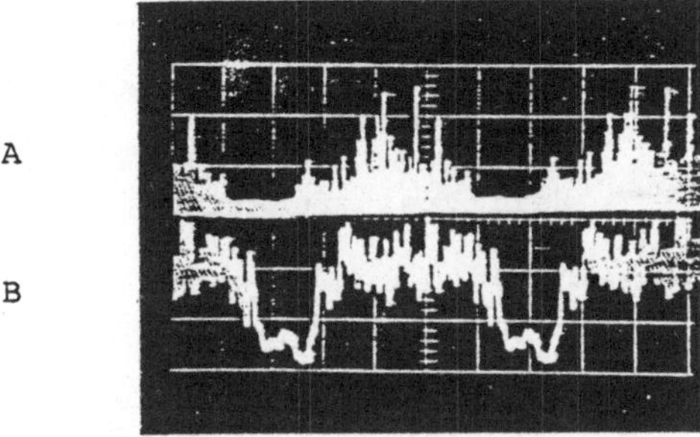

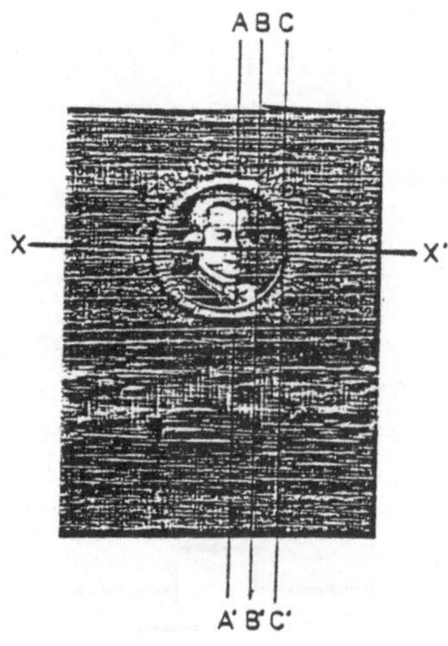

Abb. 2   Helligkeitsfunktionen
entlang der Meßbahn

A - mit Strichcodeleser

B - bei zusätzlicher diffuser
Beleuchtung

Abb. 3   Abtastbahnen

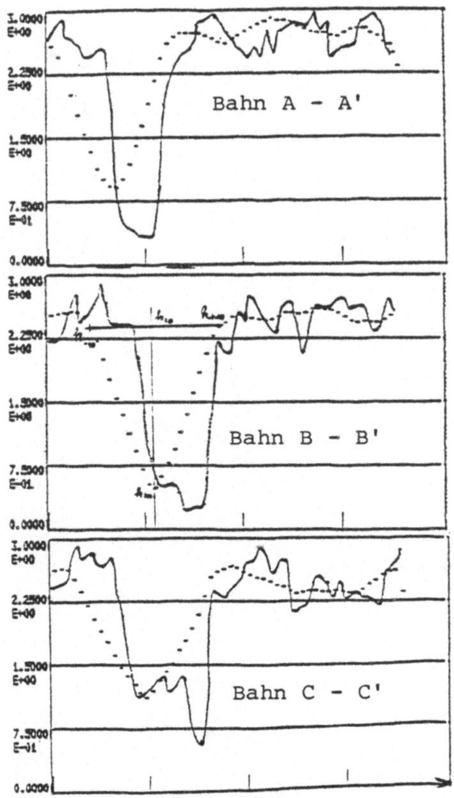

Abb. 5

Typischer gemessener
Helligkeitsverlauf
entlang verschiedener
Abtastbahnen (durch-
laufende Kurven) sowie
die zugehörigen be-
rechneten Korrelations-
funktionen
(punktierte Kurven)

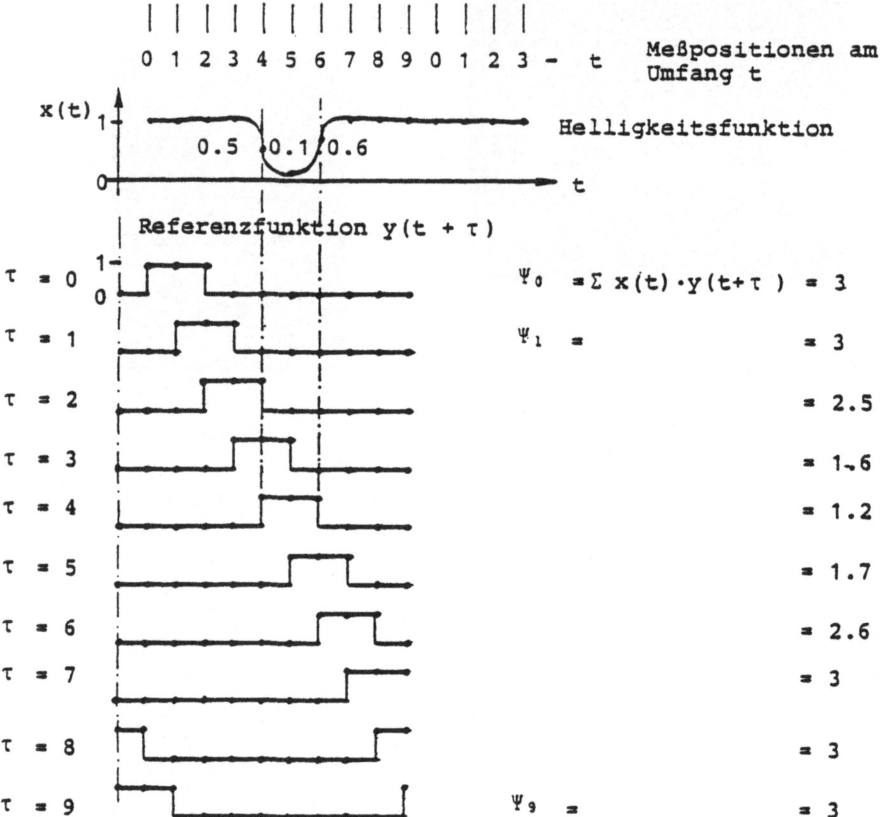

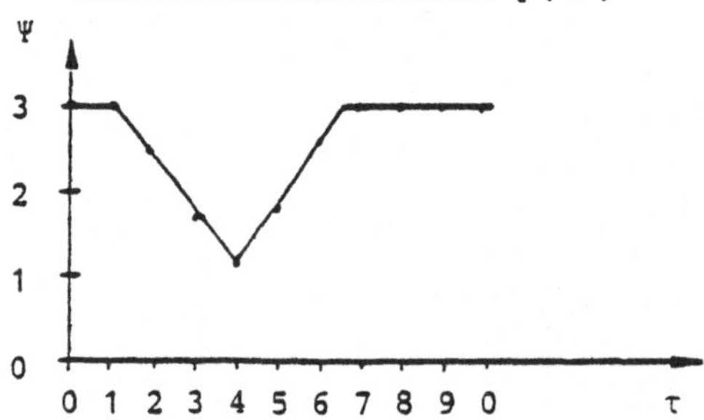

Abb. 4 Berechnungsbeispiel für die
Korrelationsfunktion Ψ (τ)

KUGELFELDSONDE FÜR DIE MESSUNG ELEKTRISCHER FELDER UNTER
FREILEITUNGEN

CH. Eichtinger, P. Wach
Institut für Elektro- und biomedizinische Technik, TU Graz
Inffeldgasse 18, A - 8010 Graz

ZUSAMMENFASSUNG:
Es wird ein Dreikomponenten-Influenzelektrometer für die Messung
elektrischer Felder unter Freileitungen beschrieben. Der
Meßbereich liegt zwischen 30V/m und 30kV/m bei der Netzfrequenz.
Die Bandbreite des Gerätes reicht von 50 Hz bis 500 Hz.

1. Einleitung

Um die Einhaltung von Grenzwerten für das elektrische Feld /3/
überprüfen zu können, wurde eine Dreikomponenten-Kugel-Feldsonde
mit einer Auswerteeinheit, die auch die Ermittlung des Betrages
elliptischer Drehfelder ermöglicht, entwickelt. Der Meßbereich
reicht von 30 V/m bis zu 30kV/m. Die batterieversorgte Auswerteeinheit enthält außerdem verschiedene programmierbare Filter,
Verstärker, Integrator, Spitzenwertmesser und ein Digitalvoltmeter mit Flüssigkristallanzeige. Die gesamte Meßeinrichtung wird
durch wiederaufladbare NiCd-Akkumulatoren versorgt.

2. Meßprinzip

Influenzelektrometer messen den vom zeitlich veränderlichen
elektrischen Feld zwischen einzelnen Bereichen einer isolierten,

isolierten, metallischen Sonde verursachten Strom. Prinzipiell
gibt es zwei Arten von Influenzelektrometern: das erdfreie und
das erdgebundene, bei dem eine Elektrode mit der Erde leitend
verbunden ist. Mit dem ergebundenen Elektrometer ist die
Bodenfeldstärke durch die Messung einer Komponente zu
erhalten. Aufgrund der Feldverzerrungen durch
Bodenunebenheiten und der Notwendigkeit der Erdung einer
Elektrode verwendet man bei Messungen unter Freileitungen
meist das erdfreie Elektrometer. Dieses ermöglicht es, über
dem Bodenniveau zu messen. Zur Erfassung des Betrages der
Feldstärke ist hier jedoch prinzipiell eine vektorielle
Messung notwendig.

Die Influenzladung kann theoretisch angegeben werden.
Betrachtet man einen ungeladenen leitenden Körper mit zwei
Hälften, der in ein homogenes elektrisches Feld E gebracht
wird, so erhält man für die auf einer Hälfte influenzierte
Ladung Q:

$$Q = \int_{A/2} D \cdot dA \ .$$

Dabei ist D die dielektrische Verschiebung und dA das
Fächenelement. Ist der Körper eine Kugel mit dem Radius a, so
erhält man bei sinusförmig veränderlichem Feld für den Strom I
zwischen den Elektroden:

$$I = dQ/dt = 3\pi a^2 \Omega \varepsilon_0 \ E \cos \Omega t \ .$$

Die Empfindlichkeit der Meßanordnung läßt sich daher durch
Vergrößern der Kugel erhöhen. Anderseits ist die Größe der Kugel
nach oben begrenzt durch die Forderung, daß das Meßfeld im
Volumen der Kugel homogen sein muß. Eine zweite obere Schranke
für die Größe der Kugel ist die Rückwirkung auf das Meßfeld.

3. Aufbau des Meßgerätes

Das Meßgerät besteht aus einer in acht gleiche Teile segmentierten Kugelfeldsonde (Bild 1), die die gleichzeitige Erfassung der drei Komponenten des elektrischen Feldes ermöglicht. Bild 1 zeigt das Prinzip der Dreikomponentenmessung. Aus den elektronisch gemessenen Ströme zwischen den Segmenten und einem gemeinsamen Bezugspunkt erhält man durch entsprechendes Summieren drei den Komponenten proportionale Spannungen. Da die Ströme linear abhängig sind, genügen 7 Amperemeterschaltungen . Die Signale werden über eine Lichtwellenleiterstrecke zu einer mehr als 10m entfernten Auswerteeinheit im Zeitmultiplex übertragen. Durch die Verwendung eines Lichtwellenleiters (LWL) reduziert man die Verzerrung des Meßfeldes durch die Signalübertragung einerseits und durch den Beobachter, der in genügender Entfernung von der Sonde die Ablesung durchführen kann.

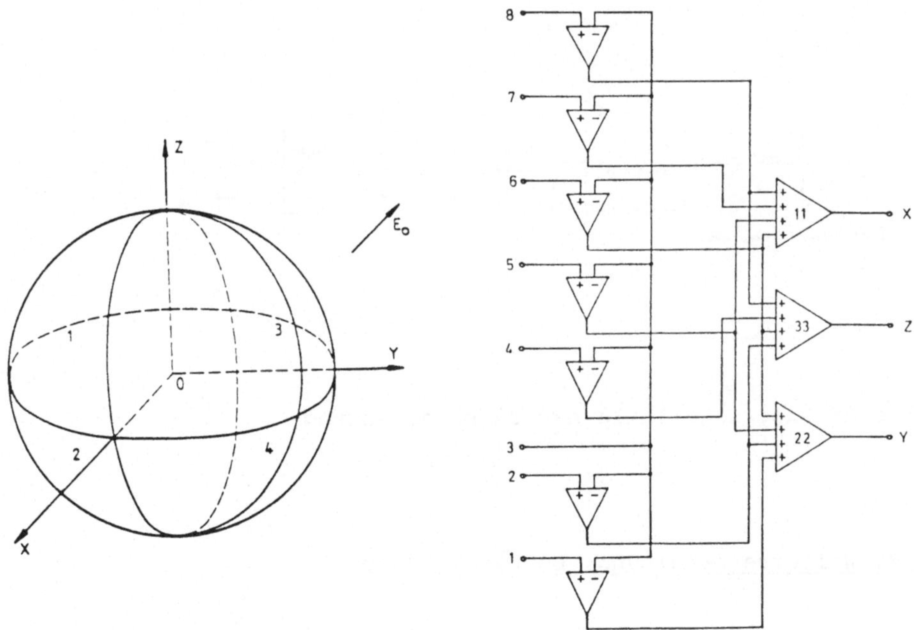

Bild 1: Segmentierung der Kugelfeldsonde und Prinzip der Dreikomponentenmessung

3.1. Blockschaltbild der Signalerfassung

Bild 2 zeigt das Blockschaltbild der gesamten Signalerfassung. Der im Inneren der Kugelsonde montierte Schaltungsteil wird über NiCd-Akkumulatoren versorgt und besteht aus der Vorverstärkereinheit, den Summierern, der Multiplex- und Modulationsstufe und dem Lichtwellenleitersender. Auf der Empfängerseite werden die Signale vom LWL-Empfänger in einer Demultiplex- und Demodulationsstufe in die analogen Signale der drei Komponenten rückgebildet.

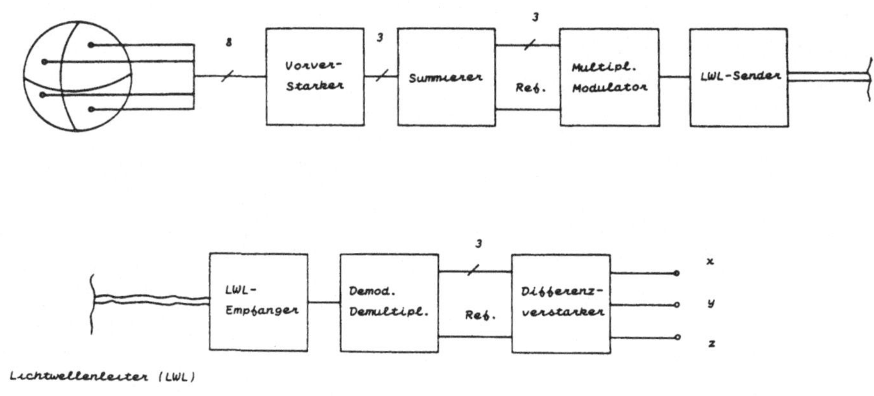

Bild 2: Blockschaltbild der Signalerfassung

3.2. Weiterverarbeitung, Betragsbildung

Zur Ermittlung des Betrages des Drehfeldes aus den drei Komponenten wird die Auswerteeinheit eines Magnetometers verwendet /2/. Der empfangsseitige Teil des Elektrometers

ist als Einschub zu diesem Gerät konzipiert. Die Auswerteeinheit enthält verschiedene Filter, Integrator und eine analoge Rechenschaltung. Diese Rechenschaltung bildet in Echtzeit den Betrag aus den drei Komponenten (Bild 3).
Der Betrag wird in weiterer Folge nach Spitzenwertmessung durch ein Digitalvoltmeter mit Flüssigkristallanzeige dargestellt.

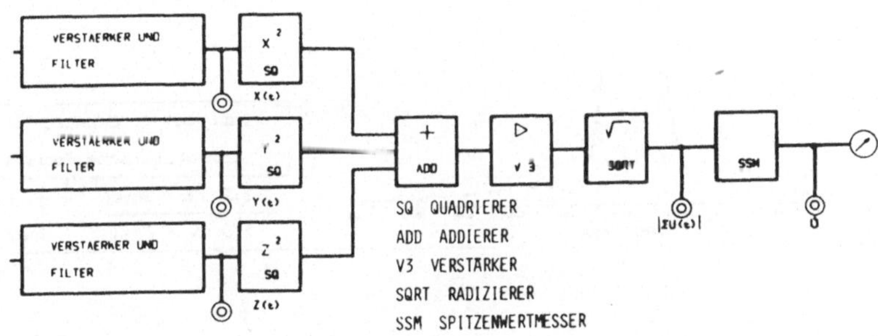

Bild 3: Rechenschaltung

4. Meßbeispiel

Bild 4 zeigt den Betrag der elektrischen Feldstärke in einem Querprofil unter einer 11okV- Freileitung. Von den beiden Systemen war eines geerdet. Die Leiter dieses Systems wirken wie Erdseile, sodaß sich ein unsymmetrisches Feldbild ergibt.
Die gerechnete Verteilung geht von der Annahme unendlich langer gerader Leiter aus und vernachlässigt die Feldverzerrung durch die Masten. Dadurch und durch die Ungenauigkeit der Messung der Leiterhöhe läßt sich die Abweichung der gemessenen Werte von der Rechnung im Maximum der Verteilung erklären.

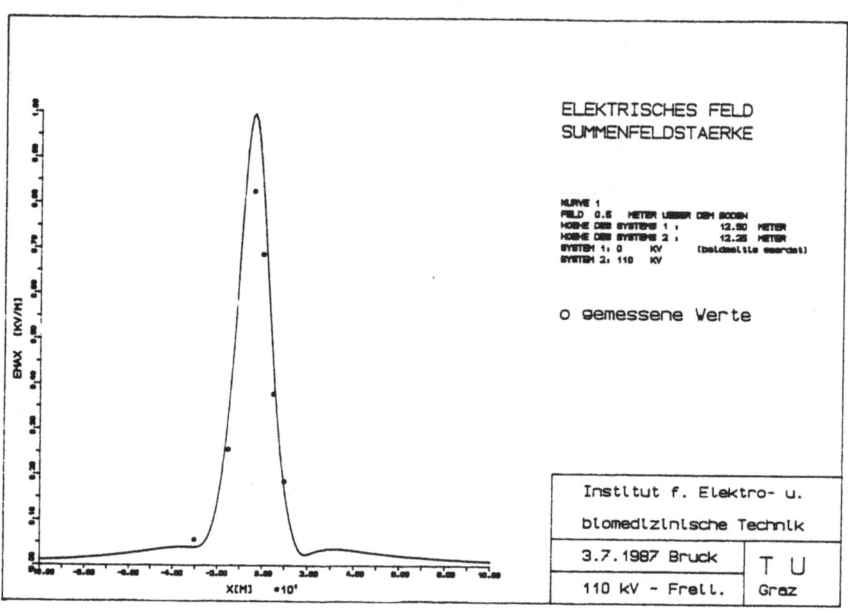

Bild 4: Meßbeispiel

Literatur

1. Lambert, E.G.: Measurement of electric and magnetic fields
   from alternating current power lines.
   IEEE Trans.Pow.App.Syst.,vol.Pas-97 (1978), 1104-13.
2. Wach, P., Kriegl, R., Schuy, S.: Meßgerät zur seletiven und
   breitbandigen Erfassung magnetisch induzierter Störspannungen.
   Biomed.Technik, Bd. 31, nr.5, 98-101, 1986.
3. Bonek, E., Duftschmid, K.E., Kunsch, B., Leitgeb, N.,
   Magerl, G., Predmerszky, T., Riegl, H., Schuy, S., Szabo,
   L., Wach, P., Weniger, P.: Endbericht des Österr.
   Forschungszentrum Seibersdorf zum Forschungsauftrag des
   Bundesministeriums für Gesundheit und Umweltschutz,
   Zl. III-430.001/31-1/82, Teil 1, 1985.

FARB- UND WINKELSELEKTIVE DETEKTOREN

M. Jestl, W. Beinstingl, K. Berthold, A. Köck, E. Gornik

Institut für Experimentalphysik der Universität Innsbruck
Technikerstraße 25/4, A-6020 Innsbruck

ZUSAMMENFASSUNG:
Basierend auf der Physik der Oberflächenplasmonen und der MIS-
Solarzelle können farb- und winkelselektive Detektoren hergestellt werden. Auf der Periodisch strukturierten Metalloberfläche der Detektoren können mit sichtbarem Licht in Abhängigkeit von der Wellenlänge und des Einfallswinkels Oberflächenplasmonen angeregt werden. Ihre Felder erzeugen im Halbleiter
Elektron-Loch-Paare.

Oberflächenplasmonen-Polaritonen sind elektromagnetische Wellen,
die sich in Schichtsystemen aus Leitern und Isolatoren parallel
zu den Schichten ausbreiten. Solch ein System besteht im einfachsten Fall aus einer Metallschicht, die mit einem Isolator
bedeckt ist. Das elektrische Feld der Plasmonen ist an der
Metalloberfläche maximal und nimmt von dort in beide Richtungen exponentiell ab, in der Metallschicht viel schneller als
im Isolator /1/ (Abb. 1). Die Dielektrizitätskonstante des
Isolators bestimmt die Dispersionsrelation der Plasmonen insofern, als mit ihrem Ansteigen die Energie für k = const zu
niedrigeren Werten verschoben wird (Abb. 2). Die Linienbreite
der Plasmonen nimmt mit der Dielektrizitätskonstante des Isolators zu, da die Felder dann mehr im Metall lokalisiert sind
und daher stärker gedämpft werden.

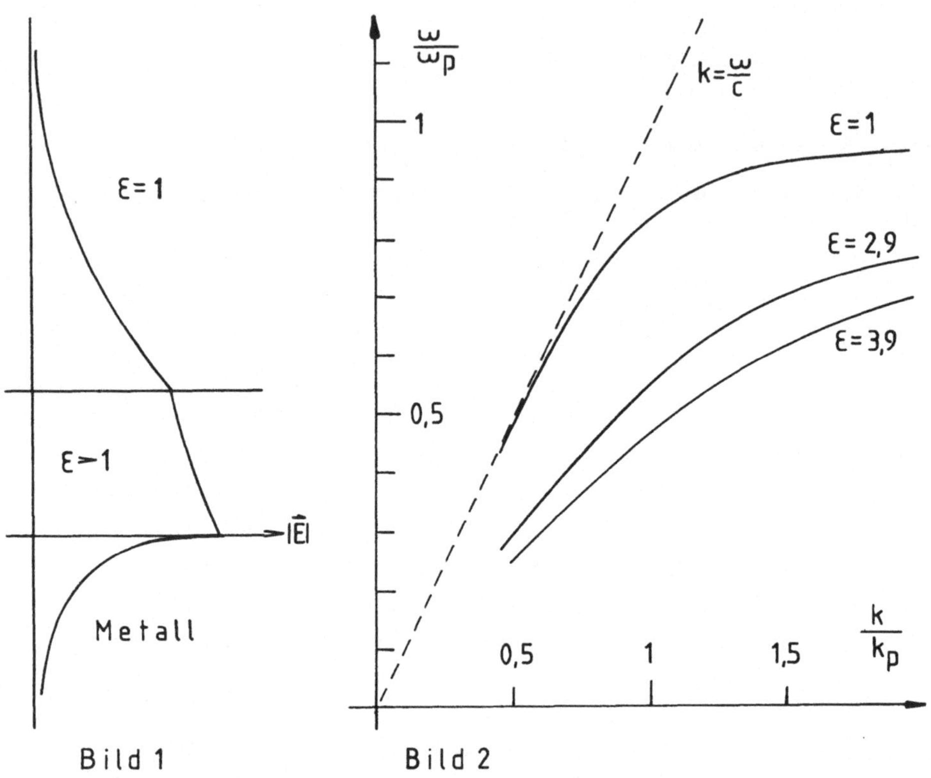

Abb. 1. Elektrische Feldstärke der Plasmonen an einer Metall-
Isolator-Grenzfläche

Abb. 2. Dispersionsrelation der Plasmonen bei verschiedenen
Dielektrizitätskonstanten

Die Anregung der Plasmonen kann unter Zuhilfenahme einer periodischen Strukturierung der Metalloberfläche erfolgen. Diese besitzt einen reziproken Gittervektor, der zum Wellenvektor des
die Plasmonen anregenden Lichtes hinzugezählt werden kann, wodurch die Anpassung an den Wellenvektor des Plasmons erreicht
wird. Über die Effizienz der Anregung, die Linienbreite der
Plasmonen und die Beeinflussung der Dispersionsrelation in Abhängigkeit von den geometrischen Parametern des Gitters wie
Amplitude und Periode wurden bereits eingehende Untersuchungen
gemacht /2/. Für jede Periode gibt es eine optimale Amplitude,
die wiederum von der Wellenlänge abhängig ist, bei der die Anregung des Plasmons am effektivsten ist.

Die MIS-Solarzelle besteht aus einem Halbleiter (p-Si), einer
Isolatorschicht (2 nm SiO_2) und darauf einem Metallfilm (20 nm
Al), durch den das Licht in den Halbleiter eindringen und dort
Elektron-Loch-Paare erzeugen kann. An der Grenze zum Isolator
entsteht im Halbleiter eine Inversionsschicht, sodaß das System
als eine n^+-p-Diode mit Serienwiderstand (Tunnelwiderstand des
Isolators) angesehen werden kann. Schließt man die Solarzelle
kurz, so fließt ein Strom, der proportional der Beleuchtungs-
stärke ist.

Wird die MIS-Solarzelle auf einem Substrat mit einer periodischen Modulation der Oberfläche hergestellt, so erhält man
einen farb- oder winkelselektiven Detektor /3,4/ (Abb. 3, 4).
Detektoren, die auf ähnlichen Prinzipien beruhen, werden in
/5/ und /6/ beschrieben. Die Modulation der Oberfläche wird
mittels holografischer Techniken und nachfolgendem RIE-Prozeß
erzielt. Auf der Metallschicht des Detektors können in Abhängigkeit vom Einfallswinkel und der Wellenlänge des Lichtes
Oberflächenplasmonen-Polaritonen angeregt werden, deren Felder,
vorausgesetzt, die Metallschicht ist dünn genug, in den Halbleiter hineinreichen und dort Elektron-Loch-Paare erzeugen.

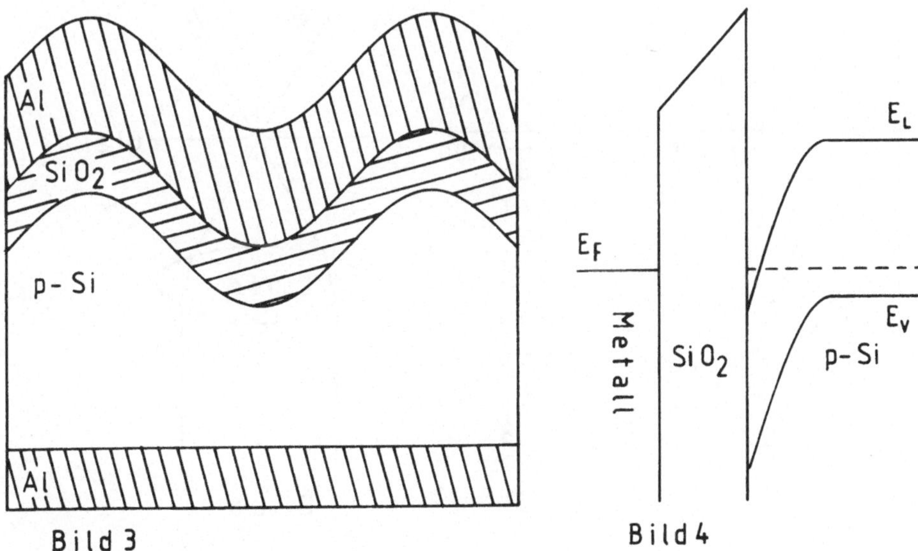

Abb. 3. Prinzipieller Aufbau des MIS-Plasmondetektors
Abb. 4. Bandstruktur des Detektors

Der Kurzschlußstrom, den solch ein Detektor liefert, besteht
somit aus zwei Anteilen: Ein Teil, der durch die Plasmonen
verursacht wird, und ein Teil, der von der Funktion des Detektors als Solarzelle herrührt und als ständiges Hintergrund-
signal mit einer leichten Frequenzabhängigkeit auftritt. Das
bestenfalls erreichbare Verhältnis von Nutzsignal zu Hintergrund ist 7 : 1.

Für eine sinnvolle praktische Verwendung solcher Detektoren ist
dieses Verhältnis jedoch noch zu schlecht. Eine wirkungsvolle
Unterdrückung des Hintergrundes kann dadurch erreicht werden,
indem man die Signale zweier Detektoren, die mit der gleichen
Gesamtlichtintensität beleuchtet werden, auf denen jedoch nicht

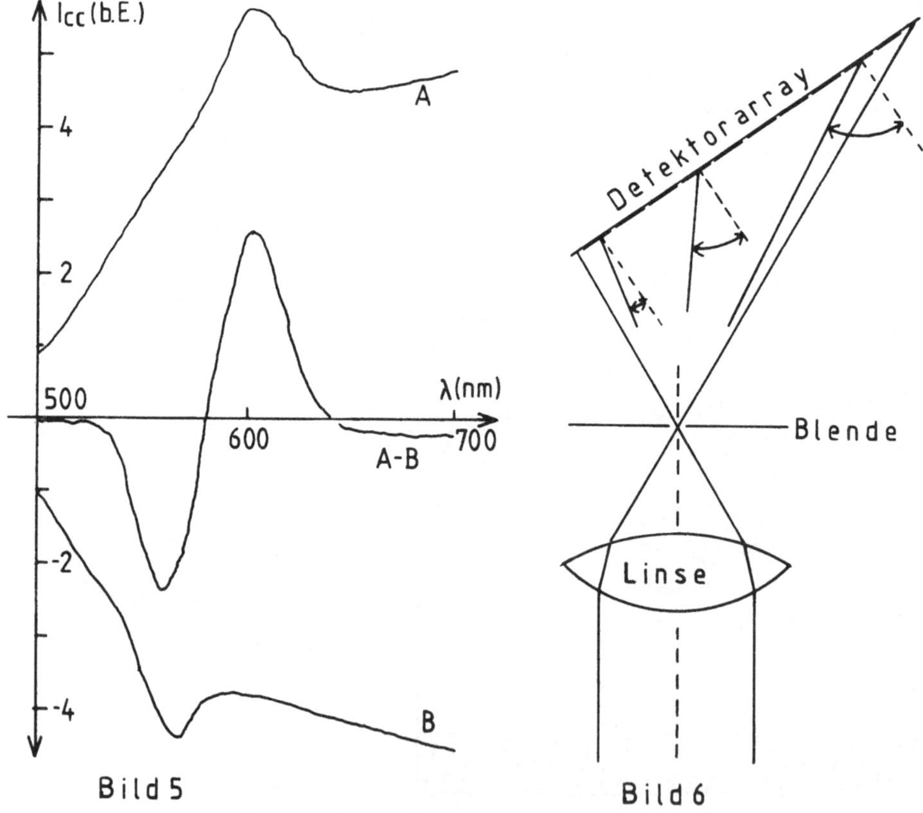

Abb. 5. Signale zweier Detektoren (A, B) in Abhängigkeit von
der Wellenlänge sowie das Differenzsignal (A - B)

Abb. 6. Spektrometer

zugleich Plasmonen angeregt werden können, voneinander subtrahiert (Abb. 5). Das Differenzsignal ist theoretisch gleich Null, solange auf keinem der beiden Detektoren ein Plasmon angeregt wird. Tritt auf einem Detektor ein Plasmon auf, so ist das gemessene Signal im Vergleich zum nunmehr wesentlich reduzierten Hintergrund viel größer, als für einen einzelnen Detektor. Mit dieser Methode konnte das Signal-Hintergrund-Verhältnis bisher auf 50 : 1 verbessert werden.

Mittels photolithografischer Techniken wurden Arrays von 2 x 10 Detektoren auf einer Fläche von 0,6 cm^2 hergestellt. Eine Reihe davon wurde mit Magnesiumfluorid bedampft, was eine Verschiebung der Plasmonresonanz bewirkt. Je zwei nebeneinanderliegende Detektoren bilden ein Paar, dessen Signale voneinander subtrahiert werden. Mit solch einem Detektorarray wurden ein Spektrometer (Abb. 6) konstruiert, welches bei zwanzig Wellenlängen gleichzeitig die Intensität des betreffenden Spektralanteils mißt. Dazu wird ein Bündel divergentes, p-polarisiertes Licht auf das Array gerichtet. Da auf jeden Detektor das Licht unter einem anderen Winkel auftrifft, werden bei jeweils verschiedenen Wellenlängen Plasmonen angeregt.

Basierend auf diesem neuartigen Detektorprinzip können beliebige weitere Anwendungen aus dem Berich der automatisierten Mustererkennung, Bildaufnahme und -verarbeitung, sowie Farberkennung durch Maschinen realisiert werden.

Literatur

1. Raether, H.: Surface Polaritons, Agranowich and Mills, eds., North-Holland, Amsterdam. 1982.
2. Yamashita, M., Tsuji, M., J.Phys.Soc.Jpn. __52__, 2462 (1983).
3. Berthold, K., Beinstingl, W., Berger, R., Gornik, E., Appl.Phys.Lett. __48__, 526 (1986).
4. Berthold, K., Beinstingl, W., Gornik, E., Optics Lett. __12__, 69 (1987).
5. Glass, N.E., Liao, P.F., Johnson, A.M., Humphrey, L.M., Lemons, R., Olson, D. Stern, M.B., Appl.Phys.Lett.__44__, 77 (1984).
6. Brueck, S.R.J., Diadiuk, V., Jones, T., Lenth, W., Appl.Phys.Lett. __46__, 915 (1985).

AUSTAUSCHBARER TEMPERATURSENSOR (NTC) AUF METALLOXIDBASIS

G. Kloiber

Siemens Bauelemente OHG, Deutschlandsberg

ZUSAMMENFASSUNG:

Ein austauschbarer Temperatursensor auf Metalloxidbasis
(Interchangeable Thermistor, NTC) mit kleinen geometrischen Abmessungen, welcher eine absolute Temperaturgenauig-
keit von $\pm$ 0.1 K (n.IPTS-68) im T-Bereich von 0°C bis +70°C
aufweist, wird vorgestellt.

Beschrieben werden Kenngrößen und Eigenschaften wie R/ϑ -
Kennlinie, Empfindlichkeit und Ansprechverhalten.

Des weiteren wird auf Meßfehlerquellen bei der Temperaturmessung mit NTC's hingewiesen sowie einige Anwendungsmöglichkeiten aufgezeigt.

1. Einleitung

Zur Messung der physikalischen Größe "Temperatur" werden in
zunehmendem Maße Temperatursensoren aus polykristalliner Me-
talloxidkeramik - bekannt unter dem Namen Heißleiter bzw. NTC
- eingesetzt /1/, /2/.

Als kennzeichnende Vorteile sind vor allem die hohe Empfindlichkeit (dR/dϑ bzw. dU/dϑ), die Auswahlmöglichkeit von
Nennwiderstand und Nenntemperatur in einem weiten Bereich sowie ein breites Typenspektrum zu erwähnen.

Demgegenüber kann die nichtlineare R/ϑ-Charakteristik und der

Umstand, nur in einem sehr schmalen T.-Bereich engtolertierte
NTC's herstellen zu können, als Nachteil angesehen werden.

Durch den vermehrten Einsatz von Mikroprozessoren in der Meß-
elektronik ist jedoch die Umsetzung der nichtlinearen Sensor-
Kennlinie /3/ unter bestimmten Voraussetzungen relativ einfach
zu bewerkstelligen.

Um nun den engen Temperaturbereich bei gleichzeitiger Erhöhung
der Meßgenauigkeit aufzuweiten, wurde ein Präzisionsheißleiter
mit einer absoluten T.-Genauigkeit von $\pm$ 0.1 K im Bereich von
0 bis 70°C entwickelt, der im folgenden näher beschrieben werden soll.

2. Kenngrößen und Eigenschaften des Präzisionsheißleiters

Da die Größe Temperatur in die äquivalente elektrische Größe
R umgesetzt wird, muß die Abhängigkeit des Heißleiterwider-
standes von der Temperatur tabellarisch oder in Form einer
Funktionsgleichung $R_{NTC} = f\ (\vartheta)$ bzw. $\vartheta = f\ (R_{NTC})$ vorliegen.
Der einfache Zusammenhang $R\ (\vartheta) = R_B \exp\ (B\ (\frac{1}{T} - \frac{1}{T_B}))$ ist hier
nicht mehr ausreichend.

2.1. Widerstands-Temperatur-Kennlinie

Die R/ϑ-Charakteristik läßt sich im T.-Bereich -40°C bis +100°C
mit dem folgenden Ansatz nährungsweise beschreiben:

$$(1) \quad \vartheta = \frac{1}{A_0 + A_1 (\ln R) + A_2 (\ln R)^2 + A_3 (\ln R)^3 + A_4 (\ln R)^4} - 273.15$$

ϑ ... Temperatur des NTC's in (°C)

R ... Nullastwiderstand des NTC's bei der Temperatur ϑ in (Ω)

ln ... natürlicher Logarithmus

A_0-A_4 vom Halbleiter abhängige Konstanten

Für kleinere Temperatur-Intervalle z.B. 0 ... 70°C können einfachere Beziehungen eingesetzt werden.

Liegt die R/ϑ-Tabelle mit einer Schrittweite von 1°C vor, ist lineare Interpolation für das Aufsuchen von Zwischenwerten möglich.
Der T.-Fehler beträgt dabei weniger als |0.01|°C.

2.2. Temperatur- und Widerstandstoleranz

Das folgende Diagramm (Abb. 1) zeigt die Temperatur- und Widerstandstoleranz als Funktion der Temperatur im Bereich von -40°C bis +100°C.

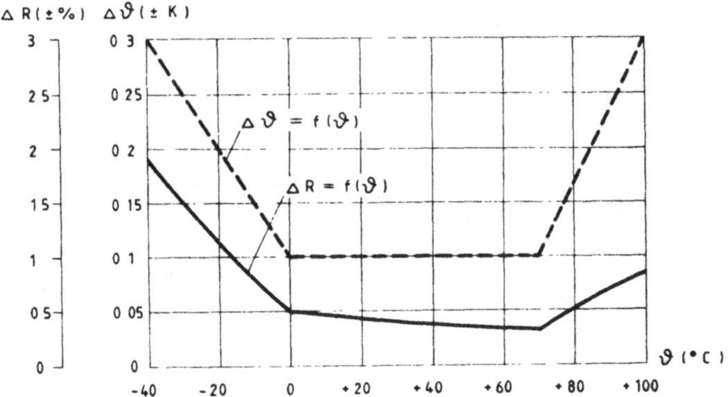

Abb. 1: R/T-Toleranzkennlinie

Zu beachten ist, daß bei einer konstanten T.-Genauigkeit von +0.1 K (0°C ... +70°C) eine nicht konstante Widerstandstoleranz des NTC's auftritt.
Der Grund liegt in der Temperaturabhängigkeit des Temperatur-koeffizienten α (ϑ)

(2) $$\alpha\ (\vartheta) = \frac{dR}{d\vartheta} \cdot \frac{1}{R}$$

2.3. Empfindlichkeit / Ansprechverhalten

Bei elektrischer Beschaltung ist die Empfinglichkeit, d.h. die
pro Grad Celsius Temperaturänderung auftretende Spannungsände-
rung am Ausgang des Temperatursensors, ein entscheidendes Kriterium bezüglich Auflösungsvermögen, Störeinfluß etc. und ist
abhängig von drei Größen:

a) dem Temperaturkoeffizienten (α) des Sensors
b) dem Nennwert des Widerstandes
c) dem maximal möglichen Meßstrom

$$(3) \qquad \frac{dU}{d\vartheta} = R \cdot \alpha \cdot I$$

U ... Spannungsabfall am NTC (V)
R ... Widerstand des NTC's bei der Meßtemperatur ϑ (Ω)
I ... Meßstrom durch den NTC (A)

Um den Meßfehler durch Eigenerwärmung so gering wie möglich zu
halten, ist bei gegebenen thermischen Leitverhältnissen das
Produkt $I^2 \cdot R$ zu minimieren.
Daraus folgt für die Empfinglichkeit $dU/d\vartheta$, daß diese wesentlich vom Temperaturkoeffizienten α beeinflußt wird.

Vergleich des TK mit anderen Temperatur-Sensoren

ϑ(°C)	α(1/K)		
	NTC	Pt-100	KTY
0	-0.050	0.0038	0.0075
70	-0.035	0.0038	0.0075

Aus der o.a. Tabelle ist der hohe α -Wert des NTC's gegenüber
dem Platin-Widerstand (Pt-100) und dem Silizium-Temperatursensor
(KTY) auffällig.

Zeit-(Ansprech)-Verhalten

Das Ansprechverhalten von Meßfühlern ist vorwiegend bei reg-
lungstechnischen Anwendungen von Bedeutung. Zur Beschreibung
dient die Übergangsfunktion bzw. der Übergangswert η sowie der
Übergangsfehler f /4/.

(4)
$$\eta = \frac{\vartheta_t - \vartheta_1}{\vartheta_2 - \vartheta_1} \quad \text{bzw.} \quad f = 1 - \eta$$

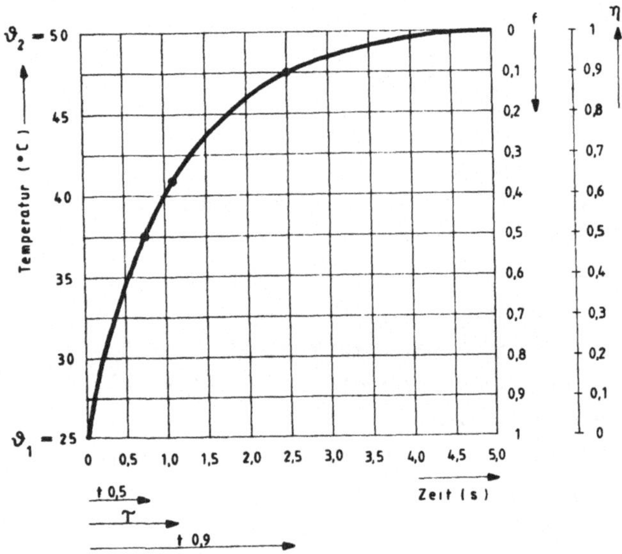

Abb. 2 : Übergangsfunktion (Anzeigeverzögerung)

Abb. 2 zeigt die Übergangsfunktion und den Übergangsfehler bzw.
Übergangswert bei einem Temperatursprung von 25 K.

Der Temperatur-Wechsel /5/ erfolgte von $\vartheta_1 = 25°C$ auf $\vartheta_2 = 50°C$,
wobei als Meßmedium Silikonöl (Viskosität ca. 3 mm²/s) eingesetzt
wurde.

Das Verhältnis von 9/10-Wertzeit ($t_{0.9}$) und Halbwertzeit ($t_{0.5}$)
errechnet sich zu

$$(5) \qquad \frac{t_{0.9}}{t_{0.5}} = \frac{2.5 \ (s)}{0.75 \ (s)} = 3.33$$

Ändert sich die Temperatur eines Körpers, der plötzlich einer
Temperaturänderung ausgesetzt wird, nach einer Exponential-
funktion, so ergibt sich das Verhältnis

$$(6) \qquad \frac{t_{0.9}}{t_{0.5}} = 3.322$$

Die Werte aus (5) und (6) sind nahezu ident, d.h. in erster
Näherung verläuft der Temperaturausgleich exponentiell.

2.4. Meßfehlerquellen

Um die spezifizierte Genauigkeit des Temperatursensors im praktischen Anwendungsfall zu erreichen, müssen neben der elektrischen Meßeinheit bestimmte Randbedingungen erfüllt werden.

Randbedingungen:

a) Minimierung der elektrischen Meßlast (Eigenerwärmung)
b) Schaffung günstiger thermischer Leitbedingungen (thermische
   Kopplung mit dem Medium)
c) Vermeidung von Thermospannungseffekten im Meßkreis
d) Verhinderung von Wärmeableitungseffekten über die Anschlußdrähte

Bei "Nicht-Beachtung" der o.a. Bedingungen können relativ große
Temperaturfehler auftreten.

3. Anwendung

Der Einsatzbereich ist vor allem dort gegeben, wo es auf die
"Absoluttemperatur-Erfassung" mit hoher Genauigkeit ankommt.

Einsatzgebiete sind z.B.:

* KFZ-Elektronik
* Medizin (Elektrothermometer, ...)
* Klimatechnik (Heizkostenverteiler, ...)
* Labormeßtechnik (Flüssigkeitsmeßbäder, ...)
* Dichtemeßtechnik

Literatur

/1/ Harbeke, G.: Polycrystalline Semiconductors-Physical Pro-
    perties and Application, Berlin.Heidelberg.New York.Tokyo
    1985, Springer Verlag

/2/ Heywang, W.: Halbleiter-Elektronik - Amorphe und polykri-
    stalline Halbleiter, Berlin.Heidelberg.New York.Tokyo 1984,
    Springer Verlag

/3/ Wetzl, K. Und Hagedorn H.: Auswertung gekrümmter Sensorkenn-
    linien mit PC und Microcumputern am Beispiel eines Heißlei-
    ters, Siemens Components 25 (1987), Heft 1

/4/ VDE/VDI-Richtlinien: Technische Temperaturmessungen (VDE/
    VDI 3511)

/5/ Lienweg, F.: Übergangsfunktion (Anzeigeverzögerung) von
    Thermometern. Aufnahmetechnik, Meßergebnisse, Auswertungen
    AMT, Lieferung 340, R46-R53

GERÄT ZUR MESSUNG DER SAUERSTOFFKONZENTRATION

F. Kreid

Institut für Elektrische Meßtechnik, TU Wien
Gußhausstraße 25

ZUSAMMENFASSUNG:

Das entwickelte Gerät dient zur Messung von Sauerstoffkonzentrationen in Gasen. Als Sensor für die Sauerstoffkonzentrationsmessung wird eine Sonde aus stabilisiertem Zirkoniumoxid (ZrO_2), einem Festkörperelektrolyten, verwendet. Die Zelle wird temperaturgeregelt bei 735° C betrieben. Die Aufbereitung der verschiedenen Parameter, aus denen mit Hilfe eines Mikroprozessors der Meßwert berechnet wird, stellt hohe Anforderungen an die analoge Signalverarbeitung.

Einführung

Das Gerät dient zur Messung der Sauerstoffkonzentration, es hat 8 dekadisch gestufte Meßbereiche zwischen 0,1 ppm und 100% mit einer Genauigkeit von 0,5% im jeweiligen Meßbereich.

Ein Mikroprozessor steuert alle internen Meßabläufe zur Erfassung der notwendigen Parameter, führt alle Linearisierungen durch und berechnet laufend die Sauerstoffkonzentration. Alle wichtigen Störfaktoren wie Verstärker-Offsetfehler, ADC-Drift und ADC-Linearität werden nicht mit Trimmpotentiometern o. ä. korrigiert, sondern laufend erfaßt und softwaremäßig kompensiert.

Außerdem werden neben der Meßwerterfassung und -verarbeitung auch die Kommunikation mit dem Benutzer, die Meßwertanzeige sowie die Ausgabe des Meßwertes in analoger und in digitaler Form vom Mikroprozessor durchgeführt. Für Abgleich- und Testzwecke sind eine Reihe von Kalibrier- und Selbsttestfunktionen eingebaut.

1. Beschreibung der verwendeten Sensoren

1.1 Der Sauerstoffsensor

Zur Messung der Sauerstoffkonzentration kommt eine Festkörperelektrolytsonde aus stabilisiertem (Yttrium-dotiertem) Zirkoniumoxid zur Anwendung. Die Zelle wird bei 735° C betrieben, bei dieser Temperatur wird das verwendete Material zu einem fast reinem Ionenleiter /1/. Herrscht zu beiden Seiten einer Trennwand aus ZrO_2 ein unterschiedlicher Sauerstoffpartialdruck, dann entsteht aufgrund der Ionenleitung ein Strom und als Folge davon ein Potentialunterschied, bis sich ein Gleichgewichtszustand einstellt. Bei der praktischen Ausführung eines solchen Sensors werden die beiden Seiten mit porösen Platinelektroden beschichtet. Diese wirken als Katalysator bei der Dissoziation der Sauerstoffmoleküle und der Ionisation der Atome, gleichzeitig dienen sie als Meßelektroden /2/, /3/.

Für die von der Sonde gelieferte elektrische Spannung gilt die Nernstsche Gleichung (1):

$$U = \frac{RT}{4F} * \ln\frac{P'}{P''} \qquad (1)$$

R = Gaskonstante, T = absolute Temperatur, F = Faraday-Konstante, P' und P" = Sauerstoffpartialdrücke.

1.2 Temperaturfühler

Als Fühler zur Erfassung der Sondentemperatur gelangt ein Thermoelement Pt/PtRh10 zum Einsatz, das zwar eine hohe Genauigkeit im geforderten Temperaturbereich bietet, jedoch nur sehr kleine Thermospannungen aufweist. Die Empfindlichkeit liegt im Einsatzbereich bei etwa 8,2 µV/° C. Um eine Meßgenauigkeit von 0,5% in allen Bereichen zu erreichen, ergibt sich aus (1), daß die Sondentemperatur auf 0,25 ° C genau erfaßt werden muß, was einer Thermospannung von ca. 2 µV entspricht.

Da Thermoelemente eine Spannung liefern, die der Differenztemperatur zur elektrischen Anschlußstelle entspricht, muß zur Erfassung der absoluten Temperatur die Temperatur der Übernahmestelle ebenfalls mit gleicher Genauigkeit erfaßt werden /4/. Dazu wird ein Platin-Meßwiderstand vom Typ Pt-1000 mit geeignetem R/U-Umsetzer verwendet.

1.3 Druckfühler

Die Bestimmung der Konzentration erfolgt aus dem direkt proportionalen Partialdruck. Bei einer Änderung des Absolutdruckes ändert sich auch der Partialdruck und damit scheinbar die Konzentration. Als Sensor kommt ein Halbleiter-Druckfühler in Brückenschaltung zur Anwendung.

2. Probleme bei der Messung kleiner Gleichspannungen

Bei der Erfassung elektrischer Signale im Mikrovoltbereich tritt das Problem auf, daß die Störungen der Signale bedingt durch den Verstärker sowie durch den Aufbau nicht mehr vernachlässigbar sind.

2.1 Auswahl geeigneter Operationsverstärker

Die wichtigsten Kriterien bei der Auswahl eines Operationsverstärkers zur Messung kleiner Gleichspannungen sind die Offsetspannung und die Offsetspannungsdrift.

Die Offsetspannung ändert sich hauptsächlich in Abhängigkeit von der Temperatur. Aber auch andere Parameter wie die Versorgungsspannung und die Gleichtakteingangsspannung bewirken zusätzliche Offsetspannungsänderungen, die keinesfalls vernachlässigbar sind. Mancher OPV, der laut Datenblatt aufgrund seiner Drift und Offsetdaten für eine bestimmte Anwendung geeignet sein sollte, kann sich in der Praxis als unbrauchbar erweisen, da eine Reihe von Einflüssen, die in keinem Datenblatt zu finden sind (z.B. Warm up drift), die eigentlich guten Offsetdaten überwiegen /5/. Obwohl die Driftwerte moderner Operationsverstärker (0,3 µV/K) in den letzten Jahre drastisch verbessert werden konnten /6/, sind sie für die vorliegende Anwendung ungefähr um den Faktor 10 zu hoch. Als Alternative könnte man Chopperverstärker einsetzen. Gute Chopper-Verstärker bzw. Auto-Zero-Verstärker weisen Spannungsdriften im Bereich von 5....30 nV/K auf und scheinen somit die idealen Gleichspannungsverstärker zu sein. Leider hat diese Art von Verstärker auch einen Nachteil. Bedingt durch die in irgend einer Form notwendigen Umschaltvorgänge liefern sie im allgemeinen weit höhere Rauschpegel als Verstärker ohne Chopper.

2.2 Rauschen

Auch bei Gleichspannungsmessungen muß der Einfluß des Verstärkerrauschens berücksichtigt werden. Obwohl der Mittelwert der Rauschsignale Null ist, kann durch die begrenzte Meßzeit, während der die Mittelwertbildung stattfindet, ein Fehler entstehen.

Es muß daher beachtet werden, daß niederfrequente Rauschanteile, deren Pegel mit abnehmender Frequenz sogar steigen (Funkelrauschen, Flicker Noise oder 1/f-Rauschen), wie eine zusätzliche Drift in Erscheinung treten /5/, /7/, /8/.

2.3 Thermospannungen

Neben den Fehlern, die durch den Verstärker erzeugt werden, tritt bei der Erfassung kleiner Gleichspannungen ein weiterer Fehler auf, der duch die unvermeidlichen Thermospannungen im Eingangskreis hervorgerufen wird. Die Größe dieser Thermospannungen liegt zwischen einigen µV/K und etwa 50 µV/K. Diese Werte liegen damit beträchtlich über den Driftwerten guter Operationsverstärker, sodaß der Gewinn durch den Einsatz driftarmer Verstärker bei ungünstigem Aufbau völlig überdeckt werden kann.

2.4 Leiterplattenentwurf

Da die Anschlußdrähte elektronischer Bauelemente und Leiterbahnen meist aus verschiedenen Metallen bzw. Legierungen bestehen, bilden alle Lötstellen, Klemmen und Schalter Thermoelemente. Damit die Thermospannungen auf die Messung keinen Einfluß haben, muß der Meßkreis symmetrisch aufgebaut sein. Das heißt Übergänge von einem Metall auf ein anderes müssen

a. immer paarweise vorhanden sein und

b. je zwei zusammengehörige Übergänge müssen auf gleicher Temperatur sein.

Diese zwei Bedingungen, vor allem die zweite, können in der Praxis nur annähernd (geeignetes Layout, thermische Schirmung) erfüllt werden.

3. Schaltung zur Verstärkung kleiner Gleichspannungswerte

Zur Offset- und Driftkorrektur wurde eine dem Auto-Zero-Verfahren ähnliche Methode angewandt, die keinerlei zusätzliches Chopperrauschen erzeugt und mit geringstem Hardwareaufwand auskommt. Als einzige Hardwarezusatzmaßnahme ist ein Umschalter notwendig, mit dem der Eingang des Verstärkers an Masse geschaltet werden kann (Abb. 1).

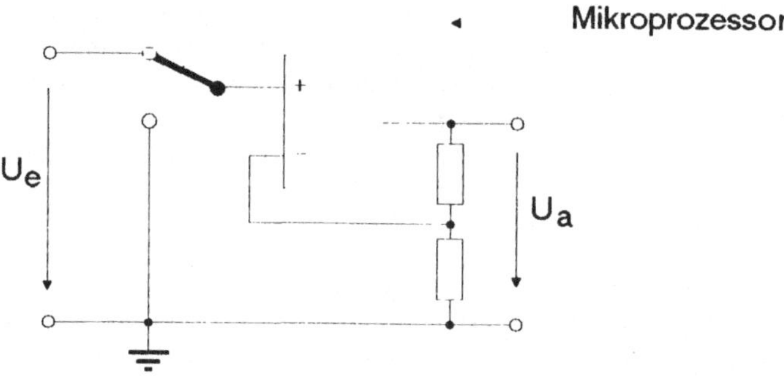

Abb. 1   Verstärker mit Umschalter zur Korrektur von Offset- und Driftfehlern.

Die Korrektur des Offsetfehlers wird nicht hardwaremäßig durchgeführt sondern im Programm des Mikroprozessors. Alle paar Sekunden wird der Eingang des Verstärkers für einen ADC-Meßzyklus kurzgeschlossen und die Ausgangsspannung gemessen, dieser Spannungswert entspricht der aktuellen Offsetspannung multipliziert mit der Verstärkung. Danach wird der Eingang des Verstärkers wieder an die Signalquelle geschaltet. Die folgenden Meßwerte werden rechnerisch korrigiert indem die zuletzt gemessene Offsetspannung des Verstärkers subtrahiert wird.

Bei dieser Methode kann das geringe Rauschen speziell rauscharmer Bipolar-Operationsverstärker ausgenützt werden, da während der Meßzeit keinerlei Umschaltvorgänge stattfinden, die das Rauschen vergrößern könnten.

4. Gesamtbeschreibung

Das Blockschaltbild (Abb. 2) zeigt die wichtigsten Schaltungs- und Funktionsgruppen.

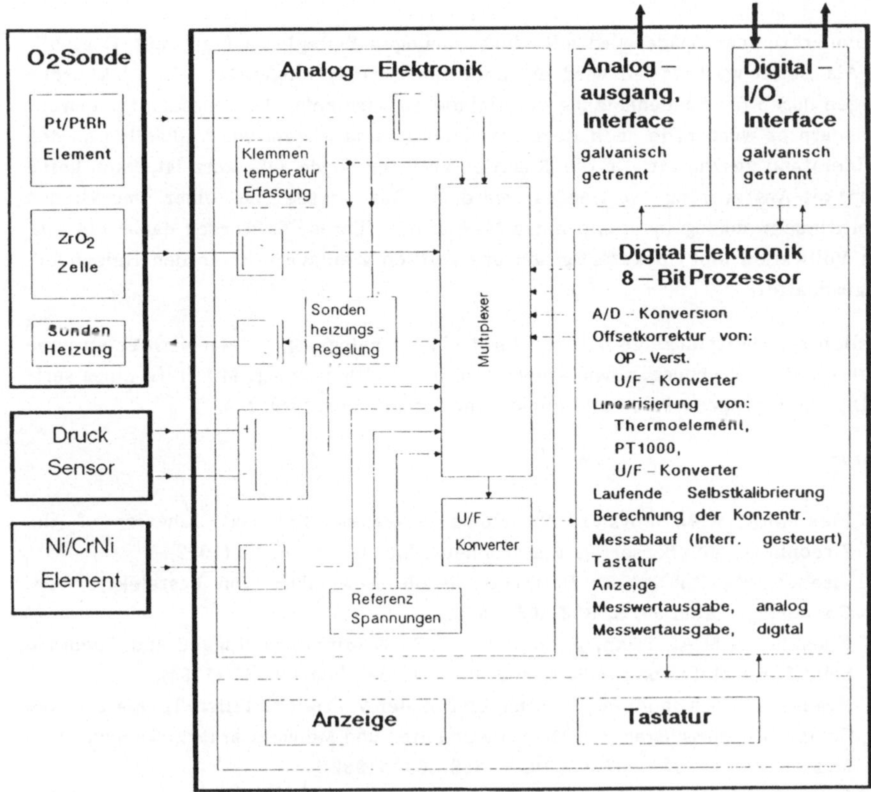

Abb. 2   Blockschaltbild des O_2-Meßgerätes

Für alle kritischen Signale werden Verstärker mit der oben erwähnten Schaltung zur Offsetspannungsmessung verwendet. Der Differenzdruck des Meßgases zum Referenzgas wird von einem Drucksensor in Brückenschaltung erfaßt und muß daher mit einem Differenzverstärker aufbereitet werden.

Ein Eingang für ein weiteres Thermoelement (Ni/CrNi) dient zur Erfassung der Prozeßtemperatur, um eventuelle Fehler durch Oxidationsprozesse im Meßgas zu berücksichtigen.

Die verschiedenen Signalquellen werden über einen CMOS-Multiplexer einem U/F-Konverter angeboten. Die Ausgangsfrequenz des Konverters wird in einem Zähler des Mikroprozessors gemessen und in eine Spannung umgerechnet. Diese Spannungswerte werden in die entsprechenden physikalischen Größen (Temperatur, Druck) umgerechnet und mit (1) die O_2-Konzentration berechnet.

Da die Linearität des U/F-Konverters nicht ausreicht, wird die Umsetzfunktion in Form von drei Punkten auf der Kennlinie (0V, U_{REF1} und U_{REF2}) ebenfalls laufend gemessen und bei der Berechnung des Meßwertes durch den Mikroprozessor berücksichtigt.

Die Temperatur der Sonde wird mit einem analogen P-Regler auf ca 735° C stablisiert. Als Leistungsstellglied wird ein Solid-State-Relay eingesetzt. Um elektrische Störungen durch die Sondenheizung zu minimieren wird kein Phasenanschnitt verwendet, sondern es werden, je nach Regelabweichung, eine Anzahl von Vollwellen an den Heizwiderstand geschaltet. Da die Reaktionszeit der Sonde sehr kurz ist, kann keine Impulspaket-Ansteuerung verwendet werden. Das würde zu einer merklichen Temperaturschwankung innerhalb einer Meßperiode führen. Es werden daher die einzelnen Vollwellen nicht paketartig sondern zeitlich gleichverteilt an den Heizwiderstand geschaltet.

Zusätzlich zur Digitalanzeige hat das Gerät einen Analogausgang zur Meßwertausgabe mit galvanischer Trennung, sowie einen seriellen Digitalausgang. Mit Hilfe eines seriellen Digitaleinganges können alle Funktionen ferngesteuert werden.

Literatur

1. Flemming, W.J.: Physical Principles Governing Nonideal Behavior of the Zirconia Oxygen Sensor. J. Electrochem. Soc. 124, S. 21-28 (1977).

2. Fischer, W., Rohr, F.J.: Beispiele für die Anwendung von Festelektrolyten. Chem.-Ing.-Tech. 50, S. 303-305 (1978).

3. Kocache, R.M.A., Swan, J., Holman, D.F.: A Miniature Rugged and Accurate Solid Electrolyte Oxygen Sensor. J. Phys. E: Sci. Instrum. 17 (1984).

4. Krause, D., Schwandtner, D.: Der Einfluß der Vergleichsstellen-Temperatur bei Temperaturmessungen mit Thermoelementen und Meßverstärkern. Technisches Messen. 49, S. 303...307 und 10, S. 359...362 (1982).

5. Best, R.: Die Verstärkung sehr kleiner Signale. Elektroniker. 8, S. EL1...EL11 und 9, S. EL7...EL18 (1981).

6. Soderquist, D., Erdi, G.: The OP07 Ultra-Low Offset Voltage OP AMP. PMI Application Note 13.

7. Burr-Brown Research, Grenze des Möglichen - Rauschen, Applikation Nr. 43.

8. Erdi, G.: Minimization of Noise in Operational Amplifier Applications. PMI Application Note 15.

EIN INTEGRIERENDER 20 BIT A/D-WANDLER

H. Leopold, K.P. Schröcker

Institut für Elektronik der Technischen Universität Graz und
Laboratorium für Sensorik der Forschungsgesellschaft Joanneum, Graz

ZUSAMMENFASSUNG:

Fs wurde ein 20 bit A/D-Wandler als ratiometrisches Interface für resistive
Sensoren entwickelt, welcher die Vorteile des Zweirampen- und des Ladungs-
ausgleichsverfahrens vereint und die Genauigkeitsgrenzen beider überwindet.
Die integrierende Eigenschaft und die potentialgetrennte Eingangsschaltung
mit erdsymmetrischer Streukapazität ergeben extreme Unterdrückung von Störsignalen (180 db bei 50 Hz).

Hochgenaue Sensorinterfaces für Widerstandsthermometer oder Dehnungsmeßstrei-
fen erfordern aus Gründen der Störunterdrückung integrierende A/D-Wandler,
weil die Nutzsignale sehr klein sind und analoge Filter vor hochgenauen,
nichtintegrierenden Wandlern /1/ aus Gründen der dielektrischen Absorption
/2/ der Filterkondensatoren und des Rauschbeitrages der Widerstände nicht
anwendbar sind. Das integrierende Zweirampenverfahren /3/ ist durch die dielektrische Absorption des Kondensators im Integrator in seiner Genauigkeit
auf etwa 10^{-5} beschränkt, weil die Ladung im Kondensator die Meßgröße in
voller Genauigkeit abbilden muß. Das Ladungsausgleichsverfahren /3/ entlastet
den Kondensator vollständig, weil die Kompensation des Meßstromes durch La-
dungspakete am Eingang des Integrators erfolgt. In diesem Fall bildet der
Schaltzeitfehler die Genauigkeitsgrenze von etwa 10^{-4}, weil der Schalter,
der die Pakete bildet, für jedes Inkrement einmal schalten muß. Versionen
dieses Verfahrens, die ungleich lange Pakete verwenden, weisen relativ große
Linearitätsfehler auf.

Die hier gezeigte Lösung entlastet den Integrationskondensator nicht vollständig, sondern um den Faktor 100 und benötigt 100 Schaltspiele im Vergleich
zu einem beim Zweirampen- oder 10^6 beim Ladungsausgleichsverfahren mit 20 bit

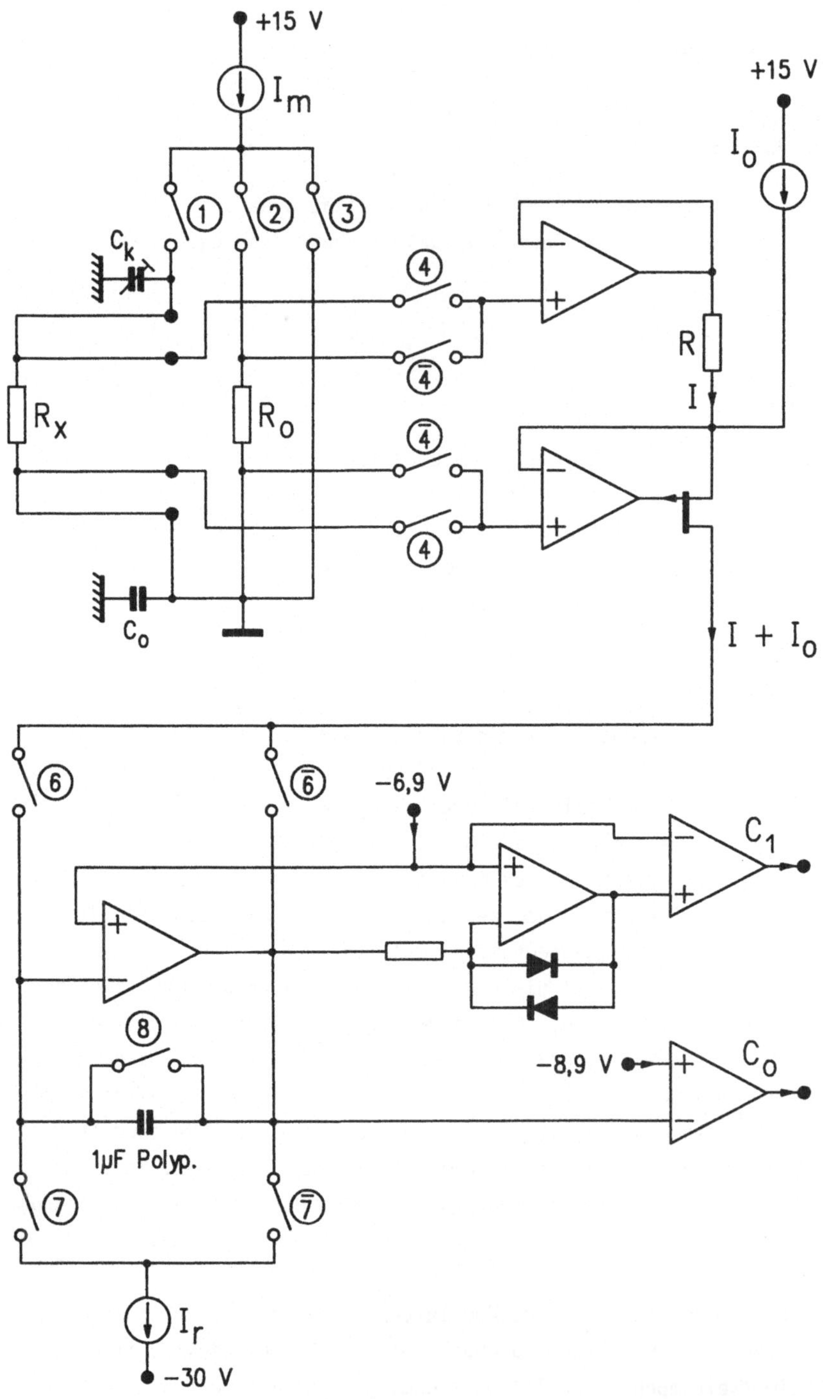

Abb. 1. Blockschaltbild des A/D-Wandlers

Auflösung. Diese beiden Maßnahmen ergeben ohne weiteren Aufwand die für 20 bit notwendige Linearität. Ein computergestütztes, bei jeder Konversion wiederholtes Abgleichverfahren beseitigt die Fehler nullter (Offset) und erster Ordnung (Steigung).

Die gesamte Vorrichtung (Abb. 1) besteht aus dem Meßling R_x, dem (thermostatisierten) Referenzwiderstand R_o, der Meßstromquelle I_m, den Meßstellenumschaltern (1 bis 4), einem Spannungs/Stromwandler mit Differenzeingang, dem eigentlichen A/D-Wandler in der Stromdomäne (1 nA bis 1 mA) und dem potentialgetrennten Steuerteil. Alle Schalter sind Sperrschichtfeldeffekttransistoren. Das digitale Steuerwerk, den Mikrocomputer und die potentialgetrennten Ansteuerschaltungen zeigt Abb. 2.

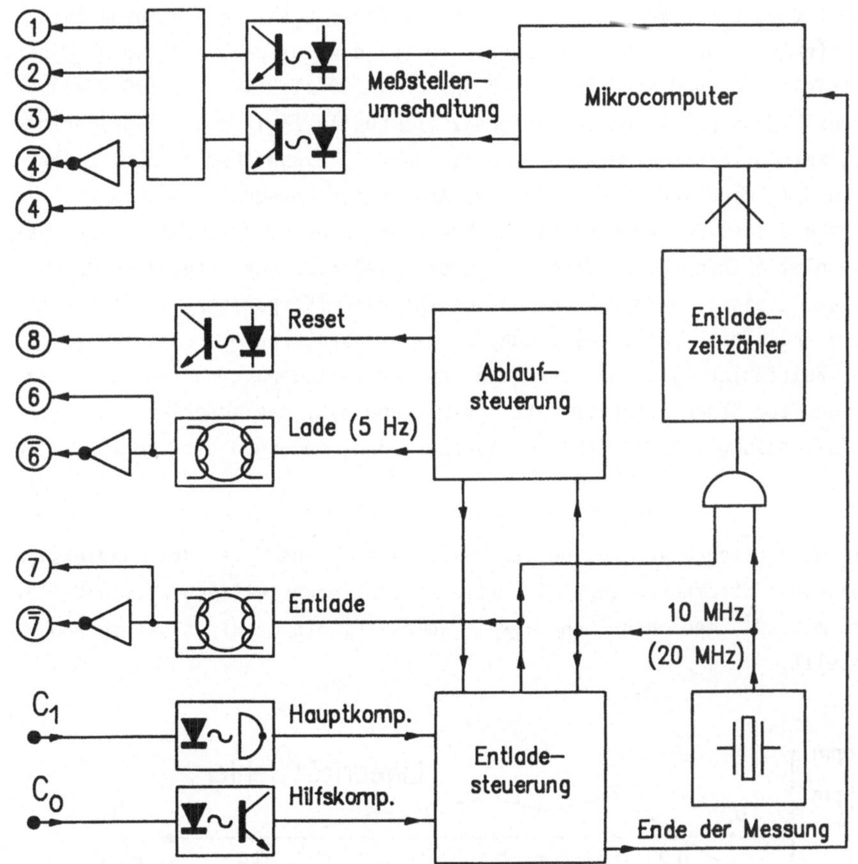

Abb. 2. Blockschaltbild des digitalen Steuerteiles

In jedem Zyklus werden vier Messungen vorgenommen, deren Resultate zum Endergebnis

$$Z = \frac{R_x}{R_o}$$

verrechnet werden: Die Spannungen über beiden Widerständen jeweils mit und ohne Meßstrom I_m. Durch diese Maßnahme werden neben den genannten Fehlern auch die Thermospannungen kompensiert, wenn angenommen wird, daß die Temperatur der Kontakte über den Zyklus hinreichend konstant ist.

Bei der Messung wird ein der Meßgröße proportionaler Strom I und ein Ruhestrom I_o 0,1 Sekunden lang integriert. Der Ruhestrom I_o sorgt dafür, daß das Integral bei allen 4 Messungen immer positives Vorzeichen behält, auch wenn bestimmte Exemplare der Operationsverstärker zufällig eine negative Eingangsfehlspannung aufweisen. Überschreitet das Integral 2 V, so wird durch den Komparator C_o und die Schalter 7 und $\overline{7}$ ein 10^4 Taktimpulse (10 MHz) dauerndes Ladungspaket aus der Referenzstromquelle I_r in den Integrator geleitet, welches die Ladung wieder verkleinert. Die Rauschstromanteile von I_m, I_o und I_r sind korreliert. Bis zum Ablauf der Integrationsperiode der Meßgröße arbeitet der Wandler als hochgenauer, aber niedrig auflösender Ladungsausgleichsintegrator. Danach wird ohne Meßgröße der Integrator durch den Strom I_r bis zu seiner Ausgangslage entladen (Komparator C_1 mit Vorverstärker). Auch dabei wird die Ladung in Zehntausenderpakete unterteilt, damit der Zeitfehler des Schalters 7 und seiner Ansteuerung nur auf das letzte, nicht mehr zur Gänze gezählte Paket Auswirkung hat. Das numerische Resultat einer Teilmessung ist die Zahl der Taktperioden, in denen der Schalter 7 geschlossen war.

Mangels geeigneter Standardwiderstände wurde die Linearität des Wandlers und des Spannungs/Stromkonverters mit Hilfe eines siebenstelligen Kelvin/Varley-Teilers mit 10^{-6} geeichter Genauigkeit gemessen. Das Resultat ist in Abb. 3 dargestellt.

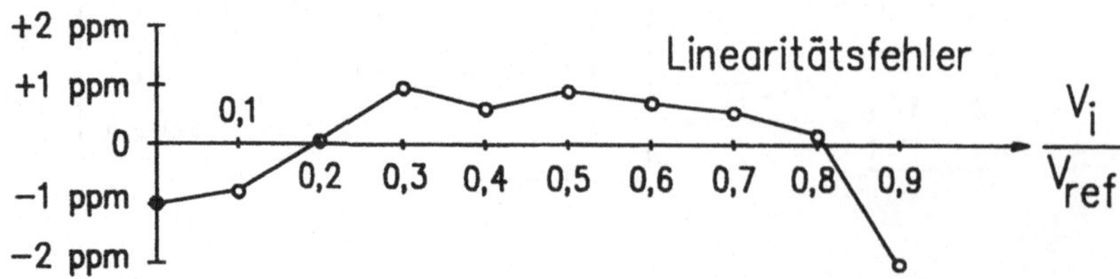

Abb. 3. Fehler des A/D-Wandlers

Bei dieser Messung wurde der Teiler aus einer Referenzquelle von 3,5 V (nicht korreliert mit I_o und I_r) betrieben. R betrug 5000 Ohm, das Inkrement 3,5 μV. Durch Verlängerung der Meßzeit wurde bei dieser Messung die Auflösung vervierfacht (22 bit).

Die Rauschspannung am Eingang wurde mit R = 572 Ohm, R_x = 100 Ohm und R_o = 400 Ohm zu etwa 200 nV_{ss} ermittelt. Dieser Wert entspricht gut dem aus den Widerstandswerten und den Verstärkerdaten (LT 1007) erwarteten. Das Inkrement beträgt bei dieser Thermometeranwendung 385 nV. Zum Nachweis der Störspannungsunterdrückung wurden beide Anschlüsse von R_x (nacheinander) mit der Phase des Stromnetzes (220 V$\sim$) verbunden: Nach einer einen Zyklus währenden Verwirrung der Anzeige durch den Ladestromstoß der Streukapazität bleibt die Anzeige ungestört.

Literatur

1. Leopold, H., Pleschiutschnig, J.: Ein 20 bit Analog zu Digital Wandler. Arbeitsbericht der Informationstagung Mikroelektronik 1983. S. 132-136, Wien.
2. Canning, W.: Circuit Design Considerations for Low Dielectric Absorption Applications. TRW Capacitors, Ogallala. (1980).
3. Sheingold, D.H., Hrsg.: Analog-Digital Conversion Handbook, Analog Devices Inc., Nordwood. 1986.

SCHLUPFSENSOR FÜR ASYNCHRONMASCHINEN

M. Schrödl

Institut für Elektrische Maschinen, Technische Universität Wien
Gußhausstraße 25, 1040 Wien

ZUSAMMENFASSUNG:

Es wird ein Verfahren zur Erfassung der Schlupffrequenz bei Asynchronmaschinen vorgestellt, das auf der Auswertung des axial aus der Maschine
austretenden Streufeldes basiert. Der Sensor, der aus einer geprinteten
Spule mit integrierter elektronischer Signalaufbereitung besteht, zeichnet
sich durch geringe Herstellkosten und Robustheit aus.

1. Einleitung

Bei Antrieben mit Asynchronmaschinen besteht oft die Notwendigkeit, die
mechanische Drehzahl oder die Schlupffrequenz zu erfassen. Neben den
üblichen Meßmethoden (Tachogenerator, optische, induktive u. a. Geber)
besteht die Möglichkeit, das axial aus der Maschine austretende Streufeld
auszuwerten. Dieses magnetische Feld kann aus der Maschine austreten, weil
die stirnseitigen Eisenpartien keinen idealen magnetischen Schirm
darstellen. Aufgrund unvermeidlicher magnetischer und geometrischer
Unsymmetrien des Rotors enthält dieses Streufeld neben starken
speisefrequenten Anteilen eine schwache schlupffrequente Komponente. Dieses
Phänomen ist bereits seit langer Zeit bekannt /1/. Das Feld tritt zum
Großteil über Welle bzw. Lagerschild aus der Maschine aus und nimmt in
radialer Richtung rasch ab. Die magnetische Feldstärke ändert sich in einem
weiten Betriebsbereich nicht allzu stark.

2. Entwurf und Aufbau des Sensors

Der Sensor besteht aus zwei Teileinheiten: Das Kernstück ist eine Spule, in der gemäß

$$u_{i,spule} = d/dt \, (\Psi_{spule}) \qquad\qquad (1)$$

Ψ_{spule} .... mit der Spule verketteter Fluß

ein Spannungssignal zufolge des Streuflusses induziert wird. Bei Verwendung von geeigneter hochwertiger Auswertungselektronik genügt eine Spule von etwa 100 Windungen und zirka 100 bis 200 Millimetern mittlerem Durchmesser. Die Spule wird axial möglichst nahe an die Maschine herangeführt bzw. bei Verwendung beider Wellenenden vor der Montage über die Welle geschoben.
Der zweite Teil des Sensors besteht aus der elektronischen Signalaufbereitungsschaltung. Abbildung 1 zeigt das Blockschaltbild der Elektronik.

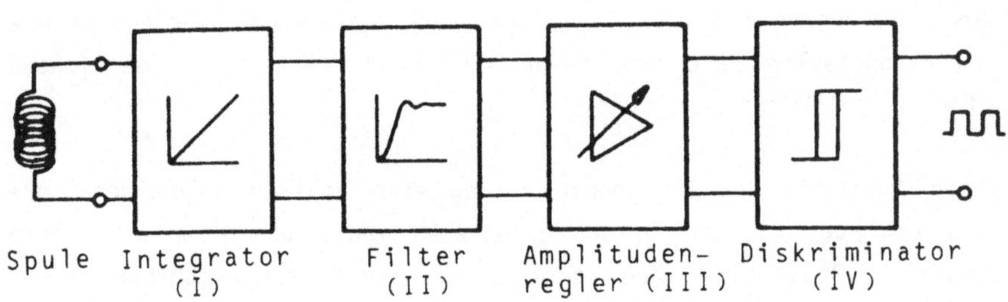

Abb. 1: Blockschaltbild der Signalaufbereitung

Die Eingangsstufe besteht aus einem Integrator (I), um, wie aus Gl. (1) ersichtlich ist, aus der induzierten Spannung auf den sie verursachenden Fluß zu kommen. Dieses Signal ist in seiner Amplitude relativ betriebspunktunabhängig und besser weiterzuverarbeiten als die induzierte Spannung, die proportional zur Schlupfdrehzahl zunimmt.
Der zweite Teil besteht aus einer Filterschaltung (II), die die unerwünschten höherfrequenten Signalanteile stark abschwächt.
Die tiefsten Frequenzen (Bereich A in Abb. 2) müssen wegen unvermeidlicher Drifterscheinungen und Offsets der Bauelemente unterdrückt werden.

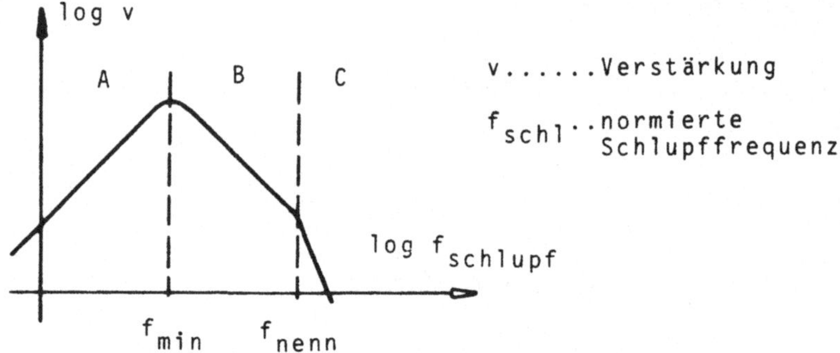

Abb. 2: Frequenzgang der Übertragungsfunktion des Schaltungsteiles I-II

Im Bereich B (Betriebsbereich des Sensors) weist die Schaltung aus bereits erwähnten Gründen Integratorverhalten auf. Die untere Frequenzgrenze wird durch die Drift der Bauelemente bestimmt, die obere Grenze sollte im Bereich des Nennschlupfes liegen.
Die höheren Frequenzen (C) müssen relativ stark unterdrückt werden, um die Anteile der Speisefrequenz und deren möglichen Vielfachen ausreichend abzudämpfen.

Den dritten Abschnitt der Elektronik bildet eine Amplitudenregelschaltung (Block III von Abb. 1), welche das gewonnene Signal auf eine definierte Größe einstellt. Dies bietet den Vorteil, daß die Sensorverstärkung nicht manuell an die Maschine angepaßt werden muß, sondern die Regelschaltung dies in weiten Grenzen selbst durchführt. Außerdem werden dadurch die unvermeidlichen betriebspunktabhängigen Schwankungen der Signalamplitude ausgeglichen.
Der letzte Schaltungsteil besteht aus einem Diskriminator (IV), der ein Rechtecksignal mit Schlupffrequenz erzeugt, das in einer geeigneten störsicheren Art übertragen werden kann.

3. Einsatzbereich

Der Sensor eignet sich zur Schlupferfassung von stationär bis mäßig transient betriebenen Asynchronmaschinen, wobei auch Umrichterbetrieb (Spannungs- und Stromzwischenkreisumrichter) möglich ist. Durch den Umrichterbetrieb erweitert sich das Spektrum des Streufeldes infolge der

Schaltvorgänge der leistungselektronischen Stellglieder um entsprechende Anteile, die problemlos unterdrückt werden können.

Der Sensor kann an jedem Typ von Asynchronmaschine angewendet werden.

Es ist eine robuste Erfassung der Drehzahl ohne mechanischen Eingriff in die Maschine, wie dies bei Montage etwa eines induktiven Gebers oder eines Tachogenerators notwendig ist, möglich (Abb. 3).

Nicht zuletzt stehen beide Wellenenden uneingeschränkt zur Verfügung.

Abb. 3: Asynchronmaschine mit Schlupfsensor

Um die Breite der Einsatzmöglichkeiten des Sensors anzudeuten, werden im folgenden zwei Anwendungsbeispiele skizziert.

Anwendungsbeispiel 1: <u>Erfassung der mechanischen Drehzahl</u>

Prinzip:

Durch Integration bzw. Filterung der Speisespannung wird die synchrone Frequenz des Drehfeldes gewonnen. Subtraktion (bzw. Addition im Generatorfall) der aus der Schlupfspule erhaltenen Frequenz und Division durch die Polpaarzahl liefert die mechanische Drehzahl.

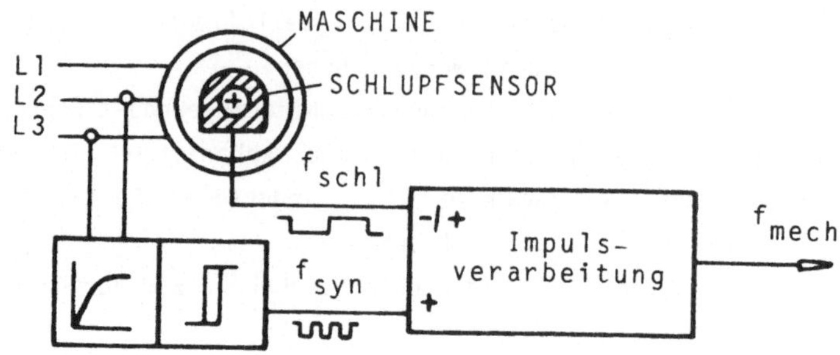

Abb. 4: Ermittlung der mechanischen Drehzahl

Anwendungsbeispiel 2: <u>Rotortemperaturüberwachung einer Asynchronmaschine</u>

Aus einem stationären mathematischen Modell der Asynchronmaschine kann bei bekannten Parametern (Streuung, Statorinduktivität, Kaltwert der Rotorzeitkonstanten, Temperaturkoeffizient des Käfigmaterials) sowie bei Messung von Spannung, Strom und Schlupffrequenz die aktuelle Rotortemperatur der Maschine ermittelt werden. Dieser Anwendungsfall wurde am Institut realisiert und zeigte gute Ergebnisse /2/.

4. Einsatzgrenzen

Der Sensor hat aufgrund des Integrators und des Amplitudenreglers eine relativ lange Einschwingzeit und liefert erst dann ein gültiges Ausgangssignal, was aber bei Überwachungsaufgaben nicht sehr stören dürfte.
Im Bereich sehr tiefer Speisefrequenzen ist ein Einsatz aus physikalischen Gründen nicht möglich, weil der Sensor Speise- und Schlupffrequenz nicht zu trennen vermag.
Bei Schwachlast geht die Schlupffrequenz gegen Null, sodaß je nach Güte der verwendeten elektronischen Bauteile Driftprobleme zu erwarten sind.
Bei zu starker dynamischer Beanspruchung nimmt das Signal unkontrollierte Verläufe an. Es dürfte sehr schwierig sein, mittels dynamischer Modelle eine Information aus dem Signalverlauf bei derartigen Betriebsbedingungen zu gewinnen, da das System stark nichtlinear ist und von vielen Effekten abhängt.

Literatur

1. Nürnberg, W.: Die Prüfung elektrischer Maschinen, 5. Auflage, S. 90 ff.
   Berlin-Heidelberg-New York: Springer. 1965.

2. Reinhardt, A.: Ableitung eines schlupffrequenten Signals aus Streufeldern
   von Asynchronmaschinen und Weiterverarbeitung in einem Mikrorechner.
   Diplomarbeit am Institut für Elektrische Maschinen der TU Wien. 1986.

MEHRFACH-SIGNAL-PROZESSOR-SYSTEM:

E. Brazda, G.Niedrist

Inst. für Nachrichtentechnik und Hochfrequenztechnik
Gusshausstr. 25, A-1040 Wien

ZUSAMMENFASSUNG:

Es wird ein Mehrfach-Signalprozessor-System zur digitalen Echtzeitverarbeitung analoger Signale vorgestellt, das sich durch hohe Leistungsfähigkeit, Modularität und gute Entwicklungsunterstützung für den Anwender auszeichnet. Die Systemarchitektur wurde konsequent aus der Struktur von Algorithmen der digitalen Signalverarbeitung hergeleitet.

1. Einleitung

Digitale Echtzeitverarbeitung analoger Signale erobert immer mehr Teilgebiete der Nachrichtentechnik. Mit der Komplexität der verwendeten Algorithmen steigen auch die Anforderungen an die Rechenleistung von digitalen Systemen, da ein vollständiger Programmdurchlauf innerhalb einer möglichst kurzen Abtastperiode erfolgen muß. Neben hoher Geschwindigkeit sollte ein Anwender aber auch Kostengünstigkeit, gute Entwicklungsunterstützung (Assembler, Testhilfen) und hohe Flexibilität von Signalverarbeitungsrechnern erwarten können. *Integrierte Digitale Signalprozessoren* zeichnen sich durch einen sehr günstigen Preis, der den Einsatz in industriellen Massenprodukten ermöglicht, sowie durch ausgezeichnete Entwicklungsunterstützung (Assembler, Simulatoren, In-Circuit-Emulatoren) aus. Auf dem Chip integrierte Hardware-Multiplizierer, sehr kurze Zykluszeiten sowie ein spezialisierter Befehlssatz verbunden mit großer Wortlänge garantieren eine hohe Verarbeitungsleistung, die jedoch für viele komplexe Algorithmen nicht ausreicht. Es liegt nahe, Systeme aus mehreren integrierten Signalprozessoren zu entwickeln, um hohe Geschwindigkeit, hohe Flexibilität und gute Entwicklungsunterstützung zu verbinden.

2. Ableitung einer Mehrfach–Signalprozessor–Architektur aus der Struktur von Signalverarbeitungsalgorithmen

Ein Signalverarbeitungsalgorithmus wird i.A. in Form eines *Signalflußgraphen* beschrieben, der eine Berechnungsvorschrift darstellt, um aus einem dem System angebotenen Eingangswert einen entsprechenden Ausgangswert zu erhalten. Signalflußgraphen können vielfach in parallel verarbeitbare Prozesse aufgeteilt werden, die untereinander nur schwach vernetzt sind. Durch gleichzeitige Verarbeitung dieser Teilprozesse (*Parallelverarbeitung* bzw. *Pipelining*) auf mehreren Signalprozessoren, wobei die Vernetzung der Prozesse untereinander durch Datentransfers zwischen den Prozessoren realisiert wird, kann die Programmlaufzeit wesentlich verkürzt werden. Dabei sind unterschiedlichste Anordnungen der Teilprozesse möglich; einfache Beispiele sind Ketten- und Parallelstrukturen. Eine effiziente Implementierung eines Algorithmus auf einem Mehrfach–Signalprozessor–System kann nur gelingen, wenn die Systemarchitektur ein konsequentes Abbild der bearbeiteten Struktur darstellt:

- *Eigenständige Prozessoreinheiten* mit lokalem Daten- und Programmspeicher verarbeiten jeweils einen Teilprozess (MIMD-Architektur, <u>M</u>ultiple <u>I</u>nstruction <u>M</u>ultiple <u>D</u>ata Stream).
- Ein *flexibles Verbindungsnetzwerk* ermöglicht die Verarbeitung beliebiger Strukturen.
- Eine übergeordnete *Ablaufsteuerung* steuert den Datenverkehr am Verbindungsnetzwerk und entlastet damit die Prozessoreinheiten vom Verbindungsaufbau.

Signalflußgraphen werden in jeder Abtastperiode genau einmal durchlaufen. Weiters zeichnen sich Signalflußgraphen durch *konstanten Datenfluß* aus: die Anzahl und Reihenfolge der Datentransfers zwischen den Teilprozessen bleiben in jedem Durchlauf gleich. Diese Eigenschaften können direkt für die Implementierung der Ablaufsteuerung genutzt werden: sie kann im Prinzip aus einem ringförmig organisierten Speicher bestehen, in den ein Ablaufplan (Anzahl und Reihenfolge der Datentransfers) der implementierten Struktur geladen wird. Aus den Ausgangsdaten dieses Speichers, der in-

nerhalb jeder Abtastperiode einmal durchlaufen wird, lassen sich die für
die Abwicklung der Transfers nötigen Signale ableiten.

3. Realisierung

Bild 1 zeigt ein Blockschaltbild des Gesamtsystems. Zusätzlich zu den oben-
genannten Einheiten sind ein Interface zu einem Host-Rechner (IBM PC/AT),
ADC/DAC-Einheiten für die analoge Ein/Ausgabe sowie eine frei programmierbare Timerbaugruppe für die Erzeugung der Abtastraten vorhanden.
Der Host-Rechner steuert durch direkten Zugriff auf die Ablaufsteuerung
das Gesamtsystem, über das Host-Interface werden Programme und Daten zu
den Prozessoreinheiten übertragen.

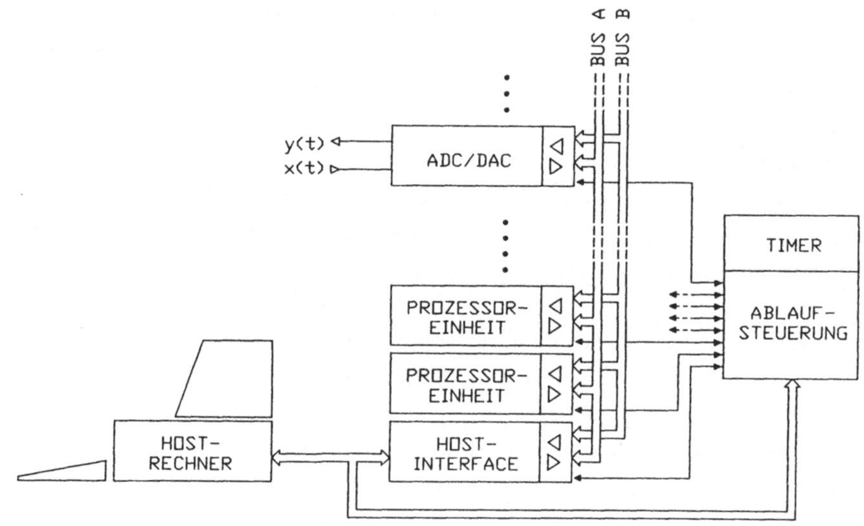

Bild 1: Blockschaltbild des Gesamtsystems

Verschiedene konstruktive Maßnahmen garantieren hohe Leistungsfähigkeit,
Flexibilität und einfache Programmierbarkeit:

- Das Verbindungsnetzwerk ist durch zwei voneinander unabhängige, asynchrone, parallele Busse mit je 32 Bit Wortlänge realisiert, auf denen
  Daten im Zeitmultiplexbetrieb übertragen werden. Auf diese Weise können
  beliebige Strukturen bearbeitet werden, wobei eine hohe Transferrate
  durch die Verwendung von zwei Bussen sichergestellt wird.
- Alle Einheiten sind über ein standardisiertes Interface an das Verbin-

dungsnetzwerk angekoppelt. Damit können auch zukünftige Generationen von Signalprozessoren mit geringem Entwicklungsaufwand in das System integriert werden. Weiters kann die Anzahl der verwendeten Prozessor- und ADC/DAC-Einheiten an die jeweiligen Erfordernisse angepaßt werden. Insgesamt können bis zu 14 Einheiten verwendet werden.

- Das System arbeitet nach einem *Datenflußkonzept*: Teilprozesse werden erst dann gestartet, wenn alle nötigen Eingangsdaten vorhanden sind. Eine exakte Synchronisierung der Teilprozesse durch den Anwender entfällt damit, was die Programmierung des Systems wesentlich erleichtert.

- Datentransfers werden mit *doppelter Pufferung* durchgeführt: vom Sender werden Daten in ein Register geschrieben, durch die Ablaufsteuerung werden sie über den Bus zu einem Register beim Empfänger übertragen; dieser holt die Daten ab. Der Bus wird daher durch einen Datentransfer nur kurze Zeit (100..250ns) belegt, was die Transferrate erhöht.

Bild 2 zeigt ein Blockschaltbild einer Signalprozessor-Einheit. Der Signal-prozessor TMS32010 hat Zugriff auf einen Programmspeicher (4 kWorte) und einen Datenspeicher (64 kWorte). 2 bidirektionale Register stellen die Verbindung zu den Systembussen her, wobei eine "Handshake-Logik" den Belegungszustand der Register (voll/leer) an den Signalprozessor und die Ablaufsteuerung meldet. Ein Teil des Programmspeichers ist für ein *Monitorprogramm* in einem ROM (Read Only Memory) reserviert, das die Kommunikation mit dem Host-Rechner abwickelt.

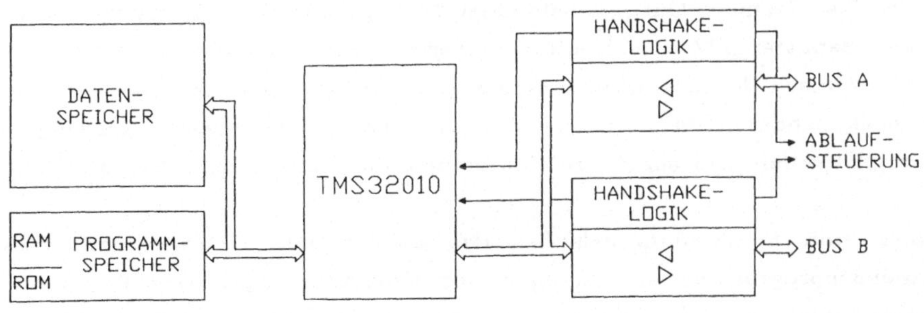

Bild 2: Blockschaltbild einer Signalprozessor-Einheit

Die Ablaufsteuerung wurde nach dem oben erwähnten Prinzip realisiert: ein ringförmig organisierter Speicher, der von einem Zähler adressiert wird, kann vom Host-Rechner mit einem Ablaufplan geladen werden. Die Ausgangsdaten des Speichers werden als "Polling"-Signale (Abfrage-Signale) für die am jeweiligen Transfer beteiligten Einheiten verwendet. Erst wenn diese eine "Bereit"-Meldung an die Ablaufsteuerung abgeben, wird der Datentransfer ausgelöst. Ist die im Ablaufplan vorgemerkte Anzahl von Transfers durchgeführt, wird der Adresszähler inkrementiert. Nach dem letzten Transfer eines Programmdurchlaufs wird der Zähler rückgesetzt und ein neuer Durchlauf kann beginnen. Entsprechend den 2 voneinander unabhängigen Bussen sind 2 unabhängige Ablaufsteuerungen vorhanden.

4. Programmierung und Entwicklungsunterstützung

Die Programmierung des Signalprozessorsystems gestaltet sich kaum schwieriger als die eines einzelnen Prozessors. Ein Anwenderprogramm kann in mehreren Modulen in Assemblersprache am Host-Rechner erstellt und durch einen Cross-Assembler in Maschinencode übersetzt werden. Zusätzlich wird ein Ablaufplan erstellt, in dem Reihenfolge und Anzahl der Datentransfers eingetragen werden. Betriebsprogramme am Host-Rechner sorgen in Verbindung mit den Monitorprogrammen in den Prozessor-Einheiten für das Laden und Starten der Programme.

Umfassende Testmöglichkeiten für Anwenderprogramme wurden durch *Softwareemulation* der Signalprozessoren geschaffen: die Monitorprogramme in den Prozessoreinheiten ermöglichen zusammen mit einem *Emulatorprogramm*, das am Host-Rechner läuft, vollständige Transparenz der Signalprozessoren für den Benutzer /1/. Das Monitorprogramm führt einfache Grundfunktionen auf Wunsch des Host-Rechners aus (z.B. Inhalt eines Prozessorregisters zum Host senden), das Emulatorprogramm kombiniert daraus großzügige Testmöglichkeiten und sorgt für eine einheitliche Benutzeroberfläche:

- *Start-* und *Breakpoints* erlauben das Starten und Unterbrechen eines Anwenderprogrammes an beliebigen, vom Benutzer vorgebbaren Punkten.
- Inhalte von Prozessorregistern, Programm- und Datenspeichern können angezeigt und vom Anwender modifiziert werden.
- Programme können im *Single-Step-Betrieb* (Einzelschrittablauf) getestet werden.

Automatischer Softwareentwurf liefert die größte Fehlersicherheit bei geringstem Aufwand für den Anwender. Dabei wurde die Umsetzung des Signalflußgraphen in einen *Präzedenzgraphen,* der die Berechnungsreihenfolge der Knotenvariablen des Signalflußgraphen angibt /2/, sowie die Aufteilung des Präzedenzgraphen in parallele Prozesse mit Hilfe der *Netzplantechnik* (ein Verfahren aus dem Gebiet des Projekt-Management) realisiert /3/. Ein Codegenerator für die Erzeugung der Maschinenprogramm-Module und des Ablaufplans soll Gegenstand eines zukünftigen Projektes sein.

5. Leistungsangaben

Mit den derzeit in Verwendung stehenden Signalprozessoren TMS32010 erreicht das System eine Rechenleistung von 70 MOPS (Mega-Operations per Second). Mit Signalprozessoren neuester Generation kann dieser Wert wesentlich gesteigert werden. Für einen Datentransfer wendet jeder beteiligte Prozessor nur 2 .. 4 Zyklen auf, nicht wesentlich mehr also als für einen Speicherzugriff. Die Bustransferleistung beträgt bei einer Abtastfrequenz von 50 kHz bis zu 400 Datentransfers pro Abtastperiode.

6. Anwendungen des Mehrfach-Signalprozessor-Systems

Aufgrund der hohen Leistungsfähigkeit und der umfassenden Entwicklungsunterstützung ist das System in erster Linie für den wissenschaftlichen Einsatz gedacht. Durch seine Modularität und relative Kostengünstigkeit kommt es aber auch für industrielle Anwendungen bei anspruchsvollen Meßaufgaben in Frage.

Literatur

1. W. Dürr: Emulator- und Monitorsoftware für Mehrfach-Signalprozessor-System, Diplomarbeit am Institut für Nachrichtentechnik und Hochfrequenztechnik, TU Wien, 1986
2. B. Wess: Analyse digitaler Systeme zur Signalverarbeitung, Diplomarbeit am Institut für Nachrichtentechnik und Hochfrequenztechnik, TU Wien, 1985
3. K. Wagner: Computerunterstützte Programmentwicklung für Multiprozessorsysteme der digitalen Signalverarbeitung, Diplomarbeit am Institut für Nachrichtentechnik und Hochfrequenztechnik, TU Wien, 1986

DIGITAL-MULTIPLEXED-INTERFACE ZWISCHEN EINEM COMPUTER UND EINEM PBX IM RAHMEN DES ISDN KONZEPTES

K. Dietz

AT&T Microelectronics GmbH
Freischützstr. 92, 8000 München 81

ZUSAMMENFASSUNG

Anhand des DMI-Chip-Sets (Digital-Multiplexed
-Interface) wird die Schnittstelle zwischen einem Hauptcomputer und einer privaten Vermittlungsanlage beschrieben. Gemeinsames "Dach" für alle
Lösungswege ist das ISDN Konzept, als wesentliche
Voraussetzung einer genormten digitalen Signalübertragung.

Durch den Einsatz der Digitaltechnik sowohl bei der
Signalübertragung, als auch bei der Signalvermittlung werden
die Nachrichtennetze deutlich wirtschaftlicher. Die
Analogtechnik hat immer mehr an Bedeutung verloren. Wir
leben in einer digitalen Welt. Die Digitalsignalübertragung
ist zudem die wesentliche Voraussetzung für die Einführung
des ISDN-Konzeptes. Folgender Beitrag beschäftigt sich mit
den verschiedenen Interface Probleme und deren Lösungen,
beim Aufbau von vernetzten Computersystemen, die über
ISDN-Baugruppen miteinander verbunden sind.

Die größte Herausforderung beim Design von digitalen Kommunikationssystemen ist eine einheitliche weltweite Standardisierung der verschiedenen Schnittstellen. Die ersten Erfolge zeigen sich bei den 4-Draht Schnittstellen, die zwischen einem Terminal oder Telefon und einer privaten Vermittlungsanlage liegen. Diese sogenannte S/T-Schnittstelle ist normiert und alle großen Halbleiterhersteller haben bereits spezielle IC's entwickelt, um diese Schnittstelle zu unterstützen. Die Firma AT&T bietet eine S/T Schnittstellenlösung an, die es gestattet, ein komplettes ISDN System aufzubauen. Kernstücke sind, der S/T Baustein für die Terminalseite mit den dazugehörigen CODECs und HDLC-Formattierern und auf der Vermittlungsseite ein S/T Baustein, der zusätzlich einen speziellen "Highway" besitzt. Mit der sehr flexiblen Programmierung lassen sich verschiedene Industriestandards, wie "SLD" oder variable Formate (von 4 Zeitscheiben bis 64 Zeitscheiben) einstellen.

Die 2-Draht Schnittstelle, die sich meistens zwischen einer Netzabschlußeinheit und der öffentlichen Leitung befindet, ist bis heute noch nicht normiert. Hier gibt es im Moment von Seiten der Industrie die größten Anstrengungen, um dies in den Griff zu bekommen. AT&T hat bereits begonnen, einen speziellen U-Interface Baustein zu entwickeln, denn man erwartet, daß der Nordamerikanische Standard auch in Europa übernommen wird.

Eine weitere spezielle Schnittstelle liegt zwischen einem Haupt-Computer und einer privaten Nebenstellenanlage. Diese Schnittstelle ist als Primär-Raten-Anschluß ausgelegt. Das bedeutet, daß ein TDM-Datenstrom (Time-Division-Multiplexing) von 2.048 MHZ in Europa benutzt wird.

Es können also 32 Kanäle mit jeweils 64 Kb/s übertragen werden. (32 x 64 = 2048). In Nordamerika werden etwas andere Werte benutzt. Hier hat man sich für 23 Kanäle und einer Gesamtdatenrate von 1.544 Mb/s entschieden.
Die physikalische Schnittstelle des DMI (Digital Multiplexed Interface) besteht aus zwei Übertragungselementen, die für die Impedanzanpassung notwendig sind, und den entsprechenden Synchronisations-IC's, die hier als DMI Chip-Set bezeichnet werden. Dieses Chip-Set generiert die verschiedenen Multiplex- und Rahmenfunktionen. Es besteht aus einem "Receive/Transmit Converter", einem "FRAMER" und den "Transmit/Receive Formattern bzw. Synchronizern". Alle Chips werden über einen sogenannten "Maintenance Buffer" kontrolliert bzw. gesteuert.

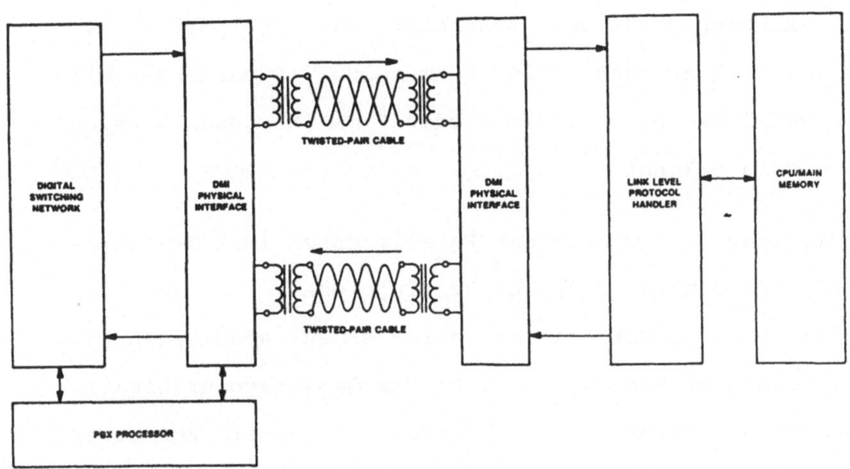

DMI Implementation

Um die Arbeitsweise genau darstellen zu können, verfolgen wir zunächst Signaldaten, wie sie durch den Chip-Satz durchgeschleust werden. Die Eingagnssignale, die im sogenannten AMI (Alternate Mark Inversion) Format angeboten sind, werden im "Receive Coverter" in ein "Dual-Rail" TDM Signal umgewandelt und dem "FRAMER" zugeleitet. Weiterhin werden hier in einer speziellen PLL (Phase Lock Loop) Schaltung Synchronisationssignale aus dem ankommenden Datenstrom gewonnen.

Der "FRAMER" taktet den Datenstrom mit der entsprechenden Empfangsfrequenz ein.

Er erkennt Rahmenfehler und überwacht den Datenstrom auf fehlerhafte Konditionen. Alle erkannten Fehler erscheinen im "Maintenance Buffer" als Statusinformationen. Nach diesen Rahmenprozeduren erscheint das unipolare TDM Datensignal am Ausgang. Ein Rahmen bzw. Superrahmen wird durch einen 3 ms (USA Version) oder 2 ms (European Version) internen Puls erkannt.

Im umgekehrten Fall werden die Paralleldaten im "Transmit-Formatter" in das DMI Chip-Set hereingelesen.
Der Kanal eins, synchronisiert durch einen speziellen Puls im entsprechenden Rahmen, erlaubt die Gesamtsynchronisation des späteren Datenstromes. Dieser "Transmit Formatter" wandelt die anliegenden parallelen Daten (inklusive die Signalinformationen) in einen seriellen Datenstrom um. Dieser serielle Datenstrom ist dann wieder die Eingabe zum "FRAMER". Alle Rahmen, bzw. Superframe-Informationen werden mit Hilfe der Synchronisations-Impulse erzeugt. Das resultierende Dual-Line Bipolar TDM Signal erscheint dann am "Transmit-Converter".

Wir sind auf unserer "Rundreise" eines Datensignals wieder an der ursprünglichen 4-Draht-Schnittstelle angelangt. Das Dual-Rail Bipolar Signal wird nur noch in ein digitales AMI (Alternate Mark Inversion) Signal umgewandelt und den "Transformern" zugeleitet.

Den gesamten Ablauf kontrolliert ein "Maintenance Buffer". Alle Rahmeninformationen, Fehlererkennungen werden über spezielle Ausgangsspeicher den externen Elementen zugänglich gemacht. Diese leiten dann entsprechende Aktionen ein.

Um die Besonderheiten bei der Signalgenerierung hervorzuheben, sollten Sie etwas genauer erklärt werden.

Am "Receive Synchronizer" bzw. dem "Transmit Formatter" stehen die Daten in paralleler Form zur Verfügung.

Acht Bits sind als Daten zu verwenden und 5 Bits als Signal-Information.

Innerhalb des DMI-Konzeptes kommt nur das sogenannte "A" Signalbit zur Verwendung.

Die Daten werden in 32 Zeitscheiben (Timeslots) eingeteilt. (Im USA-Format ist jede vierte Zeitscheibe nicht benutzt).

Alle 3.9 usec wird eine neue Zeitscheibe übertragen. Das bedeutet, daß 32 Zeitscheiben in 125 usec abgearbeitet sind und wir dann entsprechend einen 8KHZ Rahmenimpuls benötigen.

Der Beginn der ersten Zeitscheibe synchronisiert ein spezielles Signal, daß wir schon beim "Transmit Formatter" kennengelernt haben.

Abschließend sollte noch erwähnt werden, daß bereits für die amerikanische Version eine weitere Integrationsstufe erreicht wurde. Durch die Zusammenfassung des Receive und Transmit Konverters ist die DMI-Gesamt-Chip-Anzahl von sechs auf fünf gesunken.

BILDSIGNALVERARBEITUNG FÜR 64kbit/s - ISDN

P. Fey
Sektion Informationstechnik
Technische Universität Karl-Marx-Stadt   DDR

ZUSAMMENFASSUNG

Die digitale Bildübertragung im Schmalband-ISDN ist durch Bild-
signalverarbeitung und VLSI-Bildsignalprozessoren heute schon
möglich. Die Anwendung der Bildtransformationskodierung zur
Bilddatenreduktion und der dafür erforderliche Aufwand werden
dargestellt. Als Ergebnis werden die sich bei steigenden Reduktionsfaktoren ergebenden Bildqualitätseinbußen gezeigt.

1. Einleitung

Die zunehmende Digitalisierung der Kommunikationsdienste bis
zur Diensteintegration beim Teilnehmer im Schmalband-ISDN
schließt auch die digitale Videokommunikation zumindest von
Standbildern oder langsam bewegten Bildern über den 64 kbit/s-B'-
ISDN-Kanal parallel zur PCM-Sprachübertragung mit ein. Während
von Redundanzreduktionsverfahren durch digitale Signalverarbeitung bei der digitalen Sprachübertragung bis jetzt nur in Son-
derfällen (low rate PCM-Filter-Codec für 32kbit/s, high quality
PCM-Filter-Codec für 64 kbit/s bei 7 kHz NF-Bandbreite) Gebrauch
gemacht wird, sind sie bei der digitalen Bildübertragung unumgänglich. Bei der Faksimile-Übertragung kommen vom CCITT standardisierte redundanzreduzierende Kodierungsverfahren zur Ver-
kürzung der Übertragungszeit bereits zum Einsatz. Bekannte,
aber rechenintensive Bildkodierungsalgorithmen in Verbindung
mit hochleistungsfähigen VLSI-Bildsignalprozessoren gestatten
heute schon brauchbare Videotelefondienste ökonomisch über die
vorhandene 2-Draht-Teilnehmerleitung des Schmalband-ISDN zu
realisieren, bevor die totale Glasfiberverkabelung des Breit-
band-ISDN Wirklichkeit wird.

2. Bildtransformationskodierung

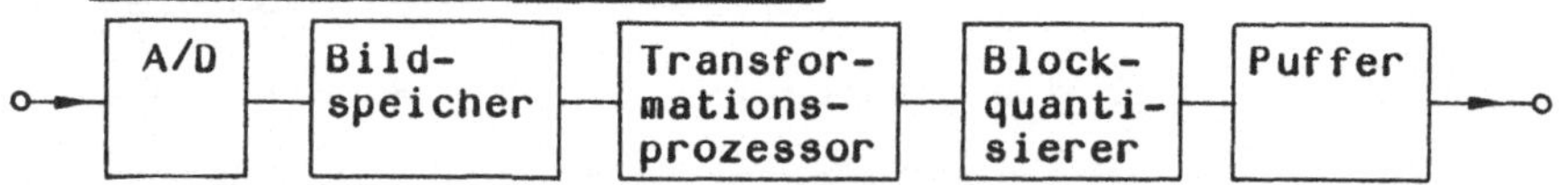

Die erste Stufe dieser Art der Bildkodierung bewirkt die im
allgemeinen lineare A/D-Wandlung des Videokamerasignals. Das
digitalisierte Bild wird zur weiteren Verarbeitung vollständig

oder teilweise in einem Bildspeicher mit 256^2 bis 1024^2 Bild-
elementen (pel) mit 6-8 bit/pel als Bildmatrix B abgespeichert.
Für Videotelefonanwendungen stellen die unteren Werte eine
akzeptable Grenze dar, die oberen gelten für HDTV. Dieses beträchtliche Datenvolumen eines einzelnen s/w-Bildes von 64Kx6
bit bis 1 MByte benötigt für die Übertragung als Standbild über
einen 64 kbit/s-Kanal bereits 6s - 2min. Die Reduzierung der
durch lokale Korrelation benachbarter Bildelemente vorhandenen
Redundanz durch geeignete Kodierungsverfahren ist angezeigt.

Klassische redundanzreduzierende Kodes, wie der Shannon-Fano-
Huffman-Code, scheitern selbst bei der Beschränkung auf kleine
Teilfelder der Bildmatrix am großen Kodeumfang. Er beträgt
z. B. bei 2^6 Graustufen bereits für ein Feld von 4x4 pel $2^{6.16}$!.
Nur für Binärbilder (Faksimile) kommen diese Kodes indirekt über
Lauflängenkodierung zur Anwendung. Der allgemein übliche Weg besteht deshalb in einer Transformation von Teilfeldern der digitalen Bildmatrix-Elemente b_{ij} so, daß eine Dekorrelation der
transformierten Elemente a_{kl}^{ij} und Konzentration der Streuungen
auf wenige signifikante Elemente erfolgt.

$$(1) \quad a_{kl} = \sum_1^N \sum_j^N c_{ij}^{kl} \cdot b_{ij} \qquad b_{ij} \in \{0, \ldots 2^n\!-1\} \text{ bei } n \text{ bit/pel}$$

$$N \text{ Teilfeldgröße}$$

Die Auswahl geeigneter Transformationen erfolgt nach den Gesichtspunkten eines großen Kompressionsfaktors bei vertretbarer
Bildqualitätseinbuße und einer Minimierung des Rechenaufwandes.
Aus mathematischer Sicht liefert die stochastische Hauptachsen-
transformation nach Karhunen-Loève (KLT) die beste Dekorrelation. Vom Rechenaufwand her besser geeignet sind orthonormale
Transformationen mit separierbarem Kern, für die zusätzlich noch
ein "schneller" Algorithmus existiert, wie die Fourier-, Haar-,
Hadamard-, Slant- und Cosinus-Transformation. Letztere kommt bezüglich des mittleren quadratischen Fehlers und damit bezüglich
der Qualitätseinbuße der KLT am nächsten und überweigt mit zunehmender Beherrschbarkeit des Rechenaufwandproblems in den Anwendungen.

Fast allen diesen Transformationen ist aber gemeinsam, daß sie
die in der Bildmatrix bereits erfolgte erste Quantisierung wieder rückgängig machen, indem sie die N^2 diskreten Elemente b_{ij}
in N^2 Elemente a_{kl} aus der Menge der reellen Zahlen (approximiert durch die Darstellungsgenauigkeit im Rechner) abbilden,
die in einem nachfolgenden zweiten Blockquantisierungsprozeß
wieder diskretisiert und anschließend kodiert werden müssen.
Dies führt neben der erwünschten Redundanzreduktion zu weiteren
Quantisierungsfehlern, die je nach Transformation eine, die Bild-
qualität mehr oder weniger beeinträchtigende, aber erwünschte
Irrelevanzreduktion bewirken. Durch zusätzliche adaptive Verfahren, die abhängig vom Teilbildinhalt und bei langsam bewegten

Bildern von dessen Veränderung unterschiedliche Quantisierungen durchführen (aber auch zusätzliche zu übertragende Informationen erfordern), lassen sich weitere Datenreduktionen erreichen.

Für die technische Implementierung der Algorithmen sowohl für Voruntersuchungen zur modellmäßigen Optimierung der Parameter auf universellen Rechnern als auch für die echtzeitnahe Realisierung auf Spezialrechnern ist der Rechenzeitaufwand, ausgedrückt durch die Zahl der erforderlichen Operationen (insbesondere Multiplikationen) und deren erforderliche Darstellungsgenauigkeit (Wortbreite, Fest- oder Gleitkomma-Arithmetik) ausschlaggebend. Die Transformation einer gesamten Bildmatrix der Größe MxM direkt nach Gl. (1) erfordert insgesamt M^4 Operationen und ist praktisch undiskutabel. Da sich die lokale Korrelation, abhängig von Bildinhalt und Auflösung, nur auf Teilfelder NxN im Bereich $4 \leq N \leq 16$ erstreckt, ist die Anwendung der Transformation nur auf diese Teilfelder möglich (und könnte auch in einem Prozessor-Array parallel für das gesamte Bild durchgeführt werden).

Insgesamt sind dann "nur noch" $M^2 \cdot N^2$ Operationen erforderlich. Transformationen mit separierbaren Kernen gestatten das Aufspalten der Transformation in zwei nacheinander durchführbare Matrix-Multiplikationen für Zeilen und Spalten und reduzieren die Gesamtzahl der Operationen weiter auf $2M^2N$. Eine weitere Reduktion ergibt sich, wenn für die (zunächst eindimensionale) Transformation ein "schneller" Algorithmus existiert; es verbleiben dann schließlich etwa $2M^2 ldN$ Operationen. Da M quadratisch sowohl in die Datenmenge und damit Übertragungszeit als auch in die Zahl der Operationen eingeht, ist diese für die Bildauflösung maßgebliche Größe so klein, wie für den Anwendungszweck vertretbar (M = 256) zu wählen, während N dann nur noch linear oder gar logarithmisch eingeht.

In Tabelle 1 sind die Zahl der erforderlichen Operationen sowohl für Teilfelder NxN als auch für eine Gesamtbildmatrixgröße MxM für M = 256 allgemein und mit N = 4, 8, 16 als Parameter dargestellt. Sie liegen für separierbare Transformationen mit schnellen Algorithmen im Bereich von 0,25 - 0,5 MOperationen. Da es sich dabei (mit Ausnahme der Hadamard-Transformation) um 16bit-Integer-Multiplikationen (zuzüglich etwa der gleichen Zahl von Additionen) handelt, liegt die benötigte Rechenzeit für die Transformation eines Bildes bei einem leistungsfähigen 16bit-Mikrorechner mit Arithmetik-Coprozessor im Sekundenbereich und mit VLSI-Spezialprozessor-Bauelementen /1/ /2/ lassen sich echtzeitnahe Werte im 100ms-Bereich, d. h. etwa 10 Bilder/ sec gerade erreichen.

3. Ergebnisse

Auf einem Mikrorechnersystem mit 16-bit-Prozessor, ergänzt durch Bildein- und -Ausgabeperipherie, wurden die Walsh-Hadamard-, Slant- und die diskrete Cosinus-Transformation implementiert und

zur Bildtransformationskodierung angewendet. Dazu wurden Testbilder, aufgenommen mit einer Fernsehkamera und mit einem
schnellen Parallel-A/D-Wandler mit 6bit Auflösung digitalisiert, in einem Bildwiederholspeicher mit einer Kapazität von
256x256 = 64KByte eingeschrieben. Der Bildwiederholspeicher-
inhalt, nach A/D-Wandlung synchron mit der Kamera in einem Monitor als Rasterbild darstellbar, kann alternativ ständig oder
nur während des Bildrücklaufs über das Rechnerbussystem durch
den Rechner gelesen, verarbeitet und wieder überschrieben werden.

Die Elemente der für die gewählte Teilfeldgröße N von 8x8 pel
erforderlichen Transformationsmatrizen für die Slant- und Cosi-
nus-Transformation wurden, ähnlich wie in /7/, nach geeigneter
Erweiterung durch 8bit-Integer-Zahlen approximiert, um für die
Transformationsoperationen ohne Gleitkommaarithmetik auszukom-
men; das Orthonormalitätsfehlerquadrat liegt dabei unter 10^{-3}.
Für die Kodierung der transformierten Matrixelemente wurde die
Kodewortlänge gemäß

$$(2) \qquad n_{ij} = \text{int } (\text{ld } \sigma_{ij} - \text{ld } S) \text{ bit}$$

proportional dem binären Logarithmus des Streuungsmittelwertes
entsprechender Elemente der transformierten Teilfelder, bezogen
auf eine wählbare Schwelle S und auf ganzzahlige Werte gerundet,
bestimmt. Die in Abhängigkeit von der Schwelle einstellbaren
Reduktionsfaktoren R ergeben sich dann mit der mittleren Zahl
von Bit je Element

$$(3) \qquad \bar{n} = \frac{1}{N^2} \sum_i \cdot \sum_j n_{ij} \text{ bit/pel}$$

zu $\qquad (4) \qquad R = \frac{n}{\bar{n}} \qquad n = \text{bit/pel der Bildmatrix-Elemente.}$

Erwartungsgemäß nimmt die Streuung σ_{ij} mit steigenden Indizes,
d. h. mit steigenden horizontalen und vertikalen Ortsfrequenzen,
stark ab und ist für das Gleichglied a_{00}, das der mittleren
Bildhelligkeit der Teilfelder entspricht, am größten. Vergleichsweise sind die σ_{ij} für Elemente unterhalb der Nebendiagonale so
klein, daß die entsprechenden n_{ij} nach Gl. (2) bei Schwellwerten S, die die n_{ij} bei niedrigen Indizes auf 8 bit als obere
Schranke begrenzen, zu Null werden. Eine typische Verteilung der
n_{ij} für die Cosinus-Transformation zeigt Tabelle 2 mit $\bar{n}$ = 0,875
bit/pel, d. h. R = 7.

Die Größe der Quantisierungsinhalte für die a_{ij} wurde nach ihrer
Wahrscheinlichkeitsdichteverteilung entsprechend den Werten von
n_{ij} so bestimmt, daß sich grob etwa gleichwahrscheinliche Inter-
valle ergaben.
Als Ergebnis bestätigte sich an Hand subjektiver Beurteilung der
rücktransformierten Testbilder, daß die zwar rechenintensivste,
aber auch beste Transformation die Cosinus-Transformation bei
gleichen Reduktionsfaktoren bezüglich der Bildqualitätseinbuße
ist. Reduktionsfaktoren von R = 6 entsprechend $\bar{n}$ = 1 bit/pel
liefern bei ihr noch akzeptable Bilder.

Tabelle 1   Zahl der Operationen

Transformations-Algorithmus	Dimension	N	Teilfeldgröße		
			4	8	16
normal	1	N^2	16	64	256
schnell	1	$N\,\mathrm{ld}N$	8	24	64
normal	2	N^4	256	4K	64K
separierb. Kern, normal	2	$2N^3$	128	1K	8K
" " , schnell	2	$2N^2\mathrm{ld}N$	64	384	2K
Zahl der Teilfelder Bildmatrix MxM	M=256	$(M/N)^2$	4K	1K	356
Gesamtzahl der Operationen					
separierbar, normal	2	$2M^2N$	512K	1M	2M
" , schnell	2	$2M^2\mathrm{ld}N$	256K	384K	512K

Tabelle 2   Kodewortlänge n_{ij}

j \ i	0	1	2	3	4	5	6	7
0	8	7	5	3	0	0	0	0
1	7	5	3	1	0	0	0	0
2	6	3	2	0	0	0	0	0
3	3	1	0	0	0	0	0	0
4	2	0	0	0	0	0	0	0
5	0	0	0	0	0	0	0	0
6	0	0	0	0	0	0	0	0
7	0	0	0	0	0	0	0	0

Literatur

/1/   µPD 7281 Image pipelined processor
                             preliminary data sneet NEC 1985

/2/   Bildprozessorkarte verarbeitet 20 Mio
                             Befehle/s (HW Elektronik, Wien).
                             Elektronik 1987, H. 2, S. 32

/3/ Musmann, H.G.:   Möglichkeiten der Fest- und Bewegtbil-
                             derübertragung im 64kbit/s-ISDN
                             in Digitale Diensteintegrierende Fern-
                             meldenetze der Zukunft.
                             Professorenkonferenz 1985 im Fernmelde-
                             technischen Zentralamt, S. 113 - 122

/4/ Lohscholler, H.:   A Subjectively Adapted Image Communi-
                             cation System.
                             IEEE Trans. on Communication Vol.
                             COM-32, No. 12, December 1984,
                             pp. 1316 - 1322

/5/ Lohscheller, H.:   Adaptive Transform Coding for Still
                             Picture Communication.
                             Proceedings of the Int. Zürich-Seminar
                             84, Paper B 2

/6/ Beauchamp, K.G.:   Applications of Walsh and related Func-
                             tions.
                             Academic Press London, 1984

/7/ Mauersberger, W.:   Adaptive Transformationskodierung von
                             digitalisierten Bildsignalen.
                             Diss. RWTH Aachen 1980

/8/ Chen, W.,   A fast computational algorithm for the
    Smith, C.H.:   discrete cosine transform.
                             IEEE Trans. Commun. COM-25 (1977),
                             1004 - 1009
                             Adaptive coding of monochrome and color
                             images.
                             IEEE Trans. Commun. COM-25 (1977),
                             1285 - 1292

Spectrum Analyzer FSA

100 Hz bis 1,8 (2) GHz

Der Spectrum Analyzer FSA ist nicht nur im Eigenrauschen
10 dB besser als vergleichbare Geräte, er setzt auch neue
Maßstäbe in puncto Phasenrauschen, Dynamik und
Intermodulationsverhalten, Präzision der Pegel- und
Frequenzbestimmung sowie bezüglich des Meß- und
Bedienkomforts.

IEC 625 Bus

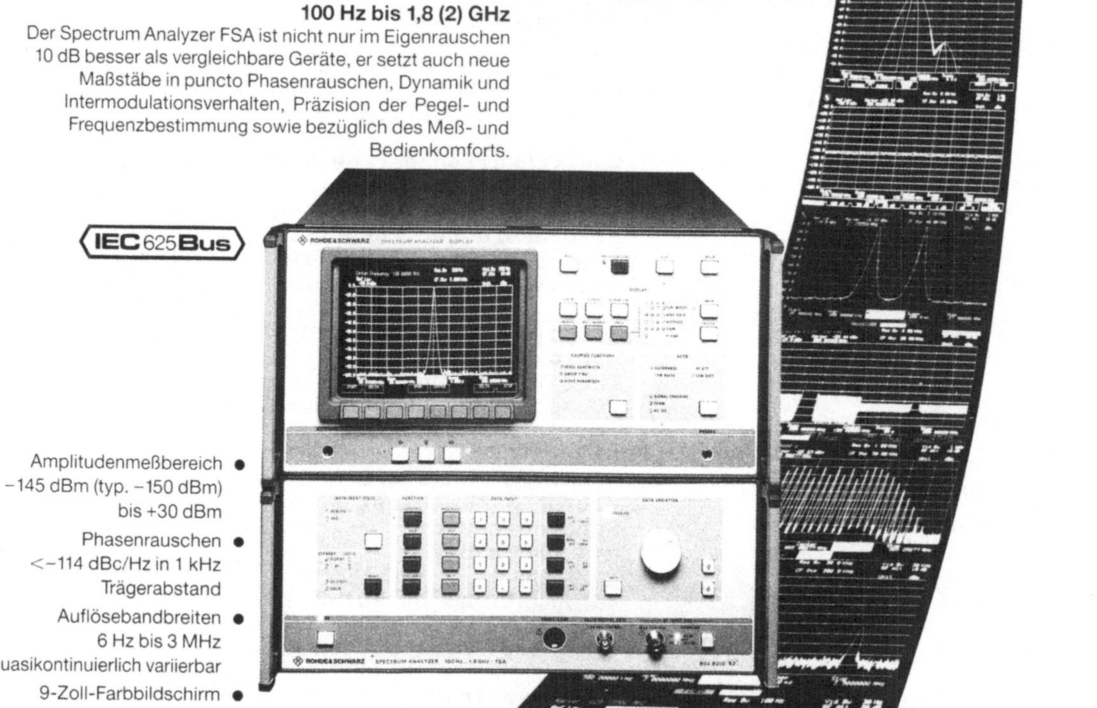

- Amplitudenmeßbereich
  −145 dBm (typ. −150 dBm)
  bis +30 dBm
- Phasenrauschen
  <−114 dBc/Hz in 1 kHz
  Trägerabstand
- Auflösebandbreiten
  6 Hz bis 3 MHz
  quasikontinuierlich variierbar
- 9-Zoll-Farbbildschirm
- Option: Mitlaufgenerator für
  100 Hz bis 1,8 GHz
  mit eigener Eichleitung

Verlangen Sie das Datenblatt
Spectrum Analyzer FSA

ROHDE & SCHWARZ — Österreich

1100 Wien
Sonnleithnergasse 20
Tel.: (0222) 62 61 41, Abt. VÖ
Telex: 133933

Alcatel Austria und Elin stellen Forschungszentrum vor

Die ersten Ergebnisse ihres gemeinsamen Forschungszentrums stellten die Generaldirektoren der Alcatel Austria AG, Dipl.-Ing. G. Klestil, und der Elin, Dr. R. Bichlbauer, Mitte 1987 vor. Schwerpunkte der Arbeiten sind grafische Software-Entwurfsmethoden für die wirtschaftliche Erstellung von Computerprogrammen für Steuerungssysteme, die Entwicklung fehlertoleranter Computersysteme und die Verwirklichung von Expertensystemen auf der Grundlage „künstlicher Intelligenz". Darüber hinaus beschäftigen sich die Ingenieure mit der Echtzeit-Programmierung und arbeiten bei der weltweiten Standardisierung der Datenübertragung zwischen Computern verschiedener Hersteller mit.

In einem vorläufigen Quartier in Floridsdorf — die endgültige Heimstätte wird 1988 am neu erbauten Standort der Elin bezogen — arbeiten 1987 60 Mitarbeiter, davon 30 graduierte Ingenieure sowie 24 Studenten. Die bisher getätigten Investitionen für das Rechenzentrum und Laboreinrichtungen betragen 20 Mio. S, für 1988 sind weitere Aufwendungen (exklusive Gebäude) in Höhe von 25 Mio. S geplant. Die Ausgaben für den Betrieb werden von Beginn der Arbeiten im Herbst 1986 bis Ende 1987 an die 60 Mio. S betragen. Für 1988 sind aufgrund der geplanten Kapazitätserweiterung auf 74 Mitarbeiter Kosten in Höhe von 66 Mio. S veranschlagt.

Das Wiener Forschungslabor wurde bereits mehrmals von internationalen Konsortien zur Teilnahme an Projekten eingeladen, die im Rahmen von ESPRIT (European Strategic Program for Information Technology) und RACE (Research and Development in Advanced Communication Technologies in Europe) durchgeführt werden. Weiters laufen konkrete Teilnahmeverhandlungen mit zwei ESPRIT-Gruppen und einem RACE-Konsortium.

Internationale Bedeutung des Forschungszentrums in Wien

Die Verschmelzung der Telekommunikations-Aktivitäten der ITT und der CGE hatte auch eine Vereinigung der beiden Forschungsorganisationen zur Folge. Das Ergebnis ist eine zentrale Koordinierung der zehn in Europa dezentral organisierten Laboratorien. Insgesamt arbeiten 1200 Wissenschaftler in aufeinander abgestimmten Schwerpunktbereichen. Inklusive der diesbezüglichen Aufwendungen bei den einzelnen Unternehmen gibt der Konzern rund 15 Mrd. S oder zehn Prozent vom Umsatz jährlich für Forschung und Entwicklung aus. Die Bedeutung der Arbeiten in Österreich geht über die Unternehmens- und Landesgrenzen hinaus. Das Wiener Forschungszentrum arbeitet innerhalb der Alcatel N. V. als einziges an Software-Technologien für Prozeßsteuerungen.

Kooperation mit Universitäten

Durch seine Zugehörigkeit zur Alcatel N. V. Forschungsorganisation kann das Wiener Forschungszentrum den Transfer von internationalem Know-how nach Österreich sicherstellen. Dies ist nicht nur für die einschlägige österreichische Industrie von Bedeutung, sondern leistet auch einen Beitrag für die enge Zusammenarbeit mit universitären und außeruniversitären öffentlichen Forschungsstellen in Österreich. Mitarbeiter von Universitäts-Instituten werden durch Forschungsaufträge in die Projekte eingebunden. Zwischen dem Forschungszentrum Seibersdorf, Alcatel Austria und Elin besteht seit Jahren eine gute Zusammenarbeit.

Studenten können in verstärktem Maße die Möglichkeit nützen, im Rahmen von Forschungsprojekten Praktika, Diplomarbeiten und Dissertationen durchzuführen. Die diesbezügliche Zusammenarbeit mit Universitätsinstituten brachte langjährige positive Erfahrungen, die im Forschungszentrum fortgesetzt und intensiviert werden.

Alcatel Austria Aktiengesellschaft, Scheydgasse 41, 1211 Wien, Tel. (0222) 3800-0

3. Themenkreis

"NACHRICHTENTECHNIK UND DATENKOMMUNIKATION"

Leitung:

Univ.-Prof. Dipl.-Ing. Dr. E. Bonek
Univ.-Prof. Dipl.-Ing. Dr. W. Leeb
Univ.-Prof. Dipl.-Ing. Dr. F. Seifert
Univ.-Prof. Dipl.-Ing. Dr. J. Weinrichter

VEKTORBEFEHLSGESTÜTZTE PROGRAMMIERUNG VON SIGNALPROZESSOREN

S. Frenkenberger

Institut für Nachrichten- und Hochfrequenztechnik TU Wien

ZUSAMMENFASSUNG:

Zur Erreichung einer hohen Verarbeitungsgeschwindigkeit können in Signalprozessoren bereits zur Ausführungszeit einer Operation die Adressen für die Operanden der nächsten Operation berechnet werden. Um dies auszunützen, ist es notwendig, die Algorithmen mittels Vektorbefehlen zu formulieren. Im Folgenden wird eine Methodik zur Erreichung einer solchen Formulierung vorgestellt und anhand einer rekursiven Berechnung der Autokorrelationsfunktion verdeutlicht.

1. Das Prinzip eines Vektorbefehls

Bei Echtzeitsprachsignalverarbeitung findet man mit herkömmlichen Mikroprozessoren nicht das Auslangen, sondern man verwendet Signalprozessoren. Diese sind von ihrer Architektur her in der Lage, mathematische Operationen sehr schnell auszuführen. Die notwendige hohe Verarbeitungsgeschwindigkeit wird aber nicht nur dadurch erreicht, daß z.B. mittels eines Hardwaremultiplizierers (meist als Parallelmultiplizierer realisiert) Multiplikationen in derselben Zeit wie Additionen ausgeführt werden, sondern auch durch gleichzeitiges Ausführen mehrerer Teilaufgaben eine Operation.

Betrachtet man beispielsweise eine Multiplikation, so erkennt man 7 Teilaufgaben:

1	Berechnen der Adresse des 1-ten Operanden
2	Laden des 1-ten Operanden in ein Register Ra
3	Berechnen der Adresse des 2-ten Operanden
4	Laden des 2-ten Operanden in ein Register Rb
5	Ausführen der Multiplikation
6	Berechnen der Adresse für das Ergebnis
7	Ergebnis, welches im Register Rc steht, in Speicher ausladen

In der Praxis reserviert man für jeden Operanden ein Adressregister. Man lädt diese Adressregister mit den Adressen der Operanden und ein weiteres Register mit der Speichadresse des Ergebnisses. Bei dem anschließenden Aufruf der Operation durch ihren entsprechenden Assemblercode werden die Aufgaben

> Laden der Operanden,
> Ausführung der Operation und
> Schreiben des Ergebisses

seriell ausgeführt. Es gibt nun die Möglichkeit bei jedem Speicherzugriff durch einen speziellen Zugriffsbefehl gleichzeitig mit dem Laden eines Operanden die Adresse im Adressregister um einen festen Wert, welcher in Form eines "Inkrements" wiederum in einem anderen Register zu spezifizieren ist, zu erhöhen.

Führt man nun mehrere Operationen gleichen Typs hintereinander aus, so kann man dadurch, daß man die Operanden bzw. die Ergebnisse als hintereinanderliegende Datenfelder im Speicher ablegt, die Adressen, die bei der jeweils folgenden Operation benötigt werden, bereits beim Ladefefehl der jeweils vorhergehenden Operation durch Addition eines Inkrements berechnen.

Solche Blöcke von Daten werden üblicherweise Vektoren und die Ausführung von Operationen, deren Operanden mittels Vektoren spezifiziert sind, Vektorbefehl genannt. Ein solcher Vektor wird stets durch die 3 Größen

> Länge   = Anzahl der Elemente
> Inkrement = Distanz zwischen zwei Elementen
> Adresse   = Adresse des ersten Elements

charakterisiert.
Es ist nun Aufgabe des Programmierers, einen Algorithmus so zu formulieren, daß möglichst oft von einem solchen Vektorbefehl Gebrauch gemacht werden kann.

2. Vorgangsweise bei der Algorithmusformulierung mittels Vektorbefehlen.

Üblicherweise steht der Algorithmus in Form eines mathematischen Ausdrucks zur Verfügung. *Im ersten Schritt* wird der Algorithmus als Signalflußgraph dargestellt. Dies ist ein allg. Schaltbild des Algorithmus, wobei über den Zeitablauf bzw. die Reihenfolge der Abarbeitung der Operationen noch keine expliziten Angaben gemacht sind.
Indem man nun *im zweiten Schritt* jeweils die bekannten Knotensignale, die ja die Operanden für die Operationen sind, herauszieht, die damit ausführbaren Operationen "ausführt", die jetzt bekannten Knotensignale herauszieht usw., erhält man

die einzelenen Abbauschritte des sog. Präzedenzgraphen. /1/ Erst wenn alle Knotensignale berechnet sind, ist ein Taktschritt abgearbeitet und es werden alle notwendigen Umspeicherungen vorgenommen.

Pro Abbauschritt werden also jeweils jene Operationen behandelt, die parallel ausgeführt werden können. *Im 3-ten Schritt* werden nun die parallel ausführbaren Operationen gleichen Typs zu einem Vektorbefehl zusammengefaßt, wobei zuerst jene Operation behandelt wird, die im jeweiligen Abbauschritt am öftesten vorkommt. Nun kann sich der Präzedenzgraph dahingehend ändern, daß mit einem weiteren Vektorbefehl bereits Operationen des nächsten Abbauschritts behandelt werden können.

Somit erhält man einen Vektorbefehlsgraphen, bei welchem pro Abbauschritt jeweils nur Operationen gleichen Typs ausgeführt werden. Es wird dabei also im jeweiligen Abbauschritt des Präzedenzgraphen die Reihenfolge der Ausführung der einzelnen Operationen festgelegt und unter Umständen werden einzelne Operationen von dem darauffolgenden Abbauschritt vorgezogen. Der Zeitablauf des Präzedenzgraphen muß also nicht unbedingt eingehalten werden.

Der Vektorbefehlsgraph kann nun *im vierten und letzten Schritt* direkt in ein Programm umgesetzt und implementiert werden.
Man behandelt dabei also den Vektorbefehl so, als ob die zugehörigen Operationen parallel ausgeführt würden. Dies führt nur in ganz wenigen Fällen zu Einschränkungen, das heißt mit den oben vorgestellten Formulierungsschritten findet man in ganz wenigen Fällen nicht die ideale Implementierung. Als Beispiel für einen solchen Ausnahmefall betrachte man eine Folge von skaleren Werten

$$\{ m \} = \{ m_1, m_2, m_3, \ldots\ m_n \} \tag{1}$$

Will man nun die Glieder der Folge gemäß

$$M = \sum_{i=1}^{n} m_i \tag{2}$$

aufsummieren, so läßt sich kein geeigneter Vektorbefehlsgraph aufstellen, bei dem man mit nur einem Additionsvektorbefehl das Auslangen finden würde.
In Abhängigkeit von der betreffenden Vektorbefehlsarchitektur (die Vektoraddition muß als sequentielles Mikroprogramm mit nur einer Hardwareaddition realisiert sein) kann aber der Vektorbefehl

$$(ap, 1, n) = (ap, 1, n) + (ap{+}1, 1, n) \tag{3}$$

genau das gewünschte Ergebnis liefern, wobei ap die Adresse des 1-ten Reihenelements und ap+1 die Adresse des 2-ten Reihenelements ist.
Da diese Art von Befehlen aber sehr stark von der jeweiligen Vektorbefehlsarchitektur abhängig ist, sollte sie so oder so für ein allg. gültiges Programmkonzept
vermieden werden.

3. Rekursive Autokorrelationsberechnung

Anhand eines Beispiels sollen nun die einzelnen Schritte der Erstellung des Vektorbefehlsgraphen verdeutlicht werden.
Als Algorithmus sei eine rekursive Berechnung der Autokorrelationsfunktion
(=AKF) endlicher Länge gewählt. Als Eingangssignal benötigt man ein analog-
digital-gewandeltes Sprachsignal und als Ausgangssignal erhält man schließlich
zu jedem beliebigen Zeitpunkt einen Satz von n AKF-Koeffizienten, wobei n die
AKF-Länge ist.

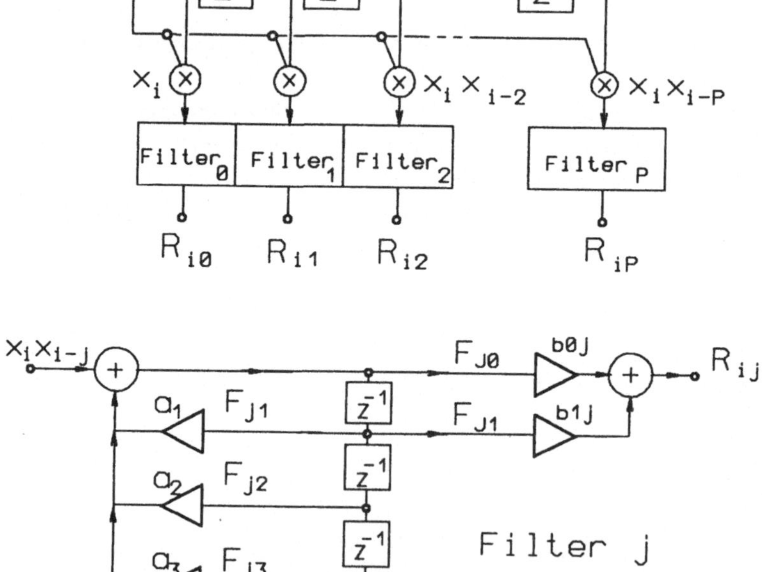

Abb. 1 Rekursive Berechnung der Autokorrelationsfunktion, wobei die Fensterung
durch lineare Filter 2.ter Ordnung realisiert ist. Für die Filterkoeffizienten gilt:
$a_1 = 3\alpha^2$, $a_2 = -3\alpha^4$, $a_3 = \alpha^6$, $b_{0j} = (j + 1) * \alpha^j$, und $b_{1j} = - (j - 1) * \alpha^{j+2}$.
Der Wert für α bestimmt die Länge des Zeitfensters, welches für die Berechnung
verwendet wird. $|\alpha| < 1$ muß dabei immer gewährleistet sein.

Der Vorteil dieses rekursiven Algorithmus liegt darin, daß der große Speicherbedarf, der bei nicht rekursiven, d.h. Blockverarbeitungsalgorithmen für die gesamte Fensterlänge erforderlich ist, auf ein Minimun reduziert werden kann, und daß die Fensterlänge sehr einfach variiert werden kann.

Abb.1 zeigt den Algorithmus in Form eines Signalflußgraphen, wie er in /2/ vorgeschlagen wird. Durch sukzessiven Abbau der bekannten Knotensignale erhält man schließlich den in Abb.2 dargestellten Präzedenzgraphen. Man erkennt aus dem Präzedenzgraphen, daß mindestens 4 Schritte notwendig sind, um den gesamten Algorithmus abzuarbeiten.

Als nächstes stellt sich nun die Aufgabe, die Operationen zu Vektoren zusammenzufassen. Eine Möglichkeit einer solchen Zusammenfassung ist im Vektorbefehlsgraphen in Abb.3 dargestellt. Wichtig ist dabei die Tatsache, daß die AKF—Koeffizienten in der Regel nicht zu jedem Abtastzeitpunkt benötigt werden und daß deshalb der vorwärtsgekoppelte Teil der linearen Filter mit einer niedrigeren Taktrate berechnet werden kann.

Wie aus Abb.3 ersichtlich, sind somit 10 Vektorbefehle (Abbauschritte) notwendig, um einen Iterationsschritt des Algorithmus abzuarbeiten.

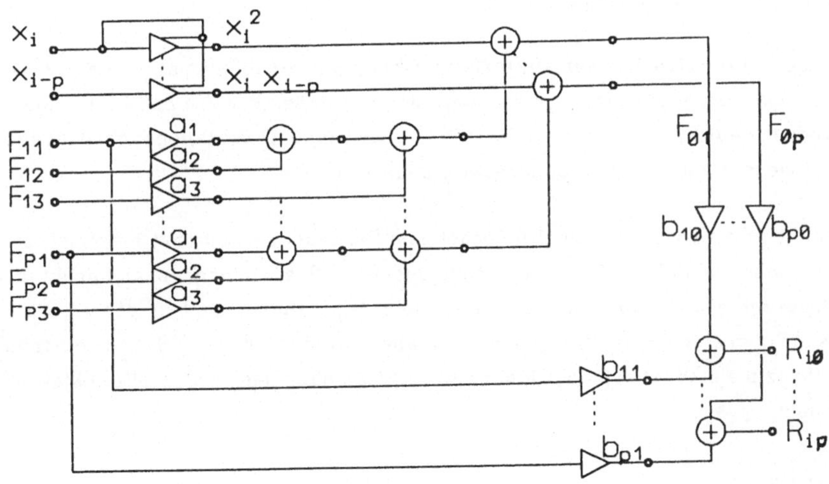

Abb. 2 Umsetzung des Algorithmus aus Abb.1 in einen Präzedenzgraphen. Die Multiplikationen b_{ij} werden nicht zu jedem Taktschritt ausgeführt. Nach jedem Taktschritt wird aus $F_{01} .. F_{0P} \rightarrow F_{11} .. F_{1P}$ usw.

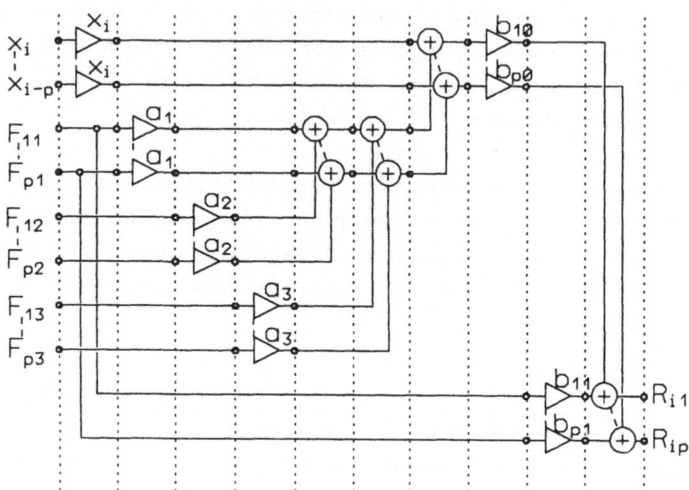

Abb.3 Durch Zusammenfassen geeigneter Operanden zu Vektoren erhält man den dargestellten Vektorbefehlsgraphen. Alle zwischen zwei benachbarten, vertikalen und punktierten Linien liegenden Operationen können durch einen Vektorbefehl ausgeführt werden. Es ergeben sich somit 10 Vektorbefehle zur Abarbeitung des Algorithmus.

4. Abschließende Bemerkung

Die vorgestellten Schritte der Vektorbefehlsgraphenentwicklung stellen eine allgemein gültige Vorgangsweise dar. Es zeigt sich nun in der Praxis, daß in Abhängigkeit vom jeweiligen Algorithmus jeweils nur gewisse Umsetzungsschritte ausgeführt werden müssen und andere wegfallen können.

So kommt es oft vor, daß Signalflußgraph und Präzedenzgraph fast identisch sind oder in anderen Fällen kann wiederum aus dem Präzedenzgraphen direkt der Vektorbefehlsgraph abgelesen werden. Viele Algorithmen sind in der Literatur bereis in Form eines Signalflußgraphen gegeben, womit der erste Schritt entfallen kann. Prinzipiell läßt sich jedoch jeder Algorithmus nach der vorgestellten Methode behandeln.

Literatur

/1/ Crochiere, R. W. , A. V. Oppenheim : Analysis of Linear Digital Networks. Proc. of the IEEE, (1975), S.581-595.

/2/ Saito S., K. Nakata : Fundamentals of Speech Signal Processing. Tokyo Academic Press (1985), S.104ff.

SOFTWARE FÜR EIN PROGRAMMIERBARES INTERFACE ZU EINEM DATENNETZ
MIT RINGSTRUKTUR (TOP-NET)

M. Furtner

Institut für Elektronik des Österreichischen Forschungszentrums
Seibersdorf Ges.m.b.H., A-2444 Seibersdorf

ZUSAMMENFASSUNG:
Zu den schon vorhandenen Einrichtungen für das, im Österreichischen Forschungszentrum entwickelte, TOP-NET Datennetz
(Timesegmented Optical Pulstransmission Network) wurde ein
weiterer Netzzugang in Form eines programmierbaren
V24-Interface-Moduls entworfen, das in der Lage ist, dem Benutzer einen möglichst komfortablen und leistungsfähigen Zu-
tritt zum Netzwerk zu gewähren.

1. Anforderungen an das Interface

- Konfiguration der Schnittstellen-Parameter
- Zugang zum Vermittlungssystem
- wahlfreies Routen des Datenstromes innerhalb des Interfaces
- Eingriffsmöglichkeit für den User in den Datenstrom
- Implementierung eines virtuellen Terminals
- Speicherbarkeit der eingestellten Schnittstellen-Parameter
- Anzeigemöglichkeit der eingestellten Schnittstellen-Parameter
- Unterstützung einer maximalen Datenrate von 19200bit/s
- Erhalt der Echtzeitfähigkeit des Gesamtsystems

Die elektrische Schnittstelle entspricht einer asynchronen
V.24/RS232c Schnittstelle.

Das programmierbare Interface kennt zwei Betriebsmodi.

Im COMMANDMODE hat der Anwender Zugang zum Vermittlungs(=Routing)- und Managment-System, d.h. es stehen alle Commands zur Verfügung, die auf der Routing-Unit existieren. In diesem Mode ist es weiters möglich das Interface für die Datenübertragung zu konfigurieren. Dabei wurden mehrere Konzepte realisiert die weiter unten näher erläutert werden.

Im (Daten-)TRANSFERMODE steht das Interface dem Anwender volltransparent für die Datenübertragung zur Verfügung. Das Zurückwechseln in den Commandmode wird durch das Auftreten einer EXIT-Bedingung bewirkt.

2. Commandmode

Neben allen Routing-Commands wurden folgende weiteren Features implementiert:

2.1. Setzen von Portcharacteristica

Dem Benutzer ist es möglich zahlreiche Interface-Parameter einzustellen und zu verändern. Hier sind vor allem Geschwindigkeit, Wortlänge, Parität, lokales Echo und Flußsteuerung zu nennen. Durch die programmierbare Flußsteuerung ist es möglich, zwei Datenendgeräte unterschiedlicher Übertragungsparameter (z.B:Geschwindigkeit) miteinander kommunizieren zu lassen. So wird höchste Flexibilität und bestmögliche Resourcenauslastung gewährleistet. Eine denkbare Anwendung zeigt Skizze 1.

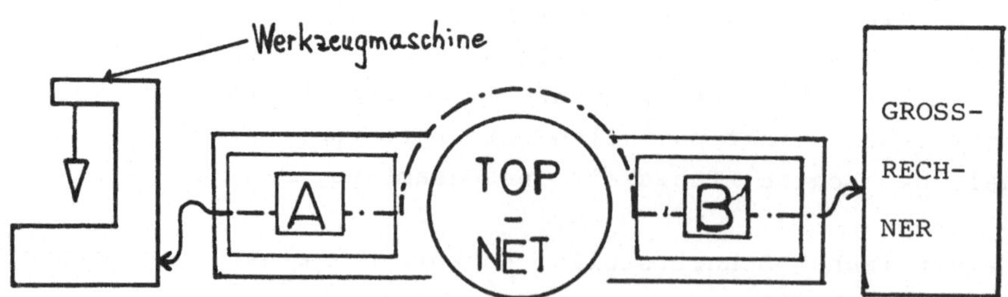

300baud,7bit,even,1stop   19200baud,8bit,no,1stop

A,B...Konverter

Skizze1

2.2. Pfadkonzept

Dieses Konzept weitet ein programmierbares Interface zu einem
kleinen selbstständigen Netzwerk aus, in dem der Benutzer logische Datenpfade installieren kann. Dies ist deshalb möglich, da
auf einem physikalischen Interfaceport zu TOP-NET jeweils zwei
Netzwerkzugänge und zwei Benutzerzugänge existieren. Mit diesem
Pfadkonzept können Prüfschleifen, Hardcopys und Auskreuzungen
installiert werden.
Ein klassische Anwendung dieser Möglichkeit zeigt nachstehende
Skizze 2. Dabei werden die vom Rechner kommenden Daten sowohl
an den Bildschirm, als auch an den Drucker gesandt (Hardcopy!).

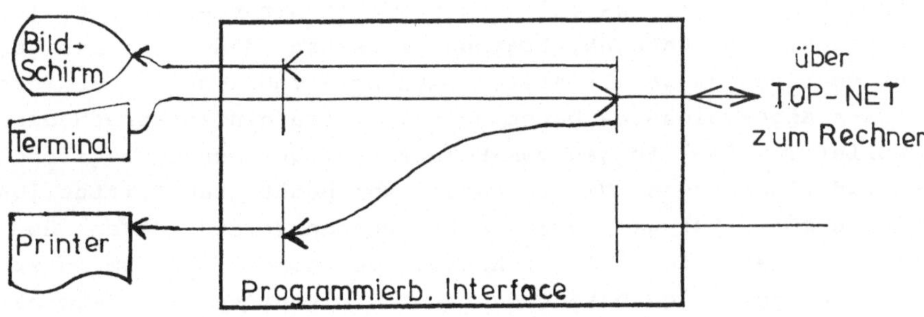

Skizze 2

2.3. Applikationskonzept

Innerhalb dieses Konzepts werden sogenannte Applikationen in
schon installierte Pfade eingebunden. Dies geschieht durch
Herunterladen (=Downloading) von entsprechenden Programmen vom
Netzwerkmanager in den Speicher des programmierbaren Interfa-
ces. Dadurch ist es dem Benutzer möglich jedes beliebige Proto-
koll auf die transparenten Daten aufzusetzen. Diese Applikatio-
nen sind jedoch nicht nur für Protokolle sondern durch ihre
Eigenschaft als Subroutinen für jegliches Eingreifen in den
Datenstrom zur Zeit der Übertragung geeignet. Eine konkrete
Anwendung zeigt Skizze 3.

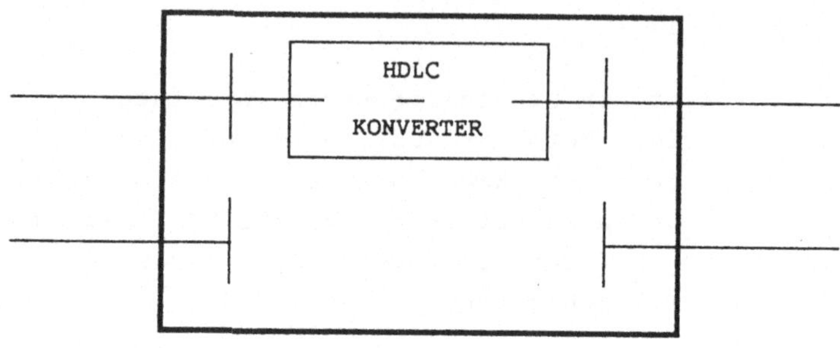

Skizze 3

2.4. Virtuelles Terminal

Das dritte große Konzept wurde durch das **virtuelle Terminal**
verwirklicht. Durch virtuelle Terminals, die, gleich wie Applikationen, in bereits installierte Pfade eingebunden werden, ist
es gelungen, eine Datenübertragung zwischen jeden beliebigen
Datenendgeräten zu gewährleisten. Abhängig vom jeweils an das
Interface angeschlossene Datenendgerät, wird ein entsprechendes
virtuelles Terminal in den vom Benutzer vorgesehenen logischen
Datenpfad eingebunden. Um die Anzahl der benötigten virtuellen
Terminals möglichst gering zu halten werden Terminaldaten über
einen genormten internen Zwischencode übertragen, und am Interface an das jeweilige Datenendgerät mittels virtuellem Terminal
angepaßt.Die Daten werden zur Laufzeit mit Übertragungsgeschwindigkeit konvertiert. Trotz Implementierung dieser virtuellen Terminals konnte die erstrebenswerte Eigenschaft der
Echtzeitfähigkeit erhalten werden. Einen Anwendungsfall zeigt
Skizze 4.

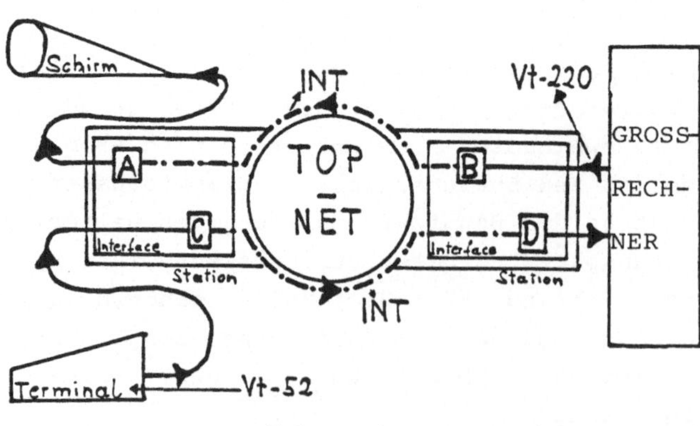

Skizze 4

Alle eben beschriebenen Features können gleichzeitig verwendet werden. So kann z.B. in einem Pfad sowohl eine Applikationsroutine als auch ein virtuelles Terminal eingebunden werden. So gibt es kaum Anwendungsfälle, die vom programmierbaren Interface nicht abgedeckt werden können.

Derartig installierte Pfade, eingebundene Applikationen, sowie eingebundene virtuelle Terminals, können gleich wie die Interface-Parameter, in dafür eigens vorgesehene Speicher abgelegt und bei Bedarf wieder aufgerufen werden. Das Auslagern der momentanen Interfacekonfiguration in nichtflüchtige Speicher bietet die Möglichkeit nach einem Kaltstart des Interfaces die zuletzt vorhandene Konfiguration rasch wiederherzustellen.

3. Transfermode

Mittels eines bestimmten Befehls kann vom Commandmode in den Transfermode übergewechselt werden. Hier werden die Daten im Sinne der im Commandmode festgelegten Bedingungen übertragen. Im (Daten-)TRANSFERMODE steht das Interface dem Anwender bis auf eine "EXIT"-Bedingung volltransparent für die Datenübertragung zur Verfügung. Diese EXIT-Bedingung ist vom Anwender vor Eintritt in den Transfermode festzulegen, um vom Transfermode wieder in den Commandmode zurückwechseln zu können. Bei Definition der EXIT-Bedingung durch ein Steuerzeichen geht zwar die Transparenz der Übertragung verloren, eine breite Auswahl von möglichen Steuerzeichen soll diese Einschränkung aber für die jeweilige Anwendung kompensieren. Die EXIT-Bedingung kann aber auch als BREAK-Signal oder als Zustandswechsel einer V.24-Steuerleitung definiert werden, wodurch die volle Transparenz des Datenstromes weiterhin erhalten bleibt.

ADAPTIVE A/D-WANDLUNG IN EINEM SPREAD-SPECTRUM ÜBER-TRAGUNGSSYSTEM MIT DIGITALEN KORRELATOREN

A.Goiser, M.Sust, M.Kowatsch

Institut für Allgemeine Elektrotechnik und Elektronik
Abteilung für angewandte Elektronik
TU - WIEN, Gußhausstraße 27-29, A-1040 WIEN

ZUSAMMENFASSUNG:

Die vielen Vorteile von Direct-Sequence-Spread-Spectrum Übertragungssystemen werden durch den Einsatz digitaler Korrelatoren vor allem um Flexibilität bei der Änderung der verwendeten Codes erweitert. Die zur notwendigen A/D-Wandlung üblicherweise verwendeten Hard-Limiter zeigen, bei gutem Systemverhalten in Gaußschem Rauschen, eine starke Degradation bei Anwesenheit von Sinusstörungen. In dieser Arbeit wird das Konzept eines *adaptiven 2-bit-ADC* vorgestellt, mit dem Sinusstörungen unterdrückt werden, wobei das Verhalten vergleichbarer analoger Systeme sogar übertroffen wird.

1. Einleitung

In Spread-Spectrum(SS)-Übertragungssystemen beansprucht das gesendete Signal eine Bandbreite, die wesentlich größer ist als die für die Übertragung der Information erforderliche Mindestbandbreite. Die Bandaufspreizung erfolgt durch eine von der Information unabhängige Modulationsvorschrift, den Spread-Spectrum Code (SSC). Im Empfänger wird das Signal mit einer lokalen Kopie des SSC korreliert, wodurch ein Gewinn an Signal(S)-Rausch(N)-Verhältnis (signal-to-noise ratio, SNR) - *der Prozeßgewinn Gp* - erzielt wird. Aus diesem Grund sind SS-Systeme unempfindlicher gegenüber Störsignalen und Mehrwegausbreitung. Beschränkt sich die Kenntnis des SSC auf autorisierte Benützer, bieten SS-Systeme darüberhinaus den Vorteil der Abhörsicherheit und die Möglichkeit der Vielfachausnützung des Übertragungskanals durch Codemultiplex [1]. Der mögliche Anwendungsbereich von SS-Systemen erstreckt sich von Richtfunkverbindungen über Satelliten- und Mobilfunk bis hin zu Navigations- und Ortungssystemen höchster Auflösung. Die häufigste Art der SS-Modulation ist Direct-Sequence (DS), bei der jedem Datenbit eine Pseudozufallsfolge, bestehend aus N Chips, zugeordnet wird. Der dabei entstehende Chipstrom wird direkt einem Träger aufmoduliert. Dieses Signal wird gesendet. Im Empfänger kann die Korrelation, nach der Umsetzung ins Basisband, besonders vorteilhaft in einem digitalen Matched-Filter (DMF) unter Einsatz digitaler Korrelatoren [5] durchgeführt werden. Die digitale Signalverarbeitung gewährleistet im Gegensatz zu analogen Methoden größtmögliche Flexibilität bei Auswahl und Änderung der verwendeten SSC. Voraussetzung ist die Analog-Digital-Wandlung (A/D-Wandlung) des Signals vor der Korrelation, welche auf Grund der Natur von DS-Signalen am einfachsten mit Hilfe eines Hard-Limiters durchgeführt wird. Dabei kommt es zu einem Verlust an Signal(S)-Stör(I)-Abstand (signal-to-interference ratio, SIR), der in additivem weißen Gaußschen Rauschen (additive white gaussian noise, AWGN) nur bis zu 2 dB beträgt. Bei Anwesenheit einer Sinusstörung (continuous wave, CW) wird aber bei kleinem SIR das im Vergleich zur Störung schwächere Signal fast vollkommen unterdrückt, was zu einer weiteren SIR-Reduktion und einer Verschlechterung des Systemverhaltens führt (Capture-Effekt). Das in dieser Arbeit vorgestellte Konzept eines 2-bit-A/D-Wandlers (analog- to-digital converter, ADC) mit adaptiv, nach statistischen Gesichtspunkten, geregelten Schwellen ermöglicht die weitestgehende Unterdrückung von CW-Störungen bei ausgezeichnetem Verhalten in AWGN.

2. Empfängerkonzept

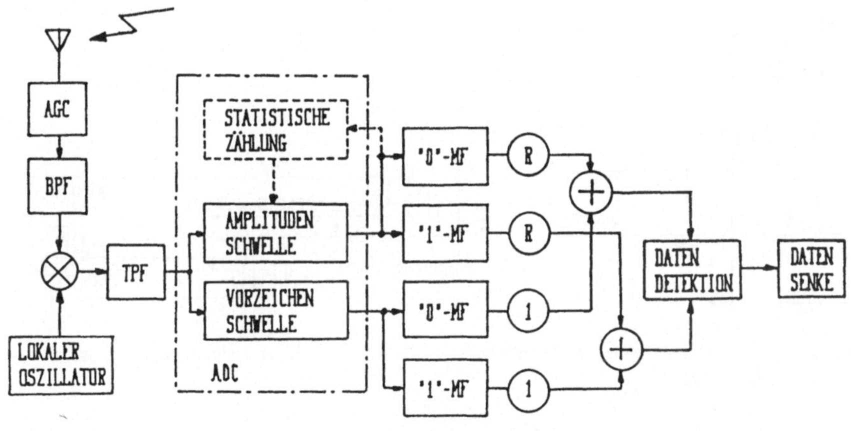

Abb. 2.1: Struktur des Empfängers

Abb.2.1 zeigt die Struktur eines DS-SS-Empfängers mit digitalen Korrelatoren und einem 2-bit-ADC. Das Empfangssignal wird bandbegrenzt, mit Hilfe einer automatischen Verstärkungsregelung (automatic gain control, AGC) auf verarbeitbare Signalpegel gebracht und anschließend in das Basisband umgesetzt. Der nachgeschaltete ADC besteht aus zwei mit der Chiprate getakteten Komparatoren, dem Vorzeichenkomparator mit der festen Schwelle $T_0 = 0$ und dem Amplitudenkomparator mit zwei regelbaren Schwellen, die symmetrisch um T_0 bei $T_0 + \Delta$ und $T_0 - \Delta$ angeordnet sind. In jedem der beiden Komparatoren wird pro Taktschritt eine Entscheidung für ein positives oder ein negatives Chip getroffen. Es entstehen zwei Pfade, deren Chipströme jeweils einem DMF für den "1"-Code und einem DMF für den "0"-Code zugeführt werden. Die Entscheidung des Vorzeichenkomparators beruht auf dem Vorzeichen des Eingangssignals. Der Amplitudenkomparator trifft eine Entscheidung für ein positives Chip, wenn die Schwelle $T_0 + \Delta$ überschritten wird, oder eine Entscheidung zugunsten eines negativen Chip, wenn $T_0 - \Delta$ unterschritten wird. Zur Vereinfachung werden in weiterer Folge beide Fälle als *Überschreiten der Amplitudenschwelle* oder *chip at high magnitude* (CHM) bezeichnet. Liegt das Signal zwischen den beiden Schwellen, kann keine gültige Amplitudenentscheidung getroffen werden, was durch Maskierung entsprechender Chips bei der Korrelation berücksichtigt wird. Darüberhinaus werden Chips des Vorzeichenkanals maskiert, wenn eine gültige Entscheidung des Amplitudenkomparators vorliegt. Nach der Korrelation werden die Signale des Amplitudenpfades mit dem Faktor R gewichtet und anschließend mit den entsprechenden Ausgängen des Vorzeichenpfades additiv verknüpft, sodaß ein $"1" - Kanal$ und ein $"0" - Kanal$ entsteht. Die Datenentscheidung beruht auf dem Vergleich der beiden Kanäle. Obwohl A/D-Wandlung und Korrelationsprozeß in diesem Systemkonzept nicht vollkommen getrennt vorgenommen werden, ist es auf Grund der Linearität der Korrelation und der geeignet vorgenommenen Maskierung möglich, das System durch einen ADC mit der in Abb.3.1 dargestellten Übertragungscharakteristik und ein nachgeschaltetes DMF zu beschreiben.

3. Wirkungsweise des 2-bit-ADC

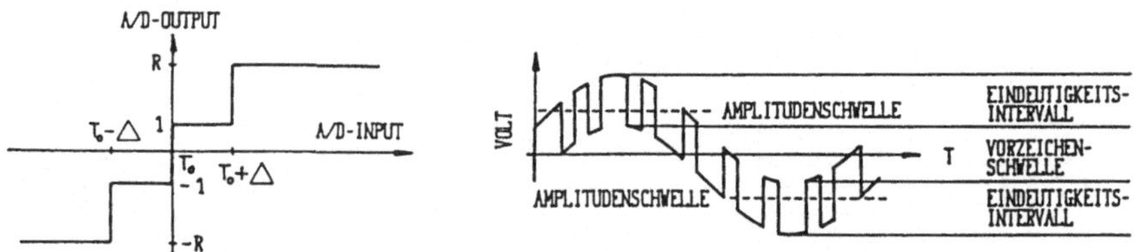

Abb. 3.1: Übertragungscharakteristik des ADC   *Abb. 3.2: Eingangssignal des ADC*

Abb.3.2 zeigt das ADC-Eingangssignal bei Anwesenheit einer CW-Störung. Chips, welche die Amplitudenschwelle überschreiten, werden richtig detektiert und mit dem Faktor $R > 1$ gewichtet. Das ist nur möglich, wenn die Amplitudenschwellen innerhalb des Eindeutigkeitsintervalls liegen. Die größtmögliche Anzahl richtig detektierter Chips im Amplitudenpfad ergibt sich bei Lage der Amplitudenschwellen an der T_0 nähergelegenen Grenze des Eindeutigkeitsintervalls. Eine Änderung des SIR bewirkt eine Verschiebung dieser optimalen Lage der Schwellen und erfordert ihre Nachregelung. Die Regelgröße ist der Prozentsatz der CHM, welche durch statistische Zählung während der Dauer eines Datenbits ermittelt werden. CHM sind nicht unbedingt richtig detektierte Chips. Es besteht jedoch ein statistischer Zusammenhang, über den die Lage der Schwellen geregelt werden kann. Die Anzahl richtig detektierter Chips äußert sich im Konversionsgewinn G_c, der als Verhältnis des SIR am ADC-Ausgang zum SIR am ADC-Eingang definiert ist. Die CHM und der Gewichtungsfaktor R sind Parameter von G_c, die von der Art der Störung und dem SIR abhängen und optimiert werden müssen. Als Sollwert der Schwellenreglung wird ein fester Prozentsatz der CHM vorgegeben.

4. Vergleich der Konversionsgewinne für verschiedene Störarten

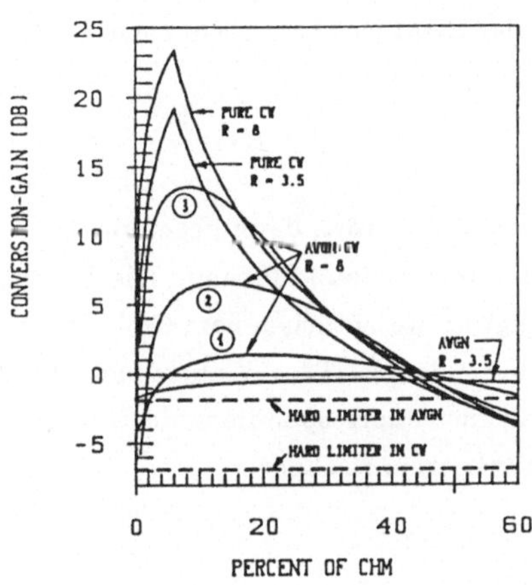

Abb. 4.1: Konversionsgewinne für verschiedene Störarten

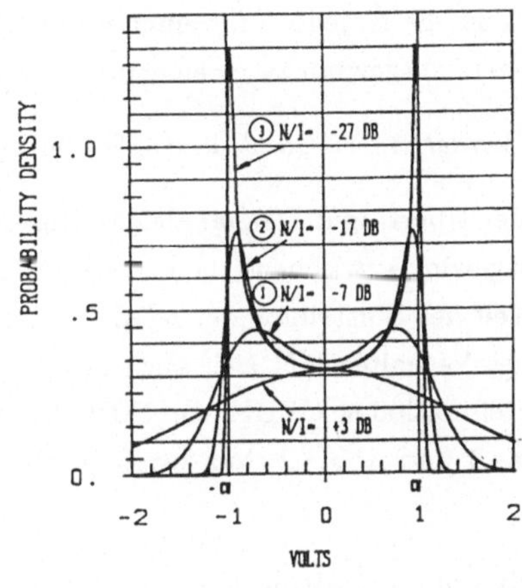

Abb. 4.2: WDF für Gauß- und CW-Störung

Die durchgezogenen Kurven in Abb.4.1 sind Simulationsergebnisse für den 2-bit-ADC, die strichlierten Kurven zeigen zum Vergleich das Verhalten des Hard-Limiter.

4.1 Verhalten bei Gaußscher Störung

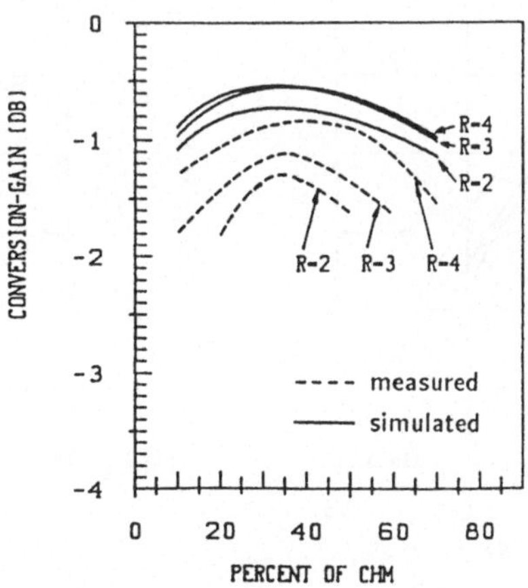

Abb. 4.3: Konversionsgewinne für Gaußsches Rauschen

Die 2-bit-A/D-Wandlung ($G_c = -0.545$ dB) bringt gegenüber dem Hard-Limiter ($G_c = -1.96$ dB) [2,3] eine Verbesserung um 1.415 dB. Abb.4.3 zeigt anhand von gemessenen und simulierten Konversionsgewinnen, daß die ADC-Parameter zur Erzielung des maximalen G_c in einem weiten Bereich einstellbar sind.

4.2 Verhalten bei CW-Störung

Für den 2-bit-ADC sind hier die höchsten Konversionsgewinne erreichbar (Abb.4.1) und im Gegensatz zum Gaußschen Kanal steigt G_c monoton mit größer werdendem R. Für hohe Konversionsgewinne nimmt die Empfindlichkeit der Amplitudenschwellenregelung stark zu. Es ist jedoch für einen weiten Bereich der CHM leicht möglich, einen positiven Konversionsgewinn zu erreichen.

4.3 Verhalten bei Gauß- und CW-Störung

Ist der Übertragungskanal gleichzeitig Gauß- und CW-gestört, dann liegen die Konversionsgewinne zwischen jenen in reiner CW- bzw. reiner Gauß-Störung. Die Empfindlichkeit der Einstellung der ADC-Parameter hängt im wesentlichen vom CW-Anteil ab. Dieses Verhalten läßt sich auch aus den in Abb.4.2 dargestellten Wahrscheinlichkeitsdichtefunktionen (WDF) am ADC-Eingang erkennen (korrespondierende Kurven der Abb.4.1 und Abb.4.2 sind durch gleiche Nummern gekennzeichnet).

5. Systemverhalten

Untersucht wurde das Systemverhalten eines DS-SS-Systems mit einem Prozeßgewinn von 18 dB, bei Anwesenheit von AWGN- bzw. CW-Störung. Die Abb.5.1 und 5.2 vergleichen die erzielbaren Bitfehlerraten (bit-error-rate, BER) von 2-bit-ADC, Hard-Limiter und analogem MF.

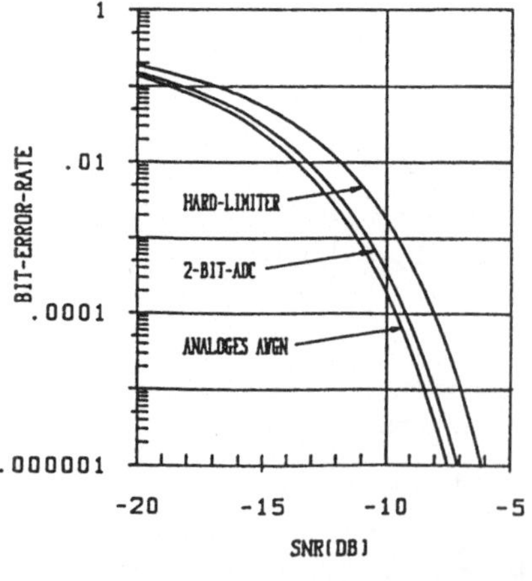

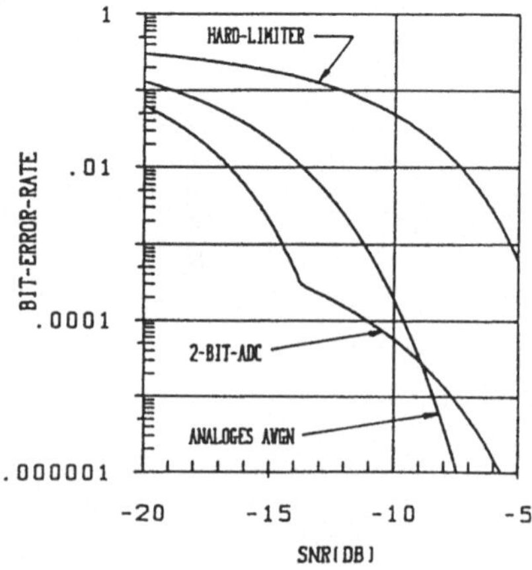

Abb. 5.1: BER für AWGN-Störung   *Abb. 5.2: BER für CW-Störung*

Die Parameter des 2-bit-ADC wurden mit $R = 3$ und einem Prozentsatz der CHM von 30% angenommen. In Gaußschem Rauschen äußert sich die Verbesserung der BER durch eine Verschiebung der Kurven um ca. 1.4 dB zu kleineren SIR-Werten, bezogen auf den Hard-Limiter. Bei CW-Störung (Abb.5.2) ist das durch den Capture-Effekt bedingte, im Vergleich zum analogen MF dramatisch verschlechterte Systemverhalten des Hard-Limiter erkennbar. Im Gegensatz dazu unterdrückt der 2-bit-ADC die CW-Störung schon vor der Korrelation, sodaß die BER wesentlich unter der des analogen MF liegt. Das Abknicken der BER-Kurve des 2-bit-ADC wird als *cusp-condition* bezeichnet [2]. Ursache ist die Gewichtung falsch detektierter Chips, wenn die Amplitudenschwellen nicht mehr im Eindeutigkeitsintervall liegen. Für SIR oberhalb der cusp-condition verschlechtert sich die BER, übertrifft jene des analogen MF und nähert sich immer mehr dem Verhalten des Hard-Limiter. Das Auftreten der cusp-condition ist durch den konstanten Prozentsatz der CHM und der damit verbundenen Nichtberücksichtigung der SIR-Abhängigkeit dieses Parameters im gezeigten Beispiel bedingt. Es ist möglich, den Einfluß der cusp-condition durch geeignete Wahl der ADC-Parameter zu reduzieren. Die SIR-Abhängigkeit des Prozentsatzes der CHM wird in Gaußschem Rauschen nicht beobachtet. Für den praktisch bedeutenden Fall kombinierter Gauß- und CW-Störung [3] tritt die cusp-condition schon bei kleinen Rauschanteilen nicht mehr in Erscheinung.

Diese Arbeit wurde vom Hochschuljubiläumsfond der Stadt Wien gefördert.

Literaturverzeichnis

[1] Dixon,R.: *Spread Spectrum Systems.* New York: Wiley, 1984.

[2] Amoroso,F.: *Adaptive A/D Converter to Suppress CW Interference in DSPN Spread-Spectrum Communications*, IEEE Trans.Commun., Vol.COM-31, pp.1117-1123, Oct. 1983.

[3] Amoroso,F.: *Performance of the Adaptive A/D Converter in Combined CW and Gaussian Interference*, IEEE Trans.Commun., Vol.COM-34, pp.209-213, March 1986.

[4] Davenport,W.B.Jr.:*Signal to noise ratio in bandpass limiters*, J.Appl.Phys., Vol.-24, pp.720-727, June 1953.

[5] Sust M., Eichinger B., Kowatsch M.:*Einsatz digitaler Korrelatoren in einem Übertragungssystem*, in *Mikroelektronik in Österreich.* Wien: Springer, 1985, pp.465-470.

MPLS, EINE ANWENDUNG DES DATEX-P DIENSTES

Ch. Jorde,   G. G. Thallinger,   E. Mothwurf

Inst. f. Physikal. Chemie, Universität Graz, Graz
GRIPS Electronic Ges.m.b.H., Graz

ZUSAMMENFASSUNG :

MPLS bedeutet Multiple Progressive Link System und dahinter verbirgt sich die technische Einrichtung für den sogenannten "Österreich-Jackpot" der Casinos Austria. Gruppen von Spielautomaten in den 11 österreichischen Casinos sind über das Datex-P-Netz quasi dauernd verbunden. Das System besteht aus einem Leitrechner (PC) mit einem synchronen, paketorientierten Anschluß (X.25) und einer Controller Einheit in jedem Casino (X.28).

Einleitung

Um bei Spielautomaten, aus Gründen der Werbewirksamkeit, einen verlockend hohen Gewinn präsentieren zu können, werden mehrere Automaten zu einer Gruppe zusammengeschlossen (LINK). Dabei wird pro eingeworfener Münze die Jackpot-Summe erhöht (PROGRESSIVE), zB. um 1/20 des Münzwertes. Das MPLS ist eine Erweiterung der lokalen Systeme auf in mehreren Casinos befindliche Automatengruppen. Die Kopplung der Gruppen erfolgt sternförmig mit einer zentralen Stelle über Datex-P Verbindungen. Der Austria-Jackpot umfaßt etwa 100 Geräte in 10 der 11 österreichischen Casinos und läuft seit 27.Jänner 1987. In den ersten vier Monaten sind 4 Jackpots gefallen mit 1,5 bis 14 mio ö S. Die technischen Einrichtungen für dieses System wurden von der GRIPS Electronic Ges.m.b.H in Graz entwickelt und installiert.

Systemaufbau

Das System besteht aus einem Leitrechner (NETC) mit einem synchronen, paketorientierten Anschluß an das Datex-P Netz der Post und einer Controller Einheit (IFC) in jedem Casino. Diese lokalen Controller kommunizieren mit den Slotmaschinen. Ihre Verbindung zum Datennetz erfolgt asynchron mit 300 Baud an die Pad-Anpassung. In periodischen Zeitabständen wird vom Leitrechner ein Datenaustausch mit den 11 lokalen Stellen eingeleitet. Zuerst werden die lokalen Zunahmen gesammelt und danach die globalen wieder ausgegeben. Auf den einzelnen Anzeigen wird der lokale Zuwachs sofort, der globale des vorigen Intervalls sukzessive aufaddiert. Bei einem Super-Jackpot wählt der zuständige IFC den Leitrechner an, welcher alle Casinos verständigt. Zum Betrieb bei Ausfall einer Datex-Verbindung sind zusätzliche Wählleitungsmodems vorgesehen.

Der zentrale Netzwerksteuerrechner (NETC)

Es findet ein IBM AT Personal Computer aufgerüstet mit einem X.25 Coprozessor-board als Schnittstelle zum Paketnetzwerk Verwendung. Der Datentransfer läuft in synchroner Weise und mit 2400 Baud ab. Über den einen physikalischen Anschluß werden alle 3 Minuten alle IFC Einheiten über logische Kanäle gleichzeitig abgefragt. Aus diesen Daten wird der aktuelle Jackpot-Stand errechnet und den IFC's in entsprechender Form rückübermittelt. Fällt ein Jackpot, wird vom zuständigen IFC die Verbindung zum NETC aufgebaut. Daraufhin erfolgt in weniger als 15 Sekunden die Sperrung aller Maschinen um den aktuellen Jackpot-Wert einzufrieren. Auf eigene Tafeln in den Casinos wird das Ereignis mit Ortsangabe angezeigt.

Die lokalen Interfacecontroller (IFC)

Diese sind eine Eigenentwicklung und basieren auf dem Mikroprozessor 6303X von Hitachi. Die Kopplung an das Datex-Netz erfolgt über eine asynchrone Schnittstelle mit 300 Baud und einem postseitigem Daten-

anschaltgerät. Die Spielautomaten sind mittels einer speziellen Strom-
schleife verbunden: alle Subcontroller in den Automaten sind parallel-
geschaltet und die Versorgung der Schleife erfolgt vom IFC (Standard
der Fa. Aristokrat). Auch hier erfolgt der Datenverkehr nach hierarch-
ischem Prinzip. Die Subcontroller werden in rascher Folge reihum
abgefragt mit eingeschobenen globalen Jackpot-Polls (vergleichbar
mit Parallel-Poll für Service-Request). Ein 4-zeiles LC-Anzeigemodul
dient zur Ausgabe aktueller Zustandsdaten und zusammen mit ein paar
Tasten zur Dateneingabe und für Wartungszwecke.

Software

Das Steuerprogramm des Netzcontrollers ist in Turbo-Pascal geschrieben.
Das Software Interface zum Datex-Coprozessor stellt einen Teil der
Schicht 3 des X.25 Protkolls dar (Auf- und Abbau von Verbindungen
und Datenaustausch). Der Rest dieser und die Schichten 1 und 2 werden
von der Coprozessorkarte gebildet.
Das Programm des IFC wurde gänzlich in Assemblersprache codiert.
Es besteht aus mehreren quasi unabhägigen Teilaufgaben: die Kom-
munikation mit dem NETC, die Abfrage der Spielautomaten und die
Bedienung mit Anzeige und Tastatur. Im Gegensatz zur paketorientierten
Datenverbindung des NETC wird hier eine zeichenorientierte, asynchrone
Schnittstelle mit X.28 Protokoll verwendet. Es war daher notwendig,
die X.28 Klartextmeldungen aus dem Datenstrom zu filtern und zu ana-
lysieren, um die für Verbindungsaufbau und Datenübermittlung relevanten
Informationen und eventuelle Fehlermitteilungen zu erhalten.

Erfahrungen

Aus unserer Sicht ist die Benützung des Datex-Dienstes der österr.
Post eine konfortable Möglichkeit des Informationsaustausches für Fälle
in denen eine Standleitung nicht in Frage kommt. Die Gebühren liegen
wesentlich günstiger als mit Wählleitungen. Bei dieser Anlage belaufen
sie sich auf etwa 15 000 ö.S. per Monat für etwa 12 Stunden Betrieb
pro Tag, wobei die Grundgebühr mehr als die Hälfte ausmacht. Zu

beachten ist, daß keine 100% Verfügbarkeit gewährleistet wird, worauf durch die zusätzliche Verbindung über Akustik-koppler Rücksicht genommen wurde.

Literatur

Datex-P Trägerdienst für die Datenfernübertragung.
Informationsheft des BM f Wirtschaft u. Verkehr, Gen.Dir d. PTT,
Wien 1986

Communications Network Products by CSI.
Communication Systems Incorporated, USA 1986

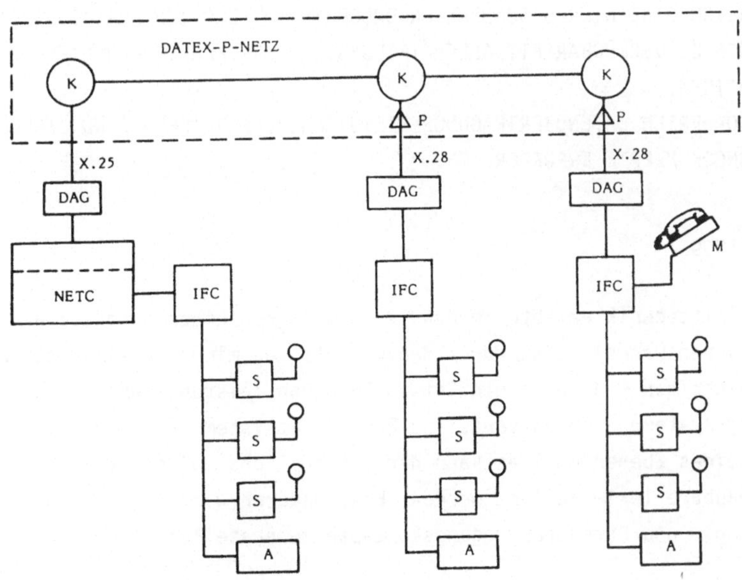

K	Netzknoten	NETC	Netzwerkcontroller
P	Pad	IFC	Interfacecontroller
DAG	Datenanschaltgerät	S	Subcontr. Spielautomaten
M	Akustikkoppler	A	Subcontr. Anzeigeeinheit

Abb. 1   Systemaufbau

PROZESSDATENÜBERTRAGUNG IN VERTEILTEN LEITSYSTEMEN DER ENERGIETECHNIK

E. Schubert

ELIN-Union AG, Penzinger Straße 76, 1141 Wien

ZUSAMMENFASSUNG:

EINEN WESENTLICHEN BESTANDTEIL VON VERTEILTEN AUTOMATIKSYSTEMEN BILDEN DIE
KOMMUNIKATIONSSYSTEME ZUR INFORMATIONSÜBERTRAGUNG. SPEZIELL IM ENERGIE-
TECHNIKBEREICH SIND HIER BESONDERE ANFORDERUNGEN BEZÜGLICH REAKTIONSZEIT
AUF EREIGNISSE, VERFÜGBARKEIT ALLER TEILSYSTEME UND FEHLERVERHALTEN ZU
BERÜCKSICHTIGEN.
UM DIE GEFORDERTEN DATENÜBERTRAGUNGSLEISTUNGEN ZU ERREICHEN SIND EIGENE
DATENHALTUNGSKONZEPTE ERFORDERLICH.

1. Einleitung:

Die Prozeßleittechnik erlebte in den letzten Jahren einen ungeheuren
technologischen Wandel. Erst durch den Einsatz von mikroprozessorbasierten
Automatikeinheiten und durch die Entwicklung von leistungsfähigen Daten-
übertragungssystemen können verteilte Prozeßleitsysteme aufgebaut werden.
Mit Hilfe eines Ebenenmodelles kann der Informationsfluß strukturiert und
in überschaubare Teile zerlegt werden. Erst dadurch wird es möglich
Datenhaltungs- und Datenübertragungskonzepte zu erstellen.

2. Struktur eines verteilten Prozeßleitsystemes:

Im Bild 1 wird eine mögliche Automatiksystemstruktur anhand des Prozeßleitsystems LMC-2000 dargestellt.

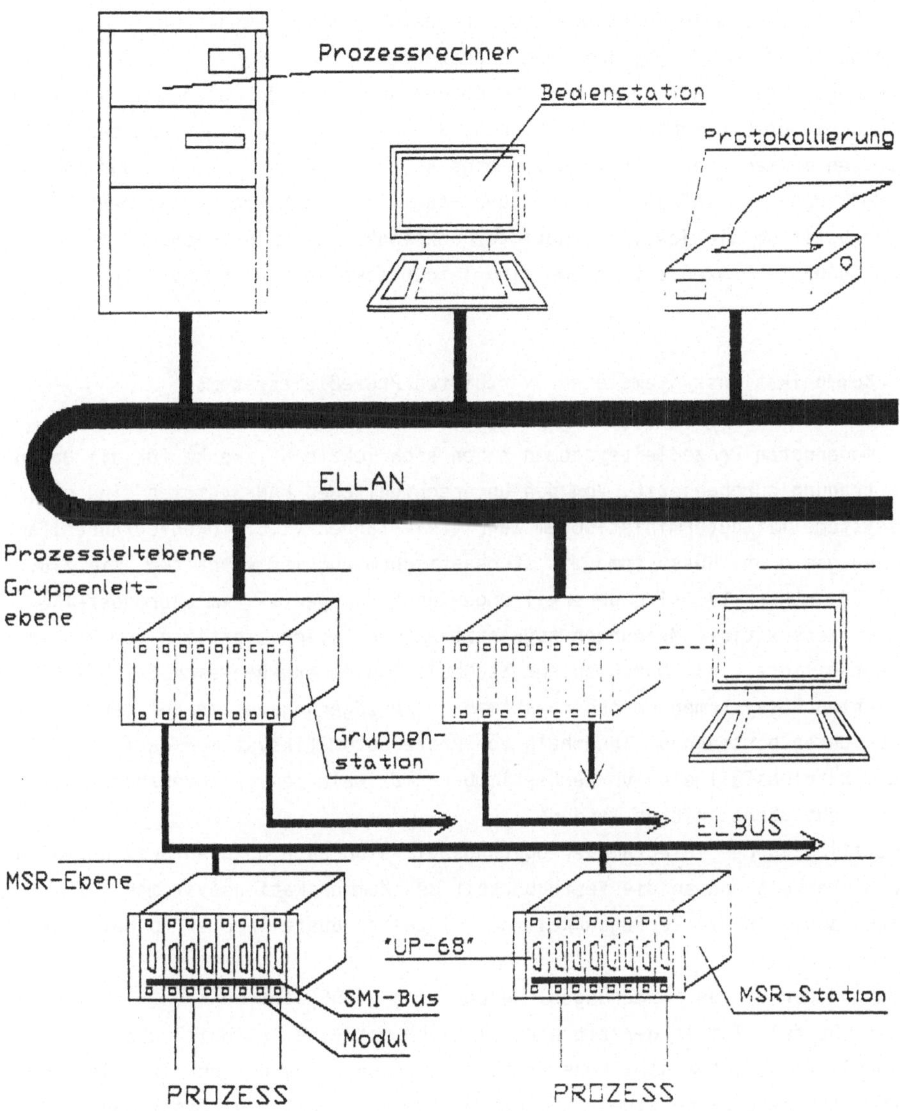

Bild 1: Beispiel einer Prozeßleitsystemstruktur

In der untersten Ebene sind die sogenannten MSR-Funktionen (Meß-, Steuer-
und Regelungsfunktionen) angesiedelt, welche direkt Prozeßgrößen erfassen
und manipulieren. In der darüberliegenden Gruppenleitebene sind sowohl MSR-
Funktionen, als auch Funktionsgruppen zur Führung und Überwachung kompletter
Verfahrensgruppen, eingebunden. In der nächsthöheren Ebene, der Prozeß-

leitebene, sind alle Funktionen zur Prozeßführung, -überwachung,
-protokollierung und -optimierung angeordnet.
Die Komponenten einer Ebene und die Ebenen untereinander sind über serielle
Kommunikationseinrichtungen verbunden, welche bestimmte Eigenschaften
erfüllen müssen. Voraussetzung für eine solche Struktur ist, daß das System
in Modulbauweise aufgebaut ist. Jeder Modul ist mit Mikroprozessoren
ausgerüstet um die jeweils benötigte Funktionalität zu erreichen.
So aufgebaute Prozeßleitsysteme sind leicht erweiterbar und wartbar.

3. Kommunikationssysteme eines verteilten Prozeßleitsystems:

Bei modernsten Prozeßleitsystemen haben sich lokale Netzwerke für die Datenübertragung durchgesetzt. Von den unterschiedlichen LAN-Systemen sind die
Bussysteme mit deterministischem Zugriffsverfahren (z.B. Tokenverfahren) am
besten geeignet. Bussysteme mit stochastischem Zugriffsverhalten, wie z.B.
CSMA/CD (Ethernet), sind generell ungeeignet da speziell im Störungsfalle
des Prozesses viele Meldungen abgesetzt werden, welche zeitlich vom Prozeß
synchronisiert sind. Durch solche Stoßbelastungen ergeben sich in CSMA/CD-
basierten Bussystemen unvorherbestimmbare Verzögerungszeiten bei der
Nachrichtenübertragung. Innerhalb von Prozeßautomatiksystemen darf aber in
jedem Betriebsfall eine vorherbestimmbare maximale Telegrammverzögerungszeit nicht überschritten werden.
Zusätzlich zu der Telegrammverzögerungszeit sind auch noch Anforderungen an
die Sicherheit und an die Verfügbarkeit des Kommunikationssystemes als
Ganzes sowie an die Verfügbarkeit der einzelnen Busteilnehmer zu betrachten.

Aufgrund der vielen Forderungen, welche sich von Systemebene zu Systemebene
unterscheiden, ist es derzeit nicht möglich mit einem einheitlichen
Kommunikationssystem sämtliche Prozeßleitebenen zu vernetzen /1/. Vielmehr
werden für jede Ebene eigene angepaßte Datenübertragungseinrichtungen
eingesetzt.

3.1 MSR-Ebene:

In dieser Ebene werden die härtesten Anforderungen an das Echtzeitverhalten
des Kommunikationssystems gestellt. So muß es möglich sein, das komplette

Prozeßabbild aller Busmodule innerhalb von 20ms über den Bus zu
transferieren. Zusätzlich müssen auch noch Änderungstelegramme übertragen
werden, welche den Zeitpunkt der entsprechenden Signaländerung enthalten.
Solche Änderungstelegramme werden normalerweise nicht in dieser Ebene
benötigt sondern sofort an die Gruppenleitebene weitergegeben.

Änderungszeiten zwischen Prozeßsignalen der MSR-Ebene müssen auf bis zu
einer Millisekunde genau aufgelöst werden. Aufgrund dieser Anforderungen ist
die Teilnehmerzahl auf 20 Module begrenzt. Da die Prozeßdatenverarbeitung
in einer Kopfstation erfolgt ("UP-68" im LMC-2000 System) wird als Zugriffsverfahren vorteilhaft ein Zeitscheibenverfahren mit definiertem Busmaster
eingesetzt.
Die erforderliche Länge des Busses liegt im Normalfall unter 300m. Sollen die
Module in Hochspannungszellen eingebaut werden, dann wird vorzugsweise eine
Lichtwellenleiterdatenübertragung verwendet um elektromagnetische
Beeinflussungen über das Übertragungsmedium zu vermeiden.

3.2 Gruppenleitebene:

In dieser Funktionsebene sind ebenfalls noch "Hard-Real-Time" Eigenschaften
gefordert. Die Busverzögerungszeiten des Kommunikationssystems dieser Ebene
müssen zwischen 20ms und 50ms liegen.
Die Länge des Busses bleibt unter einem Kilometer und die Anzahl der
angeschlossenen Busteilnehmer soll 15 nicht übersteigen damit die Hard-Real-
Time Anforderungen erfüllt werden können. Als Übertragungsmedien können, je
nach Anforderung, geschirmte Zweidrahtleitungen, Koaxialkabel oder Licht-
wellenleiter eingesetzt werden.

3.3 Prozeßleitebene:

In dieser Ebene sind nur mehr "Soft-Real-Time" Eigenschaften erforderlich.
Das bedeutet, daß im Kommunikationssystem durchaus Telegrammdurchlaufzeiten
bis zu einer Sekunde im Worst-Case Fall tolerierbar sind. Dadurch ist es
möglich in dieser Ebene LANs einzusetzen, welche voll dem OSI-Standard mit
seinen sieben Schichten entsprechen. Durch die Verwendung solcher
international standardisierter Datennetzwerke können sehr leicht Netzwerk-
teilnehmer verschiedener Hersteller angekoppelt werden.

4. Verfügbarkeitsanforderungen:

Das Fehlerverhalten und die Verfügbarkeitsanforderungen an moderne Prozeßleitsysteme beeinflussen auch wesentlich die Struktur der Kommunikationssysteme.

Auf der MSR-Ebene müssen die einzelnen Module eine sehr hohe Verfügbarkeit
haben, und auftretende Fehler dürfen keine Fehlsteuerungen des Prozesses
bewirken. Dagegen kann bei der Datenübertragung (SMI-Bus im LMC-2000 System)
durchaus eine geringere Gesamtverfügbarkeit toleriert werden /2/. Da alle
wichtigen Module, welche an den SMI-Bus angeschlossen sind, normalerweise in
einer 19"-Wanne sitzen kann dieser Bus einfach geführt werden. Busleitungs-
beschädigungen, welche die Datenübertragung lahmlegen können, sind dadurch
praktisch ausgeschlossen sind. Fällt die Datenübertragung einmal aus, dann
kann diese komplette Automatikeinheit aufgrund der örtlichen Konzentration
durch eine Person weiterbedient werden (entweder über ein Bediengerät oder
durch Signalsimulation über die Frontplatte der jeweiligen Module).

Werden die Prozeßsteuermodule direkt in Hochspannungszellen eingebaut und
über eine Lichtwellenleiterdatenübertragung vernetzt, dann ist es
vorteilhaft die komplette Kommunikationseinrichtung redundant aufzubauen da
die Handbedienung von einem Ort aus nicht mehr möglich ist.

Ein Zusammenbruch der Datenübertragung zur und innerhalb der Gruppenleit-
ebene hat aufgrund der räumlichen Verteilung der Busteilnehmer wesentlich
gravierendere Folgen als auf der MSR-Ebene. Da es bei einem Ausfall der
Kommunikation nicht tolerierbar ist, daß sämtliche am Bus angeschlossene
Teilnehmer örtlich durch Personen weiterbedient werden, muß dieses
Übertragungssystem redundant ausgeführt werden. Wegen der geforderten hohen
Verfügbarkeit reicht es nicht aus nur das Übertragungsmedium zu verdoppeln
sondern es müssen sämtliche Komponenten des Kommunikationssystems redundant
vorhanden sein.

Die Verfügbarkeitsanforderungen an die Datenübertragung der Prozeßleitebene
hängen sehr stark vom zu leitenden Prozeß ab. Kann der Prozeß über einige
Zeit mit Defaultführungsgrößen, bzw. mit den Führungsgrößen vor dem Ausfall
der Datenübertragung, weiterlaufen, dann ist eine redundante Ausführung
dieses Kommunikationsteiles nicht erforderlich. Ist es aber unmöglich den
Prozeß ohne Leitebene stabil zu halten, dann muß das Kommunikationssystem

unbedingt gedoppelt werden.

5. Datenübertragungskonzept:

Eine wesentliche Voraussetzung für das sichere Funktionieren eines verteilten
Prozeßleitsystemes, insbesondere im Worst-Case Fall, ist ein gut
abgestimmtes Datenübertragungskonzept. So benötigen die Regelungs- und
Steuerungssysteme möglichst rasch und zyklisch Informationen über den
Prozeß, wobei der exakte Zeitpunkt der Signalerfassung von untergeordneter
Bedeutung ist. Im Gegensatz dazu müssen sämtliche Informationen für
Protokollier- und Archiviersysteme den genauen Zeitpunkt des jeweiligen
Ereignisses enthalten. Die entsprechenden Telegramme können aber so lange
zwischengespeichert werden, bis das Kommunikationssystem freie Kanal-
kapazitäten hat, um die Meldungen weiterzutransportieren.

Eine Mittelstellung bezüglich der Systemreaktionszeiten zwischen den beiden
beschriebenen Anforderungen stellen die Mensch-Maschinen-Schnittstellen
dar. So müssen dem Bedienungspersonal wichtige Fehlerzustände des Prozesses,
oder auch des Leitsystemes, möglichst rasch (als Richtwert: innerhalb einer
Sekunde) zur Verfügung gestellt werden während "unwichtige" Meldungen
durchaus kurzzeitig zurückgehalten werden dürfen.

Obige Forderungen laufen darauf hinaus, daß die Meldungen eines Prozeßleitsystems in unterschiedliche Prioritätsklassen eingeteilt werden um dann
entsprechend ihrer Priorität und Verweildauer in einer Kommunikations-
station, unter Beachtung der Buszugriffsregeln, abgesendet zu werden. In der
MSR- und in der Gruppenleitebene werden zusätzlich zyklisch Prozeßabbilder
an die restlichen Stationen einer Buslinie gesendet.

Die Vergangenheit zeigte, daß die horizontale Kommunikation relativ problemlos
Worst-Case Fälle abarbeiten konnte, während aber die vertikale
Kommunikation, vor allem zur Prozeßleitebene, Probleme bereitet. Dies kam
vor allem daher, daß immer sämtliche Änderungsmeldungen mit Zeit versehen
nach "oben" geschickt wurden, und irgendwo dann nicht mehr innerhalb der
geforderten Zeiten abgearbeitet oder weiterversendet werden konnten. Ein
leistungsfähiges Datenverarbeitungs- und -übertragungskonzept muß daher
darauf achten, daß das Verhältnis von Datenübertragungsrate zu den zu

übertragenden Bruttodaten innerhalb einer Zeiteinheit etwa konstant bleibt.
Weiters sollen Funktionen bereits in jener hierarchischen Ebene automatisiert
werden, in der alle notwendigen und hinreichenden Bedingungen zur
Automatisierung zum ersten Mal erfüllt werden /3/.

Literatur

1. König, J.: Datenkommunikation in der Leittechnik. ATP, 28. Jahrgang,
   Heft 5/1986, S. 213-214.
2. Pfleger, J.: Kommunikationssystem Feldbus. ATP, 28. Jahrgang,
   Heft 5/1986, S. 223-227.
3. Reitinger, G.: Einsatz von Prozeßrechnern und Mikroelektronik für eine
   zukunftssichere Leittechnik in Hochspannungsschaltanlagen. E und M,
   7/8/86, S. 354-359.
4. Hück, A.: Verbesserung der Zuverlässigkeit und Verfügbarkeit von
   Prozeßleitsystemen. ATP, 28. Jahrgang, Heft 5/1986, S. 75-81.

VERWENDUNG VON "HIDDEN MARKOV MODELS" ZUR SPRECHERUNABHÄNGIGEN EINZELWORTERKENNUNG

J. Steger

Institut für Nachrichtentechnik, TU Wien

ZUSAMMENFASSUNG

Am Anfang dieses Beitrages werden die Grundbegriffe von
"Hidden Markov Models" erklärt. Im Anschluß daran folgt die
Anwendungsmöglichkeit zur Spracherkennung. Ohne auf den
mathematischen Hintergrund einzugehen, wird die prinzipielle
Funktionsweise dieses Verfahrens erläutert. Abschließend werden kurz die Probleme, die diese Methode mit sich bringt, aufgezeigt.

1. EINLEITUNG

Auf dem Gebiet der Einzelworterkennung ist die Bewältigung
von sprecherabhängigen Variabilitäten ein großes Problem. Bei
Verwendung von "Dynamic Time Warping" - also einem direktem
Vergleich von unbekanntem Wort und abgespeichertem Referenz-
wort - kann diese Schwierigkeit nur dadurch bewältigt werden,
daß für jedes im Lexikon enthaltene Wort mehrere, von verschiedenen Sprechern stammende Referenzmuster abgespeichert
werden. Bei Verwendung von Hidden Markov Models hingegen
besteht die Möglichkeit für jedes Wort, welches ins Lexikon
aufgenommen werden soll, durch eine geeignete Trainingsphase
ein sprecherunabhängiges Markovmodell zu erzeugen und dieses
abzuspeichern. Dieses Markovmodell kann später in der Erkennungsphase als Referenz für das entsprechende Wort herangezogen werden.

2. WAS IST EIN "HIDDEN MARKOV MODEL"

Der prinzipielle Aufbau eines Hidden Markov Model (HMM) gleicht dem eines herkömmlichen Markovmodells. Es besteht also aus einer Anzahl N von inneren Zuständen, die durch die sogenannten Übergangswahrscheinlichkeiten miteinander verbunden sind. Die Übergangswahrscheinlichkeit a_{mn} vom Zustand m zum Zustand n gibt an, wie groß die Wahrscheinlichkeit ist, daß sich der Markovprozeß (= zeitlich diskrete Abfolge von Zuständen im Modell) zu einem Zeitpunkt im Zustand n befindet, falls er im vorherigen Zeitpunkt im Zustand m war. Die Gesamtheit all dieser Übergangswahrscheinlichkeiten a_{mn} wird in der Übergangsmatrix $A = \{a_{mn}\}$ zusammengefaßt.

Weiters wird zu jedem Zeitpunkt vom jeweiligen inneren Zustand aus, der streng genommen nur eine mathematische Hilfsgröße ist, ein äußeres Erscheinungsbild, das mit einem physikalischen Ereignis gleichgesetzt werden kann, emittiert. Während nun bei einem herkömmlichen Markovmodell ein eindeutiger Zusammenhang zwischen innerem Zustand und äußerem Erscheinungsbild besteht - man kann vom inneren Zustand eindeutig auf das äußere Erscheinungsbild schließen und umgekehrt -, besteht beim HMM ein stochastischer Zusammenhang, der durch die sogenannte Emissionswahrscheinlichkeit beschrieben wird. Die Emissionswahrscheinlichkeit $b_j(k)$ gibt an, wie groß die Wahrscheinlichkeit für das Auftreten eines äußeren Erscheinungsbildes k ist unter der Bedingung, daß sich der Markovprozeß im Zustand j befindet. Die Gesamtheit all dieser Emissionswahrscheinlichkeiten $b_j(k)$ wird in der Emissionsmatrix $B = \{b_j(k)\}$ zusammengefaßt.

Mit diesen Voraussetzungen weist der Prozeß in einem HMM zu jedem Zeitpunkt einen innern Zustand und ein äußeres Erscheinungsbild auf, sodaß nach T Zeiteinheiten eine Folge von inneren Zuständen $I = \{i_1, i_2, \ldots i_T\}$ und eine Folge von äußeren Erscheinungsbildern (= Beobachtungsfolge) $O = \{O_1, O_2, \ldots O_T\}$ vorliegt. Erwähnenswert dabei ist aber, daß definitionsgemäß von der Beobachtungsfolge nicht auf die Zustandsfolge rückgeschlossen werden kann - bei alleiniger Kenntnis von O kann also I nicht bestimmt werden.

Ein Beispiel für ein HMM ist folgendes: Es gibt drei Urnen, die als innere Zustände eines Markovmodells angesehen werden können. Dabei enthält jede Urne sowohl Kugeln, Würfel als auch Stäbe. Dieses Markovmodell ist samt den zugehörigen Übergangswahrscheinlichkeiten in Abbildung 1 dargestellt. Die Emissionswahrscheinlichkeiten können aus der Anzahl der jeweiligen Elemente in den Urnen bestimmt werden.

$$\text{Prob}\big(\text{Kugel } / \text{Urne } 1\big) = 3/8$$
$$\text{Prob}\big(\text{Würfel} / \text{Urne } 1\big) = 1/2$$
$$\text{Prob}\big(\text{Stab } / \text{Urne } 1\big) = 1/8$$

Der Markovprozeß ("Ziehen aus Urnen mit Zurücklegen") soll im Zustand eins starten und fünf Zeiteinheiten lang dauern. Für eine beliebige Beobachtungssequenz O (z. B. {Ku, Ku, St, Wü, St}) kann keine eindeutige Zustandsfolge festgelegt werden, denn es ist nicht möglich, von einem äußeren Erscheinungsbild auf den inneren Zustand rückzuschließen. So kann z. B. im Falle einer beobachteten Kugel nicht bestimmt werden, aus welcher Urne sie stammt. Aus diesem Grunde ist auch die Berechnung der Wahrscheinlichkeit für das Auftreten dieser Beobachtungsfolge O bei gegebenem Modell viel schwieriger als bei einem herkömmlichen Markovmodell.

Für den Zweck der Einzelworterkennung ist es günstig, nur Markovmodelle mit einer speziellen Struktur zu verwenden, da dies viele Vereinfachungen mit sich bringt. Einerseits haben diese Modelle die Eigenschaft, daß von einem Ausgangszustand mit Index i nur dieser selbst wieder oder ein Zustand, dessen Index j größer ist als i, erreicht werden kann. Es kann also, sobald der Prozeß einen Zustand verlassen hat, dieser nicht mehr erreicht werden. Man nennt diese Art von Modellen "links nach rechts Markovmodelle", da der Prozeß - wie bereits oben mit anderen Worten erwähnt - aus einem bestimmten Zustand nicht mehr nach links zurückgehen kann. Andererseits erweist es sich als günstig, große Zustandssprünge zu verbieten. So kann man z. B. festlegen, daß der Prozeß von einem Ausgangszustand nur in sich selbst, in den nächsten oder in den übernächsten Zustand springen darf. Abbildung 2 zeigt die Struktur eines derartigen Markovmodells .

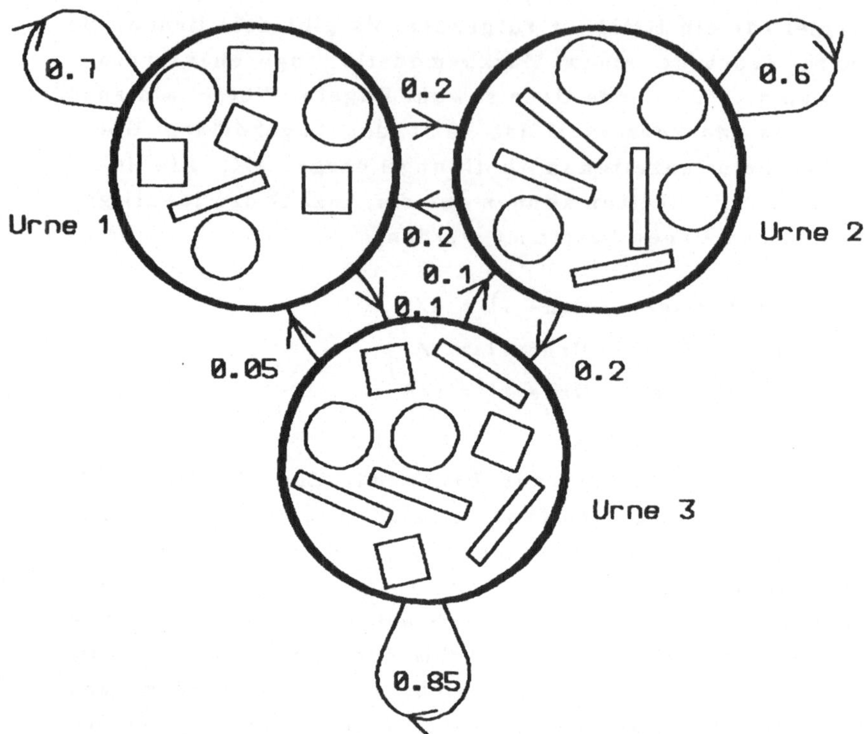

Abbildung 1: Hidden Markov Model

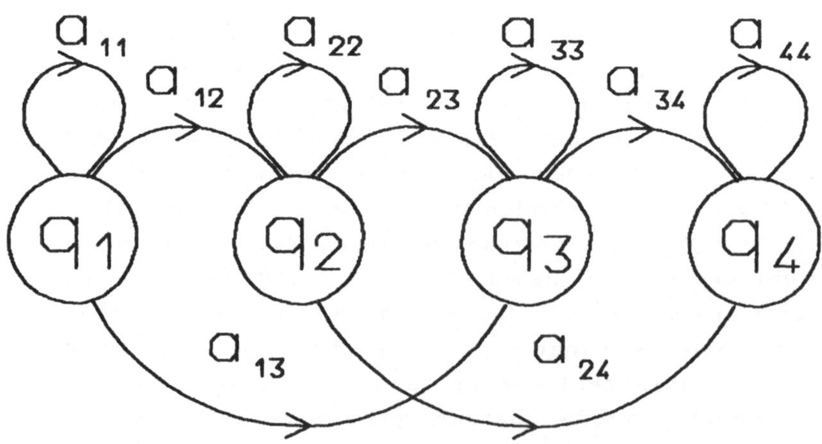

Abbildung 2: "Links nach rechts Modell"
q = Zustand

3. ANWENDUNGSMÖGLICHKEIT FÜR SPRACHERKENNUNG

Ein unbekanntes Wort wird in geeigneter Weise vorverarbeitet, sodaß es durch eine Beobachtungsfolge $O = \{O_1, O_2, \dots O_T\}$ der Länge T dargestellt werden kann. Die Einzelereignisse nehmen dabei ganze Zahlen zwischen null und M an, wenn bei der nötigen Vektorquantisierung ein Codebuch der Größe M verwendet wird.

Im Lexikon muß für den Erkennungsvorgang für jedes Wort ein Markovmodell bestehend aus Übergangs- und Emissionsmatrix $\lambda_k = (A_k, B_k)$ abgespeichert sein. Dann wird für alle diese Modelle $\text{Prob}(O/\lambda_k)$ berechnet. Am Ende wird jenes Wort als gesprochen anerkannt, dessen zugehöriges Modell die größte Wahrscheinlichkeit für das Auftreten obiger Beobachtungssequenz O ergibt.

Bei der Lösung dieses Problems erhält man leider keine Information über die Aufteilung der Zustände im Prozeß. Wie bereits früher beschrieben, kann auch kein deterministischer Zusammenhang zwischen Beobachtungsfolge O und einer Zustandsfolge $I = \{i_1, i_2, i_3, \dots i_T\}$ hergestellt werden. Man kann aber die in einem gewissen Sinne wahrscheinlichste Folge bestimmen, sodaß eine Aufteilung der Zustände im Prozeß möglich wird. Eine Darstellung dieser Zustandsaufteilung vermittelt nämlich sehr viel Information, sodaß es oft von großer Hilfe ist, sie zu bestimmen.

Ein zweiter und sehr wichtiger Punkt ist die Trainingsphase des Spracherkennungssystems. Es stehen für ein Wort, das ins Lexikon aufgenommen werden soll, mehrere - entweder von einem oder von verschiedenen Sprechern erzeugte - Sprechmuster zur Verfügung, aus welchen ein möglichst gut passendes Markovmodell gebildet werden soll. Die verwendeten Sprechmuster werden auch hier dermaßen vorverarbeitet, daß sie durch die Beobachtungsfolgen $O^{(1)}$, $O^{(2)}$, $\dots O^{(J)}$ ersetzt werden können. Ziel des Trainingsalgorithmus ist es nun, die Parameter A und B des Markovmodells λ derart zu bestimmen, daß $\text{Prob}(O^{(j)}/\lambda)$ gemittelt über alle j maximal wird. Dies ist bei weitem der schwierigste Punkt, da es bis heute keine Methode gibt, die mit Sicherheit das absolute Maximum für jene Wahrscheinlichkeit findet. Denn die iterativen Verfahren, die verwendet werden, finden abhängig von der Startlösung nur das nächstgelegene Maximum. Es sollten daher die Startwerte von A- und B-Matrix gut gewählt werden, damit das absolute Maximum gefunden werden kann.

4. ABSCHLIESSENDE BEMERKUNGEN

Wie bereits früher erwähnt, muß in der Erkennungsphase für alle im Lexikon abgespeicherten Markovmodelle λ_k Prob $\left(O/\lambda_k\right)$ berechnet werden. Die Zahlenwerte dieser Wahrscheinlichkeiten liegen aber in der Größenordnung von ca. 10^{-25} - 10^{-250}, sodaß ohne geeignete Skalierungsmaßnahmen die Berechnung dieser Werte nicht möglich ist. Als nächster Punkt sei die Trainingsphase erwähnt. Im Falle von zu wenig Trainingsdaten kann der Modellbildungsalgorithmus kein gutes HMM finden, sodaß in der Erkennungsphase oft Fehler auftreten. Als einfache Regel gilt also: Je mehr Trainingsdaten zur Verfügung stehen, umso besser wird das Markovmodell. Natürlich bringt auch die Modellstruktur viel Einfluß auf die Erkennungssicherheit eines Systems mit sich. Auch muß die Anzahl der möglichen Zustände im Modell günstig gewählt werden, da ansonsten das Wort unter- bzw. unnötig überbestimmt ist.

LITERATURVERZEICHNIS

[1]   Rabiner L. R., Juang B. H. : An Introduction to Hidden Markov Models. IEEE-ASSP-Magazine, Vol. 3, No. 1, January 1986, pp. 4 - 16.

[2]   Levinson S. E., Rabiner L. R., Sondhi M. M. : An Introduction to the Application of the Theory of Probabilistic Functions of a Markov Process to Automatic Speech Recognition. Bell Laboratories Technical Journal, Vol. 62, No. 4, April 1983, pp. 1035 - 1074.

[3]   Rabiner L. R., Levinson S. E., Sondhi M. M. : On the Application of Vector Quantization and Hidden Markov Models to Speaker-Independent, Isolated Word Recognition. Bell Laboratories Technical Journal, Vol. 62, No. 4, April 1983, pp. 1075 - 1106.

EIN MIKROAKUSTISCHER MULTIMODEN_OSZILLATOR

E. Trzeba, I. Awramow

Technische Universität. Dresden

ZUSAMMENFASSUNG:
Der Beitrag stellt einen selbstanschwingenden Multimoden-Oszillator vor, der auf der Grundlage akustischer Oberflächenwellen arbeitet. Er generiert gleichzeitig eine Auswahl von Frequenzen, deren Amplituden und Phasen so bestimmt sind, daß hochstabile kohärente Hochfrequenzimpulse entstehen. Die Hüllkurve, die Impulsfolgefrequenz und die Trägerfrequenz der Impulse sind eindeutig von der Geometrie des AOW-Filters bestimmt.

Es wird ein AOW-Oszillator betrachtet, der aus einem Breitbandverstärker besteht, in dessen Rückkoppelschleife sich ein AOW-Filter befindet /1/. Das Filter gestattet einen Mehrmodenbetrieb, d. h. innerhalb der Durchlaßcharakteristik des Filters erfährt die Phase eine mehrfache Drehung von 2π . Bei Anwendung der bekannten Theorie /2/ kann die Phasen- und Amplitudenbedingung für diesen Fall wie folgt dargestellt werden:

$$f_K = \frac{f_a}{2\pi M}\left[\varphi_{21} - \sum_{i=1}^{2} \arctan\frac{\omega_K C_{Ti} + b_{ai}(f_K) + b_i - 1/\omega_K L_i}{g_i + G_{ai}(f_K)} + 2K\pi\right] \tag{1}$$

$$R(f) = \frac{\sqrt{G_{a1}(f)\,G_{a2}(f)}}{\sqrt{\prod_{i=1}^{2}\left\{\left[g_i + G_{ai}(f)\right]^2 + \left[b_i + b_{ai}(f) + \omega C_{Ti} - 1/\omega L_i\right]^2\right\}}} \tag{2}$$

$$G_{ai}(f) = \widehat{G}_i \, Re\left[H_i(f)\right] \qquad - \text{ reelle } \quad) \text{ Komponente des IDW-}$$

$$b_{ai}(f) = \widehat{G}_i \, Im\left[H_i(f)\right] \qquad - \text{ imaginäre }) \text{ Strahlungsleitwertes}$$

f_a = Bandmittenfrequenz des AOW-Filters

C_{Ti} = statische Wandlerkapazität

$$\widehat{G}_i = (4/\pi)k^2\,\omega_a C_{Ti} N_i$$

k^2 = Kopplungsfaktor des AOW-Substratmaterials

N_i = Anzahl der Fingerpaare im IDW

M = normierter Wandlermittenabstand

K = 1, 2, 3 ...

L_i = Werte der Anpaßinduktivitäten

$H_1(f)H_2(f) = H(f)$ = Gesamtübertragungsfunktion des Filters

$g_i + jb_i = \underline{Y}_{ii}$ = Eingangs- und Ausgangskurzschlußadmittanz des Verstärkers bei der Frequenz f_a

φ_{21} = Phase von $\underline{Y}_{21}$ des Verstärkers bei f_a

i = 1, 2

f_K sind die Eigenfrequenzen des Oszillators, die der Phasenbedingung (1) genügen. $R(f)$ ist die reziproke Funktion zu $|\underline{Y}_{21}(f)|$ als minimale kritische Steilheit des Verstärkers, damit Schwingungen mit der Frequenz f aufrecht erhalten bleiben. $R(f)$ stellt die Amplitudenbedingung gemäß (2) dar.

Ist

$$N_i \gg \sqrt{4k^2/\pi} \qquad\qquad\qquad (3)$$

$$\widehat{G}_i \ll g_i \quad = \text{Konstante} \qquad \text{(Breitbandverstärker)} \qquad (4)$$

(Näherungsweise gültig in der Umgebung des Durchlaßbereiches)

$$1/\omega_a L_i = \omega_a C_{Ti} + b_{ai}(f) + b_i \qquad\qquad (5)$$

dann nehmen die Gleichungen (1) und (2) folgende einfache Form an:

$$f_K = \frac{f_a}{2\pi M}(\varphi_{21} + 2K\pi) \qquad\qquad\qquad (6)$$

$$R(f) = \frac{\sqrt{\widehat{G}_1 \widehat{G}_2}}{g_1 g_2}\sqrt{Re\left[H_1(f)\right] Re\left[H_2(f)\right]} = \frac{\sqrt{\widehat{G}_1 \widehat{G}_2}}{g_1 g_2}|H(f)| = K_1 |H(f)| \qquad (7)$$

Es sei nun angenommen, daß der Oszillator gleichzeitig alle Eigenfrequenzen f_K generiert, die Gleichung (6) genügen. Ihre Amplituden $U(f_K)$ sind eindeutig durch $R(f) \sim |H(f)|$ bestimmt.

Das Frequenzspektrum $U(f_K)$ entspricht der Form /3/:

$$U(f_K) = K_1 K_2 \, |H(f)| \, f_p \left[\sum_{\mu=-\infty}^{\infty} \delta(f - \mu f_p) \right] * \delta(f - f_a) \qquad (8)$$

$f_p = \tau^{-1}$ ist der Abstand zwischen den Moden, der durch die Laufzeit des Filters τ bestimmt wird. Die Konstante K_2 charakterisiert die Ausgangsleistung des Verstärkers.

Durch Anwendung der Fouriertransformation auf Gleichung (8) erhält man eine Beziehung für das Ausgangssignal des Oszillators $u(t)$ im Zeitbereich:

$$u(t) = K_1 K_2 \left[\sum_{m=-\infty}^{\infty} h(t - m\tau) \right] e^{j2\pi f_a t} \qquad (9)$$

Die Schaltung des Multimodenoszillators ist im Bild 1 dargestellt. Es zeigt neben dem AOW-Filter F den Breitbandverstärker A_1, eine besondere Begrenzerstufe, die mit dem Transistor Tr.1 aufgebaut ist und denlinearen Trennverstärker A_2 mit hohem Eingangswiderstand. Durch geeignete Wahl der Gegenkopplungsbauelemente ist die Verstärkung des Verstärkers A_1 so eingestellt, daß die Amplitudenbedingung nur für die Mode mit der niedrigsten Dämpfung in der Oszillatorschleife erfüllt wird. Nach einigen Umläufen des Signals geht der Transistor Tr.1 vom linear verstärkenden in den Schalterbetrieb über und begrenzt das Signal.

Am Kollektor des Transistors (MP 1) entstehen Impulse nach Bild 2. Sie regen alle anderen Moden an, für die die Phasenbedingung (6) erfüllt ist. Ihr Frequenzabstand beträgt $f_p = \tau^{-1}$. Schließlich wird dieses Spektrum durch das Filter gewichtet, so daß die Amplituden der Eigenfrequenz von der Filtercharakteristik gemäß (7) bestimmt werden. Nach linearer Verstärkung in A 1 steht das Signal am Ausgang von A 2 zur Verfügung.

Bild 3a zeigt das gefilterte Spektrum $U_2(f)$ im Punkt MP 2, über dem die Filterübertragungsfunktion $|H(f)|$ dargestellt ist. Es ist deutlich zu erkennen, daß $U_2(f)$ die Funktion $|H(f)|$ in der Weise abtastet, wie es durch Gleichung (8) beschrieben wird. Die Fouriertransformierte $u_2(t)$ dieses Spektrums, beschrieben durch (9) im Zeitbereich, entspricht der periodifizierten Impulsantwort des AOW-Filters. Sie ist im Bild 3b dargestellt.

LITERATUR

/1/   Lewis, M.
       The design, performance and limitations of SAW-
       Oscillators
       IEE Conf. on SAW Devices, Conf. Publication 109, p. 63

/2/   Dwornikow, A.A.; Ogurtsow, V.J.; Utkin, G.M.
       Stabilnie Generatori s Filtrami na powerchnostnich
       akustitscheskich Wolnach (Stabile Oszillatoren mit AOW-
       Filtern)
       (Moskwa, Radio i Swjas, 1983)

/3/   Kreß, D.
       Theoretische Grundlagen der Signal- und Informations-
       übertragung
       (Akademie-Verlag, Berlin, 1977)

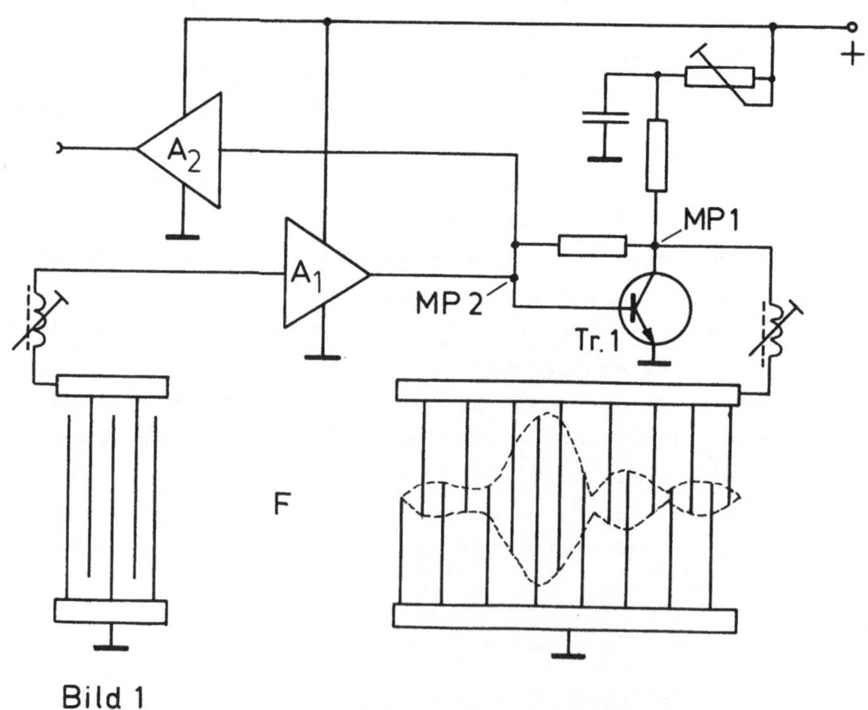

Bild 1

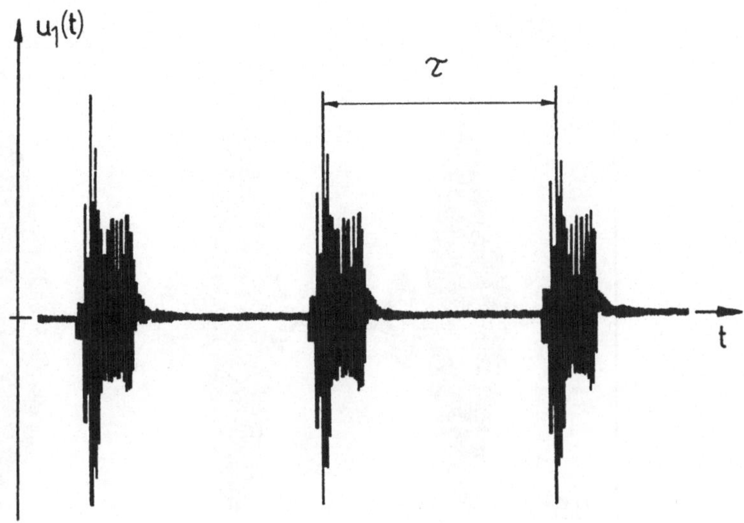

Bild 2

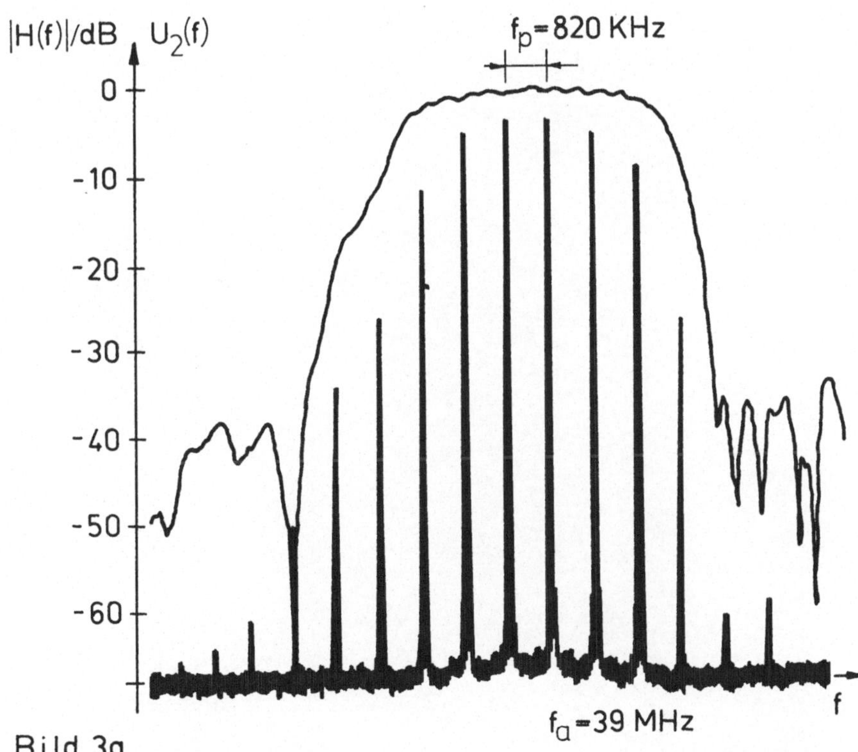

Bild 3a

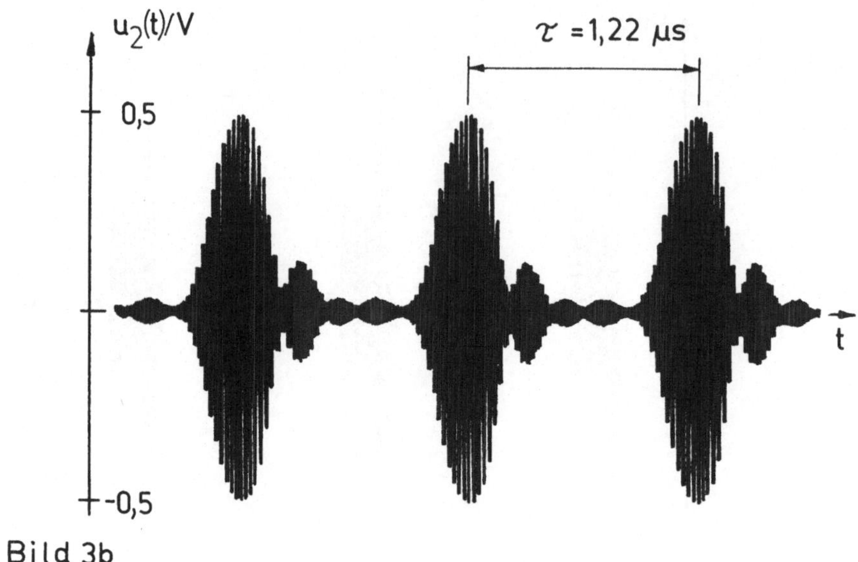

Bild 3b

NETZSYCHRONES DIGITALES KAMMFILTER

Ch. Eichtinger, P. Wach
Institut für Elektro- und biomedizinsche Technik, TU Graz
Inffeldgasse 18, A - 8010 Graz

ZUSAMMENFASSUNG:
Das hier beschriebene digitale netzsynchrone Kammfilter
unterdrückt netzfrequente Störungen und ihre Harmonischen mit
bis zu 70dB. Durch den digitalen Algorithmus werden Phasenverzerrungen im Durchlaßbereich, wie sie bei analogen Filtern
auftreten, vermieden, was besonders bei der Filterung von
Biosignalen wie zum Beispiel Elektro- und Magnetokardiogrammen
von entscheidender Bedeutung ist.

1. Prinzip netzsynchroner Kammfilter

Das Prinzip netzsynchroner Kammfilter ist die Nachbildung der
Kurvenform der netzfrequenten Störung und die anschließende
Subtraktion von Eingangssignal. Bild 1 zeigt dieses Prinzip.
Schaltet man das Eingangssignal zyklisch im Verlauf einer
Netzperiode T auf m Tiefpässe und verbindet man deren Ausgänge
mit einem dazu synchron arbeitenden Schalter, so erhält man
Ausgang dieses Schätzers die mittlere Kurvenform der
netzfrequenten Störung. Der Schätzer kann analog (mit Hilfe
des Schalterkondensatorprinzips) /1/ oder digital /2,3,4/
arbeiten. Aufgrund der für ein 8-Kanalfilter benötigten hohen
Anzahl von Tiefpässen wurde ein digitaler Schätzer realisiert.

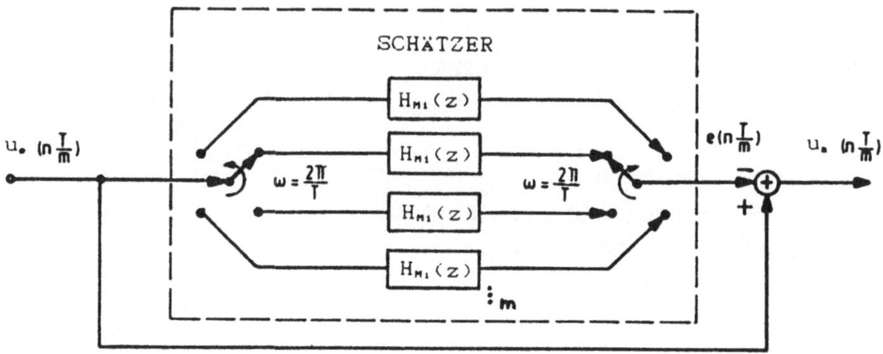

Bild 1: Schätzer zur Nachbildung der Kurvenform der Störung

2. Gewählte Tiefpaßcharakteristik und Funktionsweise des digitalen Kammfilters

Es wurden IIR-Tiefpässe mit der Übertragungsfunktion

$$H(z) = (1-\alpha) \ / \ (1-\alpha z^{-1})$$

aufgebaut, da der Algorithmus in diesem Fall sehr einfach ist und mit Addierwerken und RAMs ohne Prozessor realisiert werden kann. Die Funktion des Schalters übernimmt ein AD-Wandler, der mit der m-fachen Netzfrequenz den Eingang erfaßt. Der durch Hardware realisierte Filteralgorithmus wird von allen Elementen des Schätzers um T/m zeitversetzt gemeinsam verwendet. Die Speicherelemente der Tiefpässe befinden sich in einem RAM. Auf sie wird über einen zyklisch arbeitenden Adresszähler zugegriffen. Die Subtraktion der Störung vom Eingangssignal erfolgt ebenfalls digital vor der DA-Rückwandlung.

Für eine geringe Notchbreite wählt man einen Wert nahe bei 1 für α. Bei einer internen Verabreitungsbreite von 16bit und α = 15/16 können alle Rechenoperationen mit Hilfe von

Addierwerken, Invertern und Bitversetzung ohne Rundungsfehler
ausgeführt werden. Die 3dB Bandbreite der Sperrbereiche
beträgt damit etwa 1Hz. Bild 2 zeigt den Amplituden- und den
Phasengang im Bereich eines Notchs. Die Phasenverzerrungen
bleiben auf den schmalen Sperrbereich beschränkt. Für eine
ausreichend genaue Nachbildung der Kurvenform wurde die Anzahl
der Tiefpässe pro Kanal mit 128 gewählt. Für das Filter ergibt
sich damit ein kammförmiger Amplitudengang mit Sperrbereichen
bei 0Hz, 50Hz und den Vielfachen bis zur 127. Oberwelle.

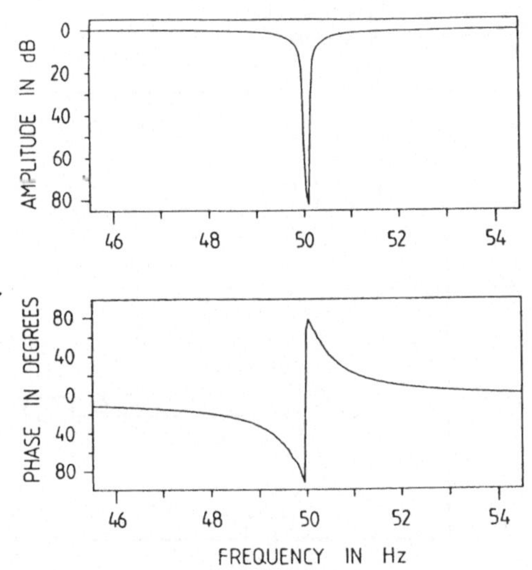

Bild 2: Amplituden- und Phasengang im Sperrbereich bei 50Hz /3/

3. Ausführung des Filters

Das realisierte Filter vereinigt 8 Kanäle in sich.
Durch Multiplexen werden nun die Kanäle zeitversetzt
bearbeitet, sodaß alle 1024 Tiefpässe des gesamten Filters im
selben Rechenwerk arbeiten. Dadurch kann die Anzahl der
benötigten ICs geringgehalten werden. Die Gesamtschaltung
findet auf einer Europakarte Platz. Bild 3 zeigt das
Blockschaltbild des Filters. Die Abtastfrequenz von 51.2 kHz
wird über einen PPL-Baustein erzeugt. Die Vorfilter

(Aliasing-Filter) begrenzen den Übertragungbereich auf 1kHz
pro Kanal.

Durch den Sperrbereich bei 0Hz beträgt die unter Grenzfrequenz
des Filters 0.5 Hz. Um EKG und MKG verarbeiten zu können muß
daher dieses eine Notch eliminiert werden. Dies geschieht am
einfachsten durch zwei analoge Filter (Hk, Tp) /3/.

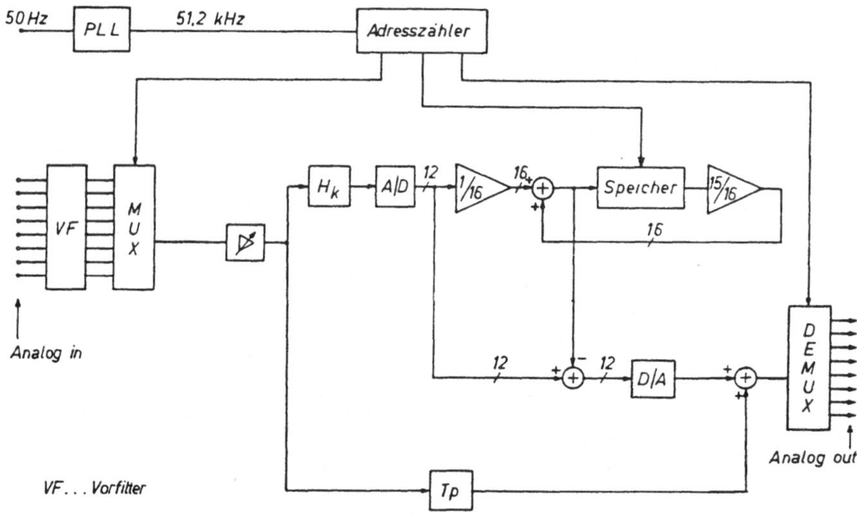

Bild 3: Blockschaltbild des Filters

4. Meßbeispiel

Bild 4 zeigt ein EkG überlagert mit einem Dreiecksignal mit
Netzfrequenz und darunter das gefilterte EKG. Die erreichte
Unterdrückung der Störung betrug 65dB.
Unter der Vorraussetzung idealer Bauelemente und voller
Aussteuerung des Filters beträgt der theoretische Höchstwert
gegeben durch das Quantisierungsrauschen 72dB.

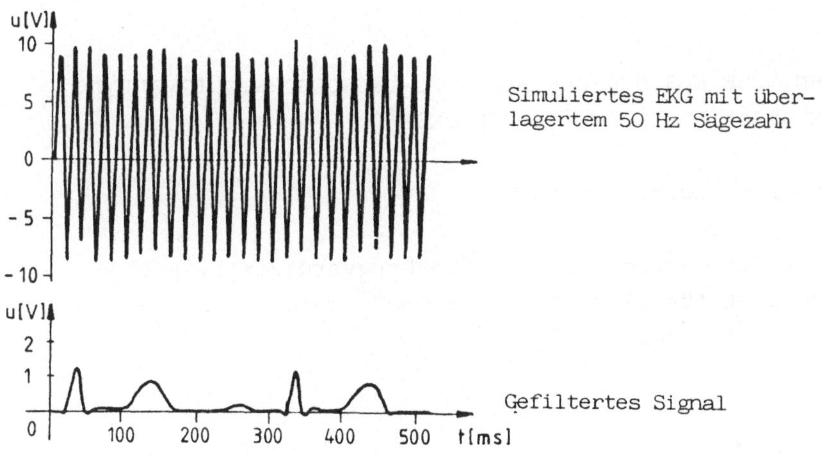

Bild 4: Meßbeispiel

Literatur

1. Geisler, P., Kühnel, W.: Aufbau und Wirkungsweise eines geschalteten Kammfilters.
   Elektronik, Band 7, 1987, S. 91-94.
2. Brown, P.B., Malhotra, L.: A 60-Hz Harmonic Eliminator.
   IEEE Trans. Biomed. Engng., vol.BME-25 (1978), S. 392-97.
3. Heinonen, P., Saramäki, T., Malmivou, J., Neuvo, Y.:
   Periodic interference rejection using coherent sampling and waveform estimation.
   Research Report No. 9/1981, Techn. Univ. Tampere.
4. Schwarz, R.: Digitales 50Hz-Kammfilter.
   Diplomarbeit am Inst. f. biomed. Technik, TU Graz (1986).

VIDEOTECHNISCHE MESSUNG DER BLUTSTRÖMUNGSGESCHWINDIGKEIT IN
PIALEN GEFÄSSEN DES SÄUGETIERGEHIRNS

R. Pucher, L.M. Auer, S. Schuy[+]

Univ.Klinik für Neurochirurgie, Auenbruggerplatz 5, A-8036
Graz, [+]Institut für Elektro- und Biomed. Technik, Inffeldgasse 18, A-8010 Graz

ZUSAMMENFASSUNG

Oberflächennahe Gehirngefäße von Ratten oder Katzen werden im
Tierexperiment durch Schädeltrepanation freigelegt. Mittels
Mikroskop und Videokamera wird das Bild dieser Gefäße elektronischen Auswertungen zugänglich gemacht. Aus digitalisierten
Videobildern kann durch Untersuchung von Helligkeitssprüngen
der Durchmesser einzelner Gefäße bestimmt werden. Vor allem
bei gestörter Durchblutung entstehen Erythrozytenballungen,die
sich vom übrigen Gefäßinhalt abheben. Die mittlere Blutströmungsgeschwindigkeit kann in solchen Fällen durch Kreuzkorrelation von Helligkeitsverläufen in der Gefäßachse zeitlich
versetzter Bilder näherungsweise bestimmt werden[1].

1. Einleitung

Die Durchblutung des Gehirns unterscheidet sich in vielfäl-
tiger Weise von der Durchblutung anderer Organe. Der Sauer-
stoff und Nährstoffverbrauch des Gehirns ist relativ unabhängig von körperlicher oder geistiger Arbeit. Beim Menschen
werden Werte von etwa $10^{-5}m^3kg^{-1}s^{-1}$ (60 ml/100g/min) gefunden
(1).

1 Die vorliegende Arbeit wurde vom Fonds zur Förderung der
wissenschaftlichen Forschung (Projekt-Nr. 5502) unterstützt.

Die Durchblutung des Gehirns wird innerhalb weiter Blutdruck-
grenzen durch einen als Autoregulation bezeichneten Vorgang annähernd konstant gehalten. Eine Erhöhung des systemischen Blut-
drucks bewirkt beispielsweise eine Kontraktion von kleinen
zerebralen Arterian (Durchmesserbereich etwa 10 bis 200 Mikrometer = Widerstandsgefäße). Der Strömungswiderstand wird erhöht, die Durchblutung bleibt konstant. Umgekehrt bewirkt eine
Verringerung des zerebralen Perfusionsdruckes eine Dilatation
kleiner Arterien und damit eine Senkung des Strömungswider-
standes (2,3). Die Regelstrecke für diesen Vorgang scheinen
ausschließlich die oben erwähnten Widerstandsgefäße zu sein.
Über den Aufbau des dafür verantwortlichen Regelkreises ist
wenig bekannt. Im wesentlichen existieren drei Möglichkeiten
auf die glatte Muskulatur der Gefäßwand einzuwirken und damit
deren Durchmesser zu verändern.

1. Auf plötzliche Zunahme der Gefäßwandspannung reagieren die
   Muskelzellen mit einer Kontraktion. Auf eine plötzliche Abnahme der Wandspannung mit einer Dilatation ("myogene Autoregulation") (4).

2. Erhöhung oder Erniedrigung der Durchblutung einzelner Ge-
   hirnregionen führt zu einem erhöhten bzw. zu einem ver-
   ringerten Abtransport von sauren Stoffwechselprodukten. Die
   dadurch verursachte Änderung des CO_2 Partialdruckes im Gewebe sowie eine Anhäufung weiterer Metaboliten bewirkt Vaso-
   dilatation durch Erschlaffung der glatten Gefäßmuskulatur.
   Dieser Vorgang ist wahrscheinlich für die Feineinstellung der
   Durchblutung verantwortlich ("metabolische Autoregulation")
   (5).

3. Zerebrale Gefäße werden von einem feinen Netz von Nerven-
   fasern begleitet. Durch Stimulation des N. sympathicus im
   Halsbereich lassen sich Durchmesserveränderungen, sowohl in
   zerebralen Arterien, als auch in zerebralen Venen bewirken
   (6). Diese "neurogene Regulation" wirkt sich vorwiegend auf
   das Blutvolumen im Gehirn aus.

2. Die Beobachtbarkeit zerebraler Gefäße

Eine Methode zur direkten Untersuchung der Auswirkungen verschiedener Faktoren auf die zerebralen Gefäße von Versuchs-

tieren, stellt die "geschlossene kraniale Fenstertechnik" dar.
Unter Verwendung von Operationsmikroskop und mikrochirurgischen
Instrumenten wird die Gehirnoberfläche von Versuchstieren zunächst freigelegt, sodann aber wieder durch ein Glasfenster
von der Umwelt abgeschlossen. Dieses Vorgehen erlaubt die
direkte Beobachtung der Gefäße, ohne sie von ihrem Umgebungs-
milieu zu isolieren. Ungewollte Einflüsse werden damit auf ein
Minimum reduziert. Unter dem Glasfenster können feine Sonden
zur Messung des Druckes, bzw. zur Applikation von Wirkstoffen
eingeführt werden (8).

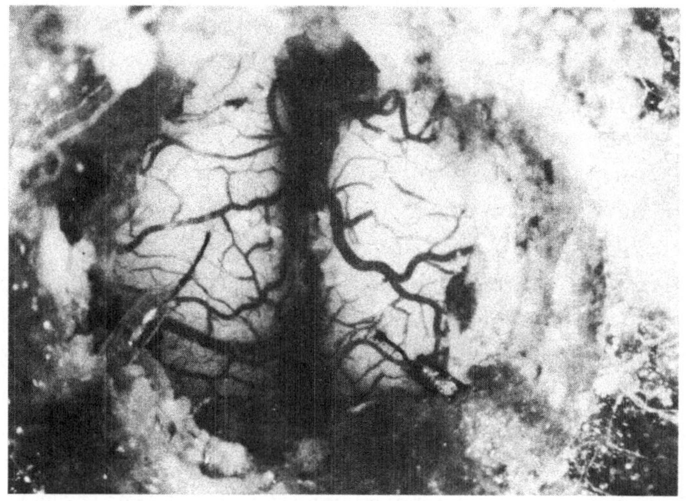

Abb.1: Kranielles Glasfenster, Blick auf die Gehirnoberfläche
       mit Gefäßen.

Die so zugänglich gemachten Gefäße werden unter dem Mikroskop
von einer hochauflösenden Videokamera aufgenommen.

3. Ziele der gegenständlichen Arbeit

1. Aus einzelnen digitalisierten Bildern von zerebralen Gefäßen
   soll deren Durchmesser ermittelt werden.
2. Entwicklung einer Methode, die mittlere Strömungsgeschwindigkeit in zerebralen Gefäßen durch Kreuzkorrelation von

Helligkeitsverläufen zu ermitteln.

Die Messung aus dem Fernsehbild hat beträchtliche Vorteile gegenüber anderen bekannten Methoden. Die Einrichtung des kraniellen Fensters ist in den meisten Fällen schwierig (Präparationsdauer mehr als 3 Stunden) und die zugängliche Gehirnoberfläche ist klein (1 bis 2cm^2). Zusätzliche, im Verhältnis zum Fenster, große Meßeinrichtungen würden den Versuchsablauf beträchtlich stören. Die Videokamera ermöglicht berührungslose Messungen. Da das Videosignal auf Band aufgezeichnet wird, können Einzelmessungen an verschiedenen Gefäßen später in Ruhe praktisch unbegrenzt wiederholt werden.

4. Methodik

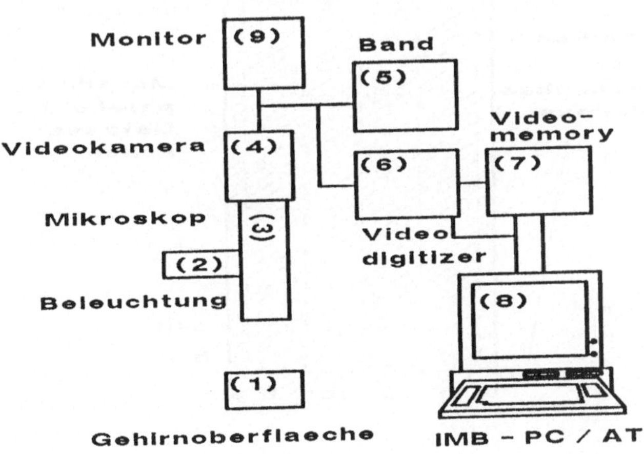

Abb.2: Schema der Versuchsanordnung

Abbildung 2 zeigt ein Blockschema der Versuchsanordnung. Die Gehirnoberfläche des Versuchstieres (1) wird mit grünem Licht (2) beleuchtet, um maximalen Helligkeitsunterschied zwischen den roten Erythrozyten (Absorptionsmaxima bei einer Wellenlänge von ca. 540 nm und 575 nm) und der nahezu weißen Gehirnoberfläche zu erreichen. Das Bild der Gehirnoberfläche wird über ein Intravitalmikroskop (3) mit der S/W-Videokamera (4) aufgenommen und auf Band (5) aufgezeichnet. Dieses Bild wird im

Videodigitizer in regelmäßigen Abständen in Echtzeit digitalisiert (6) und im Videomemory (7) abgelegt. Die Auflösung beträgt 512 Bildpunkte horizontal und 256 Bildpunkte vertikal
mit einer Tiefe von 8 bit. Gleichzeitig können 4 Bilder
zwischengespeichert werden. Mit einer "Maus" werden Gefäßstellen gekennzeichnet. Diese werden anschließend mittels DMA
in den Arbeitsspeicher des IBM-PC/AT (8) zur weiteren Verarbeitung übertragen. Um den Durchfluß in einzelnen Gefäßen
bestimmen zu können, muß gleichzeitig der Gefäßdurchmesser und
die Verschiebung des Gefäßinhalts während einer Zeitdifferenz
Δt, bestimmt werden.

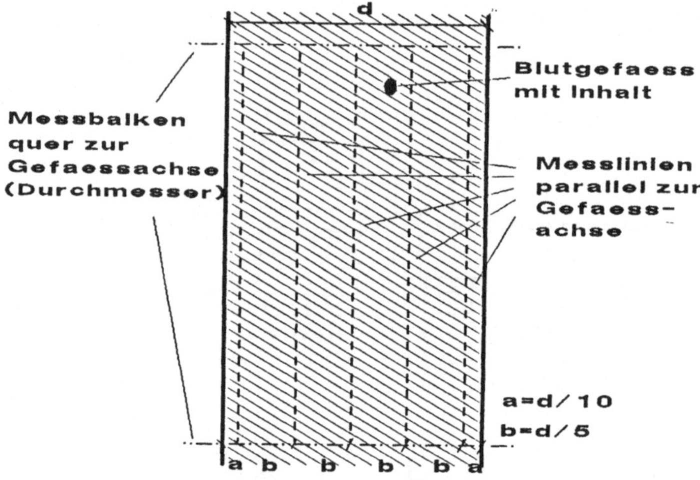

Abb.3: Schema der Kennzeichnung von zu untersuchenden Gefäßen

An den gekennzeichneten Gefäßstellen werden die Helligkeitsverläufe quer zu den Gefäßachsen zur Bestimmung des Gefäßdurchmessers verwendet. Im Innern des Gefäßes werden fünf Helligkeitsverläufe, parallel zur Achse, zur Abschätzung der Strömungsgeschwindigkeit benützt.

8. Bestimmung des Gefäßdurchmessers

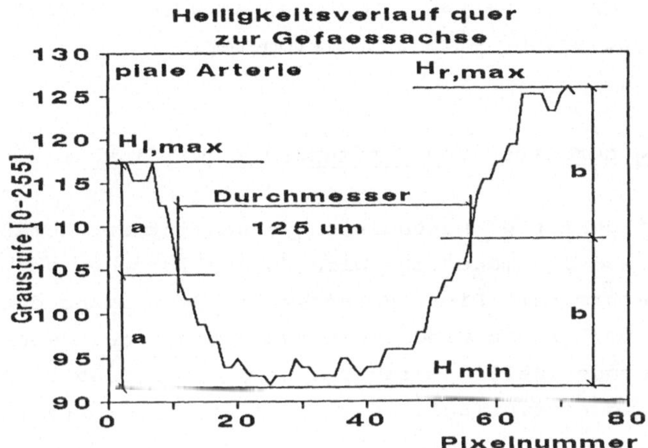

Abb.4: Helligkeitsverlauf quer zur Gefäßachse und Bestimmung
des Gefäßdurchmessers

Abbildung 4 zeigt als Beispiel einen Helligkeitsverlauf quer
zur Gefäßachse einer pialen Arterie. Typisch für solche
Helligkeitsverläufe ist eine unterschiedliche Helligkeit am
linken und am rechten Gefäßrand. Die Ursache dafür liegt in
der nicht gleichmäßigen Ausleuchtung der Gehirnoberfläche.
Die Ermittlung des Gefäßdurchmessers wird dadurch erschwert.
In den meisten Versuchen ist allerdings nicht der absolute
Durchmesser eines Gefäßes von Bedeutung, sondern die Änderung
des Durchmessers. Aus diesem Grund kann willkürlich ein
idealer Helligkeitswert als Gefäßgrenze definiert werden.
Folgendes Vorgehen hat sich in der Praxis bewährt:

1. Bestimmung des Ortes des dunkelsten Punktes im Helligkeitsverlauf (Hmin).
2. Bestimmung des Ortes des hellsten Punktes rechts bzw. links
   des dunkelsten Punktes (Hl,max; Hr,max).
3. Bestimmung des Ortes desjenigen Punktes rechts bzw. links
   des dunkelsten Punktes, der folgender Bedingung am besten
   genügt:

H = Hmin + 0.5˙ (Hr, max-Hmin)

                              bzw.

H = Hmin + 0.5˙ (Hl,max-Hmin)

Aus dem Abstand der beiden Punkte kann der Gefäßdurchmesser
berechnet werden. Er beträgt im obigen Beispiel 46 Bildpunkte,
eine Umrechnung ergibt etwa 125 Mikrometer.

6. Bestimmung der mittleren Strömungsgeschwindigkeit

Vor allem bei gestörter Durchblutung erscheint der Gefäßinhalt
inhomogen. Diese Inhomogenität wird durch Klümpchen von roten
Blutzellen verursacht. Die näherungsweise Bestimmung der
mittleren Strömungsgeschwindigkeit basiert auf der Beobachtung
solcher wandernder Helligkeitsstrukturen. Abbildung 5 zeigt
typische Helligkeitsverläufe in einer zerebralen Arterie längs
Parallelen zur Gefäßachse.

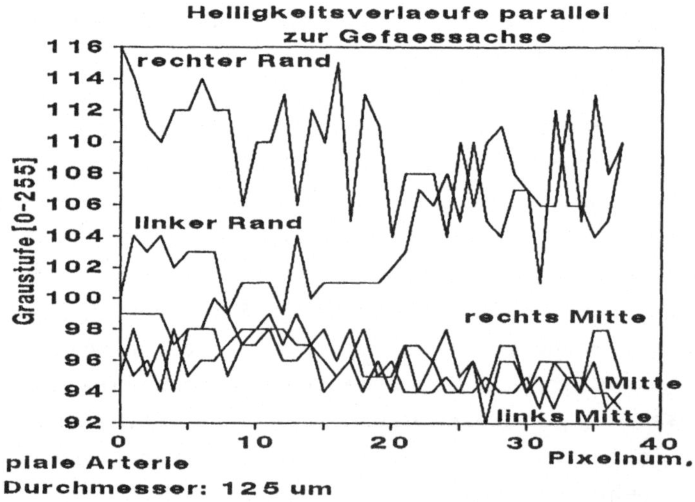

Abb.5: Helligkeitsstrukturen parallel zur Gefäßachse

Zur Abschätzung der mittleren Strömungsgeschwindigkeit werden
jeweils vier, in zeitlichen Abständen Δ t digitalisierte,
Bilder herangezogen. Wird eine Kreuzkorrelation zweier um die
Zeit Δ t versetzter Helligkeitsverläufe durchgeführt, so repräsentiert der Ort des Maximums der Kreuzkorrelationsfunktion

die Verschiebung des Gefäßinhalts in der Zeit Δt (7). Tatsächlich hat sich gezeigt, daß die Modulation des Meßsignals
durch statische Hintergrundstrukturen (Ablagerungen am Fenster,
ungleichmäßige Ausleuchtung der Gehirnoberfläche, etc.) die
Messung stört. Wird die Differenz jeweils zweier Helligkeitsverläufe miteinander korreliert, wird die störende Hintergrund-
modulation ausreichend vermindert. Abbildung 6 zeigt die,
während eines Ischämieexperimentes, auf diese Weise ermittelte
mittlere Strömungsgeschwindigkeit in einer zerebralen Arterie
mit einem Durchmesser von 270 Mikrometern.
Diese Arterie liegt im Versorgungsgebiet der A. cerebri media.
Nach Unterbinden der A. cerebri media zeigt sich ein drastischer
Rückgang der Strömungsgeschwindigkeit, der nur vorübergehend
durch regulative Vorgänge angehoben werden kann.

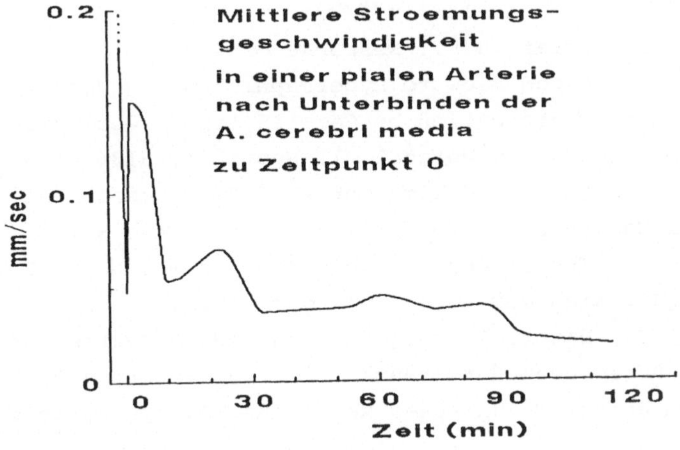

Abb.6: Strömungsgeschwindigkeit in einer zerebralen Arterie.

Literatur

1. Gündling, P., Haneder,J., Gaab, M.R.: Correlation Between
   CBF and pCO_2, pO_2, pH, Hemoglobin, Blood Pressure, Age and
   Sex. In: Cerebral Blood Flow and Metabolism Measurement
   (Hartmann,A., Hoyer,S., Hrsg.), S. 51-55. Wien New York:
   Springer. 1985.

2. Auer,L.M., Pucher, R., Leber, K., Ishiyama, N.: Auto-
   regulatory Response of Pial Vessels in the Cat. Neurolog.
   Research 9 (1986).

3. Auer, L.M., Ishiyama, N., Pucher, R.: Cerebrovascular
   Response to Intracranial Hypertension. Acta Neurochir. 84,
   124-128 (1987).

4. Symon,L., Held, K., Porsch, N.W.: On the Myogenic Nature of
   the Autoregulation. Cerebral Blood Flow and Intracranial
   Pressure. Proc. 5th Int. Symp., Roma-Siena (1971), part I.
   Europ. Neurol. 6, 11-18 (1971/72).

5. Tuor, U.I., Farrar, J.K.: Response of Arteriolar Caliber
   and Cerebral Blood Flow to Hypercapnia During Hemorrhagic
   Hypotension: Modification by Carotid Artery Occlusion.
   J. Cereb. Blood Flow Metabol. 1, Suppl. 1: S184-S185 (1981).

6. Auer, L.M.: Extent and Timecourse of Pial Venous and
   Arterial Constriction to Cervical Sympathetic Stimulation
   in Cats. In: The Cerebral Veins (Auer, L.M., Loew, F., Hrsg.)
   S. 131-136. Wien New York: Springer. 1983.

7. Janocha, H., Haupt, A.: Algorithmen und Hardwarestrukturen
   für die Berechnung der Kreuzkorrelationsfunktion mit
   Mikrocomputern. Technisches Messen 54. Jahrgang, Heft 1-2,
   (1987).

8. Auer, L.M.: The Pathogenesis of Hypertensive Encephalo-
   pathy. Acta Neurochir. Suppl. 27, 1-111 (1978).

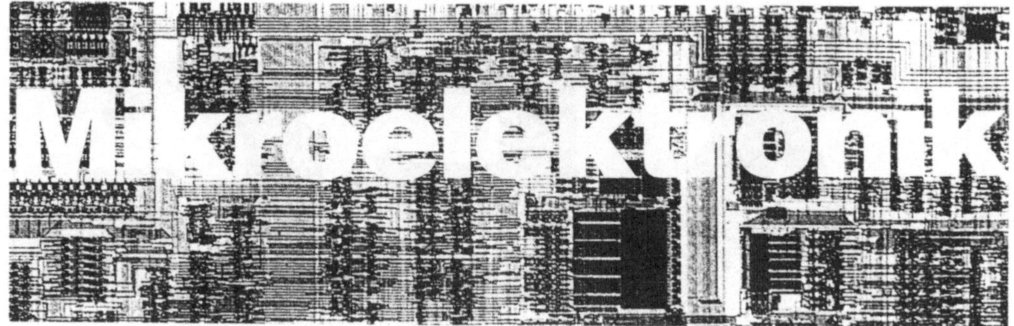

Mikroelektronik

Springer

5. Themenkreis

"MEDIZINTECHNIK UND BIOLOGIE"

Leitung:

Univ.-Prof. Dipl.-Ing. Dr. St. Schuy
Univ.-Prof. Dipl.-Ing. Dr. P. Pfundner
Univ.-Prof. Dipl.-Ing. Dr. E. Hochmair

AUTOMATISCHE STEUERUNG DES KÜNSTLICHEN HERZERSATZES
MIT EINEM SINGLE-CHIP-MIKROPROZESSOR

H. Schima, L. Huber, A. Prodinger, H. Schmallegger, H. Thoma

Biotechnisches Labor der II. chir. Universitätsklinik Wien,
1090 Wien, Van Swietengasse 1

ZUSAMMENFASSUNG:

Für die automatische Steuerung des künstlichen Herzens wurde ein Regler entworfen, der auf einem Single-Chip-Mikroprozessor basiert. Das System zieht vier Analogsignale des Antriebs zur Anpassung der Pumpfunktion an die physiologischen Bedürfnisse heran. Darüber hinaus ist ein On-Line-Monitoring über eine serielle Schnittstelle möglich.

EINLEITUNG:

Um bei terminaler Herzkrankheit die Wartezeit zu einer Herztransplantation zu überbrücken beziehungsweise den Zustand eines Patienten soweit zu verbessern, daß eine Transplantation überhaupt möglich ist, werden vor allem pneumatisch betriebene Blutpumpen verwendet.
Für die vollständige Unterstützung des Kreislaufs sind dabei zwei Pumpen für den Ersatz der linken und der rechten Herzkammer erforderlich. Jede Pumpeinheit besteht aus einer Kammer, die durch eine flexible Membran in eine Gas- und eine Blutseite getrennt ist. Ein- und Auslaßöffnung sind mit konventionellen Herzklappen versehen. In der Auswurfphase (Systole) wird das Blut durch Anlegen von Preßluft aus der Kammer hinausgetrieben, in der Füllphase (Diastole) wird der Ventrikel durch Anlegen eines leichten Unterdrucks gefüllt.
Es sind somit für jede Pumpe mindestens vier Parameter einzustellen: Die Herzfrequenz, die Dauer der Systole, der in der Systole aufgebrachte Überdruck und der in der Diastole anliegende Unterdruck.
Die Einstellung dieser Größen muß einerseits eine möglichst gute Anpassung von Blutdruck und -fluß an die Anforderungen des Patienten garantieren. Dabei müssen auch pathologische Veränderungen der körpereigenen Regulationsmechanismen, die aufgrund des schlechten präoperativen Allgemeinzu-

standes auftreten können, berücksichtigt werden. Anderseits soll die optimale Abstimmung der einzelnen Einstellungen des Antriebs eine größtmögliche Schonung der Blutbestandteile gewährleisten.

Für eine automatische Regelung sind eine Reihe von verschiedenen Algorithmen vorgeschlagen und experimentell erprobt worden, wobei vor allem analoge und Digitalschaltungen mit weitgehender analoger Vorverarbeitung verwendet wurden /1/,/2/. Die hohe Rechenleistung moderner Mikroprozessoren gestattet es jedoch, Signalvorverarbeitung, Kurvendiskussion und Regelung für beide Ventrikel direkt im Prozessor durchzuführen. Dadurch können in derselben Hardware- und Softwareumgebung sehr unterschiedliche Regelalgorithmen implementiert werden, die zugleich auf mehrere Eingangsgrößen zugreifen können und dadurch robuster als herkömmliche Regler sind. Allerdings erfordert eine derartige automatische Steuerung besondere Vorkehrungen zur Erkennung von Fehlzuständen und zur Umschaltung auf Reservesysteme, da ja bei einer derartigen Blutpumpe die unterbrechungsfreie Pumpaktion gewährleistet sein muß.

Ausgehend von den Anforderungen an ein derartiges Gerät soll im weiteren die Hardware- und Softwarestruktur des entwickelten Systems dargestellt werden.

<u>ANFORDERUNGEN</u>:

Frühere Entwicklungen haben gezeigt, daß eine vollständige Funktionssicherheit mit vertretbarem Aufwand nicht erreichbar ist. Auch eine zweifache Auslegung aller wichtigen Funktionsgruppen bedingt einzelne nicht verdoppelbare Komponenten, insbesondere die Umschaltvorrichtung zwischen den Aggregaten und die Fehlererkennungslogik /3/.

Bei dieser Entwicklung wurde daher davon ausgegangen, daß jederzeit ein eigenständiger Reserveantrieb verfügbar ist, auf den händisch umgeschaltet werden kann. Bei Meßproblemen oder in Grenzfällen schaltet die Regelung auf manuell einstellbare Fixwerte um. Die Pumpfunktion wird durch eine eigenständige Überwachungslogik fortlaufend kontrolliert, sodaß eine rechtzeitige Reaktion des Pflegepersonals sichergestellt ist.

Aus diesem Grundkonzept ergeben sich folgende Anforderungen an die Steuerung:

* Regelung von Herzfrequenz, Systolendauer und ggf. des Treibdrucks zweier Blutpumpen;
* Verrechnung von jeweils 2 Analogsignalen (Frequenzgang 100Hz) pro Pumpe zur Erkennung der Membranposition und des Kammerdrucks;
* Bei Verwendung als Herzunterstützung Verarbeitung des EKGs;
* Aufeinander abstimmbare Regelung der Pumpen für großen und kleinen Kreis-

lauf;

* Leichte Modifizierbarkeit der Regelstrategien zur Untersuchung verschiedener Algorithmen;

* Hohe Betriebssicherheit:
  - Minimierung von Automatikabschaltungen durch Heranziehung mehrerer Meßgrößen
  - Erkennung von Fehlerzuständen in der Hardware (Elektronik, Pneumatik, Meßaufnehmer), in der Software oder von pahtologischen Zuständen des Patienten und Ergreifen entsprechender Maßnahmen: Umschalten auf Handbetrieb, Alarmierung des Pflegepersonals;

* Ausgabe von Statusmeldungen an den Benutzer;

* Eingabe von Sollgrößen;

* Leichte Modifizierbarkeit von Betriebsparametern während des Testbetriebs;

* Überwachungs- und Meldungsmöglichkeiten während des Testbetriebs;

* Minimale Bauteilanzahl;

* Geringe Stromaufnahme;

<u>REALISIERUNG:</u>

Abb. 1 zeigt ein Blockschaltbild der automatischen Steuerung: Vier Eingangskanäle sowie 2 analog vorzugebende Sollgrößen werden gemultiplext und mit einer Auflösung von 10bit digitalisiert.

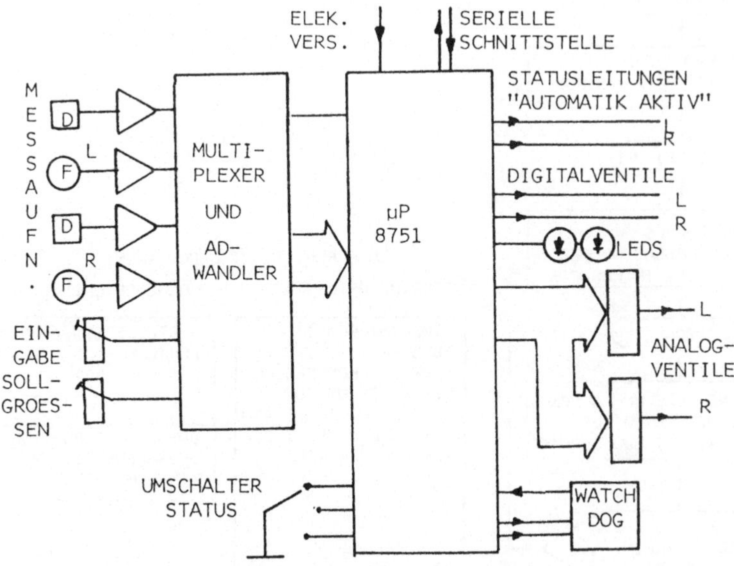

Abb. 1: Automatische Steuerung, Blockschaltbild

Für den Einsatz als Assist-Device ist zusätzlich die Digitalisierung des EKG-Signals vorgesehen. Über einen Umschalter wird die Betriebsart (Manuell/Assist-Device/Totalherz-Automatik) vorgegeben. Der Prozessor steuert 2 Digital-Ventile zur Umschaltung zwischen Systole und Diastole und bei Bedarf zwei Analogventile zur Einstellung des Treibdrucks. Daneben sind Leuchtdioden oder ein LCD-Display zur Benutzerinformation und ein Teststecker für serielle Ein-und Ausgabe zu Entwicklungs- und Servicezwecken vorgesehen.

Als Prozessor wurde ein Intel 8751 ausgewählt, da dieser über eine genügend hohe Rechengeschwindigkeit, genügend RAM und EPROM, mehrere Ports, serielle Ein- und Ausgabe sowie zwei Timer und zwei Interruptebenen verfügt. Allerdings muß bei diesem Prozessor zusätzlich ein Wathdog vorgesehen werden, der die Speisespannung und die einwandfreie Funktion des Prozessors über ein Puls-Pausenverhältnis an zwei Output-Pins überwacht.

Die Struktur der Software ist in Abbildung 2 dargestellt. Nach dem Einschalten wird das System initialisiert. Diese Initialwerte können über die serielle Schnittstelle modifiziert werden. Es folgt ein Nullabgleich der Gasflußsensoren, der alle 2000 Zyklen wiederholt wird. Dann wird ein Timer gestartet, der im weiteren alle 4ms einen Interrupt setzt. Das Hauptprogramm läuft dann in einer assynchronen Schleife und berechnet für das

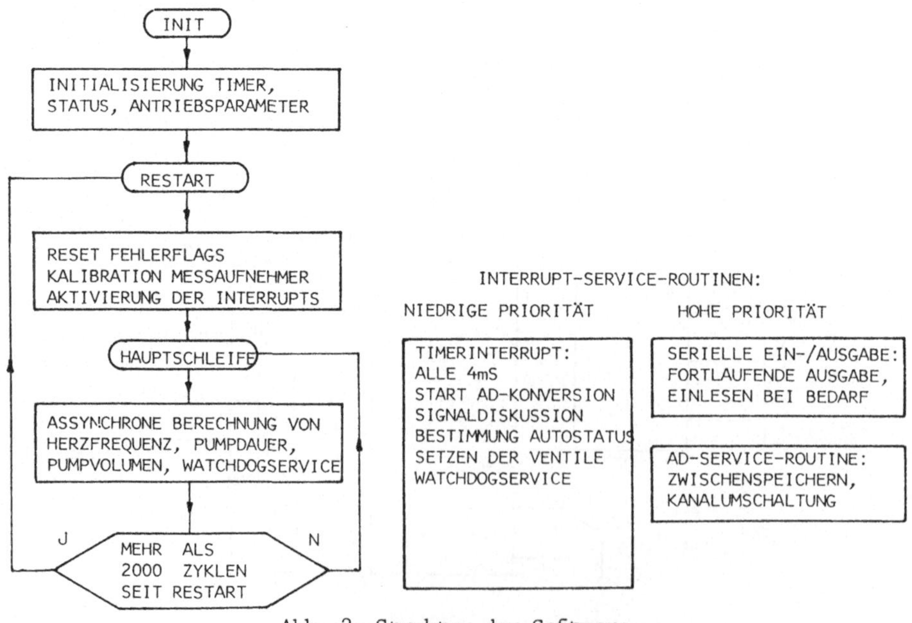

Abb. 2: Struktur der Software

Monitoring Größen wie Herzfrequenz, Systolendauer, Pumpvolumen und Kammerdrücke.

Die Timer-Interrupt-Routine startet den AD-Konverter, führt die Linearisierung der Messung und die Kurvendiskussion durch. Im Automatikmodus wird primär eine Optimierung der Herzfrequenz /3/ sowie eine Symmetrierung der linken und rechten Pumpleistung durchgeführt. Verschiedene Regelalgortihmen können hier in einer genau definierten Softwareumgebung implementiert werden. Schließlich berechnet die Interrupt-Routine die neuen Stellungen der Analog- und Digitalventile und transferiert Meßdaten an das Hintergrundprogramm.

Zwei kurze Interruptroutinen höherer Priorität sorgen für die Bedienung der seriellen Schnittstelle und die Umschaltung des AD-Konverters auf die weiteren Kanäle.

Die Software wurde in Macro-Assembler geschrieben und so hoch als möglich modularisiert. Das Hauptprogramm und die Interruptroutinen verwenden unterschiedliche Datenspeicher und spezielle Speicherplätze zur Datenübergabe. Um die Programmsicherheit zu erhöhen, wurden folgende Maßnahmen vorgesehen: Erstens wurde das Setzen und Rücksetzen des Watchdogs sorgfältig an den Programmfluß angepaßt, zweitens wurden Semaphoren zur Erkennung von Zeitüberschreitungen eingebaut und drittens die wichtigsten Routinen (wie die Bedienung der Ventile und der Statusleitungen "Automatik aktiv") an besondere Stellen des Programmablaufs plaziert.

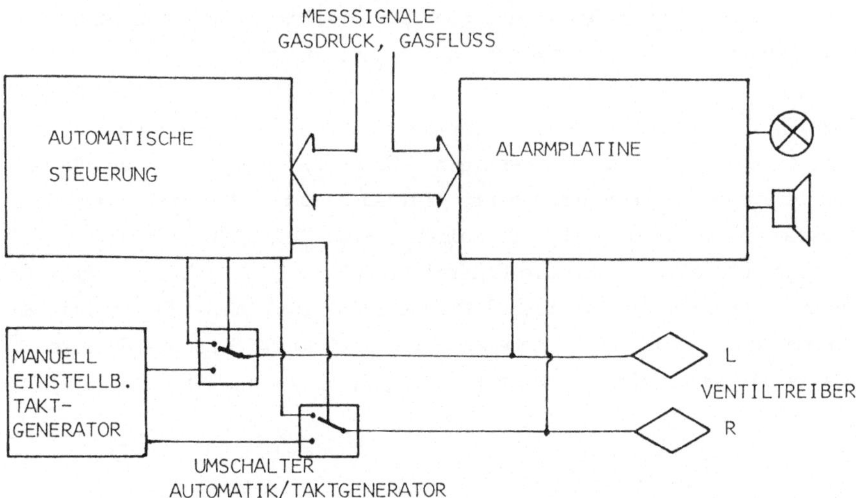

Abb. 3: Verbindungsleitungen zwischen Automatischer Steuerung, manuellem Taktgeber und der Alarmplatine

Abb. 3 zeigt die Einbindung der automatischen Steuerung in das Gesamt-system: Die Statusleitungen "Automatik aktiv" bewirken die Umschaltung der Ventile vom manuell einstellbaren Taktgenerator auf die Ausgänge des Prozessors. Der Taktgenerator hat eine eigene Spannungsversorgung. Als weitere selbstständige Einheit überwacht eine Alarmplatine den Ventiltakt und Gasdruck und Gasfluß. Im Fehlerfall gibt sie optischen und/oder akustischen Alarm.

<u>RESULTATE UND DISKUSSION</u>:

Die Einheit wurde ausführlich am Teststand und in ersten Tiereinsätzen erprobt und zeigte sehr zufriedenstellende Ergebnisse. Die gleichzeitige Verrechnung von Gasdruck- und Gasfluß führt zu einem verbesserten Verhalten bei irregulären Betreibszuständen. Die gleichzeitige Regelung beider Ventrikel in einem Prozessor ermöglich eine hohe Vernetzung der beiden Regelungen ohne Datentransferprobleme. Die hohe Flexibilität der Hardware und der Software gestatten die Untersuchung sehr unterschiedlicher Antriebsstrategien. Die Rechenkapazität des 8751-Single-Chip-Prozessors erwies sich als ausreichend. Derzeit benötigen die Konverter und Interface-Service-Routinen etwa 20%, die Haupt-Interrupt-Routine etwa 30% und das Hintergrundprogramm 10% der maximal verfügbaren Rechenzeit, sodaß für zukünftige Erweiterung genügend Reserven bleiben. Allerdings zwingt die 8-bit Struktur dieses Prozesssors bei arithmetischen Operationen zu relativ aufwendigen Routinen.

Der klinische Einsatz des künstlichen Herzens hat einige neue Fragen der Steuerungsalgorithmen aufgeworfen. Mit dem vorgestellten System ist einerseits die Untersuchung derartiger Konzepte möglich, anderseits eine ausreichende Sicherheit für den Humaneinsatz gewährleistet.

<u>LITERATUR</u>:

1. Snyder A.J., Imachi K., Hennig E. Control; Proceedings of the Second World Symposium Artificial Heart (Edited by E.S. Bücherl). Advances in System Analysis Vol.1 (Ed. D. Möller), S165-210, 1986.

2. Stoehr et al.: Automatic Control of Pneumatically Driven Artificial Hearts; Progress in Artificial Organs 1983, ISAO-Press <u>204</u>, S 184-188.

3. Thoma H.: Drive and Management of Circulation Support Systems. In: Assisted Circulation 2 (Unger F., Hrsg.), S339-366, 1984.

ENTWICKLUNG   UND ANWENDUNG EINES GATE-ARRAY ICs FÜR   IMPLANTATE
FÜR DIE ELEKTROSTIMULATION

H.Stöhr, W.Mayr, H.Thoma

Ordinariat für Biomedizinische Technik und Physik,
Universität Wien

ZUSAMMENFASSUNG:

Mit Hilfe eines nunmehr entwickelten Gate-Array ICs vereinfacht
sich der Aufbau von Implantaten für die funktionelle Elektrostimulation beträchtlich. Die Implantate werden sowohl für die
Mobilisation Querschnittgelähmter (Paraplegiker) wie auch für
die Stimulation der Nervi Phrenici im Falle von Atemlähmung
(z.B. bei hoher Tetraplegie) eingesetzt. Bis auf wenige passive
Bauteile besteht die Elektronik der Implantate nur mehr aus dem
entwickelten Chip.

Einleitung

Querschnittlähmung bedeutet für den Betroffenen einen irrever-
siblen Verlust von Bewegungsfähigkeit, wobei - je nach der Höhe
der erlittenen Wirbelsäulenverletzung - "nur" die Beine gelähmt
sind, oder im Extremfall alle willkürlichen Bewegungsmöglich-
keiten kopfabwärts inklusive der Atemfähigkeit betroffen sind.
Die Zahl der querschnittgelähmten Patienten ist wegen der erhöhten Unfallzahlen ständig im Steigen begriffen, immer mehr
Jugendliche sind betroffen und wegen der verbesserten medizinischen Versorgung steigt die Zahl der Überlebenden auch bei
hohem Querschnitt. Abgesehen vom persönlichen Leid welches mit
der Querschnittlähmung verbunden ist, ist der volkswirtschaftliche Verlust beträchtlich.
Querschnittlähmung ist im traditionellen Sinne medizinisch
nicht heilbar, da das bei der Verletzung zerstörte Rückenmark

nicht ersetzt werden kann. Vereinfacht stellt das Rückenmark die Verbindung von Gehirn und Extremitätenmuskulatur dar. Eine Möglichkeit der Hilfe bietet die funktionelle Elektrostimulation, bei der die meist intakt gebliebene Muskulatur bzw. die dazugehörigen Nerven mit Hilfe elektrischer Impulse wieder aktiviert werden können. So einfach die prinzipielle Idee klingt, so kompliziert ist die praktische Realisierung. Die Gründe dafür sind vielfältig, näheres kann in /1/ nachgelesen werden. Weltweit beschäftigen sich etwa 10 Forschungsgruppen nennenswert mit dieser Problematik, wobei die bisherigen Ergebnisse der Wiener Gruppe international durchaus anerkannt werden.

Nach jahrelangen invitro und invivo Vorversuchen konnte ein implantierbares Stimulationssystem auch für den Humaneinsatz entwickelt werden. Allerdings handelt es sich bei den Implantaten um sogenannte "8-Kanal Geräte", die eine Stimulation von nur 2 Nerven zulassen. Mittlerweile wurden derartige Nervstimulatoren zur Mobilisation nach Querschnittlähmung in vier Patienten implantiert. Die Erfahrungen, die während des Aufbautrainings und den ersten Geherfolgen gewonnen wurden, bestätigen voll die Richtigkeit des Konzeptes der Muskelaktivierung mit Hilfe vollimplantierbarer Stimulatoren. Eine weitere Anwendung der Nervstimulatoren betrifft die Stimulation der Phrenicus-Nerven im Falle einer hohen Rückenmarkslesion. Auch diese Technik wird bereits im Humaneinsatz standardmäßig angewendet.

Wenngleich ein Stimulationssystem aus mehreren kritischen Komponenten besteht (Elektroden, Elektrodenleitungen, Steckverbindungen, Elektronik, Vergußtechnologie, Energieversorgung, Steuerung, Sensortechnik etc.), betrifft ein Hauptschwerpunkt der laufenden Entwicklungen und Forschungen die Erweiterung der Anzahl der stimulierbaren Nerven.

Die Technik der 8-Kanal Stimulatoren ist u.a. in /2/ bzw. /3/ nachlesbar und soll hier nur kurz zusammengefaßt werden:

Entsprechend der von H.Thoma entwickelten und patentierten Methode der Karussellstimulation sind zur Langzeitstimulation eines Nervs drei oder mehr Elektroden notwendig. Kriterien der Karussellstimulation sind die submaximale Dosierung der Stimulationsstromstärke und periodisch wechselnde Kombinationen der aktiven Elektroden. Dadurch wird die "natural rotation of activity" simuliert und ein vorzeitiger Transmitterverlust im Nerv-Muskel-Übergang verhindert. Zusätzlich bieten die Mehrfachelek-

troden Redundanz bei eventueller Dislokation der Elektroden.
Die Anwendung der Karussellstimulation setzt allerdings einen
in allen Parametern frei programmierbaren Stimulator voraus. Im
Detail bieten die von der Wiener Arbeitsgruppe entwickelten Implantate folgende Merkmale:

  Einstellbarer Stimulationsstrom 0 - 8mA (Auflösung 8 Bit);

  Konstantstrom-Stimulation (Spannungsabfälle am Elektrodenan-
  schluß sind vernachlässigbar);

  Maximale Spannung 15 Volt;

  Freie Wahl der Polarität der Stimulationsimpulse;

  Freie Wahl der aktiven Elektroden;

  Kontinuierlich einstellbare Impulsdauer (0 - 2ms);

  Kontinuierlich einstellbare Impulsfrequenz (10 - 100 Hz);

  Auskoppelkondensatoren verhindern Gleichstromanteil in den
  Elektroden (wichtig wegen Korrosionsbeständigkeit);

Die Energieversorgung bzw. die Informationsübertragung in das
Implantat erfolgt transcutan mit Hilfe einer außerhalb des Körpers über dem Implantat positionierten Sendespule. Wesentlich
ist, daß jeder Stimulationsparameter vor jedem Impuls neu eingestellt werden kann, sodaß eine kontinuierliche Anpassung der
Stimulation an die gewünschte Bewegung möglich ist.
Die Elektronik des Implantats ist in Dünnschicht-Hybridtechnologie ausgeführt. Für die Fertigung steht ein Reinraum samt
entsprechender Geräte zur Verarbeitung von Chip-Bauteilen im
eigenen Labor zur Verfügung. Ebenso bietet die institutseigene
mechanische Werkstätte wie auch das Kunstofflabor die Voraussetzungen für eine verantwortbare Implantationstechnik.
Das extracorporale Ansteuergerät ist batterieversorgt und wird
gänzlich vom Patienten bedient. Ein Gerät versorgt zwei Implantate, sodaß somit mit dem derzeit existierenden System vier
Nerven stimuliert werden können.
Als vorläufig entscheidender Nachteil des Systems erwiesen sich
die geringen Möglichkeiten wegen der eingeschränkten Anzahl an
stimulierbaren Nerven. Derzeitig werden beim "Beinschritt-
macher" nur Streckfunktionen (Stimulation der N.femorali und
N.Glutei inferior jeweils beidseitig) aktiviert, was zwar akti-
ves Aufstehen und Fortbewegung im Schwunggang oder in einem
eher unnatürlichen 4-Punkte Gang ermöglicht, aber keineswegs
Heben der Beine, z.B. zum Stiegensteigen. Gerade dies ist aber
für eine breite Akzeptanz durch den Patienten unerläßlich.

Vorgaben für die Entwicklung eines Gate-Array-ICs

Um den natürlichen Bewegungsvorgängen der Beine einigermaßen
nahezukommen, ist die Stimulation von mindestens 5 bis 6 Mus-
kelgruppen je Körperseite notwendig. Prinzipiell kann die geforderte Kanalzahl der Implantate auf mehrfache Weise erreicht
werden. Zum einen ist eine Erweiterung des bestenden Implan-
tatskonzeptes denkbar. Dies bringt aber ein engmaschiges Netz
von Elektrodenleitungen beim Implantat mit sich (z.B. 12 Nerven mit je vier Elektroden ergibt 48 Leitungen !), was praktisch nicht implantierbar ist. Zum anderen wären auch mehrere
im Körper verteilte Implantate vorstellbar, die voneinander
unabhängig mit Energie und Information versorgt werden müßten.
Im Sinne einer möglichst patientenfreundlichen Lösung (geringe
Irritation durch körperfremdes Material bzw. leichte Anwendbarkeit mit einem Minimum an extracorporalen Aufwand), ist auch
diese Lösung auszuschließen.
Als gangbarer Kompromiß erscheint uns ein Master-Slave-System,
bei dem von einem zentralen Implantat ("Master") in dem die
Versorgungsspannungs- und die Informationsgewinnung sowie die
Impulsaufteilung und die Einstellung der Stimulationsstromam-
plitude erfolgt, dezentrale "Slave"-Implantate versorgt werden.
Jeder dieser Slave-Bausteine hat zwei Ausgangsgruppen mit je
fünf Elektrodenanschlüssen, sodaß 2 Nerven anschließbar sind.
Um die Abmessungen der Implantate minimal zu halten, die Herstellung zu erleichtern und die Ausfallsicherheit zu erhöhen
liegt die Entwicklung einer kundenspezifischen integrierten
Schaltung nahe. Wegen der nicht allzu großen Komplexität und
der geringen Stückzahlforderung ist ein Gate-Array einem voll-
kundenspezifischen IC vorzuziehen. Obwohl speziell im universitären Bereich derartige Entwicklungen eher ungewohnt sind,
und eher nur für den kommerziellen Bereich verwendbar angesehen
werden, kann davon ausgegangen werden, daß "ASICs" in nächster
Zukunft auch für Kleinststückzahlen interessant sein werden.
Der Chip hat im wesentlichen folgende Aufgaben zu erfüllen:
1. Ersatz der Elektronik der bestehenden 8-Kanal Stimulatoren
   für zwei Nerven,
2. Funktion als Master-Implantat sowie als Slave-Implantate in
   einem Master-Slave-System,
3. Funktion einer Interface-Schaltung zu einem Single-Chip
   Mikroprozessor der z.B. bei zukünftigen Implantaten mit

closed-loop Regelung der Bewegung als Regler fungieren soll.

Bezüglich der Technologie des Gate-Arrays waren folgende Überlegungen ausschlaggebend:

1. Praktisch ausschließlich digitaler Charakter der Implantatsschaltung,

2. Forderung nach geringstem Leistungsverbrauch, daher CMOS,

3. Forderung nach einer Betriebsspannung (bzw. Ausgangsspannung) von mindestens 15 Volt.

Speziell wegen der letzten Forderung waren österreichische Gate-Array Hersteller nicht imstande einen derartigen Chip zu liefern. Unter den relativ wenigen Anbietern einer CD4000-kompatiblen Technologie erwies sich die schweizer Firma CROSS-MOS als am günstigsten. Die Schaltungsentwicklung, der Breadboardaufbau sowie der Test wurde im eigenen Bereich durchgeführt, während die Layoutgestaltung und die eigentliche Integration von Crossmos übernommen wurde.

<u>Problemlösung</u>

Entsprechend der Forderung, die zu entwickelnde integrierte Schaltung möglichst universell auszulegen, wurde versucht in den IC möglichst viele Funktionen "einzupacken". Gegenüber der ursprünglichen Fragestellung, nämlich im wesentlichen nur eine Erweiterung bzw. Ersatz der 8-Kanal Systeme zu bilden, entstanden im Laufe der Entwicklungen immer mehr Ideen zur Schaffung eines "Stimulations-Universal-ICs". Während des Breadboardaufbaus der Innenschaltung wurden die Funktionen kontinuierlich ausgeweitet und überarbeitet.

Die Anpassungen der Schaltung an die Funktionserweiterungen waren deshalb relativ leicht durchführbar, weil der Breadboardaufbau, die Layoutentwicklung sowie die Dokumentation der Schaltung unter weitgehender Computerunterstützung mit entsprechenden CAD-Programmen durchgeführt wurden. Mit herkömmlichen Logik-ICs aufgebaut, ergibt sich ein beachtlicher Bedarf von 52 ICs der durch ein Array mit je 840 N- und P-Kanal Transistoren ersetzt wurde. Ein Chip kann 2x5 Elektroden anspeisen. Bei Bedarf können mehrere Chips zusammengeschaltet werden, um die Anzahl der Elektrodenausgänge zu erhöhen. Je nach Betriebsmodus der Schaltung besteht eine komplette Impulsfolge zur Programmierung aus 14, 15, 26 oder 27 Bits, die seriell in das Implantat übertragen werden (aufmoduliert dem HF-Träger zur transcutanen Energieversorgung).

Jeder der 10 Ausgänge eines Chips kann entweder "floatend", an Masse oder an einen Stromquellenausgang (die Chip-externe Stromquelle liefert den eigentlichen Stimulationsstrom) geschaltet werden. Zusätzlich sind für Spezialanwendungen noch weitere Optionen vorgesehen.

1. Über einen Eingang können die Polaritäten der aktiven Ausgänge invertiert werden. Nicht-aktive Ausgänge bleiben in Tri-state. Dadurch ist ein "Choppen" möglich.

2. Über einen weiteren Steuereingang können alle Ausgänge über die N-Kanal FETs an Masse gelegt werden. Dies kann zur sicheren Entladung vorhandener Auskoppelkondensatoren des Stimulators dienen.

3. Über einen weiterer Steuereingang werden während der Stimulationsimpulse alle aktiven Ausgänge zwangsweise an Masse gelegt.

4. Die Stimulationsimpulse können entweder "monophasisch" oder "biphasisch" sein.

5. Dem Chip kann eine 3-Bit-Adresse zugeordnet werden, sodaß mehrerer Chips eingangsseitig parallel betrieben werden können.

Es ist verständlich, daß herkömmliche Gehäuseformen für Implantate zu groß sind. Daher wird das Gate-Array ohne Gehäuse direkt auf eine Hybridschaltung, die die wenigen zusätzlichen Bauteile enthält gebondet. Zur Zeit erfogt der Umstieg von Dünnschicht-Hybridtechnologie zur Dickschichttechnik. Um Probeaufbauten leicht realisieren zu können wurden einige ICs auf ein kleines Printplättchen (Abmessungen 15x18 mm) gebondet und mit einem Tropfen Epoxiharz geschützt. Damit sind Aufbauten in SMD-Technologie möglich.

<u>Literatur</u>

1. Stöhr, H.: Biotechnische Grundlagen und Anwendung der funktionellen lektrostimulation nach Querschnittslähmung. Fakultas-Verlag, Wien 1984

2. Stöhr, H., Hochmair, I., Losert, U., Thoma, H.: Beispiele von elektronischen Implantaten im Körper. IE81

3. Stöhr, H., Hochmair, I., Schwanda G., Thoma, H.: Multifunktionelle implantierbare Stimulatoren. IE83

KUNDENSPEZIFISCHE CMOS - LSI SCHALTKREISE IN LEISTUNGSFÄHIGEN
HERZSCHRITTMACHERN

R. Steiner, O. Wiedenbauer

Entwicklungszentrum für Mikroelektronik Ges.m.b.H., [*] Villach

[*] Ein Unternehmen der Siemens AG und der ÖIAG

ZUSAMMENFASSUNG

Durch die Entwicklung eines kundenspezifischen integrierten
Schaltkreises konnte die Leistungsfähigkeit und Flexibilität
von Herzschrittmachern wesentlich gesteigert werden. Für einen
Herzschrittmacher dieser Art wurde in Ergänzung zu einem 8 Bit-
Einchipmikrocomputer ein Interface-Baustein mit digitalen und
analogen Funktionen in einer Niedervolt CMOS-VLSI-Technologie
entwickelt. Der Baustein arbeitet in einem Spannungsbereich von
1,6 V bis 4,0 V.

1. Einleitung

Der Einsatz von leistungsfähigen 8 Bit-Einchipmikrocomputern
und von kundenspezifischen VLSI-Bausteinen macht es möglich,
die Universalität enorm zu steigern.

Die wesentlichsten Vorteile eines solchen programmierbaren Herzschrittmachers liegen für den Patienten darin, daß derselbe
Schrittmacher für verschiedene oder veränderte Krankheitssymp-
tome (z.B. Brady- oder Tachykardie) verwendet werden kann und
daß ein eingebautes diagnostisches Überwachungssystem dem Arzt
sichere Aussagen über den Krankheitsverlauf, Therapieerfolg und
therapeutische Maßnahmen ermöglicht.
Oberstes Gebot beim Einsatz von Elektronik in einem Herzschrittmacher ist absolute Zuverlässigkeit bei geringstem Leistungsverbrauch.
Die hohen elektrischen Anforderungen, die dafür in Bezug auf
VLSI-Integrationsdichte, Leistungsverbrauch, Zuverlässigkeit und
Langzeitstabilität gestellt werden, soll im folgenden Beitrag
behandelt und die Lösungswege beschrieben werden.

2. Aufbau eines uP-unterstützten Herzschrittmachers

Herzschrittmacher-Systeme enthalten u.a. multiple Sensoren, ver-
änderbare Elektrodenkonfigurationen, nicht polarisierende Stimulationsimpulse, A/D-Wandler, einen µP, und einen großen Programm-
und Datenspeicher. Das Steuerprogramm kann während des Betriebes
mit Hilfe von Telemetrie ausgetauscht werden.

Die wichtigsten Funktionen und Steuermöglichkeiten sind schematisch in Abb. 1 dargestellt.

Abb. 1: Funktionen eines HSM-Systems

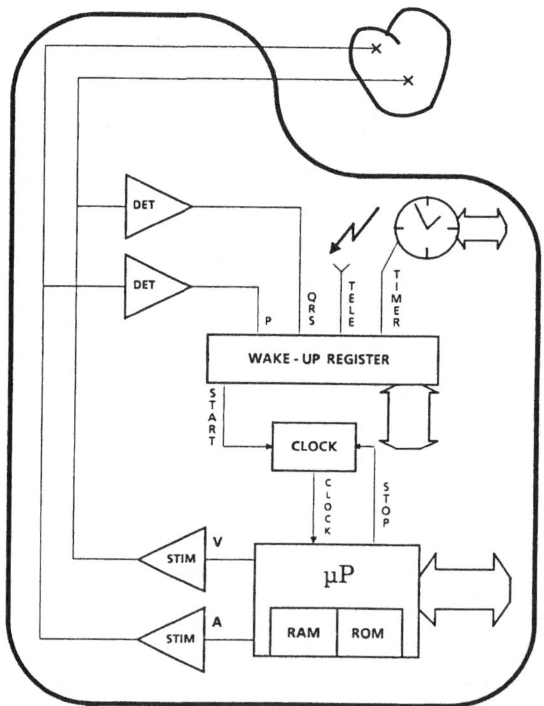

Die hohe Flexibilität und damit eine weitgehende Adaptionsfähig-
keit ermöglicht den Einsatz eines Mikroprozessors. Die gesamte
Herzschrittmacher-Charakteristik kann in einem Daten- und Programmspeicher festgelegt und gegebenenfalls geändert werden.
Das heißt, ein und dieselbe Hardware kann durch Umprogrammieren
einen neuen Herzschrittmachertyp ergeben. Außerdem können sämtliche wichtigen Parameter gemessen und überprüft werden. Darüber
hinaus ergibt sich die Möglichkeit der Selbstüberwachung durch
Messen der Batteriespannung, des Innenwiderstandes der Batterie,
der Elektrodenimpedanz und der Betriebstemperatur.

Zusätzlich zu dem Mikroprozessor sind noch weitere LSI-Schalt-
kreise nötig, um die gewünschten Funktionen bei minimalem Leistungsverbrauch zu garantieren. Ein eigener Interface-Baustein
dient zur Steuerung und Überwachung des gesamten Systems, wobei
der Mikroprozessor nur dann aktiviert wird, wenn dies unbedingt
nötig ist. Ein Blockschaltbild in Abb. 2 soll den Gesamtaufbau
veranschaulichen.

Abb. 2: Blockschaltbild des Gesamtaufbaus

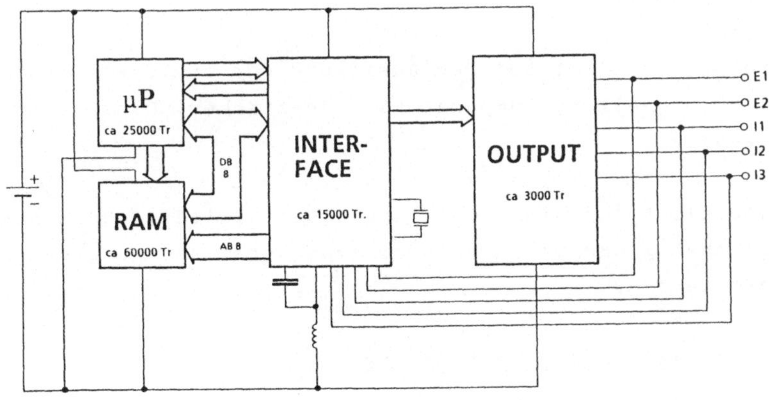

3. Hardware-Design und Technologie

Der Herzschrittmacher INTERFACE-Baustein ist ein kundenspezifischer VLSI-Schaltkreis in spezieller CMOS-Technologie mit einem spezifizierten Versorgungsspannungsbereich von 1,6 bis 4,0 V. Es sind sowohl digitale als auch analoge Funktionen integriert und der Schaltkreis ist imstande, völlig autark oder zusammen mit einem Single Chip-Mikrocomputer zu arbeiten.

Der ganze Baustein wird von einem stabilen 32 kHz-Takt versorgt, von welchem fast alle Timings abgeleitet werden. Zusätzlich wurde ein sogenannter High-Speed-Oszillator mit einer Frequenz von ungefähr 1 MHz integriert, welcher einerseits für den Datentransfer zum Output-Chip, als auch für den Mikroprozessor-Takt verantwortlich ist. Der High-Speed-Oszillator und der Mikrocomputer werden aus Gründen der erhöhten Stromaufnahme nur bei Bedarf "aufgeweckt".

Neben dem geforderten minimalen Stromverbrauch ist auch der Versorgungsspannungsbereich und die dabei zu gewährleistende Zuverlässigkeit ein Kriterium, welches höchste Anforderungen an die gewählte Schaltungstechnik und Technologie und ein konsequentes Layout erfordert.

Besondere Sorgfalt ist bei der Auslegung der analogen Schaltungsteile wie Biasquellen, Komparatoren, Verstärker, Oszillatoren, usw. notwendig.

Hier mußte nicht nur eine hohe Langzeitstabilität, sondern auch eine möglichst große Unabhängigkeit von der Versorgungsspannung realisiert werden.

4. Anforderungen an die Prüftechnik

Herzschrittmacher sind lebenswichtige Systeme, wodurch eine strenge Qualifikation und extreme Anforderungen an die Zuverlässigkeit, die jenen der Raumfahrttechnik gleichen, erfüllt sein müssen.

In jeder Phase des elektrischen Entwurfs ist auf die volle Testbarkeit der Schaltung zu achten. Die Komplexität des Schaltkreises erfordert den Einbau zusätzlicher Testlogik, um die Testbarkeit sicherzustellen.

Da integrierte Schaltkreise für Herschrittmacher auf extrem niedrige Leistungsaufnahme ausgelegt sein müssen, ergeben sich daraus entsprechende Anforderungen an die Prüftechnik. Ströme von
weniger als 10 nA müssen noch mit größtmöglicher Sicherheit und
Genauigkeit gemessen werden können.

Um die Zuverlässigkeit der Schaltung im praktischen Betrieb
sicherzustellen, werden umfangreiche Lebensdauertests durchgeführt. Dazu werden die Bausteine verschiedenen Beanspruchungen,
wie dynamischen Betrieb bei hohen Temperaturen, Temperaturwech-
selzyklen und Feuchtigkeitstests unterzogen. Zu bestimmten Zeit-
punkten wie 0, 168, 500, 1000 und 2000 Stunden werden die Bausteine hinsichtlich ihrer Funktion genau untersucht.

Mittels solcher Tests gewinnt man Erkenntnisse über die zeitliche Stabilität von, für die Funktion des Bausteins wichtigen,
Parametern (z.B. Einsatzspannung, Leckströme usw.).

Um mögliche Frühausfälle zu erkennen, werden sämtliche Bausteine einem Burn-in-Prozess unterzogen. Aus diesen Tests gewonnene
Meßergebnisse lassen erst eine gültige Aussage über die Zuverlässigkeit unter normalen Betriebsbedingungen zu.

Literatur

1. Segerstad Ch.H.af, Lekholm A., Elmquist H.: Pacemaker
   Architecture: A Pacemaker with an Attached Computer or
   a Computer with an Attached Pacemaker. Pace, Vol.7.

2. Pribyl W., Anderson H., Wiedenbauer O., Steiner R.:
   Application of CMOS-VLSI Circuits in Advanced
   Cardiac Pacemakers.
   Vortrag bei einem International Workshop in Wien.

<u>Intelligente Sensoren</u>

Wießpeiner G.

Institut für Elektro- und biomedizinische Technik, TU-Graz

<u>Zusammenfassung:</u>

Das größte Problem in der Meßtechnik stellt meist der Meßwertaufnehmer selbst dar. Durch den Einsatz von Kostengünstigen
Single Chip Mikrocomputern lassen sich viele der bekannten
Transducerprobleme wie Kalibrierung, Nichtlinearität, Zeitverhalten, berücksichtigen und korrigieren. Der so entstandene
intelligente Sensor wird so zum Standard Serienbauteil. Die
Anwendung von Front End Prozessoren als verteilte intelligente
Interfaces erhöht die Zuverlässigkeit eines Gesamtsystems und
erleichtert dessen Entwicklung. Dies wird auch Beispielen aus
der Meßtechnik demonstriert und es wird ein universelles frei
programmierbares Miniaturcomputersystem vorgestellt.

<u>Transducerinterface</u>

Die Hauptprobleme bei der Umwandlung eines physikalischen
Phänomens zu einem elektrischen Signal werden durch das Trans-
ducerprinzip selbst verursacht.

Während statische Fehler bei mehr oder weniger aufwendiger
Elektronik kompensiert werden können, sind dynamische Fehler
vom Signal selbst abhängig und lassen sich deshalb mit bekannter Hardware kaum korrigieren. In diesen Fällen kann ein
lernfähiges Programm eines Front End Prozessors helfen.

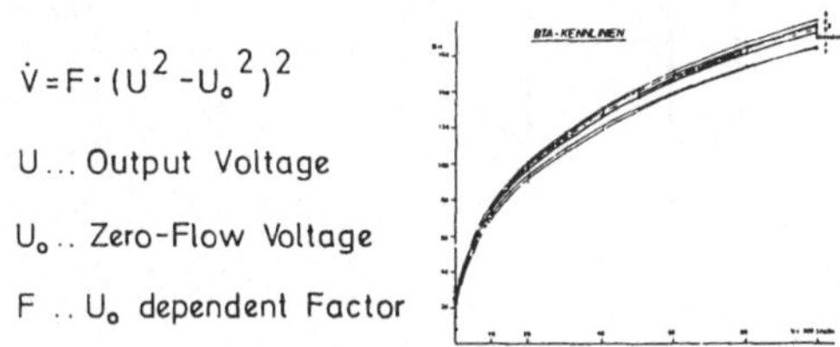

$$\dot{V} = F \cdot (U^2 - U_o^2)^2$$

U ... Output Voltage

U_o .. Zero-Flow Voltage

F .. U_o dependent Factor

Abb. 1   Abb. 2

Das erste Beispiel zeigt die Anwendung eines Single Chip
Computers als Front End Prozessors für nichtlineare Transducer-
funktionen. So hat z.B. das Thermistoranemometer (BTA) eine
Charakteristik wie in Abb.2 gezeigt wird. Neben dieser
nichtlinearen Kennlinie muß bei Messungen des Volumdurchsatzes
von bestimmten Gasen das Ausgangssignal des Flowmeters mit der
Zeitverzögerung der Gasanalysatoren in Phase gebracht werden.
Beide Anforderungen die Linearisierung einer komplexen Funktion
und die Zeitverzögerung benötigen einen unrealisitisch großen
Aufwand an Analogschaltkreisen, können jedoch sehr einfach mit
Hilfe eines kostengünstigen Single Chip Computers gelöst
werden. (Abb. 3). Die Linearisierung wird auf eine Tabelle
zurückgeführt und die automatische Offsetregelung sowie die
Zeitverzögerung bedeuten nur eine Zwischenspeicherung im
internen RAM.

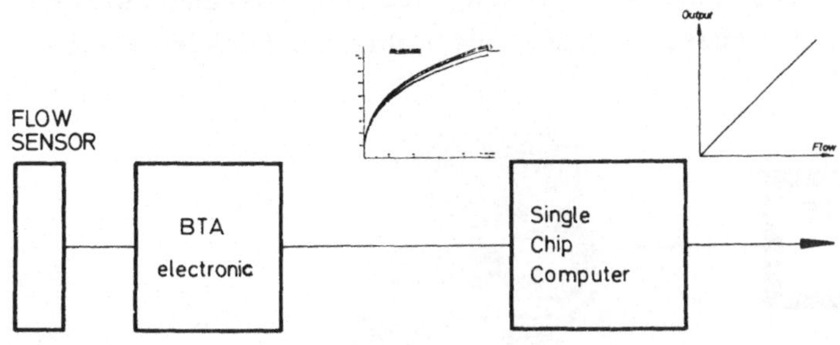

Abb. 3

Das zweite Beispiel zeigt einen intelligenten Transducer, der
das Nutzsignal aus einem stark verrauschten Eingangssignal
regeneriert.

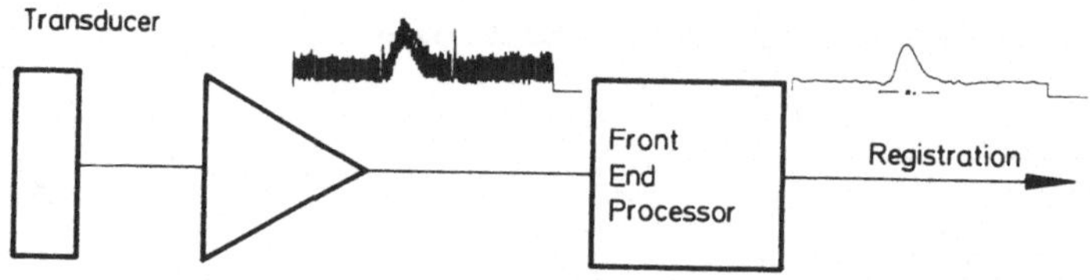

Abb. 4

Vielfach ist die Frequenz des Störsignals unbestimmt oder liegt
in der gleichen Größenordnung wie das Signal selbst, sodaß
konventionelle Analogfilter versagen.

Bis zu Abtastfrequenzen von 10 KHz kann ein einfacher Single
Chip Prozessor als Trackingfilter programmiert werden um eine
Signal-Rausch-Unterdrückung von über 60 TB zu erreichen. Für
höhere Signalfrequenzen müssen digitale Signalprozessoren (DSP)
verwendet werden, die heute mit einer Leistungsfähigkeit bis
über 3 MIPS /1/ zur Verfügung stehen.

Signalvorverarbeitung und Datenkompression

Der Personal Computer ist ein ideales Werkzeug für Handling,
Bearbeitung, Darstellung und Speicherung der Daten. Die Probleme beginnen bei Online Echtzeitverarbeitung sowie der
Hardwarekompatibilität verschiedener Systeme. Front End Prozessoren bilden eine ideale Ergänzung für die Kostengünstigen
PC's um eine Echtzeitverarbeitung auf mehreren Kanälen durchzuführen.

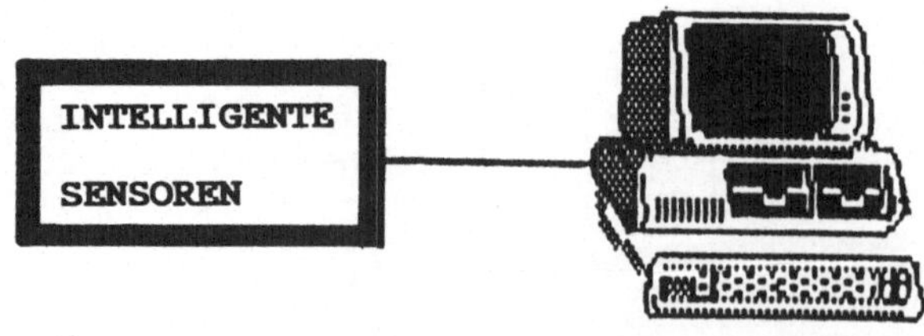

Abb. 5

Es hat sich als wesentlich günstiger herausgestellt, Echtzeitaufgaben einem Front End Prozessor zu überlassen und nach einer
Vorverarbeitung das Zwischen- oder Endergebnis dem Personalcomputer auf Anfrage mitzuteilen. Die Entwicklungsaufgabe wird
nicht nur einfacher und leichter durchschaubar, wegen der
einfachen Prüfbarkeit und Auswechselbarkeit einzelner Prüf-
komponenten, steigt auch die Zuverlässigkeit an. Ein weiterer
Vorteil ist die definierte Schnittstelle und somit die Kompa-
tibilität zu jeder Art von Personal Computern vom Lab Top zum
Großrechner. Für viele Meßaufgaben ist es nicht notwendig oder
nicht möglich das Meßergebnis sofort darzustellen oder weiterzuverarbeiten. Dagegen muß ein bestimmter Teil des Signals
genau erfaßt werden, Trendkurven aufgenommen oder Histogramme
erstellt werden.

Stand Alone Computing

Auf der Basis eines Single Chip Computers haben wir daher ein
universelles Datenerfassungssystem entwickelt.
Ein Single Chip Mikroprozessor ermöglicht die Aufnahme von
insgesamt 6 Analogkanälen. Die Verarbeitung auf 8 Bit Basis
erfolgt mit einer Zykluszeit von 1 µsek. Der Programmablauf
wird von einer Echtzeituhr gesteuert. Ein statisches RAM dient
zum Ablegen von Kurvendaten, Histogrammen oder Trends. Das
Anwenderprogramm kann über eine serielle Schnittstelle von
einem Personalcomputer geladen werden. Gleicherart können die
gespeicherten Daten an den Personalcomputer übertragen werden.
Auch während des Betriebes ist es möglich Werte über die
Tastatur einzugeben und charakteristische Kenngrößen am LCD
darzustellen. Das Gesamtgerät hat einen Stromverbrauch von
weniger als 1 mA. Die oben genannten Beispiele und viele andere
typische Anwendungen für intelligente Front End Prozessoren
lassen sich damit lösen.

Durch Verwendung von hoch integrierten mikroelektronischen
Schaltkreisen in SMD-Technologie ist es gelungen die Baugröße
dieses Prozessrechnersystems auf Zündholzschachtelformat zu
reduzieren.

BLOCKSCHALTBILD

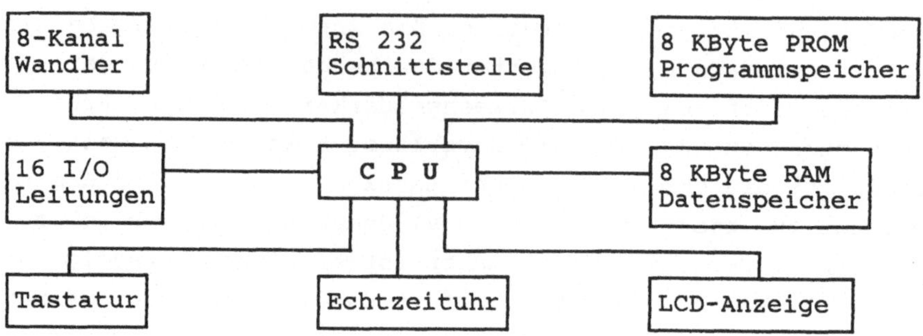

Abb. 6

Im Grundausbau können bis zu 8k abgespeichert werden. Eine
Erweiterung auf 64k ist möglich.
Durch diese Systemkonfiguration ergibt sich eine Fülle neuer
Anwendungsmöglichkeiten in der Industrie, Medizin, Raumfahrttechnik u.v.a.m. Bandgeräte und Telemetrieanlagen zur Meßdaten-
aufzeichnung lassen sich ersetzen. Die Datenerfassung und
-verarbeitung ist mobil möglich, so z.B. bei bewegten Objekten,
rotierenden Maschinenteilen, Hochspannungsanlagen, unzu-
gänglichen Stellen und Sicherheitszonen. Durch die computerisierte Meßwertverarbeitung können Alarmzustände unmittelbar
signalisiert und Endergebnisse gespeichert werden.

Als erreichbare Zukunftsvision kann abgesehen werden, daß es
künftig möglich sein wird für verschiedene Aufgaben Computer
und Meßwertaufnehmer auf einem Halbleiterchip zu vereinen.

<u>Literatur</u>

1. Simar, R., Hames, M.: CMOS DSP chip packs punch of a
   supercomputer. Electronic Design, Nr. 19 März 1987.

Einfluß neuer Technologien auf die Medizin - Ambulantes Monitoring

Wießpeiner G., Schuy S.

Institut für Elektro- und biomedizinische Technik, TU-Graz

Zusammenfassung:

In der Vergangenheit wurde die Medizintechnik in erster Linie
von den Anforderungen der Medizin an die technischen Hilfsmittel geprägt.Durch den technologischen Fortschritt auf dem
Gebiet der Mikroelektronik, eröffnen sich jedoch neue Möglichkeiten der Diagnose und Therapie.Die Integration von kompletten
Mikrocomputer-Systemen auf CMOS Chips eignet sich ideal für
lernfähige, ambulante oder implantierbare Überwachungssysteme
bzw. Steuerungen. So wurde ein Vielkanal-Mikrocomputer zum
speziellen Einsatz in der Medizin entwickelt.
Untersuchungen müssen in Hinkunft nicht mehr in der Klinik,
sondern können ambulant, unter natürlichen Lebensbedingungen
durchgeführt werden.

Durch den technologischen Fortschritt auf dem Gebiet der
Mikroelektronik ist es heute möglich leistungsfähige
Computersysteme sehr klein, energiesparend und preiswert
aufzubauen./1/

Gerade in der Medizintechnik ist jedoch der Einsatz eines
Rechners oder eines intelligenten Computers von enormer
Wichtigkeit, weil die Signalquelle - ein biologisches Objekt -
weitestgehend undefiniert ist und nicht standardisiert werden
kann.

Diese biologische Streuung bringt es mit sich, daß sich das
Meßgerät an die jeweilige Situation anpassen muß, oder angepaßt
werden muß. Viele komplizierte Meßaufgaben wurden erst durch
den Einsatz von Computern und Mikroprozessoren überhaupt in der
Medizin möglich. /2/ Man denke nur an die bildgebenden Verfahren /3/ NMR, CT, Ultraschall oder die computerisierte
Hirnfunktionsdiagnose /4/.

Durch die Erhöhung der Integrationsdichte auf einem einzelnen
Chip sowie dem Trend zu immer kleineren Gehäuseformen und
geringerem Energieverbrauch, ist es mittlerweile möglich
geworden, komplette Computersysteme zur medizinischen Datenver-
arbeitung so klein aufzubauen, daß sie auch ambulant eingesetzt
werden können.

Der ambulante Einsatz bedeutet, daß die Untersuchung oder
Behandlung nicht mehr in der Klinik oder beim Arzt erfolgen
muß, sonder ortsunabhängig und ohne den täglichen Lebensablauf
zu stören, erfolgen kann /5/. Ein Bedarf für derartige Überwachungssysteme besteht vor allem in jenen Bereichen in denen
bisher nur unbefriedigende stationäre Untersuchungsergebnisse
gewonnen werden konnten, wie z.B. bei der Diagnose von Herz-
rhythmusstörungen oder Bluthochdruck.

Ambulantes Monitoring ist nicht ganz neu, doch bisher mußten
die Daten Offline auf Band zwischengespeichert werden, um erst
später bearbeitet zu werden. Diese Art der Diagnosefindung ist
unter den Begriff des Holter Monitorings bekannt geworden. Die
Methode an sich hat 2 systembedingte Nachteile.

1. Die Aufnahmedauer ist durch die Bandlänge begrenzt
2. Das Ergebnis steht erst nach der Untersuchung zur Verfügung
   und so kann nicht auf momentan auftretende Gefahren-
   situationen reagiert werden.
3. Durch die Recordmechanik ist eine unhandliche Mindestbau-
   größe unvermeidbar.

Es ist uns nun gelungen ein komplettes, portables, medi-
zinisches Computersystem soweit zu miniaturisieren (6x4x1 cm),
daß damit eine behinderungsfreie Beobachung des Patienten über
mehrere Monate erfolgen kann.

Die Vorteile eines solchen Systems sind:

- Abspeichern von Informationen,
- intelligente Signalverarbeitung,
- unbegrenzter Dauerbetrieb,
- sofortige Alarme,
- klein und portabel.

Das Gesamtsystem besteht aus einem 8-Bit Mikrocomputer mit bis
zu 64 KByte Programm und Datenspeicher, einer Echtzeituhr mit
Datum und Kalender, einen LCD-Driver und einem seriellen
Interface zur Kommunikation mit einem beliebigen Steuerrechner
(Personal Computer), sowie den erforderlichen
Analogverstärkerschaltungen. (Siehe Blockschaltbild)

Blockschaltbild

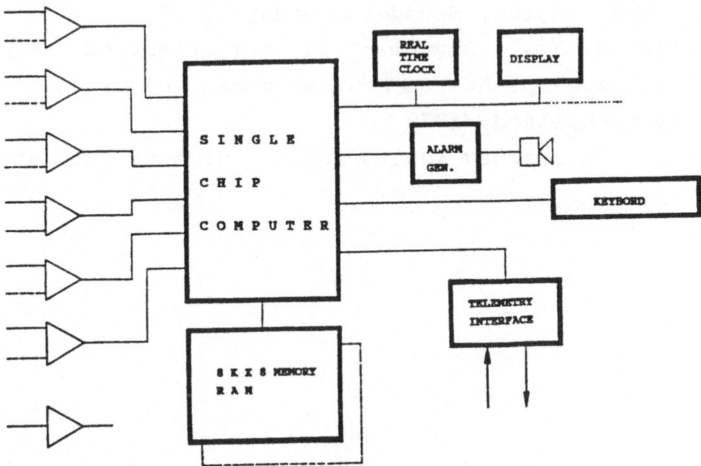

Über den Personal Computer wird das ambulante Überwachungssystem programmiert und dem Patienten mitgegeben. Kritische
oder lebensbedrohliche Situationen können unmittelbar erkannt,
angezeigt und ein Alarm ausgelöst werden. Interessante Daten
oder Signalveränderungen, Histogramme und Trends werden nur
abgespeichert, wenn sie vorprogrammierte Kriterien erfüllen
oder von vorgegebenen Grenzen abweichen. Diese informativen
Daten können später wieder über den Personal Computer aufgerufen werden. Durch den Aufbau in stromsparender CMOS und SMD

Technologie ist das Gesamtsystem nicht größer als eine Zünd-
holzschachtel und damit viel kleiner als alle bisher bekannten
ambulanten Aufzeichnungsgeräte.

Wir sind davon überzeugt, daß mit derartigen medizinischen
ambulanten Computersystemen eine neue Aera der medizinischen
Diagnosefindung eingeleitet wird.

<u>Literatur</u>

1. Wießpeiner G., Grübler R., Schuy S.: Entwicklung eines
   Single Chip Herzmonitors. ME 85, Mikroelektronik in
   Österreich, Springer.
2. BMWF: Medizin und Technik, Informationsveranstaltung, Graz
   Mai 1984
3. Partain C., James A., Rollo F., Price R.:Nuclear Magnetic
   Ranonance. NMR Imaging, Saunder Company, 1983
4. Pfurtscheller G. a.a.: Rhythmic EEG Activities and Cortical
   Functioning, Developments in Neuroscience, Volume 10,
   Elsevier/North-Holland, 1979
5. Marchesi, C.: Ambulatory Monitoring, M. Nijhoff Publishers,
   1983

WARUM HEWLETT-PACKARD, WAS IST WIRKLICH DER UNTERSCHIED ZU ANDEREN?

Es ist ganz einfach: Hewlett-Packard bietet Ihnen zukunftsorientierte Langzeitlösun gen. Vielseitige, individu elle Lösungen, die Ihnen heute, morgen und übermorgen Erfolg bringen werden.

Ganz gleich, ob Sie heute Generaldirektor, EDV-Manager, Wissenschaftler, Produktionsleiter oder Student sind. Hewlett-Packard bietet Produkte und Lösungen für Menschen, die gewohnt sind, im täglichen Wettbewerb zu bestehen. Lösungen für perfekte Bürokommunikation, für computerunterstützte Fertigung und Planung. Für Test- und Meßeinrichtungen. Anwendungen für Labor-Analytik. Medizinische Meßgeräte. Geräte, bei denen modernste Computer- und Meßtechnik im Vordergrund stehen.

Unternehmensziele zu verstehen und wachstumsorientierte Lösungen gemeinsam mit Ihnen auszuarbeiten, haben wir längst als wesentliches Element unserer Arbeit erkannt. Wir wissen, daß wir viel für Sie tun könnten. Und deshalb sollten Sie den Weg in die Zukunft nicht ohne uns gehen. Rufen Sie uns an.

Hewlett-Packard GesmbH, 1222 Wien, Lieblgasse 1
Tel.: 0 22 2 / 25 00-0

DER PARTNER FÜR IHRE ZUKUNFT.

6. Themenkreis

"WELTRAUM- UND SATELLITENTECHNIK"

Leitung:

Univ.-Prof. Dipl.-Ing. Dr. W. Riedler
Univ.-Prof. Dipl.-Ing. Dr. W. Leeb

ENTWICKLUNG EINES WELTRAUMTAUGLICHEN BREITBANDMODULATORS FÜR CO_2-LASERSTRAHLUNG - TEIL I: THEORETISCHE ANALYSE UND OPTIMIERUNG

Th. Petsch

Institut für Nachrichtentechnik und Hochfrequenztechnik,
Technische Universität Wien, Gußhausstraße 25, A-1040 Wien

ZUSAMMENFASSUNG:

Die Aufgabenstellung dieses von der Europäischen Weltraumbehörde ESA in Auftrag gegebenen Projekts ist die Entwicklung, die Realisierung und das Testen eines CO_2-Lasermodulators für kohärente Nachrichtenübertragung zwischen Satelliten. Gestützt auf praktische Erfahrungen mit einem bereits 1982 am Institut für Nachrichtentechnik und Hochfrequenztechnik fertiggestellten Prototyp /1/, wurden die Entwurfsmethoden weiter verfeinert und Computerprogramme zur Optimierung der komplexen Gesamtstruktur entwickelt.

1. Einleitung

Im folgenden soll am Beispiel einiger wichtiger Kennwerte gezeigt werden, wie die Anforderungen an den Modulator (Datenrate $\geq$ 1 Gbit/s, Modulationstiefe: 1 Watt optische Seitenbandleistung bei 6 Watt eingestrahlter Laserleistung) erfüllt werden können. Abbildung 1 zeigt den prinzipiellen Aufbau des elektrooptischen Phasenmodulators.

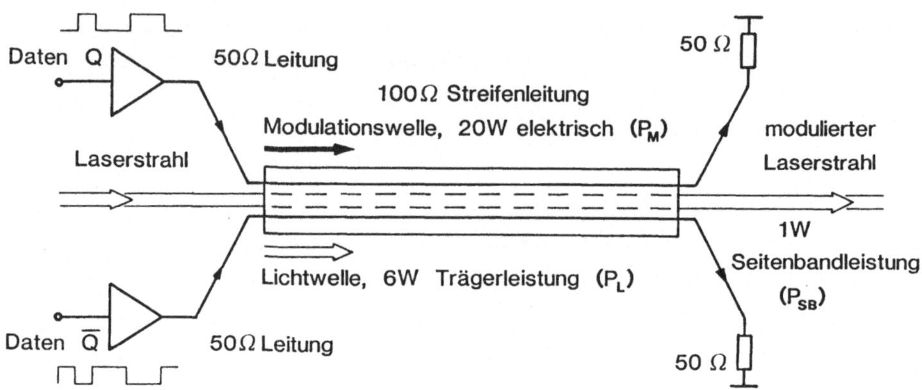

Abb.1: Prinzipieller Aufbau des elektrooptischen Wanderwellenmodulators.

2. Prinzipielle Funktion

Abbildung 2 zeigt das Grundelement des Modulators. Es ist ein elektrooptischer Einkristall (Kadmiumtellurid CdTe, kubische Kristallklasse) mit einer Länge von 30 mm und quadratischem Querschnitt mit 0,6 x 0,6 mm². Unter

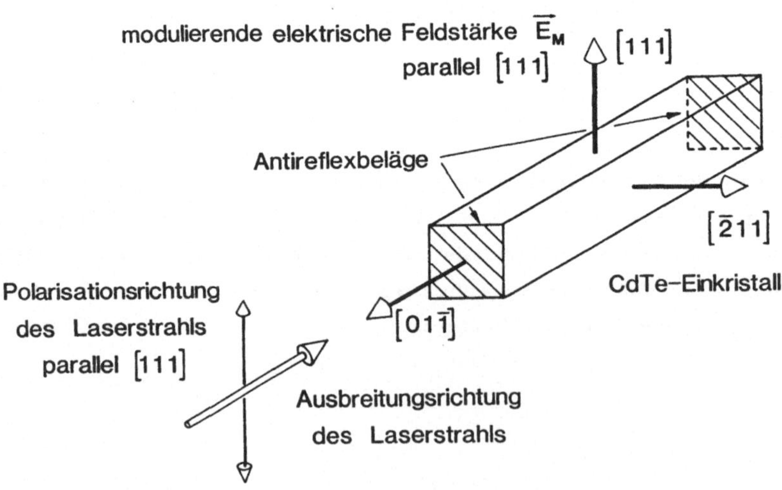

Abb.2: Herz des elektrooptischen Phasenmodulators:
CdTe-Einkristall mit Angabe der Kristallachsenorientierung für
maximale Modulationseffizienz.

dem elektrooptischen Effekt versteht man die Änderung des Brechungsindex zufolge eines elektrischen Feldes /2/. Verändert sich das elektrische Feld zeitlich (z.B. im Takt des Informationssignals), ändert sich auch die Geschwindigkeit der durch den Kristall laufenden Phasenfronten des Lichtes. Der austretende Strahl ist dann in seiner Phase moduliert. Für die eingezeichneten Kristallachsen ergibt sich maximale Modulationseffizienz, wenn der Laserstrahl (Ausbreitung in der Längsachse des Kristalls) in [111]-Richtung linear polarisiert ist und das modulierende elektrische Feld $\vec{E}_M$ ebenfalls parallel zur [111]-Richtung anliegt /3/. Reflexionsverluste an den Kristallendflächen werden durch Antireflexbeläge verhindert.

3. Modulatorkennwerte und Optimierung

Die Modulationstiefe, definiert als das Verhältnis von optischer Seitenbandleistung P_{SB} und Laserleistung P_L, steigt gemäß (1) mit wachsendem Längen-Dickenverhältnis l/d des Modulators und wachsender Modulationsspannung $U_M = |\vec{E}_M|.d$. (Gleichung (1) gilt für digitale Modulation.)

$$\frac{P_{SB}}{P_L} = T \, \sin^2[K \, \frac{l}{d} \, U_M \, \Xi] \tag{1}$$

Der Faktor K hängt von Material, Wellenlänge und Kristallschnitt ab, Ξ wird als Überlappungsintegral bezeichnet und stellt ein Maß für die Wechselwirkung zwischen optischem und elektrischem Feld dar. T ist die optische Leistungstransmission des Modulators; sie hängt wesentlich von den mechanischen Toleranzen der einzelnen Bestandteile der inneren Struktur sowie von der optischen Qualität der Kristalle ab.

Um die für die geforderte Modulationstiefe ($P_{SB}/P_L = 1/6$) nötige aktive Länge zu erreichen, werden acht idente Kristalle hintereinander angeordnet. Diese bilden dann einen verlustarmen optischen Wellenleiter mit schwacher Führung /1/. Bei der resultierenden Länge l = 240 mm tritt eine Bandbreitenbeschränkung zufolge der Lichtlaufzeit auf ca. 200 MHz ein /4/, es sei denn, man verwendet das Prinzip der Wanderwellenmodulation. Dabei breitet sich nicht nur das Licht, sondern auch das elektrische Modulationssignal (entlang einer Streifenleitung) als Wanderwelle aus.

Die Bandbreite Δf_m hängt dann nach (2) bei vorgegebener Modulatorlänge l vom Unterschied der Ausbreitungsgeschwindigkeiten von Modulationswelle (V_M) und Lichtwelle (V_L) ab /4/:

$$\Delta f_m = \frac{0{,}45}{1} \cdot \frac{1}{|1/v_M - 1/v_L|} = 0{,}45 \cdot \frac{c_0}{1} \cdot \frac{1}{|\sqrt{\varepsilon_{r,eff}} - n|} \cdot \qquad (2)$$

Hier bezeichnet c_0 die Vakuumlichtgeschwindigkeit und n den optischen Brechungsindex des Kristalls (n_{CdTe} = 2,67). Die effektive Dielektrizitätskonstante für die elektrische Welle, $\varepsilon_{r,eff}$, hängt von der die Kristalle umgebenden Struktur, den darin verwendeten Dielektrika und der Streifenleitergeometrie ab.

Ein weiterer wesentlicher elektrischer Kennwert ist der Wellenwiderstand Z_W des Modulators, der ebenfalls durch die Leitergeometrie und $\varepsilon_{r,eff}$ bestimmt wird.

Abbildung 3 zeigt den optimierten Modulatorquerschnitt, der die Grundlage für die praktische Konstruktion darstellt. Dieser Entwurf wurde mit Hilfe eines flexiblen Rechnerprogrammes, das die Modellierung und Analyse sehr unterschiedlicher Strukturen gestattet, aus einer Vielzahl von Varianten

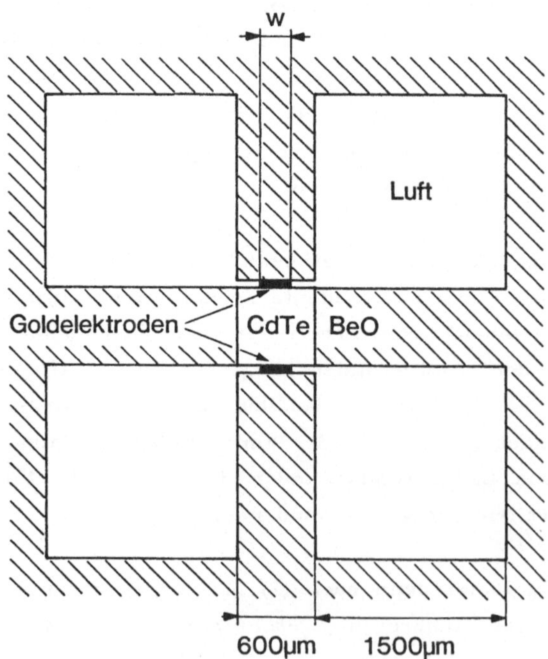

Abb.3: Optimierter Modulatorquerschnitt.

ausgewählt. Der CdTe-Kristall ($\varepsilon_r = 10$) wird von einer Struktur aus BeO-Keramik ($\varepsilon_r = 6,6$) gehalten, das elektrische Signal wird von Goldelektroden geführt, die als Streifenleitungen auf den BeO-Teilen aufgebracht sind. Dieser Weg wurde beschritten, da direkt auf die Kristalle aufgedampfte Elektroden bei dem 1982 fertiggestellten Prototyp große HF-Verluste bewirkten.

Der Wellenwiderstand wurde mit nominell $Z_W = 100 \,\Omega$ festgelegt, um die Ansteuerung mit 50 Ω-Komponenten (2 Verstärker im Gegentakt) zu ermöglichen. Maximale Bandbreite würde für $\varepsilon_{r,eff} = n^2$ erreicht werden. Für die in Abb.3 dargestellte Struktur erhält man für eine Elektrodenbreite von $w = 240$ µm (Elektrodendicke $t = 30$ µm) folgende Werte:

$$\varepsilon_{r,eff} = 7,2 \ ,$$
$$Z_W = 97 \,\Omega \ ,$$

benötigte Modulationsleistung für $P_{SB}/P_L = 1/6$
bei $T = 75\%$ optischer Leistungstransmission:
$$P_m = 19,8 \ W.$$

Das Konzept mit externen Elektroden stellt extreme Anforderungen an die mechanische Genauigkeit der beteiligten Komponenten, wie folgendes Beispiel verdeutlichen soll: Für Luftspalte zu beiden Seiten des Kristalls ("oben" und "unten" in Abb.3) von je 3 µm muß man für unveränderte Modulationstiefe eine Erhöhung der Modulationsleistung um 27% in Kauf nehmen. Diese Tatsache ist mit ein Grund für die Wahl eines keramischen Werkstoffes, mit dem mechanische Toleranzen wesentlich genauer eingehalten werden können als mit Kunststoffen, die im Prototyp Verwendung fanden. BeO-Keramik wurde ausgewählt, da sie neben günstigen elektrischen Werten (Geschwindigkeitsanpassung, geringe dielektrische Verluste) auch hohe Wärmeleitfähigkeit ($\lambda = 150$ W/mK) und damit eine effiziente Abfuhr von Verlustwärme aufweist. Auch der Wärmeausdehnungskoeffizient zeigt nur geringe Abweichung von jenem der Kristalle, womit thermisch erzeugte Verspannungen auf ein tolerierbares Ausmaß reduziert werden. Gute Wärmeabfuhr aus dem aktiven Bereich (Kristalle und unmittelbare Umgebung) ist von entscheidender Bedeutung, insbesondere an den Goldelektroden, in denen 70% der elektrischen Verluste auftreten. (Die elektrische Verlustleistung wurde bei 20 W Modulationsleistung zu $P_V = 1,2$ W berechnet.)

4. Fertigungstechnische Aspekte

Was die Fertigung des Modulators betrifft, so sei auf Teil II dieses Beitrages von Herrn G. Doblhoff (SCHRACK Elektronik AG) hingewiesen. Darin werden in Fortführung dieses ersten Teiles die technologischen und ferti-
gungstechnischen Aspekte der industriellen Fertigung des Modulators behandelt.

Literatur

/1/ Scholtz, A.L., Leeb, W.R. and Bonek, E., "Electrooptic Gigahertz
    Light-Pipe Modulator for CO_2 Laser Wavelength," IEEE Journal of
    Quantum Electronics, vol.QE-18, No.6, June 1982.

/2/ Nye, J.F., "Physical Properties of Crystals,"
    Oxford University Press, 1976.

/3/ Kaminow, I.P., "An Introduction to Electrooptic Devices,"
    Academic Press, New York and London, 1974.

/4/ Scholtz, A.L., "Breitbandige Auskoppelmodulation des CO_2-Lasers,"
    Dissertation, Technische Universität Wien, 1976.

ENTWICKLUNG EINES WELTRAUMTAUGLICHEN BREITBANDMODULATORS FÜR CO2-LASERSTRAHLUNG. TEIL II: INDUSTRIALISIERUNG UND FERTIGUNG

G. Doblhoff

Schrack Elektronik AG
Wien, Pottendorferstraße 25 - 27

ZUSAMMENFASSUNG:

Die Aufgabenstellung dieses von der Europäischen Weltraumbehörde ESA in Auftrag gegebenen Projekts ist die Entwicklung,
die Realisierung und das Testen eines CO2-Lasermodulators
für kohärente Nachrichtenübertragung zwischen Satelliten.
Gestützt auf Erfahrungen mit einem 1982 am Institut für
Nachrichtentechnik der TU-Wien erstellten Prototypen wurden
in Zusammenarbeit mit der Fa. Schrack die Optimierungs- und
Entwurfmethoden verfeinert, und so ein Konzept erstellt, das
den Anforderungen reproduzierbarer industrieller Fertigung
gerecht wird.

1. Einleitung:

Die grundlegende Funktion und die wesentlichen Formeln wurden
im ersten Teil dieses Beitrags im Vortrag von Hr. Th. Petsch
(INT, TU-Wien) bereits erläutert. Um diese Funktion sicherzustellen und einen Einsatz im Weltraum zu ermöglichen,
müssen verschiedene Voraussetzungen erfüllt werden:

- die optischen Transmissionsverluste sollen klein sein
  (< 25 %)
- die elektrischen Transmissionsverluste sollen klein sein
- die Überlappung des optischen Feldes durch das modulierende
  elektrische Feld soll groß sein
- die Laufzeitanpassung im Modulator soll sichergestellt
  sein
- der Betrieb soll in einem Temperaturbereich von 25 ° -
  70 ° gesichert sein
- die Struktur muß den Vibrationen bei einem Raketenstart
  standhalten
- mehrjährige Lagerfähigkeit in der Erdatmosphäre soll
  gewährleistet sein
- ein bis zu 10jähriger Betrieb unter Vakuum und den
  Umweltbedingungen des Alls soll sichergestellt sein

Neben dem Design (s.a. Abb. 3 im 1. Berichtsteil) resul-
tieren aus diesen Anforderungen sehr enge Fertigungstoleranzen. Um diese zu erfüllen, galt es nicht nur die entsprechenden Fertigungsmethoden zu verfeinern und zu entwickeln, sondern auch geeignete Meß- und Prüfverfahren zu
erstellen.

2. Der Entwurf:

Das Layout der Struktur ist im wesentlichen für die Laufzeitanpassung und den Wellenwiederstand der elektrischen
Welle im Modulator (und somit für seine Bandbreite) verantwortlich. Da die elektrooptischen Kristalle aus CdTe
mit ihrem ε_r deutlich über dem benötigten $\varepsilon_{reff} = 7$
liegt, muß die Struktur zur Erreichung dieses Effektivwertes
deutlich kleinere Dielektrizitätskonstanten aufweisen.

In dem am Institut für Nachrichtentechnik gebauten Prototypen wurde dies durch Verwendung einer Teflon-BeO-Struktur
erreicht. Teflon wurde wegen seiner niedrigen Dielektrizi-

tätskonstante (2,1) und BeO wegen seiner für einen Isolator
überragenden Wärmeleitfähigkeit eingesetzt.

Der Einsatz von Teflon, insbesondere als elektrodentragendes
Material, wurde wegen der schon in Teil 1 erwähnten hohen
Genauigkeitsanforderungen (3 μm-Ebenheit) und der bekannt
schlechten Bearbeitbarkeit ausgeschlossen. Dank mehrfacher
Designänderungen und Optimierungsläufe wurde der jetzt
gültige Entwurf erarbeitet (s. Abb. 1).

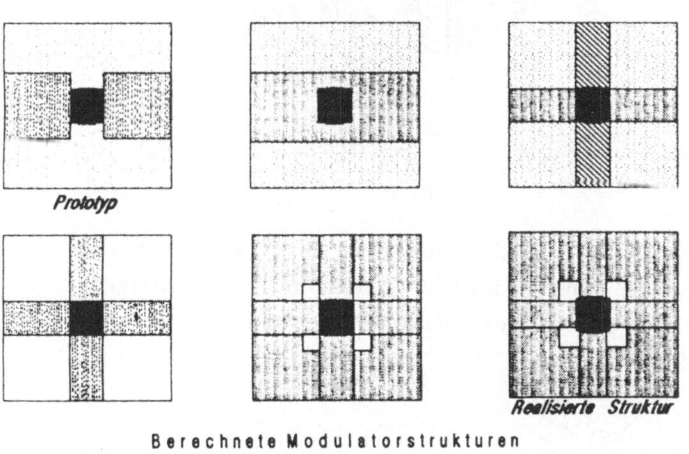

Abbildung 1

Ein weiterer Aspekt im Design war die thermische Unempfind-
lichkeit und die Vibrationsfestigkeit.
Aus Gründen der unterschiedlichen thermischen Ausdehnungs-
koeffizienten wurde von einer Verklebung der Kristalle
Abstand genommen. Um gegen Verschiebungen bei Vibrationen
gesichert zu sein, müssen die Kristalle so fest zwischen
den Halteelementen geklemmt werden, daß die Reibung als
Haltekraft ausreicht. Da jedoch die Kristalle bei höherem
Druck Doppelberechnung aufweisen, darf der Druck nicht zu
hoch steigen. Oberdies muß jeder Kristall auf Grund der
erreichbaren Dickentoleranz gesondert gehalten werden.
Folge dieser mit der Zeit erarbeiteten Bedingungen wurde
ein Design mit den gesondert einstellbaren angefederten
Halteelementen entwickelt (s. Abb. 2).

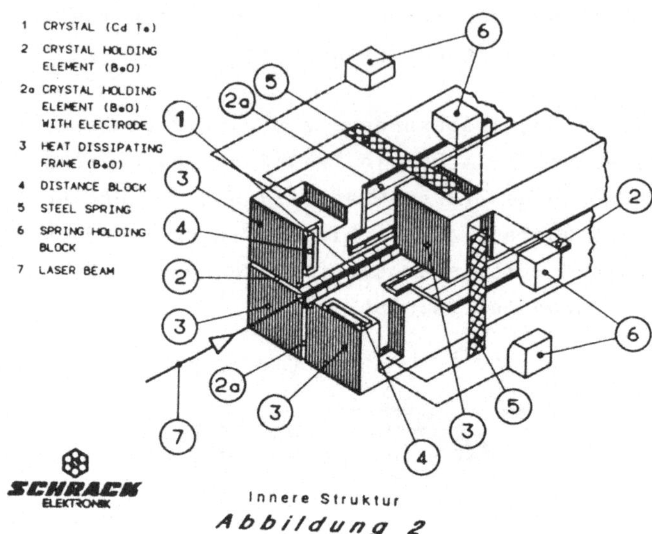

Innere Struktur
Abbildung 2

Zur Stabilisierung der Halteelemente in der Längsrichtung
bei Beibehaltung der individuellen Beweglichkeit wurden
Halte- und Kontaktierungsvorrichtungen geschaffen (s. Abb. 3)

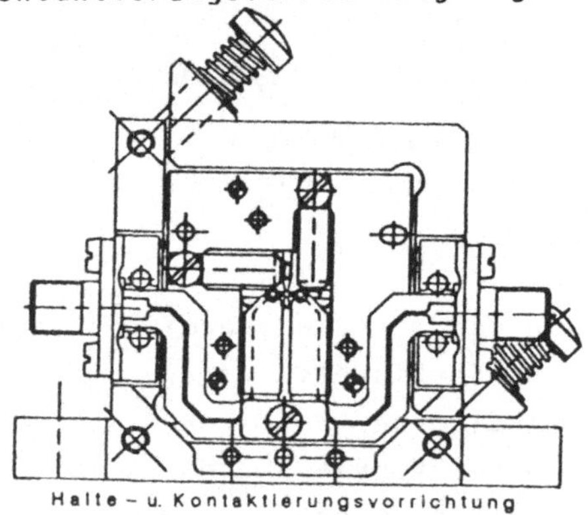

Abbildung 3

Darüber hinaus wurde der Aufbau so gewählt, daß ein Aus-
tauschen der Kristalle in der Test- und Versuchsphase
möglich ist. Die Innenstruktur (Abb. 2) wird dabei
durch eine äußere Struktur gehalten. Diese weist
Befestigungsvorrichtungen auf, um den Modulator mit der
Gesamtstruktur des optischen Sende-Empfängers zu verbinden.
An dieser Außenstruktur sind auch die Zuleitungen zu den
Elektroden befestigt, um eine Zugentlastung zu erreichen.
Weiters sind Staubschutzfenster angebracht, um das Ein-
brennen von Staub in die Kristallendflächen zu vermeiden.

<u>3. Die Fertigung:</u>

Um bei Produkten mit derart extremen Anforderungen optimale
Ergebnisse zu erzielen, ist es nötig, einzelne Detailauf-
gaben an Spezialfirmen zu vergeben.
So wurde die Frima Two-Six mit der Herstellung, Bearbeitung
und Beschichtung der CdTe-Kristalle betraut. Durch die
extremen Anforderungen waren selbst die Spezialisten dieser
Frima gezwungen, ihre Fertigungsprozesse erst zu optimieren.
Für gewisse Bereiche der Fertigungsüberwachung mußten die
Ingenieure von Two-Six sogar von uns entwickelte Verfahren
für die Eingangskontrolle übernehmen.

Die BeO-Keramikteile werden von der einzigen europäischen
Herstellerfirma Consolidated Beryllium erzeugt und bearbeitet. Hier mußten von den ursprünglichen Spezifikationen
gewisse Abstriche gemacht werden, um diese Teile fertigen
zu können.
Weitere kritische Bereiche der Fertigung von Einzelteilen
sind die Herstellung der Außenstruktur und die Herstellung
der Goldelektroden.
Die Außenstruktur konnte von unserer Wekrzeugfertigung
unter Berücksichtigung spezieller Entspannungsverfahren
und durch Verwendung geeigneter Materialien entsprechend
den vorgegebenen Toleranzen gefertigt werden.

Für die Herstellung der Streifenleiterelektroden, die aus
Gründen der Korrosionsfestigkeit und Leitfähigkeit aus
Gold gefertigt werden, mußten neue und geeignete Verfahren
entwickelt werden. Die geringe Leiterbahnbreite von nur
0,24 mm und die zu übertragenden Leistungen (20 W) bedingen
Leiterbahnen von 30 um Dicke, die eine gleichmäßige Dicken-
verteilung, eine glatte Oberfläche und ein sauberes trapez-
förmiges Profil aufweisen sollten. Herkömmliche Verfahren
erlauben, entweder nicht so dicke homogene Schichten oder
trapezförmige Profile bzw. konstanten Breiten von 240 um
herzustellen.

So wurde in Zusammenarbeit mit dem Institut für Werkstoffe
der Elektrotechnik ein gemischtes Verfahren entwickelt,
das durch Druck-, Polier- und Ätzvorgänge das gewünschte
Ergebnis erzielt (s. Abb. 3). Auf die Wiederholbarkeit
der Ergebnisse wurde dabei spezielles Augenmerk gelegt.

Der Zusammenbau der Modulatorstruktur erfolgt in speziellen
Vorrichtungen unter dem Mikroskop. Justierschrauben erlauben
die genaue Positionierung der Einzelteile gegeneinander.
Zum Teil werden diese Teile miteinander verklebt. Da präzise
Klebungen bei Schrack in diversen Produkten Einsatz finden,
konnte sowohl Know-How als auch Aufbringvorrichtungen
genutzt werden. Nach einigen Vorversuchen konnten hier ausgezeichnete Ergebnisse erzielt werden. Die verwendeten Kleber
wurden auf Wunsch von Schrack von ESA auf ihre Weltraum-
tauglichkeit geprüft.
Die Einstellung der Positionier- und Haltefedern erfolgt
im eingebauten Zustand durch Verwendung von Kraft-Weggebern.
Dadurch ist es nicht notwendig, für die einzelnen Federn
und die dazugehörigen Halteelemente zu enge Toleranzen
vorzugeben.

Der endgültige Zusammenbau des Modulators wird unter Klasse
100 Reinraumbedingungen durchgeführt, da Staub auf den
Kristallendflächen den Modulator zerstören könnte.

4. Die Qualitätskontrolle:

Ohne eine Qualitätskontrolle, die den gesamten Entwicklungs-
und Fertigungsprozess begleitet, ist eine Fertigung derartiger Produkte undenkbar.

Während der Entwicklung besteht die Aufgabe der Qualitätssicherung in der Kontrolle der Prüfbarkeit der Konzepte
und in der Überprüfung der Material- und Teileauswahl in
Hinblick auf die diesbezüglichen Vorschriften der ESA.

Eine umfassende Eingangskontrolle muß sicherstellen, daß
die gelieferten Teile den Spezifikationen entsprechen, da
die Toleranzen und Werte nur knapp im Bereich der Fertig-
barkeit liegen.
So müssen z. B. bei den Kristallen die an die Elektroden
grenzenden Flächen auf $\pm$ 15 Winkelminuten parallel sein.
Bei Kantenlängen von nur 0,6 mm muß ein Meßmikroskop eingesetzt werden, um diese Werte zu bestimmen (15 ' $\triangleq$ 3 um
Dickenunterschied). Für die Bestimmung der Parallelität
der Endflächen reicht die Genauigkeit eines Meßmikroskops
jedoch nicht mehr aus. Daher wurde eine interferometrische
Messung entwickelt. Dabei wird die Parallelität der Endflächen eines hochpräzisen Referenzwinkels zu den Endflächen
des Kristalls vermessen. Mit dieser Anordnung können Höhen-
unterschiede von 270 nm reproduzierbar aufgelöst werden,
was einer Winkelauflösung von 40 Bogensekunden entspricht.

Die Anforderungen an Ebenheit und Geradheit der Teile
der inneren und äußeren mechanischen Struktur (zum Teil
$\leq$ 3 μm/30 mm) bedingen eine derart große Anzahl an Meß-
punkten, daß dies nur auf einer rechnergesteuerten Koordi-
natenmeßmaschine bewerkstelligt werden konnte.

Während der Montage werden alle Montageschritte entsprechend
überprüft. Kritische Positionierungen werden unter dem
Mikroskop vorgenommen und kontrolliert.

Den Abschluß bildet die Endkontrolle, zu der sowohl alle
Funktionstests als auch die Simulation der bei Raumflügen
auftretenden Umgebungsbedingungen gehören. Für die Funktionstests wird der kohärente Überlagerungsempfang durch Quasi-
homodynüberlagerung (Sende- und Empfangslaser sind ident)
simuliert, wobei sowohl eletrische als auch optische Kennwerte überprüft werden.

Die Umweltsimulationen schließen mechanische und akustische
Vibrationstests sowie Temperatur- und Vakuumtests ein.

5. Dank:

Die Firma Schrack dankt den zuständigen Herren vom Institut
für Nachrichtentechnik der TU-Wien, von denen sie dieses
Projekt übernommen hat und die auch weiterhin wesentlich
daran beteiligt sind. Ebenso gilt Dank den Herren am
Institut für Werkstoffe der Elektrotechnik, die für die
Herstellung der Elektroden verantwortlich sind.

Dieses Projekt ist ein gutes Beispiel dafür wie die Zusammenarbeit zwischen Industrie und Wissenschaft aussehen könnte.

HOCHGENAUER ZEITVERGLEICH ÜBER NACHRICHTENSATELLITEN

D. Kirchner

Institut für Nachrichtentechnik und Wellenausbreitung
Technische Universität Graz

ZUSAMMENFASSUNG:

Nach einer kurzen Einführung in die Methoden des Satellitenzeitvergleichs
wird das Zweiwegverfahren behandelt und das MITREX-Modem beschrieben.
Weiters werden Ergebnisse von Messungen, die über den europäischen
Nachrichtensatelliten ECS-1 durchgeführt wurden, mitgeteilt.

Einleitung

Der wesentliche Vorteil von Satellitenzeitvergleichsverfahren gegenüber
terrestrischen Verfahren ist die große Reichweite bei hohen Frequenzen
und die daraus resultierende hohe Genauigkeit. Neben der Verwendung
von Satellitennavigationssystemen wie dem Global Positioning System (GPS)
für Zeitvergleichszwecke erwies sich die Verwendung von Nachrichtensatelliten für den hochgenauen Zeitvergleich von besonderem Interesse /1/. Es
können entweder von Satelliten abgestrahlte Signale wie Ranging-Signale
oder Fernsehsignale für den Zeitvergleich verwendet werden, oder es kann
ein Satellitentransponder für die Übertragung von pn (pseudo noise)-
codierten Signalen mitverwendet werden. Im ersten Fall müssen die teilnehmenden Stationen nur mit Empfangseinrichtungen ausgestattet sein (Ein-
wegverfahren), und es müssen die Positionen der teilnehmenden Stationen
und des Satelliten - zur Berechnung der Signallaufzeiten - und die Signallaufzeiten in den Stationen bekannt sein. Im zweiten Fall müssen mindestens zwei der teilnehmenden Stationen mit Sende- und Empfangseinrichtungen ausgestattet sein (Zweiwegverfahren), und es müssen die Signallaufzeiten in den Stationen bekannt sein. Bei Teilnahme von mindestens drei

Zweiwegstationen, die Entfernungsmessungen zum Satelliten durchführen, lassen sich dessen Position und damit die Signallaufzeiten zu den Einwegstationen bestimmen.

Zweiwegzeitvergleich

Beim Zweiwegzeitvergleich ist die Differenz der Uhrenstände von Station 1 und Station 2 durch die folgende Beziehung gegeben:

$$\Delta T = 0.5 \; (\Delta T_1 - \Delta T_2) +$$

$$+ \; 0.5 \; (t_{12} - t_{21}) +$$

$$+ \; 0.5 \; [\; (\tau_1^{TX} - \tau_1^{RX}) - (\tau_2^{TX} - \tau_2^{RX}) \;] +$$

$$+ \; \Delta\tau_R$$

Der Meßvorgang besteht aus quasisimultanen Zeitintervallmessungen, wobei in beiden Stationen der örtliche Sekundenpuls den örtlichen Zähler startet und der empfangene Sekundenpuls den Zähler stoppt.

ΔT_1 und ΔT_2 sind die korrespondierenden Zählerablesungen in den beiden Stationen und t_{12} und t_{21} sind die Signallaufzeiten von Station 1 über den Satelliten zu Station 2 und umgekehrt. Die Differenz dieser Laufzeiten kann bei quasisimultaner Übertragung und bei Verwendung von Frequenzen im Ku-Band vernachlässigt werden. Wesentlich für die Genauigkeit des Zweiwegzeitvergleichs ist die Kenntnis der Differenz der Signallaufzeiten τ^{TX} und τ^{RX} der Sende- und Empfangszweige beider Stationen. Für die Entfernungsmessung zum Satelliten ist die Kenntnis der Summe der Signallaufzeiten notwendig. Diese kann in erster Näherung durch eine Schleife in der RF-Ebene (RF-Loop) der Station gemessen werden. $\Delta\tau_R$ ist die Korrektur für die Erdrotation.

MITREX-Modem

Das von Prof. Hartl entwickelte MITREX (Microwave Time and Ranging Experiment)-Modem ermöglicht einen hochgenauen Zeitvergleich mit Hilfe von geostationären Nachrichtensatelliten und die Zweiweg-Entfernungsmessung zu diesem Satelliten und damit auch deren genaue Positionsbestimmung /2/.

Es wird die Technik der Bandspreizung durch pn-Codes verwendet, um den vom Modem generierten oder vom örtlichen Zeitnormal stammenden Sekundenpuls (1PPS) in eine binäre Sequenz mit einer Chiprate von 2.5 MHz zu transformieren. Es stehen acht pn-Codes zur Verfügung, die gleichzeitig über dasselbe Frequenzband übertragen werden können (Codemultiplex). Wegen der Ausgangs- und Eingangsfrequenz des Mitrex von 70 MHz ist es problemlos in allen Erdfunkstellen mit einer Zwischenfrequenz von 70 MHz zu verwenden. Als Modulation wird BPSK (Binary Phase Shift Keying) verwendet, und das Spektrum wird durch Filterung auf 5 MHz oder eine noch kleinere Bandbreite beschränkt. Die Gerätelaufzeit ist über einem weiten Bereich der wesentlichen Betriebsparameter (Eingangsfrequenz, Eingangsleistung und Signalrauschverhältnis) von diesen nahezu unabhängig (kleiner als 0.5 ns). Die Meßunsicherheit (Signaljitter) ist ab einem S/N_o von größer als 55 dB/Hz kleiner als 1 ns und erreicht ab einem S/N_o von größer als 65 dB/Hz Werte von kleiner als 0.3 ns /3/. Wegen der Anwendung von pn-Signalen und der geringen benötigten Leistung ist es möglich, einen bereits für andere Dienste benutzten Satellitentransponder mitzuverwenden.

Messungen und Meßresultate

In der Zeit vom 26. Mai bis 11. Juni 1986 wurden an sechs Tagen Zweiwegzeitvergleichsmessungen zwischen der Zeitstation der Technischen Universität Graz (TUG) am Observatorium Lustbühel, Graz und dem Fernmeldetechnischen Zentralamt (FTZ) der Deutschen Bundespost in Darmstadt über den Transponder Nr. 2 des europäischen Nachrichtensatelliten ECS-1 (Eutelsat I-F1, Position: 13° O) durchgeführt /4/. In Graz wurde die Erdefunkstelle des Observatoriums Lustbühel (Antennendurchmesser 3 m, max. EIRP = 72 dBW, G/T = 22 dB/K) und in Darmstadt die IOT (In Orbit Tests)-Erdefunkstelle des FTZ (Antennendurchmesser 11 m, max. EIRP = 88 dBW, G/T = 34 dB/K) verwendet. Verglichen wurden die Zeitskala UTC(TUG) und die in der IOT-Station mit einem als C7 bezeichneten Cäsiumfrequenznormal (HP 5061A + opt 004, 003) generierte Zeitskala. Abb. 1. zeigt das Ergebnis der Messungen für drei aufeinanderfolgende Tage und Abb. 2. die Residuen einer linearen Regression durch diese Messungen. Die Messungen erfolgten mit einem EIRP der Bodenstationen von

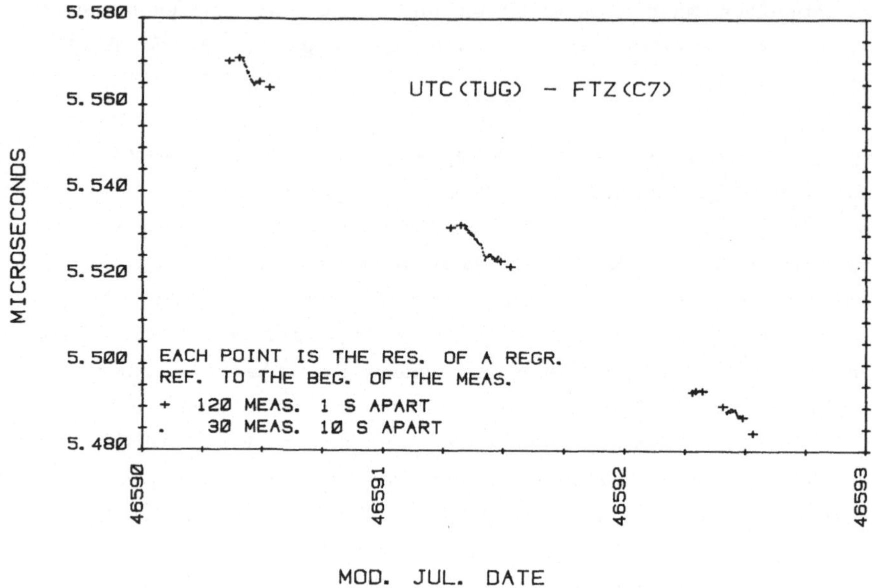

Abb. 1. Resultat der Zeitvergleichsmessungen zwischen TUG und FTZ für den 9., 10. und 11. Juni 1986.

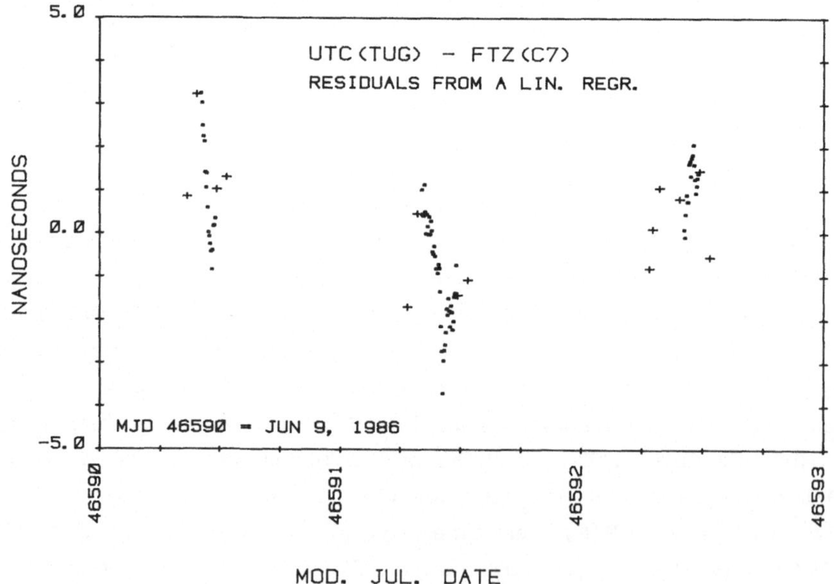

Abb. 2. Residuen einer linearen Regression durch die Messungen von Abb. 1.

52 dBW und einer Sendefrequenz von 14,375 GHz und einer Empfangsfrequenz von 11,075 GHz. Während des Großteils der Messungen wurde über denselben Transponder bei einer Mittenfrequenz von 11,057 GHz ein Fernsehsignal mit einem EIRP der Erdefunkstelle von ca. 84 dBW übertragen. Bei einem EIRP von 52 dBW und abgeschaltetem TV-Signal wurde in Graz ein S/N_0 von ca. 65 dB/Hz gemessen, und die Standardabweichung der Messungen war kleiner als 0.3 ns. Für dasselbe EIRP ergab sich in Graz bei gleichzeitiger Übertragung von TV- und pn-Signalen ein um ca. 10 dB kleineres S/N_0 und eine Standardabweichung der Messungen von ca. 1 ns.

Schlußfolgerung

Die Unsicherheit der über den Satelliten ECS-1 durchgeführten Messungen beträgt ca. 1 ns. Für Zeitvergleichsmessungen höchster Genauigkeit ist es notwendig, die Stationslaufzeiten mit entsprechender Genauigkeit zu messen, bzw. mittels einer transportablen Referenzstation zu vergleichen. Bei Messungen von Stationslaufzeiten in den Subnanosekundenbereich vorzudringen, stellt große meßtechnische Anforderungen, ist aber absolut notwendig, um das Potential der Satellitenzeitvergleichsmessungen auszuschöpfen.

Anerkennung

Die MITREX-Modems wurden freundlicherweise von Prof. Hartl zur Verfügung gestellt.

Die Arbeit wurde ermöglicht durch Mittel des Fonds zur Förderung der wissenschaftlichen Forschung, der Österreichischen Akademie der Wissenschaften und des Jubiläumsfonds der Österreichischen Nationalbank.

Literatur

1. Kirchner, D., Riedler, W.: Timing by Satellite: Methods, Recent Developments and Future Experiments. ESA SP-245, pp. 175-186, 1985
2. Hartl, P., Gieschen, N., Müssener, K.M., Schäfer, W., Wende, C.M.: High Accuracy Global Time Transfer via Geosynchronous Telecommunication Satellits with MITREX. J. Flight Sciences and Space Res., Vol. 7, No. 5, pp. 335-342, 1983

3. Ressler, H., Kirchner, D.: Experience with the MITREX-Modem. Technical University Graz, Dept. of Comm. and Wave Prop., Internal Report INW 8501, 1985.

4. Kirchner, D., Ressler, H., Söring, A.: Messungen mit dem MITREX-Modem. Actes du Congrès de Chronométrie '86, La Chaux-de-Fonds, pp. 31–41, 1985.

EIN MODEMSIMULATOR FÜR DIE SATELLITENKOMMUNIKATION

O. Koudelka und A. Gierlinger

Institut für Nachrichtentechnik und Wellenausbreitung
Technische Universität Graz

ZUSAMMENFASSUNG:

Vor dem Einsatz neuer Übertragungsysteme werden insbesondere in der
Satellitennachrichtentechnik umfangreiche Simulationen durchgeführt, um
Systemoptimierungen vornehmen zu können. Im Auftrag der Europäischen
Weltraumorganisation ESA wurde ein neuartiges System entwickelt, das die
Vorteile von Software- und Hardwaresimulation verbindet und die Unter-
suchung von komplexen Übertragungssystemen unter Echtzeitbedingungen
gestattet.

1. Allgemeines

Seit mehr als zehn Jahren beschäftigt sich das Institut für Nachrichtentechnik der Technischen Universität Graz in enger Zusammenarbeit mit
dem Institut für Angewandte Systemtechnik (Forschungsgesellschaft Joanneum) mit Problemen der Satellitenkommunikation. Mit Hilfe der experimen-
tellen Satellitenbodenstation am Observatorium Lustbühel werden Untersuchungen der Zuverlässigkeit und Fehlersicherheit digitaler Übertragungs-
systeme durchgeführt. Hard- und Softwaresimulationen spielen dabei eine
wesentliche Rolle. Die Softwaresimulation bietet den großen Vorteil, daß
ein Übertragungsystem flexibel aufgebaut, geändert und studiert werden
kann, ohne daß besonders kostspielige Hardware erforderlich wäre. Der
Nachteil der Softwaresimulation liegt im hohen Rechenaufwand und damit
in der geringen "Echtzeitdatenrate" des simulierten Systems. Wünschenswert wäre es, z.B. Teile des Übertragungssystems in Software nachzu-
bilden (nämlich jene, bei denen Parameter zu verändern sind) und den
realen Übertragungskanal einzubeziehen. Die Kanalsimulation ist oft sehr
schwierig und nur mit Vereinfachungen zu realisieren. Da die Geschwindigkeit des Übertragungskanals im Mbit/s-Bereich liegt, die Soft-

waresimulation aber typisch Datenraten im unteren kbit/s-Bereich zuläßt, muß das Hardware/Softwaresimulationssystem über Möglichkeiten zur Zwischenspeicherung und Geschwindigkeitsanpassung verfügen /2/. Durch die Bereitstellung geeigneter Schnittstellen kann der Übertragungspfad an jeder beliebigen Stelle unterbrochen und der entsprechende Zweig, je nach Zweckmäßigkeit, durch ein Hardware- oder Softwaremodul ersetzt werden.

2. Simulationssoftware

Zur Simulation von Nachrichtenübertragungssystemen wird am Institut das Softwarepaket TOPSIM /3/ verwendet, das für die ESA entwickelt und zur Verfügung gestellt wurde. Es handelt sich dabei um einen Zeitbereichssimulator, der Signalfolgen beliebiger Länge erzeugen und verarbeiten kann. TOPSIM umfaßt eine umfangreiche Bibliothek von Routinen zur Modellierung von nachrichtentechnischen Systemen und zur Signalanalyse. Als Beispiel seien verschiedene Datengeneratoren, Modulatoren, Filter, Demodulatoren sowie Takt- und Tragerrückgewinnungsmethoden angeführt. Der Benutzer kann eigene Funktionsgruppen definieren, bzw. größere Einheiten aus bestehenden Blöcken aufbauen. Die einzelnen Routinen sind in FORTRAN erstellt und auf VAX- sowie IBM-AT-Rechnern lauffähig. Die Topologie des Übertragungsystems ist auf einfache Weise veränderbar. Das Grundprinzip der Simulation beruht auf der Tatsache, daß bandbegrenzte Signale durch die komplexe Hüllkurvendarstellung

$$s(t) = I(t).\cos \omega t + Q(t).\sin \omega t \qquad (1)$$

repräsentiert werden können. I(t) stellt den In-Phase- und Q(t) den Quadraturanteil des Signals (90° phasenverschoben) dar. TOPSIM liefert als Resultat der Simulation eines Signalgenerators (z.B. eines Modulators) Folgen digitaler Abtastwerte von I(t) und Q(t), die durch entsprechende Filterung in kontinuierliche Signalkomponenten umgewandelt werden können. Durch Multiplikation des I-Anteils mit einer geeigneten Trägerschwingung, des Q-Anteils mit dem um 90° phasenverschobenen Träger und nachfolgender Addition läßt sich das um die Trägermittenfrequenz zentrierte Spektrum des Signals erzeugen. Umgekehrt verarbeitet das Simulationssoftwarepaket digitale Abtastwerte, die nach der Aufspaltung des Signals in I- und Q-Anteile gewonnen werden. Die Aufspaltung kann durch einen Quadraturdemodulator erfolgen. Mit dem genannten System ist es nun möglich, beliebige Modulationsverfahren zu realisieren und zu untersuchen. Abb.1 zeigt das Prinzipschaltbild des Simulationssystems.

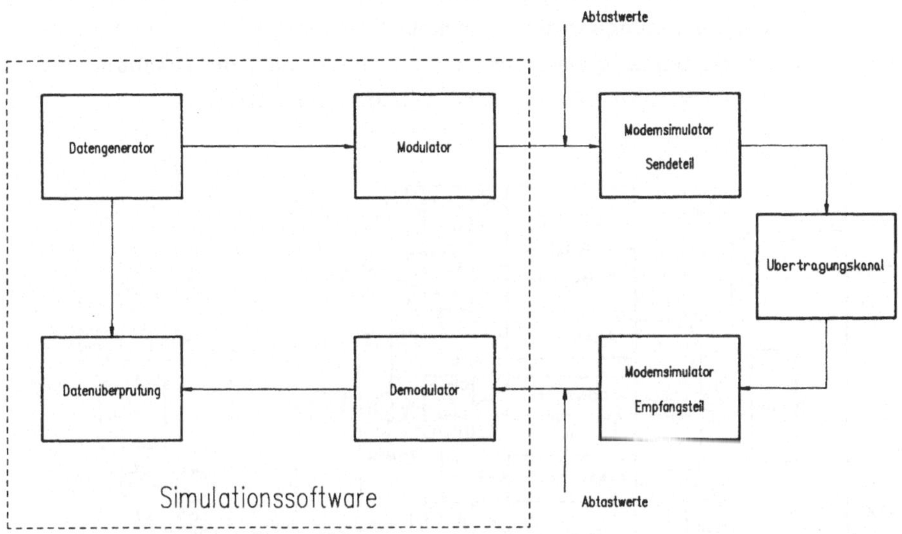

Abb.1: Prinzipschaltbild des Hardware/Software-Simulationssystems

3. Konzept des Modemsimulators

Die Erzeugung bzw. Verarbeitung dieser komplexen Abtastwerte ist zeitaufwendig und gestattet keinesfalls eine Echtzeitsimulation (bei Datenraten im Mbit/s-Bereich). Daher ist ein der Datenrate angepaßter Zwischenspeicher erforderlich. Kernstück des Modemsimulators ist ein statischer RAM-Speicher mit geringer Zugriffszeit, in dem die vom Simulationsrechner (Host) erzeugten Abtastwerte abgelegt werden (Abb.2). Der Speicher ist so organisiert, daß die unteren 8 Bit eines Datenwortes für den I- und die oberen 8 Bit für den Q- Abtastwert zur Verfügung stehen. Mit der derzeitigen Größe des Speichers kann ein Datensatz von 131072 (128 K) Abtastpaaren aufgenommen werden. Vier Abtastungen pro aufmoduliertem Symbol sind minimal erforderlich. Ein 68000-Mikroprozessor kontrolliert den Datentransfer vom Simulationsrechner zum RAM. Da die Erzeugung der Abtastwerte ohnehin nur mit geringer Geschwindigkeit erfolgen kann, sind an den Datentransfer keine hohen Geschwindigkeitsanforderungen zu stellen. Nach dem Laden des Speichers wird das RAM vom Rechnerbus abgekoppelt. Die Adressierung übernimmt nun ein autonomer Zähler, der über den Mikroprozessor entsprechend gesetzt und kontrolliert wird. Dies ist erforderlich, um das RAM mit mindestens 16 MHz Taktfrequenz auslesen zu können. Die möglichen Betriebsarten sind: Einmaliges oder wiederholtes (zyklisches) Auslesen des gesamten Speichers bzw. Auslesen definierter Bereiche des RAMs. Die gespeicherten Abtastwerte werden je einem 8 Bit- Digital/Analogwandler übergeben. Nachdem die I/Q- Signalanteile die Interpolationstiefpässe passiert haben, erfolgt die Mischung mit der Trägerfrequenz von 70 MHz in einem Quadraturmodulator.

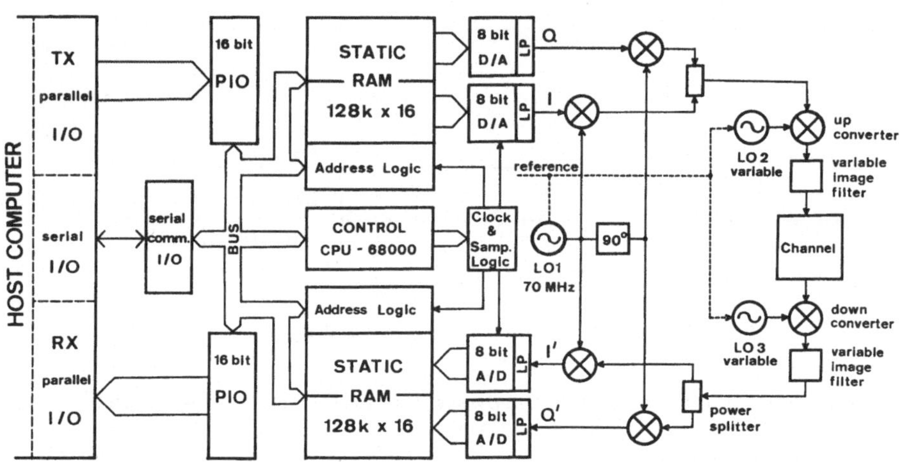

Abb.2: Blockschaltbild des Modemsimulators

Das auf diese Weise gewonnene analoge Signal kann nun von der Standard-Zwischenfrequenz von 70 MHz auf eine für die Satellitenübertragung erforderliche Sendefrequenz (z.B. 14 GHz) umgesetzt werden. Der Übertragungskanal beinhaltet beispielsweise einen nichtlinearen Leistungsverstärker, die Satellitenstrecke, den Transponder und den Empfänger der Bodenstation. Während der Übertragung wird das Signal-/Rauschleistungsverhältnis am Empfängerausgang gemessen. Nach der Umsetzung auf die Zwischenfrequenz von 70 MHz wird das Signal in einem Quadraturdemodulator in den I- und Q-Anteil aufgespalten und mit Hilfe zweier A/D-Wandler digitalisiert. Den A/D-Wandlern sind entsprechende Anti-Aliasing-filter vorgeschaltet. Die 8 Bit-Werte werden in einen zweiten schnellen Speicher eingelesen. Der Takt für Ablaufsteuerung, Adressierung und A/D-, D/A-Wandlung wird aus einem Referenzoszillator von 16,384 MHz gewonnen. Der Modemsimulator ist in der Lage, gleichzeitig zu senden und zu empfangen. Nachdem der Empfangsspeicher gefüllt ist, wird die Übertragung beendet. Die komplexen Abtastwerte können nun dem Simulationsrechner übergeben werden. Die Rückgewinnung des Taktes sowie die

Filterung und kohärente Demodulation übernehmen geeignete Software-
moduln. Mit den zur Verfügung stehenden Analyseprogrammen ist die Bestimmung von Spektren, Augendiagrammen und Bitfehlerraten möglich. Die
Bitfehlerrate in Abhängigkeit des Signal-/Rauschleistungsverhältnisses
stellt die wesentliche Kenngröße für die Leistungsfähigkeit des untersuch-
ten Modulationsverfahrens dar. Durch Variation der Filter und des Re-
ferenzrückgewinnungsverfahrens können nun Optimierungen für das gewählte Modulationsschema vorgenommen werden.

4. Aufbau

Der Modemsimulator wurde für ein VME-Bus-System entwickelt. Für den
68000-Prozessor, die I/O-Schnittstellen und die Peripherieansteuerung
(Floppy und Winchester Disk) wurden industriell gefertigte Karten verwendet. Die speziellen statischen RAM-Karten mit 40 ns Zugriffszeit wurden am Institut entwickelt und in 6fach-Multilayertechnik aufgebaut. Als
A/D- und D/A- Wandler kommen 20 MHz- Videokonverter zum Einsatz. Die
digitalen Einheiten sind in einem 19 Zoll- Einschub untergebracht. Der
HF-Teil, bestehend aus Lokaloszillatoren, Filtern und Quadraturmischern
wurde ebenfalls am Institut entwickelt. Erwähnt sei, daß an die Modulatoren und Filter sowie an die spektrale Reinheit der Oszillatoren höchste
Ansprüche zu stellen sind, um den Einfluß des Hardwaresimulators auf die
Übertragung so klein wie möglich zu halten.

5. Anwendung

Der primäre Anwendungszweck des beschriebenen Modemsimulators liegt
zunächst in der Untersuchung neuer leistungs- und bandbreitensparender
Modulationsverfahren, für die noch keine Hardwarerealisierungen existieren. Satellitenkanäle sind sowohl leistungs-, als auch bandbreitenbe-
schränkt. Daher ist die Auswahl effizienter Modulationsverfahren von
größter Bedeutung. Von besonderem Interesse sind Schemata, bei denen
ein Codierverfahren zur Fehlersicherung bereits eingeschlossen ist (*Coded
Phase Shift Keying*). Aber auch *Offset- Phase Shift Keying* und *Continuous Phase Modulation* sind für zukünftige Satellitensysteme wesentlich.
Durch die Möglichkeit, einen realen Übertragungskanal einzubeziehen,
können gültige Aussagen über die Anwendbarkeit und Leistungsfähigkeit
getroffen werden.

Eine weitere wichtige Anwendung ist in der Simulation von besonders komplexer und teurer Hardware gegeben. Als Beispiel sei ein Satellitentransponder, bestehend aus Empfänger, Zwischenfrequenzverstärker, Umsetzer und nichtlinearem Leistungsverstärker angeführt. Das Ausgangssignal einer Satellitenbodenstation kann mit entsprechenden Konvertern auf die Zwischenfrequenz des Simulators umgesetzt werden, der das Signal digitalisiert und abspeichert. In Software wird der Transponder nachgebildet, wobei die Abtastwerte als Input dienen. Im Anschluß an die Signalverarbeitung liefert der Hardwaresimulator ein analoges Signal, das dem des Satellitentransponders entspricht. Nach geeigneter Frequenzumsetzung erfolgt die Einspeisung in den Empfänger der Bodenstation, wodurch das gesamte Satellitenübertragungssystem im Labor untersucht und optimiert werden kann.

Der Simulator ist weiters hervorragend als Entwicklungssystem für digitale Modems verwendbar. Ein digitaler Modulator läßt sich ohne weiteres als Single-Chip realisieren und somit kostengünstig erzeugen. Das Kernstück ist ein ROM, in dem Abtastwerte für modulierte Signalformen gespeichert sind. Die Erstellung der Tabellen für ein gewünschtes Modulationsverfahren kann auf einfache Weise mit dem Modemsimulator erfolgen.

Literatur

1. Koudelka, O., W.Riedler and A.Gierlinger: Proposal for Transmission Studies and Experiments, Report to ESTEC, IAS Graz, 1987

2. Koudelka, O., W.Riedler, H.Klanschek and T.Waibel: Hardware and Software Codec Simulations, Final Report "Graz Data Transmission Experiment", Vol.3, ESA Contract Report, 1986

3. Pent, M., M.Ajmone Marsan, S.Benedetto, E.Biglieri, V.Castellani, M.Elia, L.Lo Presti: TOPSIM III Simulation Software, Politecnico di Torino, 1985

LASERGESCHWINDIGKEITSRADAR MIT HOHER AUFLÖSUNG

A. Ullrich

Institut für Nachrichtentechnik und Hochfrequenztechnik, Technische Universität Wien, Gußhausstraße 25, A-1040 Wien

ZUSAMMENFASSUNG:

Die maximale Geschwindigkeitsauflösung eines Lasergeschwindigkeitsradars für Weltraumanwendungen, das auf dem Dopplereffekt beruht, wurde als Funktion der Stabilität der optischen Quelle, der Zielentfernung und der Meßzeit berechnet. Es wird ein Entwurf für eine praktische Realisierung vorgestellt, der neben der geforderten Geschwindigkeitsauflösung auch eine vorzeichenrichtige Geschwindigkeitsanzeige und eine hohe optische Eingangsleistungsempfindlichkeit bietet.

1. Einleitung

Aus der Radartechnik mit Mikrowellen ist ein Verfahren zur Bestimmung der Radialgeschwindigkeit (v_R) eines bewegten Objekts bekannt, das auf der Messung der Dopplerverschiebung der reflektierten Welle im Vergleich zur ausgesandten Welle beruht. Stellt sich die Aufgabe der Messung extrem kleiner Geschwindigkeiten, etwa im Bereich von einigen µm/s, so versagen Mikrowellenmeßgeräte auf Grund der geringen Dopplerverschiebung (1 mHz für v_R = 10 µm/s und einer Trägerfrequenz von 15 GHz). Eine solche Meßaufgabe liegt bei der Erforschung der Feinstruktur des Gravitationsfeldes der Erde vor. Durch Erfassung der Änderungen der relativen Geschwindigkeit zweier Satelliten, die in einem Abstand von einigen Kilometern auf gleicher Bahn die Erde umkreisen, kann auf Anomalitäten der Erdanziehung rückgeschlossen werden. Die geforderte Auflösung der Meßapparatur liegt hiebei bei 10 µm/s.

Im folgenden wird das Prinzip eines optischen Geschwindigkeitsradars beschrieben und die Begrenzung der Geschwindigkeitsauflösung zufolge der Frequenzinstabilität der optischen Quelle untersucht. Weiters wird ein Entwurf für eine praktische Realisierung eines Lasergeschwindigkeitsradars vorgestellt, der folgenden drei Anforderungen gerecht wird:

* extrem hohe Auflösung
* Geschwindigkeitsmeßbereich der die Geschwindigkeit Null einschließt
* niedrige erforderliche optische Eingangsleistung.

2. Meßprinzip

Den prinzipiellen Aufbau eines Lasergeschwindigkeitsradars im kontinuierlichen Betrieb zeigt Abbildung 1. Ein akustooptischer Modulator spaltet das

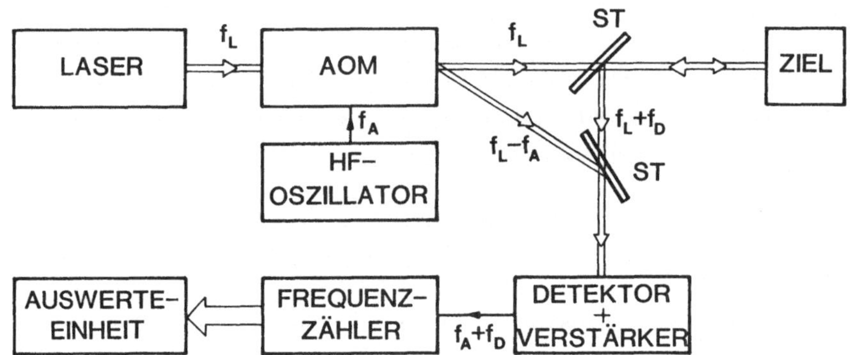

Abb. 1: Prinzip eines Lasergeschwindigkeitsradars. (AOM .. akustooptischer Modulator, ST .. Strahlteiler, f_L ... Laseremissionsfrequenz, f_A .. Frequenz des akustischen Signals, f_D ... Dopplerverschiebung)

von einem Laser emittierte monofrequente Licht (f_L) in zwei Strahlen auf. Der in seiner Ausbreitungsrichtung unveränderte Sendestrahl hat die gleiche optische Frequenz wie die Laseremission, der lokale Strahl wird gebeugt und um die Frequenz f_A im Spektrum verschoben. Der Sendestrahl wird bei der Reflexion am bewegten Ziel um die Dopplerverschiebung f_D (f_D = 2.f_L.v_R/c, c .. Vakuumlichtgeschwindigkeit) in der Frequenz versetzt. Werden lokaler Strahl und Empfangsstrahl auf einer Detektordiode überlagert, so erhält man an deren Ausgang als Mischprodukt der optischen Signale ein elektrisches Signal mit der Frequenz f_A + f_D. Durch Frequenzzählung kann bei bekanntem f_A die Geschwindigkeit des Zieles ermittelt werden.

3. Geschwindigkeitsauflösung

Auch bei konstanter Geschwindigkeit des Zieles ist eine Schwankung des Meßergebnisses zu erwarten, da die Frequenzen der Oszillatoren (Laser, Zeitbasis des Frequenzzählers, f_{Ref}, Generator für das akustische Signal) statistischen zeitlichen Variationen unterworfen sind. Da in realen Systemen das Frequenzrauschen des Lasers dominiert, werden in der folgenden Betrachtung f_A und f_{Ref} als konstant angenommen.

Die Frequenzinstabilität eines Oszillators kann durch das Rauschleistungsdichtespektrum des Frequenzrauschens $S_f(f)$ vollständig beschrieben werden, wenn für die Amplitudenverteilung der Frequenzänderungen eine Normalverteilung angenommen wird. Die Hauptursachen des Frequenzrauschens eines Lasers sind zum einen in der spontanen Emission zu finden, die ein von der Frequenz unabhängiges Spektrum S_f zur Folge hat. Dieser Rauschmechanismus dominiert bei monomodigen Halbleiterlasern auf Grund der geringen Ausgangsleistung und der niedrigen Güte des Resonators. Zum anderen beeinflussen Größen wie beispielsweise Temperatur- und Brechungsindexvariationen der Laserkavität oder Längenänderungen des Laserresonators durch Erschütterungen und Schall die Emissionsfrequenz des Lasers. Diese Störungen werden unter dem Begriff technisches Frequenzrauschen zusammengefaßt. Das zugehörige Spektrum zeigt einen deutlichen Abfall mit steigender Frequenz. Bei Gaslasern ist in einem weiten Frequenzbereich das technische Frequenzrauschen bestimmend.

Werden die Abweichungen von den Mittelwerten der im System auftretenden Frequenzen als Signalgrößen aufgefaßt, so läßt sich das optische System einschließlich der Detektordiode durch ein lineares Netzwerk beschreiben. Die Eigenschaften des Systems werden dann durch eine Übertragungsfunktion H_{opt}

$$H_{opt}(f) = 1-\exp(-j4\pi fL/c) \tag{1}$$

charakterisiert, die den Zusammenhang zwischen Schankungen der Zwischenfrequenz $(f_A + f_D)$ und Schwankungen der Laseremissionsfrequenz (f_L) angibt, wobei L die Entfernung zwischen dem Meßsystem und dem Ziel bezeichnet. In ähnlicher Form kann die Arbeitsweise des Frequenzzählers durch eine Transferfunktion H_{fc} erfaßt werden, die die Ausgangsgröße

(Frequenzanzeige) in Abhängigkeit von der Einganggröße (Frequenz des Eingangssignals) angibt.

$$H_{fc}(f) = \frac{1 - \exp(-j2\pi fT)}{j2\pi fT} \tag{2}$$

Hierin bezeichnet T die Torzeit des Zählers. Die Quantisierung im digitalen Frequenzzählers wurde in Gl. 2 vernachlässigt. Die Umrechnung der Frequenzanzeigeschwankungen auf Geschwindigkeiten erfolgt durch Multiplikation mit $c/2f_L$. Damit ist das Rauschleistungsdichtespektrum der Geschwindigkeitsanzeige $S_v(f)$ gegeben durch

$$S_v(f) = |H_{opt}(f)|^2 \cdot |H_{fc}(f)|^2 \cdot \left\{ \frac{c}{2 \cdot L} \right\}^2 \cdot S_f(f) \quad . \tag{3}$$

Die Varianz σ_v^2 der Geschwindigkeitsanzeige ergibt sich aus Gl. 3 durch Integralbildung. Die Auflösung des Lasergeschwindigkeitsradars kann in sinnvoller Weise als die Standardabweichung σ_v definiert werden.

Abbildung 2 zeigt σ_v als Funktion der Meßzeit T, Parameter ist die Ent-

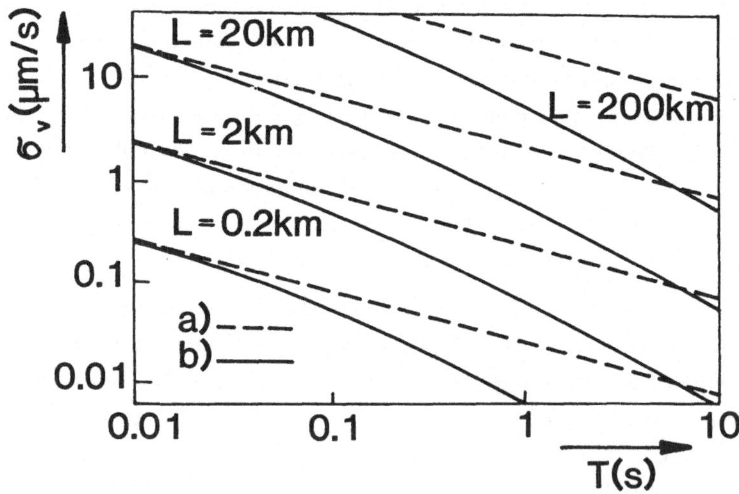

Abb. 2: Auflösung eines Lasergeschwindigkeitsradars.
Optische Quelle: a) Hochstabiler, freilaufender CO_2-Laser,
b) CO_2-Laser mit aktiver Frequenzstabilisierung.
(T .. Torzeit des Frequenzzählers, L .. Entfernung zum Ziel).

fernung L. Der numerischen Berechnung der Auflösung liegen zwei unterschiedliche optische Quellen zu Grunde. Für (a) wurde ein hochstabiler, freilaufender CO_2-Laser angenommen /1/, (b) gilt für den gleichen Laser, der jedoch mit Hilfe einer aktiven Regelschleife auf eine Absorptionslinie eines Referenzgases stabilisiert wurde, wobei die Zeitkonstante des Regelkreises 50 ms beträgt.

Für einen Halbleiterlaser kann das Frequenzrauschleistungsdichtespektrum in sehr guter Näherung frequenzunabhängig angenommen werden. Damit ist es möglich, σ_V in geschlossener Form anzugeben:

$$\sigma_V = \sqrt{\frac{\Delta f . L . c}{2 . \pi . f_L^2 . T^2}} \qquad (4)$$

wobei Δf die Linienbreite der Laseremission bezeichnet. Typische Werte für ein Geschwindigkeitsradar mit einem GaAlAs—Halbleiterlaser sind $\Delta f = 10$ MHz, $f_L = 360$ THz. Mit den Systemparametern $T = 10$ ms, $L = 2$ km ergibt sich aus Gl. 4 die Geschwindigkeitsauflösung zu $\sigma_V = 0.27$ mm/s.

4. Systementwurf

Der einfache Aufbau eines Lasergeschwindigkeitsradars, wie in Abb. 1 skizziert, zeigt bei der Realisierung folgende Schwierigkeit: Selbst wenn die Leistung des Eingangsstrahls null wird, ist ein Zwischenfrequenzsignal mit der Frequenz f_A detektierbar. Die Ursache des Störsignals liegt darin, daß bei einem realen akustooptischen Modulator in Ausbreitungsrichtung des gebeugten Strahles auch ein Strahlkomponente mit der Emissionsfrequenz des Lasers vorhanden ist. Dieser Störstrahl kann am Detektor nicht von einem Eingangsstrahl, der von einem ruhenden Ziel reflektiert wird, unterschieden werden. Soll der Meßbereich nun auch die Geschwindigkeit Null einschliessen, so wird das Nutzsignal eventuell durch dieses Störsignal überdeckt. In Abb. 3 ist ein Systementwurf dargestellt, der diese Schwierigkeit vermeidet, indem der Eingangsstrahl nochmals in der Frequenz durch einen weiteren Modulator um f_{A2} verschoben wird. Das Nutzsignal im Zwischenfrequenzbereich hat die Frequenz $f_{A1} - f_{A2} + f_D$ und ist nun durch Frequenzselektion vom erwähnten Störsignal zu trennen.

Die benötigte Eingangsleistung wird vor allem durch die Bandbreite der Verstärkerkette bestimmt, die den Zwischenfrequenzsignalpegel an den Frequenzzähler anpaßt. Die Bandbreite richtet sich nach dem Geschwindigkeitsmeßbereich und ist gleich der Differenz der maximalen und minimalen Dopplerverschiebung zu wählen. Der die Empfindlichkeit begrenzende Rauschmechanismus ist das Schrotrauschen der Detektordiode. Für die

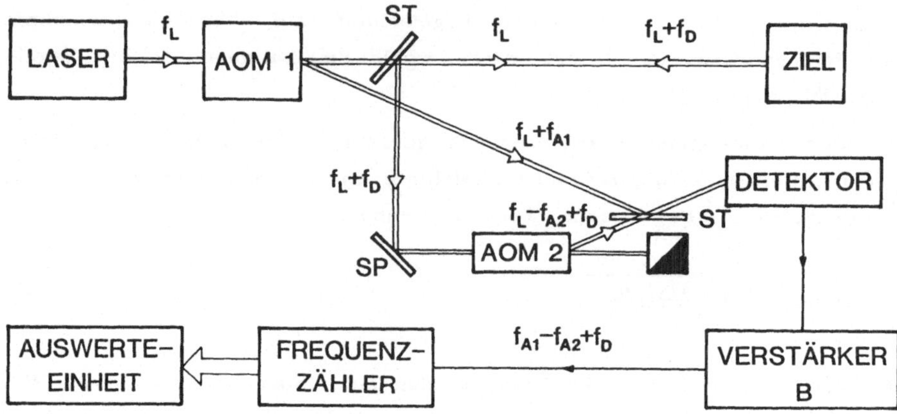

Abb. 3: Systementwurf für ein Geschwindigkeitsradar mit hoher Auflösung und hoher Empfindlichkeit. (SP .. Spiegel).

Untergrenze der Eingangsleistung $P_{ein,min}$ ergibt sich

$$P_{ein,min} = SRV \cdot h \cdot f_L \cdot B / (\eta_D \cdot \eta_{opt}),\qquad(5)$$

wobei SRV das Signalrauschverhältnis am Eingang des Frequenzzählers bezeichnet, h ist das Planck'sche Wirkungsquantum, η_D ist der Quantenwirkungsgrad des Detektors und η_{opt} steht für die optischen Verlust vom Eingang des Empfängers bis zur Detektordiode.

Für ein CO_2-Lasergeschwindigkeitsradar ist f_L = 28 THz, ein typischer Wert für η_D bei dieser Frequenz ist 0.6. Soll der Meßbereich ± 1.5 m/s betragen, so muß B ≥ 560 kHz gewählt werden. Unerwünschte Reflexionen an Strahlteilern, suboptimale Überlagerung der Strahlen auf der Detektorfläche und Transmissionsverluste optischer Elemente (Linsen, AOM 2) ergeben Verluste die mit η_{opt} = 0.1 abgeschätzt werden können. Wird für SRV = 10 angesetzt, so folgt als notwendige Eingangsleistung $P_{ein,min}$ = 1.7 pW.

Literatur

/1/ C. FREED, R. G. O'DONNELL, "Advances in CO_2 Laser Stabilization Using the 4.3 μm Fluorescence Technique", Metrologia 13, pp. 151 - 156, 1977.

1. Themenkreis

"TECHNOLOGIE UND ZUVERLÄSSIGKEIT VON BAUTEILEN UND SYSTEMEN"

Leitung:

Univ.-Prof. Dr. H. Pötzl
Univ.-Prof. Dipl.-Ing. Dr. W. Fallmann
Oberrat Dipl.-Ing. F. Oismüller
Dr. J. Binner

"Modular Design Environment - Ein neues Konzept auf dem Weg
zeitgemäßer Systemintegration".

B. Braune, LSI LOGIC GMBH., München

Die Produkte der Elektronikindustrie, die in immer kürzer
werdenden Zeitperioden auf den Markt kommen, werden
komplexer und weisen eine äußerst vielfältige
Funktionsstruktur auf.

Wie werden solche Produkte entwickelt und wie schaffen es
die jeweiligen Entwickler in so kurzer Zeit?

Die Entwicklungswerkzeuge erlauben vermutlich äußerst
präzises Arbeiten und unterstützen sehr offizient das Lösen
von hochkomplexen Problemstellungen.

MDE (TM), ein neues CAE-System von LSI LOGIC ist ein
derartig präzises und vielschichtig gestaltetes Werkzeug für
den Systementwickler . Doch nicht nur ein Werkzeug. MDE (TM)
ist, wie der Name schon sagt, eine modular aufgebaute
Entwicklungsumgebung.

MDE (TM) wurde geschaffen, um wirklich höchsten
Anforderungen an Systemintegration Rechnung zu tragen. Die
Basistechnologie dieses CAE-Systems sind ASICS.

MDE (TM) erlaubt Systementwicklern, in einer hohen
Geschwindigkeit höchstkomplexe integrierte Schaltungen zu
entwickeln, die in verschiedenen Realisationsbasen wie Gate
Arrays, Standard Zellen und Compacted Arrays (TM)
implementiert werden können. Der Entwickler kann
umfangreiche Multichip-Systeme mit mehr als 1.000.000
Transistorfunktionen bei Verzögerungszeiten von 200 pico
Sekunden simulieren.

Dieses CAE System besteht aus einem Software-Kern, 12 problemspezifischen Software-Modulen und einem Subsystem für eine Simulationsbeschleunigung. Da diese modular strukturierte Entwicklungsumgebung nach den neuesten Erkenntnissen konzipiert wurde, hat es einige entscheidende Vorteile gegenüber den bis heute auf dem Markt verfügbaren CAE-Werkzeugen.

Das neueste Release von MDE (TM) verfügt über sehr interessante Module. Es sind moderne Silicon Compiler Strukturen, genannt Modul Generatoren, integriert, die applikationsspezifische Funktionsmodule generieren können.

Die Tatsache, daß hochkomplexe Funktionsblöcke, sogenannte Mega- und Gigafunktionen als Building Blöcke in den verschiedenen Bibliotheken zur Verfügung stehen, machen diese CAE-Software zum idealen Werkzeug für Systementwickler.

Ein Logicsimulator, ein sogenannter Design Verifier, ein Managementprogramm für Datenverwaltung und verschiedene Technologiebibliotheken bilden den MDE (TM)-Kern. Verschiedene Module, wie zum Beispiel vier Silicon Compiler, die als Modulgeneratoren ausgelegt sind, Logicsynthesizer und ein Generator für Makrozellen mit optimierter Layoutstruktur reduzieren den Zeitbedarf bei der Netzwerkerstellung und Schaltungsbeschreibung.

Die Modulgeneratoren compilieren automatisch große und umfangreiche funktionale Blockstrukturen wie ROMS, Multiport RAMS, Multiplizierer-Akkumulatoren und Addierer in wenigen Minuten.

Ein neuartiges Graphik Konzept hilft die jeweilige Schaltung effizient aufzubauen und unterstützt das Arbeiten mit graphischer Stimulidarstellung (Wave Form Editor). Nachdem die Schaltung bzw. das System aufgebaut, verifiziert und simuliert ist, übernehmen das Bonding Diagramm Modul und das Floorplanningmodul die Aufgabe, das System an die Chipumgebung zu adaptieren. Gerade sensible Schaltungsteile und Datenpfade können mit dem Floorplanner analysiert und optimiert werden.

Ein anderes, äußerst hilfreiches Modul von MDE (TM) ist der Logic Synthesizer. Mehrere PLA-Schaltungen in ein ASIC zu integrieren, das ist seine Aufgabe. Aus verschiedenen wirtschaftlichen und technischen Überlegungen ist es durchaus sinnvoll, ganze Gruppen von PLA-Bausteinen, die heute jeweils eine Komplexität von 300 bis 1000 Gattern haben, in einem einzigen ASIC-Chip zu realisieren.
Der Synthesizer minimiert den Logicaufwand und produziert kompatible Netzwerke aus den entsprechenden Makrozellen. Dabei werden die Makrozellen-Netzwerke in Bezug auf die Geschwindigkeit und Anzahl der benötigten Gatterfunktionen optimiert. Als Stimuli werden verschiedene PLA-Formate, Boolsche Gleichungen und Wahrheitstabellen akzeptiert.

Nachdem der Systementwickler sein Netzwerk, bestehend aus Building Blocks, hochkomplexen Logicstrukturen und Megazellen definiert und aufgebaut hat, muß überprüft werden, ob das Netzwerk seinen Vorstellungen entspricht.

Damit kommen wir zum Kern der Sache und zum Kern von MDE (TM).

Für diese Entwicklungsphase stehen ein Logik Simulator LSIM (TM) als Teil des MDE (TM) Kerns und ein Behavioral

Simulator zur Verfügung. Dieser Behavioral Simulator, genannt BSIM (TM), kann auch in mixed Mode (Logik/Behavioral) eingesetzt werden.

LSIM (TM) ist ein ereignisgetriebener Simulator und simuliert Systeme mit über 1.000.000 Transistoren um den Faktor 2 bis 3 schneller als vergleichbare andere Simulatoren. Daher greift er auf Parametrik-Daten der jeweils eingesetzten Technologie zurück und arbeitet so genau, daß LSI LOGIC auf der Basis der Simulationsergebnisse funktionierendes Silizium garantiert.

Hinter dem einfachen Ausdruck BSIM (TM) verbirgt sich ein enorm interessantes CAE-Modul. Mit BSIM (TM) können Funktionen vom Verhalten her beschrieben bzw. algorithmisch modelliert und erst später auf Gatterebene mit LSIM (TM) im Detail simuliert werden. Zu einem späteren Zeitpunkt innerhalb des Entwicklungszyklus können dann die Verhaltensmodelle mit Simulationsmodellen, die auf Gatterebene beschrieben sind, ausgetauscht werden. Somit ist eine Gesamtsimulation von Anfang an möglich.

Nachdem ein ASIC-Chip von der Logik und vom Verhalten her simuliert wurde, kann der Systementwickler auf ein weiteres System Level Modul zurückgreifen. Mit dem MSIM (TM) Modul, dem Multi Chip Simulator, wird sichergestellt, daß das neue Chip Design im Rahmen des Gesamtsystems funktioniert.

Subsysteme eines Gesamtsystems, meist repräsentiert durch Standard ICs oder ASICs können in BSIM (TM)- und/oder LSIM (TM) Format gemeinsam simuliert werden.

Möchte man für solch ein hochkomplexes Gesamtsystem eine detaillierte Simulation auf Gatterebene durchführen, so hat man die Möglichkeit, ZYCAD Hardwarebeschleuniger einzusetzen, die den Simulationsprozess um den Faktor 100 bis 1000 beschleunigen.

Kurze Entwicklungszyklen sind lebenswichtig für erfolgreiche Unternehmen und moderne Produkte.

In der Zeit, in der noch vor einem Jahr mit konventionellen Mitteln ein 10.000 Gatter ASIC entwickelt wurde, werden heute mit MDE (TM) 50.000 Gatter Systeme entwickelt.

Falls Sie hohe Anforderungen an Ihre Produkte stellen, sollten Sie keine Kompromisse bei der Wahl Ihrer Werkzeuge eingehen.

LSI LOGIC
CORPORATION

MODULAR
DESIGN SYSTEM™

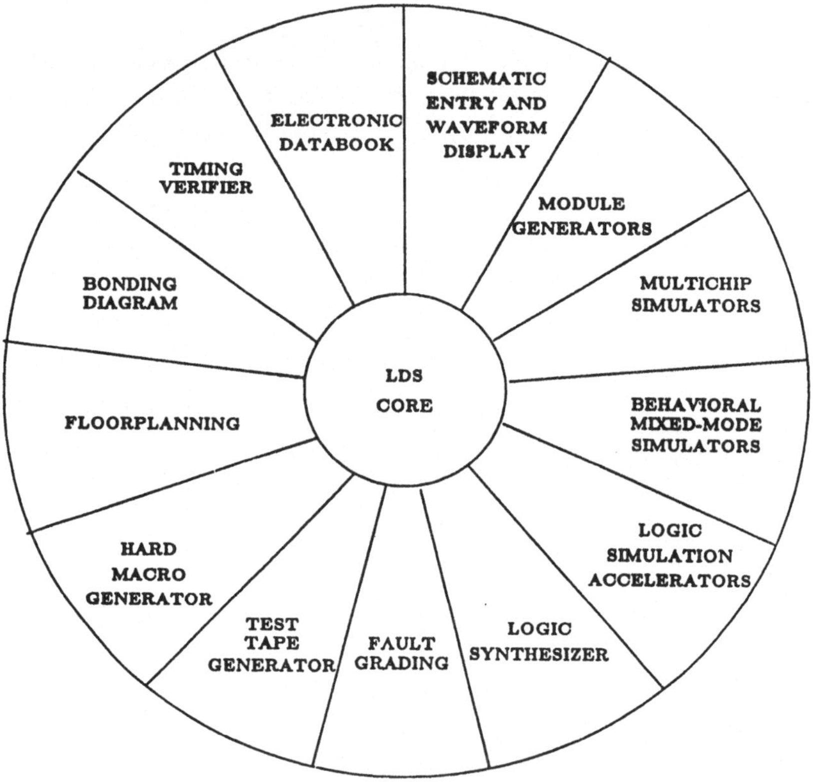

LDS
CORE

SCHEMATIC
ENTRY AND
WAVEFORM
DISPLAY

MODULE
GENERATORS

MULTICHIP
SIMULATORS

BEHAVIORAL
MIXED-MODE
SIMULATORS

LOGIC
SIMULATION
ACCELERATORS

LOGIC
SYNTHESIZER

FAULT
GRADING

TEST
TAPE
GENERATOR

HARD
MACRO
GENERATOR

FLOORPLANNING

BONDING
DIAGRAM

TIMING
VERIFIER

ELECTRONIC
DATABOOK

CHARAKTERISIERUNG VON CMOS OPERATIONSVERSTÄRKERN
H. Horvat

Austria Mikrosysteme International GmbH
Schloß Premstätten
8141 Unterpremstätten

Zusammenfassung:

Zur Charakterisierung von Opamps müssen Kennwerte definiert
werden, die Vergleiche zwischen den verschiedensten Schal-
tungsvariationen erst zulassen. Diese Kennwerte müssen meßbar
sein und sollen so gut wie möglich mit der Simulation, die dem
Design zugrunde liegt, übereinstimmen. Man definiert daher
'worst case' Parametersätze, in deren Grenzen ein hoher Prozentsatz der fertigen Schaltkreise liegen soll, um eine hohe
Ausbeute zu gewährleisten.

Textbeginn der Mitteilung:
Eine wichtige Voraussetzung für kritisches Opamp Design ist,
gut gefittete Parametersätze zu extrahieren. Dafür benötigt
man Messungen über eine statistisch genügende Anzahl von Meß-
proben mit möglichst kleinem Meßfehler, Simulationen mit der
gleichen Anordnung wie bei der Messung bei gut gefitteten
Parametersätzen und Berücksichtigung der nicht idealen Rand-
erscheinungen, wie Streukapazitäten, Einstreuungen usw. Aus
den erhaltenen Daten kann man durch Vergleich und Iteration
versuchen, die Grenzen der Parametervariationen einzuengen und
die Sicherheit der Vorhersage damit zu erhöhen bzw. beizu-
behalten. Engere Toleranzen ermöglichen es dann, Opamps besser
für Spezialaufgaben zu optimieren und hochzuzüchten.

Die wichtigsten Kenngrößen für Opamps sind die Kleinsignal-
parameter Leerlaufverstärkung, Transitfrequenz (Bandbreite),
Phasenreserve, Einschwingzeit (Settling Time), Gleichtaktunterdrückung und Versorgungsspannungsunterdrückung. Weiters
sind Offsetspannung, Stromaufnahme und Slew Rate von
Interesse. Bei der Aufnahme des Bode Diagramms zur Bestimmung
der Verstärkung und des Phasengangs über die Frequenz ergibt
sich immer das Problem des Offsetspannungsabgleichs für verschiedene Opamps, um den Ausgang zum richtigen Arbeitspunkt zu
treiben. Die in Abbildung 1 angegebene Schaltung erzwingt
durch die Widerstandsrückkopplung die richtige Spannung am
Ausgang, beschränkt aber die Messung zu niedrigen Frequenzen
hin, wenn die eingestellte Verstärkung durch das Impedanz-
verhalten der Beschaltung die Leerlaufverstärkung des Opamps
unterschreitet.

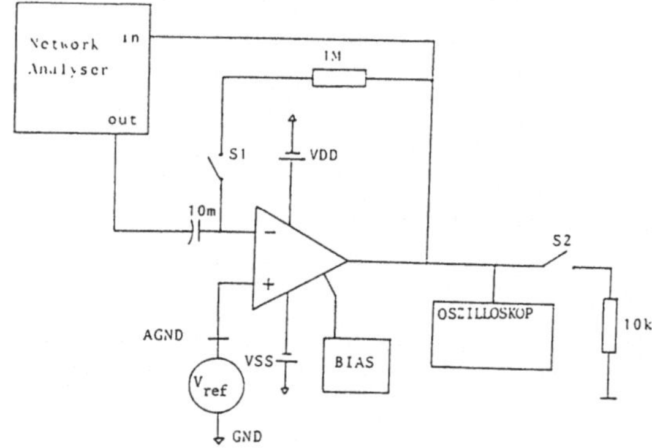

Abbildung 1

Da man am Ausgang nicht leistungslos messen kann, ist es
wichtig, die Ausgangsbelastung zusammengesetzt aus Meßfühlern,
Schaltungsstreukapazitäten und Ableitwerten für die Simulation
festzulegen. Abbildung 2 zeigt ein Beispiel für ein Ampli-
tudendiagramm mit gestrichelten worst case Grenzen und der
durchgezogenen Meßkurve. Man erkennt, daß der Amplitudenver-
lauf für Frequenzen über dem ersten Pol gut im vorhergesagten
Bereich liegt und zwar etwas in Richtung worst case power
Simulation. Diese Tendenz war nach Sichtung der Map Daten zu
erwarten. Durch nicht exaktes Parameterfitting ist die Leerlaufverstärkung um etwa 3 Dezibel zu niedrig, daher ist hier
ein besseres Fitting im flachen Teil des MOS-Transistor Aus-
gangskennlinienfelds anzustreben.

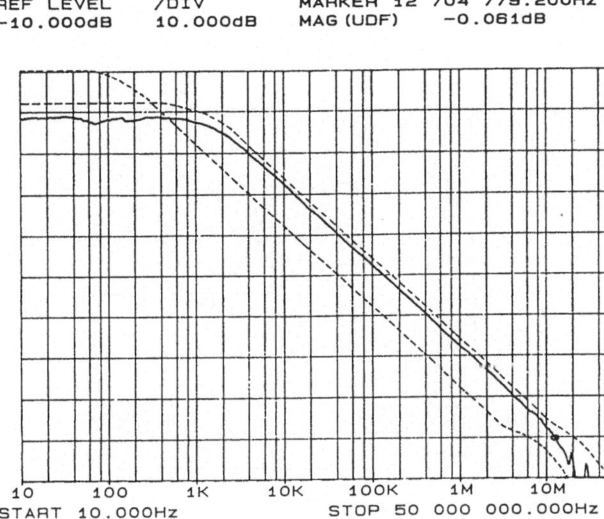

Abbildung 2

Erregt man den als Spannungsfolger geschalteten Opamp mit dem
Einheitssprung, kann man Einschwingzeit (Settling Time) und
Slew Rate bestimmen. Das Einschwingverhalten ist lastabhängig,
das Überschwingen kann aus der aus der Regelungstechnik
bekannten Gleichung (1) berechnet und somit aus der Phasenreserve bestimmt werden. Aus dem Überschwingen kann aus einem
normierten Diagramm die Settling Time ersehen werden.

$$70 - Phi = Ü \qquad\qquad\qquad (1)$$

Phi - Phasenreserve
Ü   - Überschwingen in Prozent

Die Slew Rate ist in den meisten Fällen nicht durch die Last,
sondern durch die interne Kompensationskapazität bestimmt. Für
einen stabilen Opamp ist eine Phasenreserve von 70 erwünscht.

Das ergibt den aperiodischen Grenzfall beim Einschwingvorgang. Um diese Phasenreserve zu erreichen, muß man die Kompensationskapazität größer als ein Drittel der Lastkapazität wählen. Da der Strom in der Ausgangsstufe fast immer mehr als dreimal so groß ist wie in der Differenzstufe, resultiert die Slew Rate Begrenzung aus dem Strom in der Eingangsstufe (Abbildung 3).

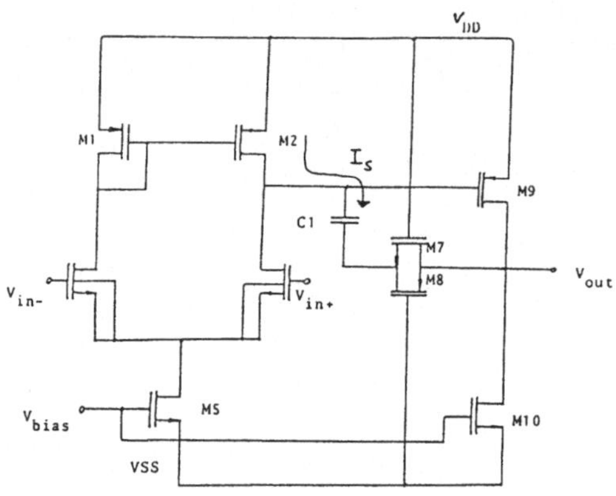

Abbildung 3

Zur Bestimmung der Offsetspannung verwendet man am besten eine Widerstandsbeschaltung, die eine Verstärkung von 100 einstellt, legt beide Eingänge auf analog Masse und liest am Ausgang die hundertfache Offsetspannung ab. Da über das Gate am Eingang ein für nahezu alle Anwendungen vernachlässigbarer Eingangsstrom fließt, ist auch der Offsetstrom gleich Null.

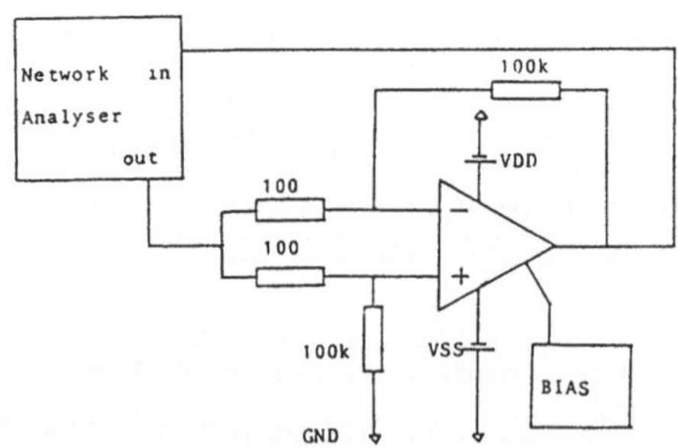

Abbildung 4

Für die Meßschaltung zur Bestimmung der Gleichtaktunterdrückung wurde ein Analogsubtrahierer mit kurzgeschlossenen Eingängen gewählt (Abbildung 4). Für offene Eingangsklemmen vor den Widerständen R1 gilt:

$$V_{out} = a(V_{in+} - V_{in-})$$

(2)

$$\text{mit } R2 = a.R1$$

(2a)

Im kurzgeschlossenen Fall wird demnach die Ausgangsspannung gleich Null. Legt man nun eine Eingangsspannung V1 an, erhält man am Ausgang:

$$V_{cm} = V1.(1-R1/(R1+R2)).A_{cm}$$

(3)

$$cm = \text{common mode (Gleichtakt-)}$$

Die Differenzverstärkung ist durch die Beschaltung (R1+R2)/R1 bestimmt. Wählt man a sehr groß, wird $V_{cm} = V1$,und die GLeichtaktunterdrückung (Common mode rejection ratio) wird:

$$CMRR = V1 / V_{out} ((R1+R2)/R1)$$

(4)

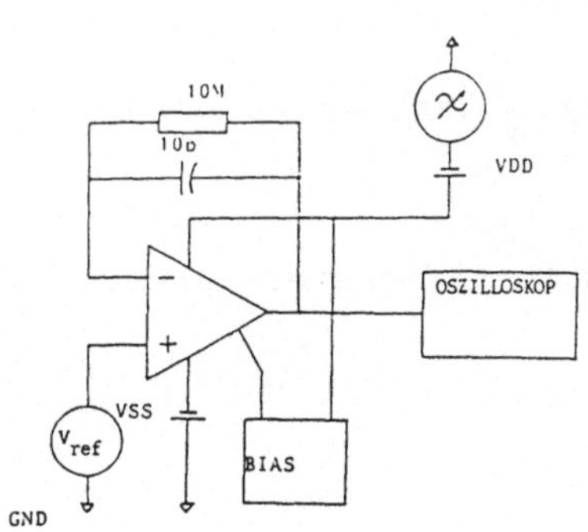

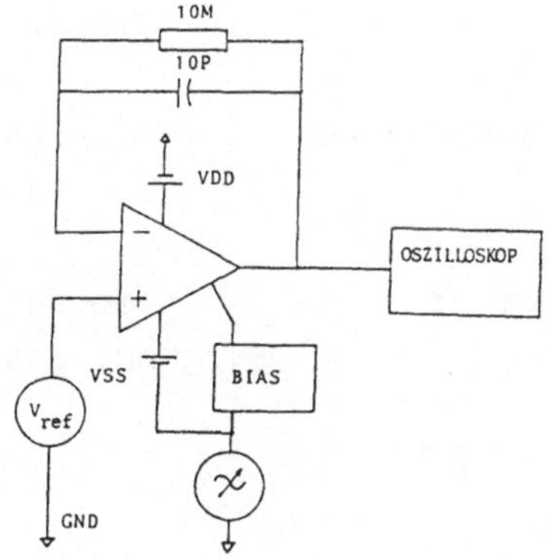

Abbildung 5 und 6

Einflüsse von Versorgungsspannungsstörungen auf das Nutzsignal können durch kapzitives Übersprechen und Arbeitspunktverschiebungen im Operationsverstärker verursacht werden. Power supply rejection ratio (PSRR) ist der Kennwert für die Unterdrückung solcher Störungen. Für die Messung wird wieder eine DC Rückkopplung auf den invertierenden Eingang vorgesehen, um Offsetabgleich zu vermeiden. Man wählt die Werte für die Rückkopplung möglichst groß, damit Versorgungsspannungseinflüsse nicht dadurch vermindert werden. In Abbildung 5 und 6 ersieht man die entsprechenden Meßschaltungen für positive und negative Versorgungsspannungseinflüsse.

Literaturverzeichnis:

P.R. Gray/R.G.Meyer   'Analysis and Design of Analog Integrated Circuits', 1977 Wiley and Sons

R.G. Meyer   'Integrated Circuit Operational Amplifiers, IEEE Press 1978

Degrauwe/Sansen   'Current Efficiency of MOS Amplifiers' IEEE June 1984

H. Horvat   'Messungen an CMOS Operationsverstärkern' AMI 1985

"ASIC - DER WEG ZUR EIN-CHIP-SYSTEMINTEGRATION"
U. Mayer, LSI LOGIC GmbH., München

Untersucht man die Entwicklung in den letzten Jahren und betrachtet außerdem die heute schon bekannten Laborergebnisse, kann man einen rasanten Anstieg der Geschwindigkeit der elementaren aktiven Elemente insbesondere bei der Integrationsdichte der HCMOS, Application Specific Integrated Circuits (ASICs), verzeichnen. Die neue Zielsetzung in der Ingenieurwelt ist: Möglichst viel Logik bis zu "System-Scale-Integration" auf ein Silizium-Stück zu integrieren.

Die ASICs Entwicklung reichte von ca. 1.000 Gattern in 3,5 Mikron und einer Metall-Lage-Technologie mit Geschwindigkeiten von 3 ns/Gatter im Jahr 1980 zu einer Komplexität von über 60.000 nutzbaren Gattern in 1,5 Mikron (0,9 Mikron effektiv), zwei Metall-Lagen und Geschwindigkeiten von weniger als 0,65 ns/Gatter im Jahr 1987.

Der neue Sprung in der Technologie von 1,0 Mikron und drei Metall-Lagen steht bevor, so daß eine Integration von über 100.000 Gattern, analoger sowie digitaler Logik gemeinsam auf ein Chip möglich werden.

Bild 1

Eine fast parallele Entwicklung sieht man bei Standard ICs, wie z. B. den Mikroprozessoren von 8 Bit über 16 Bit zu den heutigen 32 Bit Prozessoren, oder auch die Entwicklung der ICs im Bereich der Telekommunikation und speziell der Digital-Signal-Processing ICs, um nur einige weitere Beispiele zu nennen. Dennoch benötigt man mehrere Bausteine, um ein System zu realisieren, da nicht immer alle notwendigen Funktionen für die jeweilige Applikation von einem Bauteil erfüllt werden können. Zusatz-ICs mit geringen oder auch mit hohen Gatterzahlen sind fast immer notwendig. Dabei darf die Redundanz der Standard-ICs nicht vergessen werden, da sie mehreren, unterschiedlichen Applikationen gerecht werden muß.

Im Gegensatz zu Standard-ICs bieten ASICs die Möglichkeit, die ICs zu formieren und so zu gestalten, daß nur die für die Applikation benötigten und die notwendigen Funktionen in den Bausteinen integriert werden. Das wesentliche Resultat lautet: Durch ASICs erreicht man einen hohen Silicon-Ausnutzungsgrad, wobei mit _einem_ oder _wenigen_ ASICs der Entwickler heute in der Lage ist, hochkomplexe Systeme zu realisieren. Als Beispiel kann man einen Daten-Kommunikations-Controller nehmen, bei dem vier sehr schnelle synchron serielle Daten-Schnittstellen mit computer-gesteuertem Protokoll implementiert wurden.Die Aufgabe des Controllers ist es, für fehlerfreien Datentransfer zwischen den einzelnen Kanälen, wie z. B. Daten-Netzwerke, Terminals oder andere Peripherie-Einheiten zu sorgen.

Diese Applikation wurde in der LSA 2005 (siehe Bild 2),

einem ASIC aus der "Structured Array"-Familie realisiert.
Der LSA 2005, enthält 4 x 2901 "Bit-Slice-Processor", 32K
Bit ROM für die Mikroprogrammspeicherung, 3700 freimetall-
programmierbare Gatter und den I/O Sektor. Bei
vergleichbaren Applikationen mit Standard Bauelementen
werden 59 ICs benötigt,und die Verlustleistung wird um 40 W
überschritten.

Die Vorarbeiten, die der System-Entwickler zu leisten hat,
haben sich auch im ASIC-Zeitalter nicht geändert, wohl aber
die Werkzeuge und die Endprodukte. Heute werden sehr selten
Breadboards mit Standard ICs, Oszilloskope und Logik-
Analysatoren beim Design benutzt, sondern moderne, leicht

erlernbare und einfach zu benutzende CAD-Anlagen, um Systeme auf ASIC-Basis in kurzer Zeit entwickeln zu können.

Diese CAD-Systeme sind modular aufgebaut und enthalten folgende Module:

- Verhaltensbeschreibungs- und Simulations-Modul, um Systeme mathematisch zu definieren und zu analysieren. (Behavioural Modelling and Simulation).

- Ein-Chip-Entwicklungs-Modul, auf dem Simulation und alle notwendigen physikalischen und elektrischen Check-Programme enthalten sind, um "First Path" funktionierendes Silizium zu garantieren.

- Umfangreiche Bibliotheken, die einfache Gatter, LSI/MSI Funktionen, Speicherelemente und Mikroprozessor-Kerne (Core)beinhalten, wobei man diese Elemente als Äquivalente zu den Standard-ICs betrachten kann.

- Cell-Compiler Module, die "RAM"/"ROM" Multiplizierer, Addierer und andere Funktionen, die nach Applikationsanforderung automatisch generiert werden.

- Synthese-Programm-Module, um Boolsche Funktionen oder "State-Machine"-Module in Logic Gatter-Module umzusetzen.

- Multi-Chip-Simulations-Modul, um Systeme, die mehrere
  Chips enthalten, zu simulieren.

- Testprogramm-Generierungs-Module.

- Testpattern Güte-Untersuchungs-Modul.

In der VLSI Welt haben vor allem ASICs zu einer
Leistungssteigerung, Erhöhung und Zuverlässigkeit,
Verlustleistungsreduzierung, Verringerung bzw. Minimierung
der Kosten der Systeme, beigetragen. ASICs und deren
Entwicklungsmethoden ermöglichen, daß die Entwicklung und
Vermarktung der Systeme mit dem Fortschritt in der
Halbleiter-Technologie Schritt hält.

Bild 3

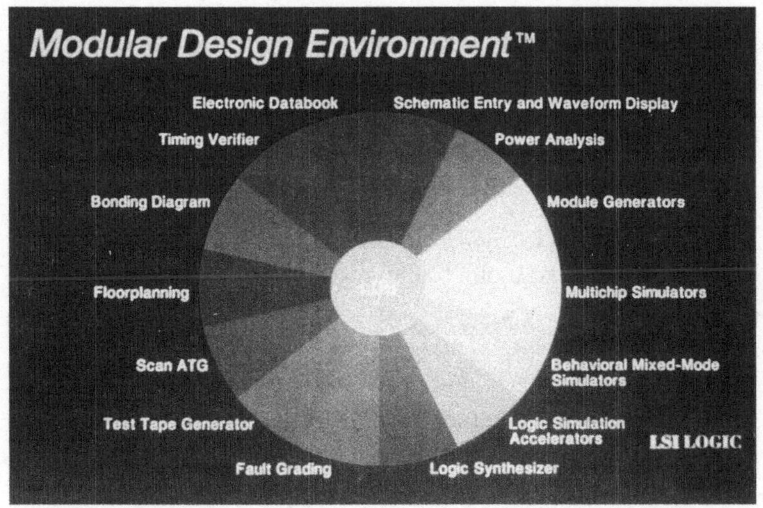

DAS IC-TESTZENTRUM DER BUNDESVERSUCHS-
UND FORSCHUNGSANSTALT ARSENAL

A. Richter

Bundesversuchs- und Forschungsanstalt Arsenal,
Faradaygasse 3, A-1030 Wien

ZUSAMMENFASSUNG:
Auf der Basis von Markterhebungen, die bereits auf das Jahr
1980 zurückreichen, konnte das VLSI-Testzentrum in der BVFA
Arsenal in seinen Anforderungen recht präzise spezifiziert
und ein Leistungsangebot der Teststelle, das einem allgemeinen Bedarf entspricht, ausgearbeitet werden.

Anhand dieser Erhebung wurde ein Leistungsangebot erstellt, das die Prüfung integrierter Schaltkreise für
Anwender, Beratung über den optimalen Einsatz der Mikroelektronik, Dokumentation über in Österreich verfügbare
Schaltkreise beinhaltet.

Auf dem Sektor Prüfung bestehen im einzelnen folgende
Möglichkeiten:

- Elektrische Prüfung an LSI- und VLSI-Schaltkreisen
- Vorbehandlung für hohe Zuverlässigkeitsanforderungen
- Qualifikatonsuntersuchungen für bestimmte Anwendungen
- Typprüfungen (auch unter erschwerten Umgebungsbedingungen)
- Fehleranalysen
- Charakterisierung in bezug auf bestimmte Ausfälle
- Zuverlässigkeitsprüfungen
- Tests unter erschwerten Umgebungsbedingungen
- Applikationsberatung
- Erstellung von Gutachten und Prüfzeugnissen

<u>VLSI-Tests:</u>
Für die elektrischen Prüfungen stehen in der BVFA Arsenal
das VLSI-Testsystem "MEGA ONE" und das Memory-Testsystem
Q2/52, beide von der Firma Megatest zu Verfügung.

Das MegaOne VLSI-Testsystem ist in "Tester-pro-Pin-
Architektur" aufgebaut. Dadurch sind alle Systemfähigkeiten
an sämtlichen Prüfling-Pins vorhanden. Pro Pin steht ein
Waveform-Generator (Timing-Generator und Formatter), der
drei Flanken pro Zyklus erzeugen kann, zur Verfügung. Die
Testvektoren können mit einer Geschwindigkeit bis zu 40MHz
(80MHz bei Multiplex-Betrieb) aus dem Testvektor-Speicher

ausgelesen werden. Weitere Systemfähigkeiten, die ebenfalls
pro Pin zur Verfügung stehen, sind u.a.: 1MBit Testvektor-
Memory, parametrische Testeinheit, Treiber, Komparator sowie
programmierbare Lasten. Einige System-Funktionen, die den
gesamten Tester-Betrieb koordinieren, sind als Shared
Resources eingesetzt; z.B. die sehr genaue parametrische
Meßeinheit, das Environmental-Monitor-System und der 40MHz
ECL-Controller, der die Verwaltung des Testvektor
Sequencing, die Ausführung der parallelen, parametrischen
Messungen, die Timing- und Level-Suchroutinen, den Match-
Mode Control und die routinemäßige Autokalibrierung steuert.

Der auf einem 68010 basierende Rechner des MegaOne steuert
die Tester-Hardware. Durch die Möglichkeit, 48MByte direkt
zu addressieren hat der Rechner Zugriff zu der gesamten
Tester-Hardware. Zusätzlich beinhaltet der Rechner ein
16MByte Error-Correction-Memory, einen Ethernet-Anschluß,
einen 450MByte Plattenspeicher, ein Hochgeschwindigkeits
Magnetband-Laufwerk, ein Modem für Remote-Diagnose und pro
Workstation die Möglichkeit für ein Color-Bit-Mapped-Graphic
Terminal.

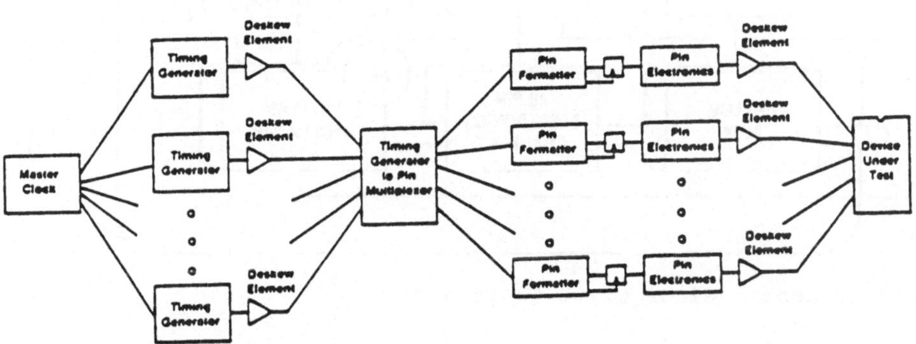

Bild 1: Blockdiagramm des Signalweges bei M1

Bei der elektrischen Prüfung auf der M1 werden durch das Anlegen von Prüfmustern, den sogenannten Pattern, die in den
Datenblättern festgelegten Bauteilwerte überprüft. Durch den

Einbau von Suchroutinen in die Testprogramme können die
Prüflinge auch detaillierten Spezifikationsuntersuchungen
unterzogen werden. Auf Graphikterminals können mittels
Farbdrucker die an den Bauteil angelegten Kurvenformen
überprüft werden.

<u>Speichertests:</u>
Das Q2/52 Speichertestsystem stellt im Prinzip eine kleinere
Version des VLSI-Testsystems dar. Als Hostrechner ist eine
PDP 11/23 CPU mit 20 MByte Festplattenspeicher in Verwendung
Das Herz des Q2/52 Testsystem ist ein 10MHz-Tester bei einer
Cycluszeit von 100ns. Bei bestimmten Pattern können jedoch
auch bis zu 30MHz erreicht werden.

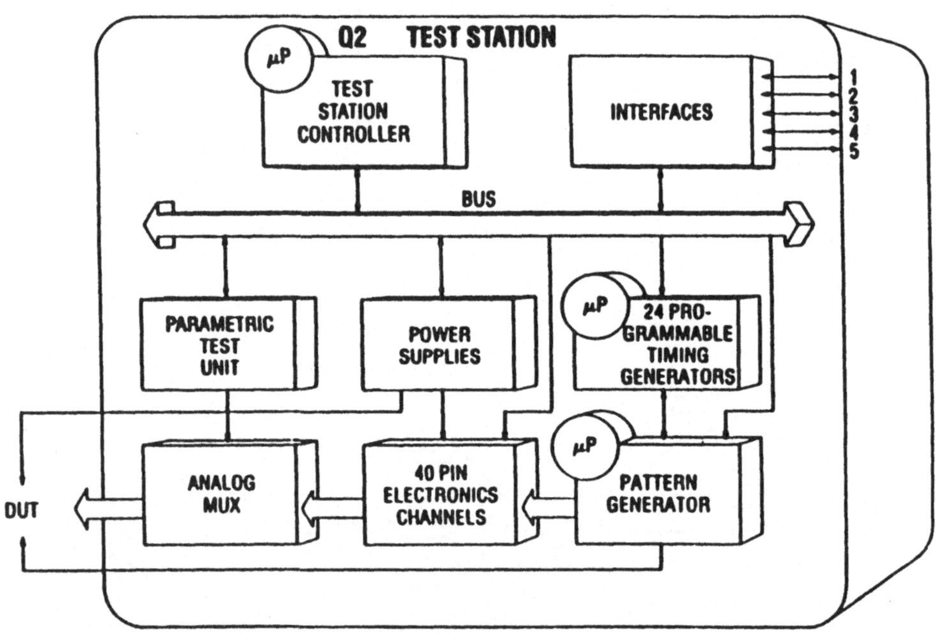

Bild 2: Schema einer Q2/52 Teststation

Bei der Prüfung auf dem Q2/52 handelt es sich ebenfalls um
die Überprüfung von Datenblattwerten. Bei den Speicherbau-
steinen ist es jedoch notwendig, die Funktion der einzelnen
Speicherzellen zu überprüfen. Zu diesem Zweck werden verschiedene Pattern zur Zellprüfung benötigt. Heute allgemein
Verwendung finden sogenannte Fixpattern wie z.B. das

Checkerboard-, das Diagonal-, das Marching- oder das
Galopping Pattern.
Der Checkerboard-Test z.B. ist eines der einfachsten Test-
muster. Er testet im wesentlichen die Dekodierlogik, die
Funktionsfähigkeit der Zellen und die Erholzeit des Lesever-
stärkers. Es werden abwechselnd eine "1" bzw. eine "0" in
alle Speicherzellen geschrieben. Anschließend wird die
erste, dann die letzte Addresse angewählt und durch Auslesen
werden die Speicherinhalte auf richtigen Inhalt überprüft.
Der Test wird mit invertiertem Schachbrettmuster wiederholt.

Checkerboard-Testmuster

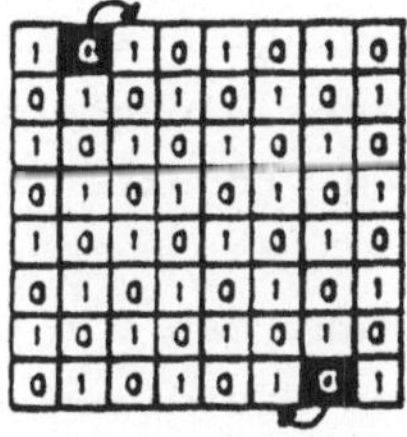

Test mit zunehmender Adr.

1. Lesen d. ersten Zeile
2. Lesen d. letzten Zeile
3. Lesen d. zweiten Zeile
4. Lesen d. vorletzten Zeile

Test mit abnehmender Adr.

1. Lesen d. letzten Zeile
2. Lesen d. ersten Zeile
3. Lesen d. vorletzten Zeile
4. Lesen d. zweiten Zeile

Speicherzellenanordnung beim Checkerboardtest

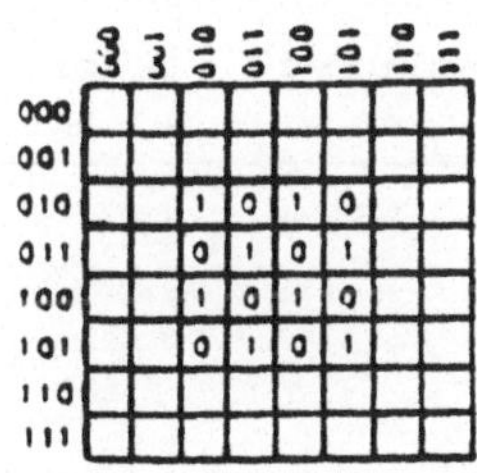

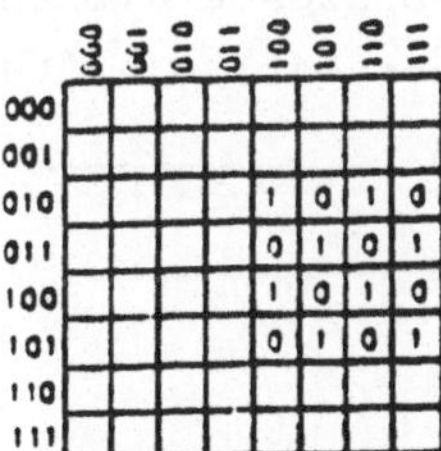

a, Richtige Anordnung da Anfangsaddr. 010010 gleich
   invertierter Endaddr. 101101
b, Falsche Anordnung da keine Invertierung der Addr.

Bild 3: Checkerboard-Testmuster und Speicherzellenanordnung

<u>Vorbehandlung:</u>

Für Vorbehandlung, Qualitätsuntersuchungen und Zuverlässigkeitsprüfungen ist das BURN IN von großer Bedeutung.

Für die Anwendung von BURN IN Prüfungen sind zwei Faktoren
ausschlaggebend:

a) Selbst bei kleinsten Fertigungs-, Prozeß- oder Material-
   abweichungen und trotz sorgfältiger Inspektionen kann es
   zu Frühausfällen kommen, was sich wirtschaftlich, image-
   und marktmäßig katastrophal auswirken kann.

b) Eine ständige Weiterentwicklung der Produkttechniken in
   allen Branchen zwingt die Hersteller und Anwender
   immer mehr einfache wie höchstintegrierte Halbleiter-
   produkte in ihren Produkten zum Einsatz zu bringen.

Unter Burn-In versteht man nun das Selektieren von defekten
oder latent defekten Bauteilen und Komponenten. Da Frühausfälle zeit- und belastungsabhängig auftreten, werden durch
den Burn-In die "Worst-Case-Bedingungen", denen Bauteile und
Komponenten in der Applikation ausgesetzt sein können, nachgebildet. Dabei nutzt man die Tatsache, daß Halbleiter-
Fehler-Mechanismen durch hohe Umgebungs- und damit Chip-
temperaturen ($>>+100$ °C), bei gleichzeitiger Aktivierung
der Prüflinge, wesentlich beschleunigt werden können.
Den Verlauf der Lebensdauer von Halbleitern und des
Frühausfallbereiches gibt die "Badewannenkurve" wieder.

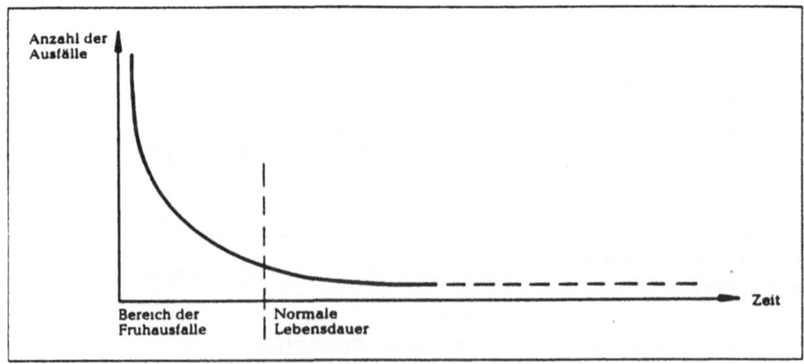

Bild 4: Badewannenkurve

Bei der Burn-In Prüfung unterscheidet man im wesentlichen
zwischen dem statischen, dynamischen, dem testenden oder
"monitoring" Burn-In.

Statisches Burn-In:

Beim statischen Burn-In (SBI) werden die Prüflinge im Ofen
gelagert, wobei Versorgungsspannung angelegt und Ein- und
Ausgangspins mit einer Gleichspannung versorgt werden.
Durch diesen Vorgang werden zunächst die sogenannten
DOAs (Dead On Arrival) ausgeschieden. Nach einer vorher
festgelegten Zeit werden die Prüflinge erneut einer
Prüfung unterzogen. Diese Art des Burn-In-Testes beansprucht
jedoch nicht die interne Logik des Bausteines.

Dynamisches Burn-In:

Beim dynamischen Burn-In (DBI) werden zusätzlich zu den Versorgungsspannungen die Eingangslogikpins mit einem Clock-
oder einem anderen Signal angeregt. Oft werden auch noch die
Ausgänge mit Widerständen oder Kapazitäten belastet. Durch
die Verwendung von erhöhten Versorgungsspannungen werden die
Bauteile einem Streß unterzogen.

Bei dieser Prüfung wird zwar die interne Logik der Prüflinge
beansprucht, da aber die Ausgänge der Bausteine nicht auf
ihre richtigen Zustände überprüft werden ist noch keine
genaue Aussage über die Funktion der Prüflinge möglich.

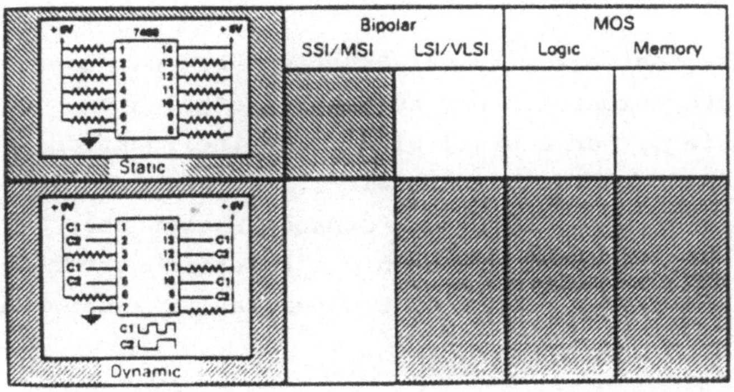

Bild 5: Anwendungsvergleich SBI und DBI

Testendes Burn-In:

Beim "Test during Burn-In" (TDBI) handelt es sich um eine
weiterentwickelte Form des DBI. Hier werden zusätzlich zu
den Testschritten auch die Ausgänge auf ihre Richtigkeit
überprüft. Diese Form des Burn-In findet vor allem dort
Verwendung, wo durch eine lange externe Prüfungszeit auf
Testanlagen die Wirtschaftlichkeit der Bauteilprüfung
alleine in Frage gestellt ist. Als Beispiel mögen Speicherbausteine mit hoher Speicherkapazität dienen. Der Durchlauf
der bereits erwähnten Prüfpattern erfordert bis zu einige
Sekunden pro Prüfling. Dieser Zeitaufwand kann bei TDBI in
den sonst ungenutzten Einbrennzeiten gut untergebracht
werden.

Vibrationstest:

Zu den Tests mit erschwerten Umgebungsbedingungen gehört
unter anderm der Vibrationstest. Obwohl der Einsatz von IC's
speziell in der Autoindustrie immer häufiger wird, ist das
Angebot an Prüfungen für diesen Sektor noch eher gering. Die
BVFA Arsenal ist in der Lage in Ihrem Testspektrum die oben
genannten Vibrationstests anbieten zu können.

Sowohl die Bedingung für Geräte als auch für Bauteile,
welche bei Vibrationen funktionieren sollen oder reine
Vibrationsbeanspruchungen überleben sollen, sind in den
einschlägigen Geräte- oder Bauteilspezifikationen festzulegen.

Bei einem Vibrationstest wird der Prüfling über den ganzen
definierten Frequenzbereich bis zu einer festgelegten
Amplitude vibriert. Der Bauteil wird auf seine Funktion
und auf frequenzabhängige Effekte wie z.B. mech. Resonanz
oder Funktionsstörungen überprüft. Genaue Angaben über
die unterschiedlichen Testverfahren und Befestigungsvor-
schriften können aus der IEC 68-2-6 unter Test F entnommen
werden.

Abschließend soll erwähnt werden, daß die BVFA Arsenal in
der Lage ist, entsprechend den Vorschriften der IEC 68,
nach MIL-STD-883C, CECC und DIN zu testen.

INTEGRATION VON SPICE IN EINE CAD/CAE-UMGEBUNG

K.R.Spiess

Austria Mikrosysteme International GmbH
Schloß Premstätten
8141 Unterpremstätten

ZUSAMMENFASSUNG:
Im Rahmen dieses Projektes wurde SPICE, ein universelles
Simulationsprogramm zur Analyse von elektronischen Schaltungen
/1//2/, in eine computergestützte Engineeringumgebung integriert. Dadurch ergab sich eine Verbesserung der Benutzer-
freundlichkeit, indem die schwer lesbare Netzlistendarstellung
durch eine übersichtlichere Grafikrepräsentation ersetzt
wurde. Dies wiederum hat eine wesentlich höhere Zuverlässigkeit bei der Benutzung zur Folge, da aus der grafischen Darstellung automatisch eine simulierbare Netzliste extrahiert
wird

Bei der Integration des Schaltkreissimulators SPICE in eine
CAD/CAE-Umgebung entstand SPICE SCEPTRE, ein Software-System
zum Entwurf von Schaltungsblöcken auf Transistorebene für
gemischt analog/digitale Anwendungen. Das System ist für Personal Computer (PC) implementiert und stellt eine grafische
Schnittstelle zur elektrischen Schaltungssimulation dar. /3/

SPICE SCEPTRE erlaubt die interaktive Eingabe von Schaltungsblöcken in Form von Transistor-Schaltkreisdiagrammen mit nachfolgender automatischer Extraktion der für die SPICE-Simulation notwendigen Netzlistendarstellungen. Als Ausgangspunkt
für die Entwicklung diente das Super SCEPTRE System, ein
CAD/CAE-System für den Standardzellenentwurf. /4/ Im Gegensatz
zu den vordefinierten Standardzellen kann in SPICE SCEPTRE
jedem Aufruf eines Grundelements eine Anzahl verschiedener
Parameter zugewiesen werden.

Das System ist mit einer flexiblen, benutzerfreundlichen
Schnittstelle ausgestattet, welche den Benutzer mit Hilfe von
Menüs durch die einzelnen Entwurfswerkzeuge führt. Dadurch
wird der Lernaufwand minimiert und der effiziente Einsatz des
Systems möglich. Eine Anzahl von Fehler-Erkennungshilfen sind
eingebaut, um eine Fehlerisolation zum frühestmöglichen
Zeitpunkt zu erreichen.

SPICE SCEPTRE unterstützt
ein dezentrales Hardware-
Konzept, wobei die sche-
matische Schaltkreiser-
fassung mit automatischer
Netzlistenextraktion auf
einem PC der IBM AT TM
Klasse durchgeführt wird,
während die nachfolgende
Detailsimulation auf
Transistorebene auf einem
Hintergrundrechner, z.B.
DEC VAX TM Mini-Computer,
erfolgt. Daher umfaßt das
System neben CAE-Werk-
zeugen für die schema-
tische Schaltkreiseingabe
auch eine Anzahl von Rou-
tinen für die Datenkom-
munikation und Prozeß-
synchronisation zwischen
Eingabe- und Verarbei-
tungsrechner, welche über
ein lokales Netzwerk
(LAN) unter Verwendung
des Ethernet Netzwerkes

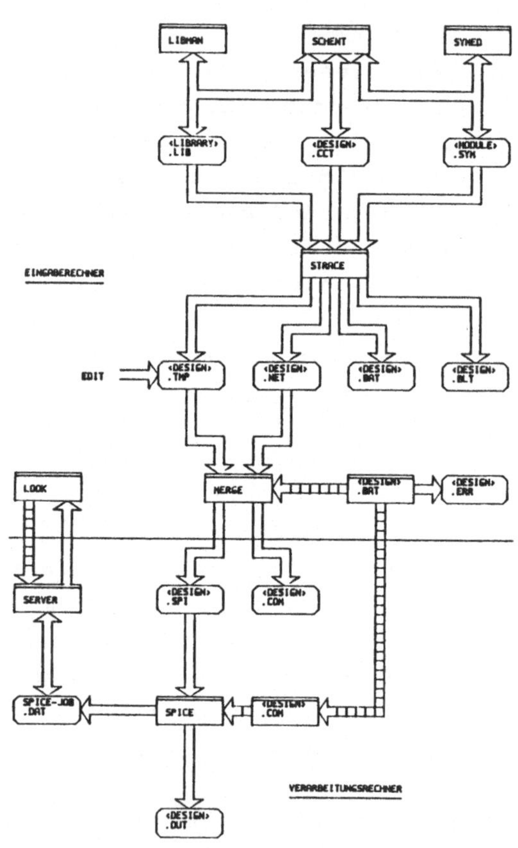

und Digital Equipments DECnet-DOS Software verbunden sind.
Durch Einsatz einer PC-Version von SPICE kann der PC zu einem
eigenständigen Entwicklungssystem auf Transistorebene ausge-
baut werden.

Stromlaufplaneingabe

Ein Schaltkreisdiagramm (<design>.CCT) besteht grundsätzlich aus Symbolen, welche über Linien miteinander verbunden sind. Mit dem schematischen Eingabeprogramm SCHENT können sämtliche in der Bibliothek (<library>.LIB) definierten Elemente, die mit den in SPICE definierten Primitivelementen übereinstimmen, entsprechend der Schaltkreisfunktion plaziert und verbunden werden. Die mit jedem Element assoziierte Parameterliste kann individuell gesetzt werden. Alle Funktionen des Eingabeprogramms sind menügesteuert, die Auswahl eines Kommandos ist durch Funktionstasten möglich. Eine große Anzahl von grafischen Editier-Funktionen steht zur Verfügung, um die Schaltkreiseingabe zu unterstützen.

Zur Erstellung und Verwaltung der Grundelemente in der Bibliothek existiert das Bibliothekverwaltungsprogramm LIBMAN.

Aus den Grundelementen können Funktionsblöcke (Module) erstellt werden, welche ihrerseits in hierarchisch aufgebaute Blöcke und Schaltkreise eingebracht werden können. Durch das hierarchische Konzept mit beliebiger Schachtelungstiefe kann der Schaltkreis modular entworfen werden, um eine gute Übersichtlichkeit der Blöcke zu gewährleisten. Darüber hinaus kann der Anwender seine eigene 'Soft-Macro'-Bibliothek aus gemischt analog/digitalen Modulen erstellen, um diese in weiteren Entwicklungen wiederzuverwenden. Mit Hilfe des Symbol-Editors SYMED kann für jedes vom Benutzer definierte Modul (<module>.CCT) ein eigenes Symbol (<module>.SYM) generiert werden. Die Symbole, sie repräsentieren Module in den darüberliegenden Hierarchiestufen, können in der schematischen Eingabe wie Bibliothekselemente verwendet werden. Im Stromlaufplan-Eingabeprogramm kann zwischen den einzelnen hierarchischen Ebenen hinauf- bzw. hinuntergesprungen werden. Der Benutzer hat also die Wahl zwischen Detailinformation und Überblick.

Netzlistenextraktion

Die bei der schematischen Eingabe erzeugte Schaltkreisdatei (<design>.CCT) beschreibt den Schaltkreis in Form von Bibliothekselementen, hierarchischen Funktionsblöcken (Module) und Verbindungsleitungen. Um die Information, welche in dieser Datei gespeichert ist, anderen Programmen wie SPICE zur Verfügung zu stellen, ist es notwendig, eine Netzlistenbeschreibung aus den grafisch orientierten Daten zu generieren.

Diese Konversion wird mit dem Netzlistenextraktionsprogramm STRACE durchgeführt, wobei die hierarchische Aufteilung des Schaltkreises erhalten bleibt. Durch die modulare Struktur des Programms ist es möglich, Netzlisten außer für den Schaltkreissimulator SPICE auch in anderen Netzlistenformaten zu erzeugen. Derzeit werden neben dem allgemeinen SPICE-Format auch noch das AMI-spezifische BOLT Logikformat sowie das Format des Simulator SWITCAP, eines Analyseprogramms für Switched-Capacitor-Netze /5/, unterstützt.

Die erzeugte Netzlistendatei im SPICE-Format (<design>.NET) enthält sämtliche Elementanweisungen, aber noch keine für die Simulation notwendigen Steueranweisungen. Um die Eingabe der Steueranweisungen für den Benutzer zu vereinfachen, wird eine Textdatei (<design>.TMP) erzeugt, die schon einige Ersatzsteueranweisungen enthält. Der Benutzer muß die Daten entsprechend der gewünschten Simulation ergänzen. Die Datei wird bei Transfer an die Netzliste angehängt und ergibt mit dieser die vollständige SPICE-Eingabedatei.

Die Netzliste im Format der 'Hardware Description Language' BOLT (<design>.BLT) dient als Schnittstelle zu einer Anzahl von CAD/CAE-Programmen.

Weiters wird eine MS-DOS Batch-Kommandodatei (<design>.BAT) erzeugt, welche bei ihrer Exekution den automatischen Datentransfer auf den Hintergrundrechner durchführt.

Transfer

Die Transferroutinen umfassen den automatischen Datentransfer
auf Ethernet/DECnet-DOS Basis vom Eingaberechner zum Ver-
arbeitungsrechner, einen VAX Mini-Computer. Der automatisierte
Vorgang enthält auch das Starten der SPICE Simulation am
Verarbeitungsrechner. Mit Hilfe eines Meldesystems erhält der
Benutzer Informationen über fertiggestellte Simulationen.

Das von der MS-DOS Batch-Kommandodatei (<design>.BAT) auf-
gerufene Programm MERGE erzeugt vor dem Transfer aus den
STRACE Ergebnisdateien die vollständige SPICE-Eingabedatei
(<design>.SPI) und eine VAX/VMS-Kommandoroutine
(<design>.COM), die bei ihrer Exekution am Verarbeitungsrechner die SPICE-Simulation in einem Hintergrundprozess
startet. Die beiden Dateien werden über das LAN auf den Verarbeitungsrechner übertragen und die VAX/VMS-Kommandodatei
exekutiert. Bei einem fehlerhaften Transfer wird der weitere
Ablauf gestoppt und der Fehler in einer Reportdatei
(<design>.ERR) mitgeteilt.

Nach Beendigung der SPICE-Simulation wird in der Datei
SPICE_JOB.DAT eine Fertigmeldung generiert. Diese Datei kann
mit Hilfe von Netzwerkutilities über das LAN vom Eingaberechner aus gelesen werden und gibt Aufschluß über beendete
Simulationen. Die Information über beendete SPICE-Simulationen
wird dem Benutzer am Bildschirm des Eingaberechners mitgeteilt.

Literatur:

/1/   Nagel, L.W.:
       SPICE2: A Computer Program to Simulate Semiconductor
       Circuits;
       ERL Memo No. ERL-520, Electronic Research Laboratory
       University of California, Berkeley (May 1975)

/2/   Hofer, E.E.E., Nielinger,H:
       SPICE Analyseprogramm für elektronische Schaltungen;
       Springer Verlag
       Berlin, Heidelberg, New York, Tokyo (1985)

/3/   Spiess, K.R.:
       Integration von SPICE in eine CAD/CAE-Umgebung;
       Diplomarbeit, Institut für Informationsverarbeitung
       der Technischen Universität Graz und der österrei-
       chischen Computergesellschaft, Graz (1987)

/4/   Riedmüller, K.:
       Entwicklungshelfer-Kundenspezifische IC auf dem PC
       entwickeln;
       Elektronikpraxis, Nr.5 (Mai 1987)

/5/   Fang, S.C. Tsividis, Y.P., Wing.O.:
       SWITCAP - A Switched Capacitor Network Analysis Pro-
       gram; Proceedings of 1981 European Conference on
       Circuit Theory and Design (1981)

2. Themenkreis

"SENSOREN IN INDUSTRIE UND UMWELTSCHUTZ"

Leitung:

Univ.-Prof. Dipl.-Ing. Dr. H. Leopold
Univ.-Prof. Dipl.-Ing. Dr. G. Zeichen

TRAGBARES STRAHLENSCHUTZMESSGERÄT SSM1

W. Klösch, N. Böck

Institut für Elektronik, Österreichisches Forschungszentrum
Seibersdorf Ges.m.b.H., 2444 Seibersdorf

ZUSAMMENFASSUNG:

Viele öffentliche und private Stellen (z.B. Exekutive,
Feuerwehr, Bundesheer und Zivilschutz) benötigen Strahlen-
meßgeräte, welche in der Lage sind, die Bedürfnisse ihrer
Institutionen zu erfüllen. Bedingt durch die vielfältigen
Einsatzbereiche dieser Geräte sind die Anforderungen an
diese sehr hoch.
Ein tragbares Strahlenschutzmeßgerät, welches weitgehend den
umfangreichen Forderungen gerecht wird und zusätzliche Aus-
stattungsmerkmale zur einfachen Bedienung besitzt und daher
das Gerät universell einsetzbar macht, wurde im Österreichischen Forschungszentrum Seibersdorf entwickelt und gebaut. Das Gerät verwendet als Strahlungsdetektor zur Abdeckung des weiten Meßbereiches zwei energiekompensierte
Geiger-Müller-Zählrohre.

Überblick

Ein Strahlenschutzmeßgerät für den mobilen Einsatz muß unter
extremen Bedingungen, wie z.B. Nässe, Kälte, Hitze, Dunkelheit und einer hohen radioaktiven Strahlenbelastung einfach
und sicher zu bedienen sein. Daher wurde auf die Gestaltung
des Gehäuses, die Bedienungselemente – Schalter und Stecker
– und auf die Art der Bedienung großes Augenmerk gelegt.

Zusammenfassung der Spezifikationen

Meßgrößen:

>   Äquivalentdosisleistung in microSv/h, milliSv/h,
>   Sv/h
>   Zählrate pro Sekunde (Bq)

Meß- und Anzeigenbereich:

>   Dosisleistungssonde: 0,1 microSv/h bis 5 Sv/h
>   Kontaminationssonden: 0 bis 5000 Impulse pro Sekunde

Engergieabhängigkeit:

>   ± 20 % des Meßwertes von 40 keV bis 3 Mev

Richtungsabhängigkeit:

>   ± 20 % des Meßwertes in einem Einstrahlungswinkel
>   von ± 40 Grad

Temperaturbereich:

>   - 30 Grad C bis + 50 Grad C

Stromversorgung:

>   Die Stromversorgung des Meßgerätes erfolgt entweder
>   über zwei Monozellen (1,5 V) oder über ein Netzgerät
>   (220 V, 50 Hz). Bei Verwendung von Batterien beträgt
>   die Betriebsdauer etwa 300 Stunden.

Technische Beschreibung

Um eine einfache Bedienung zu gewährleisten, wurde das Gerät
mit einer automatischen Meßbereichsumschaltung ausgestattet.
Der Benutzer ist daher in der Lage, nach Einschalten des
Gerätes Messungen innerhalb des Meßbereiches von 0,1 micro-
Sv/h bis 5 Sv/h durchzuführen, ohne einen weiteren Bedie-
nungsschritt vornehmen zu müssen.

Das Gerät erfüllt alle Forderungen der ÖNORM zur Messung
ionisierender Strahlung mit Geiger-Müller-Zählrohren und ist
eichfähig.

Durch die besondere Formgebung des Gehäuses und in Verbindung mit einem Tragegurt ist es dem Benutzer möglich, die
laufenden Meßergebnisse von einer gut ablesbaren Flüssigkeitskristall-Anzeige (LCD) abzulesen, ohne dabei die Hände
einsetzen zu müssen.
Die Anzeige des Meßergebnisses erfolgt alphanumerisch, mit
einer zusätzlichen Analoganzeige (Balken).

Neben der beschriebenen Dosisleistungsmessung in Sv/h kann
auch eine Kontaminationsmessung – mit einer im Gerät aufbe-
wahrten Alpha-, Beta- und Gammasonde – im Bereich von 0 bis
5000 Impulse pro Sekunde durchgeführt werden. Das Kabel,
welches für die Verbindung dieser oder anderer Sonden mit
dem Gerät benötigt wird, wird im Tragegurt aufbewahrt. Diese
Konzeption des Meßgerätes ermöglicht, ohne weitere Zusatzge-
räte und dazugehöriger Transporteinrichtungen alle strahlen-
schutztechnischen Messungen durchzuführen.
Eine serielle Schnittstelle zur Meßwertausgabe ermöglicht,
daß das tragbare Strahlenmeßgerät nach Anschluß an jeden
Rechner mit V24 Schnittstelle, wie z.B. an einen Personalcomputer zur Strahlenpegelüberwachung mit automatischer
Meßwertprotokollierung verwendet werden kann. Der Anschluß
an den Rechner erfolgt mit einem Kabel, das auch eine
externe Spannungsversorgung von 3 V bis 5 V und von 10 V
bis 30 V Gleichspannung ermöglicht.

Ohne externe Spannungsversorgung dienen zwei Monozellen mit
je 1,5 V als Energiequelle. Die Betriebsdauer mit zwei
normalen Monozellen beträgt bei abgeschalteter Beleuchtung
und durchschnittlicher Strahlenbelastung sowie bei nicht un-
terbrochenem Betriebszustand mindestens 300 Stunden.

Da die beschriebenen Eigenschaften bei allen Einsatzarten
erhalten bleiben müssen, ergeben sich folgende zusätzliche
Spezifikationen:
      Wasserdichtheit: bis zu einer Eintauchtiefe von
30 cm

```
Temperaturbereich: - 30 Grad C bis + 50 Grad C
Stoß- und Schwingungsfestigkeit: 3 g in den drei
                      Hauptachsen bei einer Frequenz
                      von 50 Hz
Freifallfestigkeit: 1 m Fallhöhe auf eine 50 mm
                      dicke Hartholzplatte in drei
                      Fallrichtungen
```

Das Gehäuse besteht aus einer schlag- und kratzfesten Alumi-
niumlegierung, welche durch ihre mechanische Festigkeit
geringe Materialstärken ermöglicht. Durch das Gehäuse und
die spezielle Montage der Elektronik werden die oben erwähnten Spezifikationen

- Stoß- und Schwingungsfestigkeit,
- Freifallfestigkeit

erreicht.

Elektronischer Aufbau

Zur Steuerung des Meßablaufes, der Meßwertberechnung und der
internen Funktionstests dient ein Mikroprozessor (Z80).
Zusammen mit einem 32KByte PROM, 8KByte RAM, Clock mit
Clock-Controller, programmierbaren Timer-Counter, Paralell-
interface und einer seriellen Schnittstelle bildet der
Prozessor eine intelligente Einheit zur Erfüllung der gestellten Forderungen. Der niedrige Stromverbrauch wurde
durch eine niedrige Clock-Frequenz und Software in Assembler
erzielt. Eine weitere Reduktion des Stromverbrauches brachte
die Sleep-Mode-Steuerung für den Mikroprozessor.

Die angezeigten Meßwerte sind immer Mittelwerte, die über
ein bestimmtes Integrationsintervall gebildet werden. Wegen
der statistischen Schwankungen der registrierten Ereignisse,
die zur Messwertberechnung herangezogen werden, muß das
Integrationsintervall, um eine gleichbleibende Genauigkeit
zu erreichen, an die Anzahl der Ereignisse angepaßt werden.
Bei kleiner Dosisleistung wird ein größeres Integrationsintervall benötigt als bei höherer Dosisleistung.

Das vom Gerät errechnete dosisleistungsabhängige Integrationsintervall ermöglicht es, sehr stabile Meßwertanzeigen

zu erzielen, wobei jedoch Änderungen der Dosisleistung
sofort erkannt werden.

Beim Einschalten des Gerätes wird ein Funktionstest durchgeführt. Laufend kontrolliert wird die Batteriespannung, die
Hochspannung und der Belastungszustand der Zählrohre. Treten
Störungen auf, so werden sie durch Sonderzeiche (Batterie,
Error und Überlast) dem Benützer angezeigt. Eine Watchdog-
schaltung schützt das Gerät gegen Fehler, die im Mikropro-
zessorteil auftreten könnten.

Für die Versorgung der Zählrohre wird eine geregelte Spannungsversorgung verwendet. Bei hohen Dosisleistungen wird
das Zählrohr zur Messung der niederen Dosisleistung automatisch abgeschaltet. Durch diese Maßnahme wird die Lebensdauer des empfindlichen Zählrohres, die bei höherer Strah-
lendosis stark beeinträchtigt wurde, wesentlich verlängert.

Geschaltete Netzgeräte (getrennt für Batterieversorgung und
Netz- bzw. Autobatterieversorgung) versorgen den elektronischen Teil über die angegebenen Primär-Versorungsspan-
nungsbereiche.

Die von den Zählrohren gelieferten Impulse werden in einer
Schmitt-Trigger-Schaltung verarbeitet.

Das für den internen Ablauf benötigte Parallelinterface
steuert zusätzlich angeschlossene Sonden (wird eine externe
Sonde angeschlossen, wird die im Gerät eingebaute Kombination von zwei Geiger-Müller-Zählrohren abgeschaltet).

Die Anzeigeeinheit ist eine für dieses Gerät entwickelte
statische Flüssigkeitskristall-Anzeige. Um auch bei schlechten Lichtverhältnissen und Dunkelheit die Meßergebnisse
sicher ablesen zu können, kann die Anzeige beleuchtet werden. Da die Beleuchtung der Anzeige sehr viel Strom benötigt, wird sie nach Tastendruck nur für zwei Minuten eingeschaltet. Wird innerhalb dieser Zeit die Taste nochmals
betätigt, wird die Einschaltzeit um weitere zwei Minuten
verlängert.

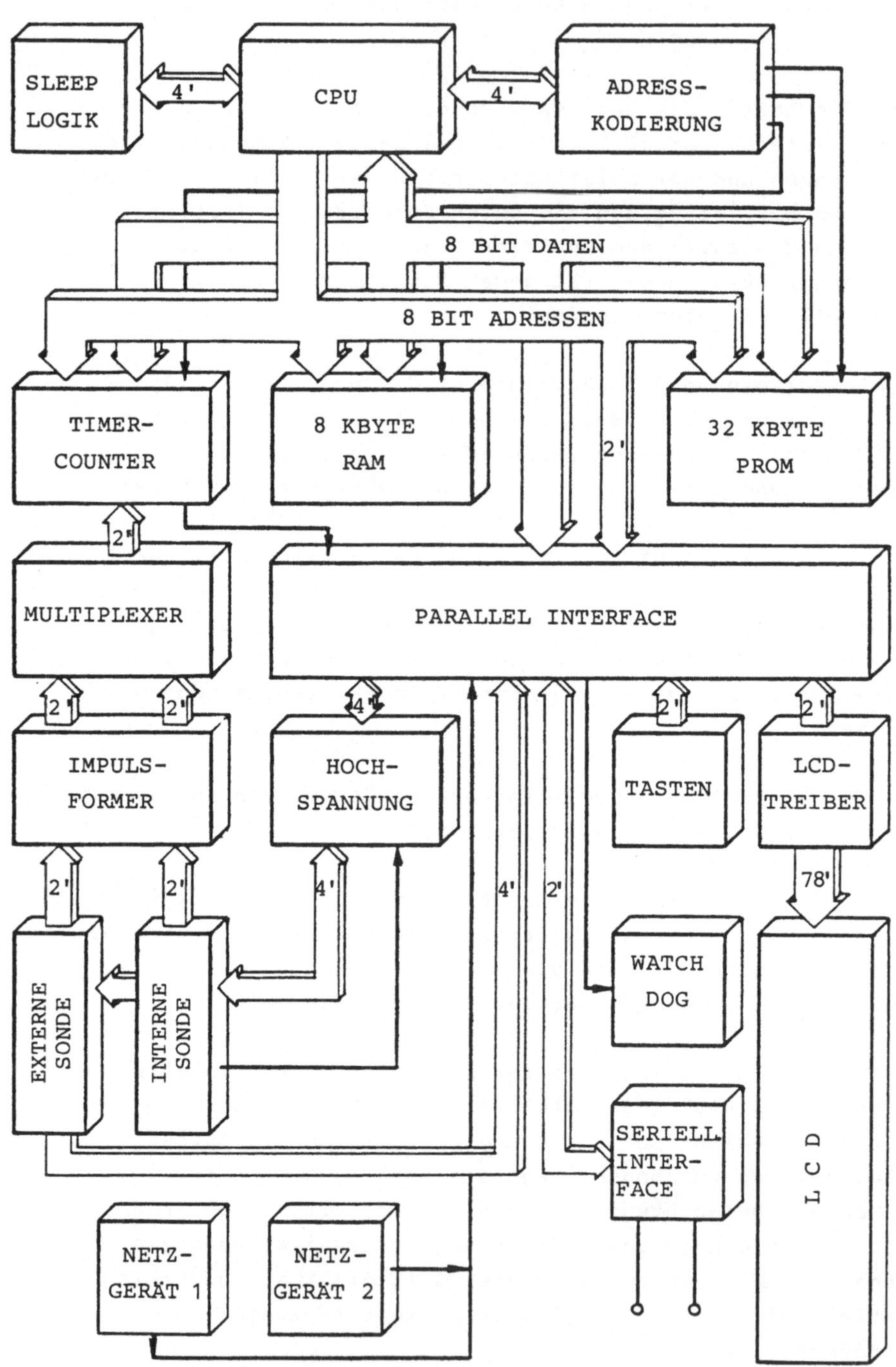

Blockschaltbild

AVG 85

W. Klösch

Institut für Elektronik, Österreichisches Forschungszentrum
Seibersdorf Ges.m.b.H., 2444 Seibersdorf

ZUSAMMENFASSUNG:

Zur Demonstration des Abstandsgesetzes, der Halbwertszeit von
radioaktiven Quellen, der Halbwertsdichte von Abschirmungen,
etc. wurde das Atomversuchsgerät AVG 85 (Strahlenmeßgerät) vom
Institut für Elektronik in enger Kooperation mit dem Institut
für Strahlenschutz im Auftrag des österreichischen Bundesverlages entwickelt. Das Meßgerät ist als Tischgerät mit Netz-
betrieb ausgeführt und wurde aus sicherheitstechnischen Überlegungen einer ÖVE-Prüfung unterzogen.
Die Einsatzmöglichkeiten und der elektronische Aufbau werden
beschrieben.

Einleitung

Um den Schülern von Allgemein Höherbildenden Schulen die Möglichkeit einer praktischen Ausbildung mit radioaktiven Quellen
zu bieten, wurde im Auftrag des österreichischen Bundesverlages
ein Strahlenmeßgerät für den Einsatz im Unterricht entwickelt. Das Pflichtenheft wurde gemeinsam mit der Pädagogi-
schen Akademie erstellt.

Das Gerät wird in einem Koffer, in dem auch die folgend angeführten Strahlenquellen, die in einem Schutzbehälter untergebracht sind, ausgeliefert.

Strahlenquellen:

        1 µCi Americium-241   Alphastrahler
        5 µCi Krypton-85   Betastrahler
        5 µCi Kobalt-60   Gammastrahler
        5 µCi Caesium-137   Gammastrahler

Der Schutzbehälter entspricht den österreichischen Strahlen-
schutzbestimmungen.

Mit dem Gerät können unter anderem folgende Versuchsthemen
behandelt werden:

        Ionisierende Strahlung
        Umgebungsstrahlung
        Erkennen der Strahlenarten
        Reichweite und Abschirmung von Alphastrahlung
        Reichweite und Abschirmung von Betastrahlung
        Durchdringungsvermögen der Betastrahlung
        Bremsstrahlung
        Beta-Rückstreuung
        Ablenkung der Betastrahlung im Magnetfeld
        Schichtdickenmessung mit Betastrahlung
        Reichweite und Durchdringungsvermögen von
            Gammastrahlung
        Das Quadratische Abstandsgesetz
        Halbwertsschichten
        Aufspüren von Hohlräumen und Lunkern
        Füllstandsmessung

Technische Beschreibung

Abbildung 1 zeigt das Blockschaltbild.
Als Sonde wird ein Endfenster-Geiger-Müller-Zählrohr mit Glim-
merfenster verwendet. Für die Erzeugung der Hochspannung von
500 V und 100 µA wird ein ÖVE-geprüfter Transformator mit
Zweiweggleichrichtung verwendet. Die Impulsformerstufe ist ein
Schmitt-Trigger mit Schutzelementen.

Der Single-Chip-Prozessor INTEL 8748 übernimmt folgende
Aufgaben:

- Zählung der gemessenen Ereignisse
- Tasterfeldsteuerung
- Steuerung der Kontrollanzeigen
    * Start
    * Stop
    * Test
    * Zeitvorwahl
- Steuerung der vier Siebensegmentanzeigen

Neben der optischen Anzeige ist auch eine akustische Impuls-
anzeige vorgesehen.

Als Meßzeiten sind 10 s, 60 s und manuelle Steuerung vorgesehen. Die Zeitbasis für die beiden Meßzeiten wird von der
Netzfrequenz abgeleitet.

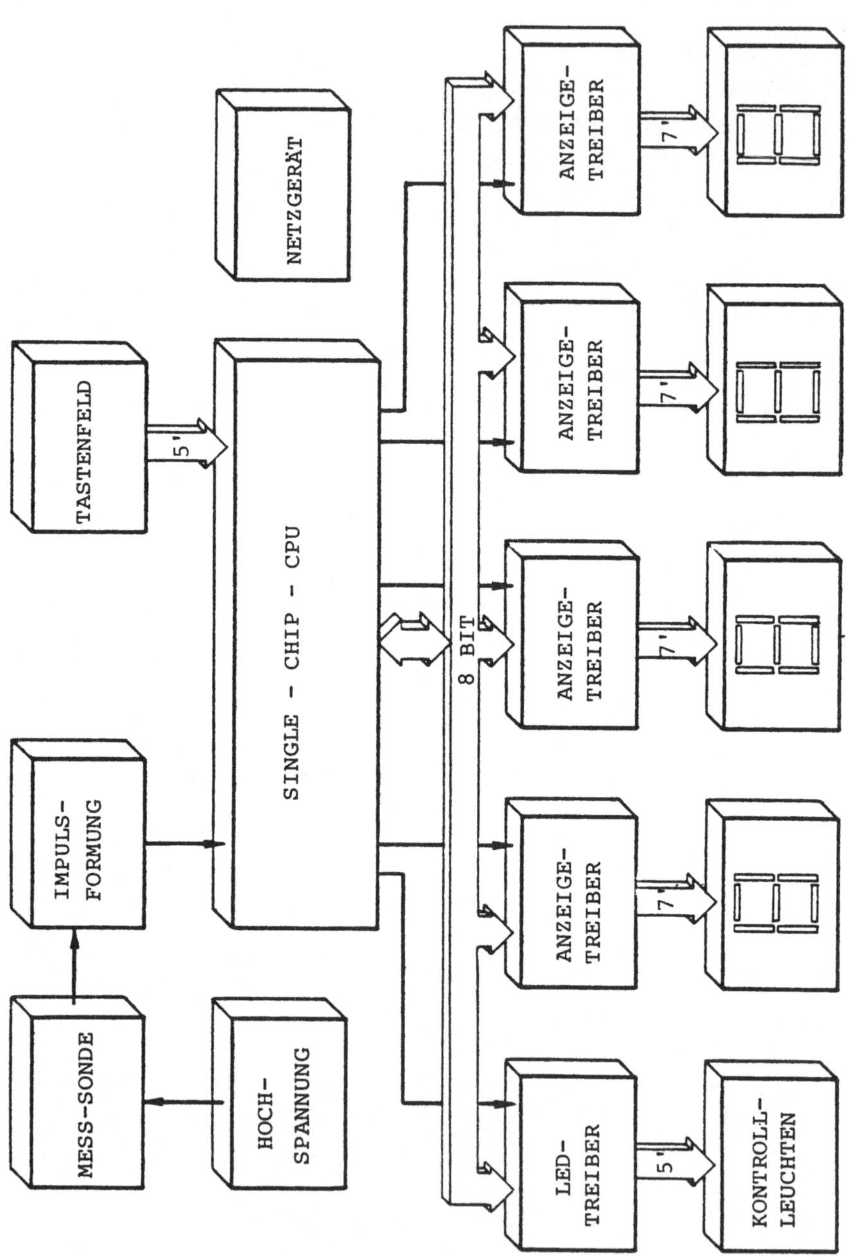

Abb. 1   Blockschaltbild

AUTOMATISCHE WETTERDATENERFASSUNG IM SONNBLICK-OBSERVATORIUM

H. Rosenkranz

Institut für Elektronik, Österreichisches Forschungszentrum
Seibersdorf Ges.m.b.H., 2444 Seibersdorf

ZUSAMMENFASSUNG:

Im Jubiläumsjahr 1986 wurde im Sonnblick-Observatorium eine
neue, mikroprozessorgesteuerte Wetterstation in Betrieb genommen. Mit dieser Station werden ca. 430.000 Meßwerte pro Tag
automatisch erfaßt, auf ihre Gültigkeit geprüft und weiterverarbeitet.

In 3.000 Meter Höhe - praktisch über den Wolken - steht das
"höchste ganzjährig bewohnte Haus Österreichs", das Sonnblick-
Observatorium in den Hohen Tauern (Salzburg). Seit seiner
Gründung vor hundert Jahren am 2. September 1886 haben bis zum
heutigen Tag insgesamt 81 "Wetterwarte" 220.000 mal telefo-
nisch Wettermeldungen an die Zentralanstalt für Meteorologie
und Geodynamik in Wien durchgegeben; 1,205.000 Einzelmessungen
wurden durchgeführt. Unmengen von Forschungsprojekten aus dem
Bereich der Meteorologie, Luftchemie, Hydrologie, Strahlen-
physik, Gletscherkunde wurden in dieser extremen Höhenlage,
die auch sechs Menschen das Leben kostete, durchgeführt.
Durch die neue Meßstation ist eine Entlastung der Wetterwarte
von der meteorologischen Routinearbeit gegeben. Es stehen damit auch erstmals computergerechte Meßwerte in größerem Rahmen
für die Klimabeobachtung und spezielle Forschungsprojekte zur
Verfügung.

Die Meßstation basiert auf einem modularen Mikroprozessor-
system.
Sie besteht im wesentlichen aus folgenden Einheiten:
- Zentralrechner mit einem Mikroprozessor 6809 und
  Echtzeituhr
- Meßinterface mit einem Single Chip Prozessor 68701
- Schnittstellenkarte mit einem Mikroprozessor 68000
- Speicherkarte mit RAM, EPROM, EEPROM
- batteriegepufferte Stromversorgung
- Blitzschutz und Systemüberwachung

Bei der Realisierung des technischen Konzeptes der Meßstation
wurde neben der Meßproblematik auch dem Bereich Kommunikation
und Systemüberwachung große Bedeutung beigemessen. Ausgehend
von der Annahme, daß bei den lokalen Betreuern keine EDV-Qua-
lifikation vorausgesetzt werden darf, wurde die Kommunika-
tionsmöglichkeit Mensch-Maschine reduziert und die Kommunikation Maschine-Mensch sowie die Systemüberwachung überpro-
portional ausgelegt.
Das bedeutet im Detail, daß z.B. auf ein Bildschirmterminal
als Standard-Eingabemedium verzichtet wurde. Die Bedienung der
Meßstation erfolgt über ein anwenderorientiertes Tasten-An-
zeigefeld, wobei die aufrufbaren Funktionen passiven Charakter
und somit keinen Einfluß auf laufende Meßvorgänge haben.
Für die Inbetriebnahme der Station, in der Konfigurationsdaten
und Parameter eingegeben und in einem nichtflüchtigen Speicher
(EEPROM) abgelegt werden müssen, erweist sich der Dialog über
das eingeschränkte Tastenfeld als hinderlich. Dieser Nachteil
wird im Kauf genommen, da eine Umkonfiguration relativ selten
durchgeführt wird.

Für die Kommunikation Maschine-Mensch ist die Datenausgabe auf
drei Gruppen von Ausgabemedien vorgesehen.
Dem lokalen Betreuer stehen die Meßwerte in verschiedenen An-
zeigearten (Rohdaten, Momentanwerte, Mittelwerte) auf der LC-
Anzeige zur Verfügung. Als zusätzliches visuelles Ausgabe-
medium ist der Anschluß eines Monitors über eine Video-
Schnittstelle vorgesehen. Für die Klimastatistik werden die
Meßwerte stündlich auf einem Massenspeicher aufgezeichnet und
monatlich über einen Großrechner ausgewertet.

Als dritte Gruppe stehen Schnittstellen für folgende Aufgaben
zur Verfügung:

    Drucker für Stationsprotokoll (Stunden-, Tageswerte),
    Modem für telefonische Datenabfrage (druckbares Format),
    Modem für externe Rechner (gesichertes Datenprotokoll),
    gepufferte Datenschnittstelle für lokalen Rechner,
    On-line-Datenschnittstelle für lokalen Rechner,
    Schnittstelle für intelligente Meßgeräte (z.B.Analysa-
    toren).

Die Systemüberwachung erfolgt durch entsprechende Schaltkreise
in der Hardware und Plausibilitätsklauseln in der Software. Am
Beispiel der Temperaturmessung soll die Funktion der Überwa-
chungskomponenten dargestellt werden.
Der Temperatursensor ist vor direkter Sonneneinstrahlung ge-
schüzt in einer Wetterhütte untergebracht. Über einen venti-
lierten Saugstutzen wird die Meßluft an den Sensor gebracht.
Die Drehzahl des Ventilators wird elektrisch überwacht, bei
Unterschreiten einer Mindestdrehzahl (zu geringes Luftvolumen)
erfolgt eine Fehlermeldung. Diese Meldung wird dem Beobachter
auf der Anzeige mitgeteilt (Reparaturaufforderung). Auf dem
Protokollausdruck und der Datenkassette erfolgt ein Eintrag,
um später auf mögliche Fehlmessungen hinzuweisen.
Das Meßinterface führt alle 10 Minuten eine Referenzmessung
durch und verwendet diesen Wert als Korrekturfaktor für die
eigentlichen Messungen. Ein Überschreiten der Korrekturtole-
ranzen (Alterungsprobleme) führt zu einer Fehlermeldung. Während der Temperaturmessung werden die Sensorleitungen auf Unterbrechung oder Kurzschluß (Over-underrange) geprüft. Vor der
Weiterverarbeitung des Meßwertes erfolgt eine Plausibilitäts-
prüfung durch Vergleich mit dem vorigen Meßwert. Dadurch wird
verhindert, daß Ausreißer in die Mittelwert- und Extremwert-
bildung eingehen.

Zusätzliche Maßnahmen sind die Überwachung des Netzteiles, der
Notstromversorgung und der Sensorheizungen. Durch die Notstromversorgung ist die Überbrückung eines Netzausfalles bis
zu 2 Stunden möglich. Bei einem längeren Ausfall wird die
Echtzeituhr weiterbetrieben, um einen automatischen Wieder-
start zu ermöglichen. Die Überwachung des Programmablaufes
erfolgt durch ein Watchdog, der bei undefinierten Programm-
zuständen automatisch einen Neustart durchführt.

TAGESWERTE SONNBLICK

DIENSTAG, 28.JULI 1987

```
           K A N A L      KANAL-    M I T T E L    S U M M E      EXTREMWERTE  0 - 24h
    NR     N A M E        SYMBOL    0 - 24h        0 - 24h      MIN   ZEIT     MAX   ZEIT
    -------------------------------------------------------------------------------------

    01     LUFTTEMP.1     TL1        -1.0                       -3.2  07h12    3.5  10h30
    02     LUFTTEMP.2     TL2        -1.6                       -3.2  06h59    0.2  18h49
    03     LUFTTEMP.3     TL3       ******                     ****** 00h00  ****** 00h00

    04     BODEN -10cm    TB1        -0.0                       -0.0  22h48    0.0  15h36
    05     BODEN -30cm    TB2         0.5                        0.5  23h42    0.6  00h20
    06     BODEN -50cm    TB3         0.3                        0.2  22h08    0.4  03h15
    07     BODENTEMP.4    TB4       ******                     ****** 00h00  ****** 00h00
    08     BODENTEMP.5    TB5       ******                     ****** 00h00  ****** 00h00
    09     BODENTEMP.6    TB6       ******                     ****** 00h00  ****** 00h00

    10     TAUPUNKT 1     TP1        -2.9                       -5.4  13h53    0.2  15h43
           TL-TP MIN                                           -0.4  21h53 bei TL=  -2.0
           TL-TP MAX                                            6.1  13h53 bei TL=   0.7
    11     TAUPUNKT 2                -2.4                       -4.8  11h11   -0.5  02h26
    12     TAUPUNKT 3     TP3       ******                     ****** 00h00  ****** 00h00

    13     LUFTDRUCK 1    P1        695.5                      693.3  03h50  697.2  20h51
    14     LUFTDRUCK 2    P2        ******                     ****** 00h00  ****** 00h00

    15     SONNENSCHEIN   SD                     6 Std 14 min

    16     NIEDERSCHL.1   RR1                         0.6
    17     NIEDERSCHL.2   RR2                         0.0
    18     NIEDERSCHL.3   RR3                      ******

    19     SCHNEEHOEHE    SH        ****

    20     GLOBALSTR.     GLO        3.9
    21     HIMMELSTR.     HIM        2.8
    22     ALBEDO ober    ALB        3.3
    23     ALBEDO unt.    ALB       ******

    24     WINDGESCHW.    WG         2.3
    25     WINDRICHT.     WR         289
```

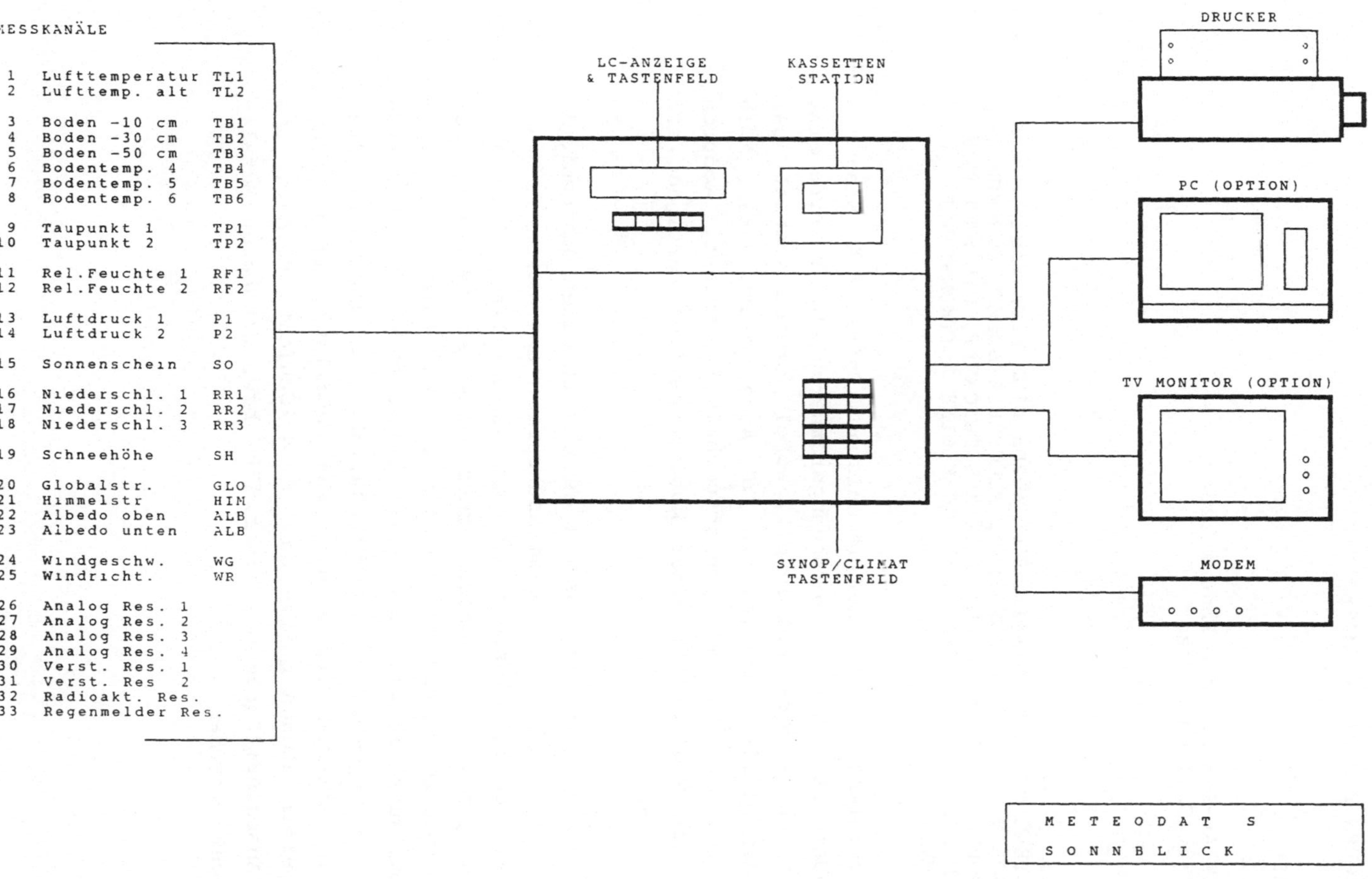
MESSKANÄLE

1   Lufttemperatur TL1
2   Lufttemp. alt   TL2

3   Boden -10 cm   TB1
4   Boden -30 cm   TB2
5   Boden -50 cm   TB3
6   Bodentemp. 4   TB4
7   Bodentemp. 5   TB5
8   Bodentemp. 6   TB6

9   Taupunkt 1   TP1
10 Taupunkt 2   TP2

11 Rel.Feuchte 1   RF1
12 Rel.Feuchte 2   RF2

13 Luftdruck 1   P1
14 Luftdruck 2   P2

15 Sonnenschein   SO

16 Niederschl. 1   RR1
17 Niederschl. 2   RR2
18 Niederschl. 3   RR3

19 Schneehöhe   SH

20 Globalstr.   GLO
21 Himmelstr   HIM
22 Albedo oben   ALB
23 Albedo unten   ALB

24 Windgeschw.   WG
25 Windricht.   WR

26 Analog Res. 1
27 Analog Res. 2
28 Analog Res. 3
29 Analog Res. 4
30 Verst. Res. 1
31 Verst. Res 2
32 Radioakt. Res.
33 Regenmelder Res.

LC-ANZEIGE
& TASTENFELD
KASSETTEN
STATION
DRUCKER
PC (OPTION)
TV MONITOR (OPTION)
MODEM
SYNOP/CLIMAT
TASTENFELD
METEODAT S
SONNBLICK

SENSOREN FÜR DIE KLIMATECHNIK

H. Mitter

VOEST-ALPINE AG/Werk Engerwitzdorf
A-4210 Gallneukirchen

SPEZIELL FÜR DIE KLIMATECHNIK WURDE EINE NEUE FAMILIE VON
SENSOREN (TEMPERATURSENSOREN, FEUCHTESENSOREN, STRÖMUNGS-
SENSOREN) IN DÜNNSCHICHTTECHNIK ENTWICKELT, DIE SICH VOR
ALLEM DURCH HOHE LINEARITÄT UND KLEINE ZEITKONSTANTEN AUS-
ZEICHNEN.

In Zusammenarbeit mit der Technischen Univestität Wien und
mit Unterstützung des Forschungsförderungsfonds wurde eine
Reihe von Sensoren entwickelt, wobei vorerst speziell der
Einsatz in der Klimatechnik ins Auge gefaßt wurde. Alle
Sensoren sind in Dünnschichttechnik aufgebaut, wodurch
sich die Möglichkeit einer kostengünstigen Fertigung mit
hoher Präzision bietet.

Beim Temperatursensor handelt es sich um einen Dünnschicht-
widerstand auf einem Keramiksubstrat, der durch die Anwendung von für diesen Zweck neuen Materialien, einige Vorteile gegenüber handelsüblicher Sensoren aufweist. Der
prinzipielle Aufbau des Sensors ist wie folgt: Auf einem
Keramiksubstrat wird mit Hilfe eines PVD-Verfahrens eine
dünne Metallschicht aufgebracht, die mit Hilfe der Ätztechnik strukturiert wird. Diese Metallstruktur wird nun
mit einer dünnen Quarz- oder Si_3N_4-Schicht geschützt und
die Anschlußflächen mit einer löt- bzw. bondbaren Metallschicht versehen.

Als Widerstand bei 0°C sind 1000 Ohm vorgesehen, die mit Hilfe eines Trimmlasers digital mit einer Genauigkeit von 1 o/oo abgeglichen werden können. Die Temperaturempfindlichkeit des Sensors beträgt 3000 ppm/$^{\circ}$C. Der Sensor zeichnet sich durch hohe Stabilität und stark verbesserte Linearität gegenüber einem Pt-Widerstand aus (vergl. Bild). Die Abweichung von der Linearität beträgt weniger als 1 o/oo. Ein weiterer Vorteil des Sensors ist die geringe Einbaugröße von 6,5 x 2,3 mm^2. Dies führt zu einer sehr kurzen Zeitkonstante von 1,8 sec bei einer Standardsubstratdicke von 0,625 mm. Bei Verwendung von dünneren Substraten kann die Zeitkonstante auf unter 1 sec verringert werden. Die geringe Baugröße ermöglicht die Montage des Sensorelementes in vielen handelsüblichen Gehäuseformen. Derzeit ist der Einbau in ein TO-220 Gehäuse für den Temperatureinsatzbereich von -50°C bis 165°C vorgesehen. Bei Verwendung anderer Gehäusetypen bzw. bei Verwendung des nackten Sensorelementes mit angeschweißten Anschlußdrähten ist ein Einsatzbereich bis 400°C möglich, wodurch die Einsatzmöglichkeiten über die Anwendung in der Klimatechnik hinausführen.

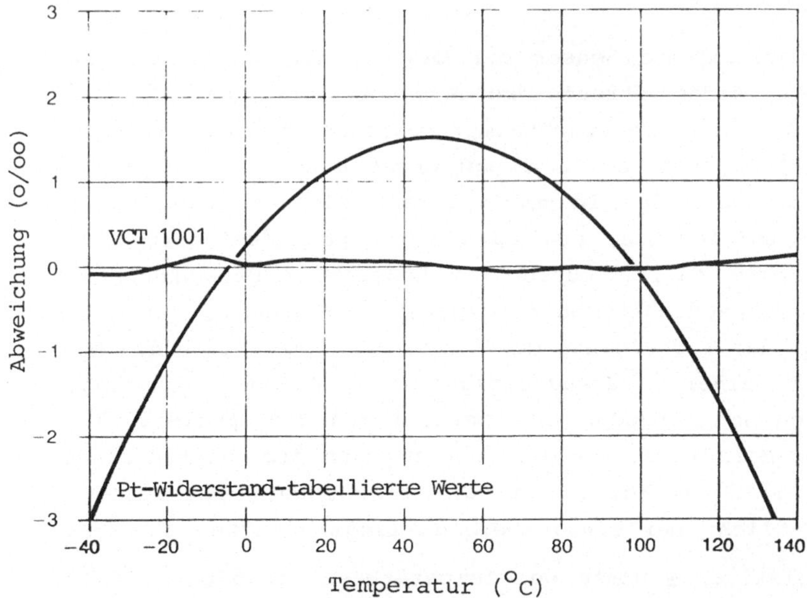

Bild: Abweichung von der Linearität des neuen Temperatursensors VCT 1001 im Vergleich zu einem Pt-Widerstand

Der Strömungssensor ist bei gleicher Technologie eine Abart des Temperatursensors und unterscheidet sich im wesentlichen nur durch einen anderen 0°C-Widerstand von 50 Ohm. Die Funktionsweise ist ähnlich der eines Heizdrahtanemometers. Das Sensorelement wird mit einem Strom von etwa 50mA betrieben. Dies führt zu einer Selbsterwärmung des Elements von ca. 50°C über der Umgebungstemperatur. Eine Erhöhung der Luftströmungsgeschwindigkeit verbessert den Wärmeübergang des Sensorelementes an die Luft und führt zu einer Verringerung der Sensortemperatur.Um die Sensortemperatur bzw. den Sensorwiderstand konstant zu halten, ist es erforderlich, den Betriebsstrom etwas zu erhöhen. Aus dieser Stromänderung kann man mit Hilfe einer speziellen Auswerteelektronik die Strömungsgeschwindigkeit der Luft ermitteln. Der Hauptvorteil dieses "Dünnschichtanemometers" liegt in seiner mechanischen Robustheit, dem kostengünstigen Herstellungsverfahren und der Austauschbarkeit der Sensorelemente. Vom Meßprinzip ist ein Einsatzbereich von 0 - 10m/sec mit einer Genauigkeit von 0,1 m/sec möglich, der bei einer etwas geringeren Meßgenauigkeit auf Luftströmungen bis 20 m/sec ausgedehnt werden kann.

Der neuentwickelte Sensor zur Messung der Luftfeuchte besteht aus einem Streufeldkondensator auf einem Glassubstrat, auf dem ein feuchteempfindliches Polymer mit einer Schichtstärke von ca. 10 µm aufgebracht ist. Die Dielektrizitätskonstante des Polymers ändert sich in Abhängigkeit von der Luftfeuchte, was zu einer Kapazitätsänderung des Kondensators führt. Durch die konsequente Anwendung von mit der Dünnschichttechnik kompatibler Methoden, vor allem auch bei der Aufbringung des Polymers, ergibt sich die Möglichkeit einer kostengünstigen Herstellung mit hoher Präzision und Reproduzierbarkeit. Durch die spezielle Auswahl der Materialen ist der Sensor gegen die meisten schädlichen Umwelteinflüsse und vor allem auch gegen Betauung unempfindlich. Der Einsatzbereich liegt zwischen 15 % und 99 % relativer Feuchte bei Temperaturen von 5°C bis 80°C.

VORTEILE DER PROGRAMMIERSPRACHE FORTH FÜR DIE STEUERUNG EINER BETONMISCHANLAGE

M. Hengl, G. Nussbaum

Tele-Haase Steuergeräte GesmbH, Haidmannsgasse 4, 1150 Wien

DURCH DIE PORTATION VON FORTH AUF SPS-SYSTEME GELINGT ES, DIE
WACHSENDEN ANFORDERUNGEN AN DEN STEUERUNGEN KOSTENGÜNSTIG ZU
LÖSEN.

DIES ZEIGT EINE PROBLEMLÖSUNG DER FA. STRASSER GMBH UND DER
FA. TELE-HAASE MIT DER FREIPROGRAMMIERBAREN STEUERUNG TELE-MOPS.
DIESE REALISIERUNG LIEGT IM PREIS CA. 40 % UNTER AM MARKT BEFINDLICHEN
LÖSUNGEN.

Problembeschreibung

Die Firma Klosterneuburger Kunststein- und Betonwerk A & K Strasser GmbH stellt
u.a. Waschbetonplatten her. Der dafür benötigte Beton sollte mit einer Hinterbeton-
mischanlage nach modernsten Richtlinien gesteuert werden.
Drei wesentliche Anforderungen an die Steuerung erschwerten die Realisierung:
- die Dosierung soll gewichtsmäßig erfolgen
- die Vorabschaltungszeiten sollen selbstoptimierend arbeiten
  (Die Auslaßventile müssen vor Erreichen des gewünschten Gewichtes schließen).
- Textausgabe muß mehrsprachig erfolgen.
Da keine fertige Lösung diese Anforderungen erfüllten, wurde eine Eigenrealisierung
angestrebt.

Lösungsansatz:

Programmiersprache

Die herkömmlichen Programmiersprachen für Steuerungssysteme (AWL, FUP, KOP
z. T. Basic) waren für diese Aufgabenstellung kaum geeignet, da umfangreiche
Berechnungen für die Vorabschaltungszeit sowie bequeme Textspeicherbearbeitung

von diesen Sprachen nicht erfüllt wird. Nach gründlicher Überlegung wurde die Hochsprache Forth gewählt.

Was bietet Forth?

Forth ist eine technische Hochsprache, die eine leichte Implementierung Computersystemen aller Größenklasse erlaubt. So wird Forth u.a. bei Herzschrittmachern, Flughafenverwaltungssystemen oder Raumfahrtsteuerungen verwendet. Der Befehlssatz der Sprache ist dynamisch erweiterbar, sodaß Unterprogramme/Functions als neue Befehle den Sprachsatz vergrößern, wobei die Parameterübergabe über das gemeinsame Datensatzregister erfolgt. Weiters bietet Forth einen Interpreter- und Compilermode, das sowohl ein schnelles Austesten als auch eine schnelle Verarbeitungszeit garantiert.

Warum Forth?

- auf SPS-Systemen und PC lauffähig
- strukturierte Sprache mit rekursiver Programmierung
- Meta-Compiler für viele Prozessoren vorhanden
- Massenspeicherverwaltungssystem leicht adaptierbar
- extrem schnell bei rechenintensiven Routinen
- Einbau von Interrupts möglich

Hardware

Die Anforderung an die Hardware waren neben dem Preis die rauhen Umweltbedingungen, leistungsfähige Digital- und Analogverarbeitung, schnelle Zykluszeit und die Möglichkeit, Forth zu implementieren. Die Wahl fiel auf das System mops von Tele-Haase, u.a. auch weil die Entwicklung der österr. Firma bei der Implementierung von Forth behilflich war.

3. Themenkreis

"NACHRICHTENTECHNIK UND DATENKOMMUNIKATION"

Leitung:

Univ.-Prof. Dipl.-Ing. Dr. E. Bonek
Univ.-Prof. Dipl.-Ing. Dr. W. Leeb
Univ.-Prof. Dipl.-Ing. Dr. F. Seifert
Univ.-Prof. Dipl.-Ing. Dr. J. Weinrichter

INTELLIGENTE AUTOMATISATION UNTER NUTZUNG DER NEUESTEN
MICROCOMPUTERSYSTEME, KOMMUNIKATIONSKONZEPTE

K. Gutternigh
Ing. STAHL Gesellschaft mbH
Meß- und regeltechnische Anlagen
von Foxboro
Operngasse 20B
1043 Wien

Mit einem für Prozeßleitsysteme innovativem Konzept ist Foxboro
für die Neunzigerjahre wahrscheinlich ein ähnlicher Meilenstein
gelungen, wie es das Spectrum-Konzept für die Achtzigerjahre
darstellt.

Einleitung

Der Einsatz von Digitalsystemen in industriellen Fertigungsanlagen wird nach zögerndem Beginn Ende der Achtzigerjahre in
allen Firmen, welche Steuerungen und/oder Regelungen benötigen,
Stand der Technik sein. Die Verbindungen von mehreren solcher
Funktionen unter "einem Hut" sowie die Bedienung und Beobachtung
des Prozesses und seiner Parameter an einem Bildschirm hat sich
unter der Bezeichnung "Prozeßleitsystem auf digitaler Basis"
etabliert.

Die Firma Foxboro, welche mit Ende der Sechzigerjahre bei der
Definition, Entwicklung und Implementation derartiger Systeme
maßgebend beteiligt war, gehört zu den Pionieren. Anhand des
Weges den Foxboro eingeschlagen hat, zeigt sich die logische
Evolution der Leitsysteme deutlich.

Zeit	Anzeige + Bedienung	Verbindung	Regelung
bis 1975	SPC	einzeln	Analog vor Ort
1975 - 1980	DBC	einzeln	Analog vor Ort
1980 - 1985	Prozeßrechner für Bedienung	Foxnet/Lan	Microregelstation vor Ort
ab 1985	mehrere Microrechner für Bedienfunktion	Ethernet/Lan Map	viele Microstationen für Regelaktionen

Im nunmehr angekündigten neuesten Schritt sprechen wir von
Intelligenter Automatisation.

Intelligente Automatisation

Darunter versteht man bei Foxboro die Verlagerung von Aufgaben
aus den Bereichen Optimierung und Kalkulation von den Zentralen
in Vor-Ort-Elemente.
Intelligente Automatisation ermöglicht durch Nutzung der Micro-
computertechnik eine wesentliche Einsparung an Projektkosten.
Die Verwendung von langjährig erprobten Softwarewerkzeugen
erlaubt es, viele mathematisch einfache Berechnungen im Bereich
Regelung/Steuerung durchzuführen. Derartige Anlagen sind schneller
geplant, flexibler implementiert und genauer dokumentiert. Nach
dem Spectrum-Konzept der Achtzigerjahre ist I/A das Konzept der
Neunzigerjahre.

Computer/Microcomputer

Selbstverständlich bleibt die Funktion der zentralen Rechner
erhalten. Wie in der konventionellen EDV durch den PC-Rechner,
so wird auch in der Industrierechnertechnik der aufwendige Kopf-
rechner zugunsten von Vor-Ort-Intelligenz entlastet. Der Kopf-
rechner bleibt erhalten, um Daten lange Zeit abzuspeichern und
Informationen über Parameter der gesamten Anlage/Produktion
entsprechend der von den PC-Rechnern her bekannten Datenbank und
Spread-Sheet-Technik sowohl grafisch als auch in Tabellenform
zum Abruf aufzubereiten. Für diesen Rechnertypus wurden Mini-
computer eingesetzt. Diese Rechner sind in der Lage eine Vielzahl verschiedener Terminals zu bedienen und sind ebenso flexibel
beim Einsatz von Programmiersprachen und Paketen. Mitte der
Achtzigerjahre setzten sich auch hier bereits Microcomputersysteme, d.h. der Rechner ist ein Baustein und keine Platine,
in Szene.

Kommunikation

Durch die in den Siebzigerjahren völlig neu orientierte
Kommunikation zwischen Digitalanlagen ist auch im Übertragungs-
weg zwischen Satellit (Bedienungsstation) und Rechner Transparenz
eingetreten. Der Softwareaufwand der Anpassung von Stationen
und deren Inbetriebnahme ist nicht mehr vorhanden. In den
Siebzigerjahren wurde der Weg der protokollierten Übertragung
forciert und die Sicherheit der Datenübertragung auf einen
Stand gebracht, welcher auch für industrielle Anwendung ausreichend scheint.

Es wurden die sogenannten Bit-stuffing-Protokolle integriert.
Es gab wohl keine EDV-Herstellerfirma, welche nicht eine eigene
Version von Übertragungsnetz und Protokoll implementiert hätte,
ähnlich wie heute im PC-Bereich.

Die Firma Foxboro hat in dieser Zeit das unter dem Markennamen
Foxnet bekannte Produkt basierend auf HDLC entwickelt und in
Form von Spectrumsystemen industriell eingesetzt.

In den Achtzigerjahren hat nun auch in diesem Bereich eine starke
Standardisierung, vor allem durch die Akzeptanz des von Digital
Equipment, Rank Xerox und Intel definierten Ethernet-Standards
eingesetzt. Für industrielle Anwendung konnte sich der Map-
Standard als Weg in die Zukunft durchsetzen. Wie weit die
"totale" Kommunikation und damit ein hohes Investitionsvolumen
für die derzeitige Industrieproduktion sinnvoll ist, soll nicht
diskutiert werden, jedoch die Notwendigkeit, Teilbereiche,
welche autark arbeiten, durch Verbilligung beim Einsatz von Leitsystemen zu automatisieren.

Das für jeden Interessenten überzeugende Argument zur Verwendung
einer I/A-Anlage ist der Einstiegspreis.
Der Lernzwang, welcher weder dem Neubeginner noch dem etablierten
Benutzer durch die sich rasch drehende Innovationsspirale erspart
bleibt, soll nicht unerwähnt bleiben.
Ein Leitsystem wie I/A von Foxboro nutzt diesen Zwang durch die
Möglichkeit des Einstieges in die Leittechnik mittels IBM-PC
als erste Stufe.

INTELLIGENTER DATENSPEICHER MIT V24 SCHNITTSTELLE

H. Hahn, P. Koutny, K. Pühringer, H. Schwabach

Institut für Elektronik, Österreichisches Forschungszentrum
Seibersdorf Ges.m.b.H., 2444 Seibersdorf

ZUSAMMENFASSUNG:

Für die lokale Speicherung von Daten und Programmen wird eine
Speichereinheit "Integrated Memory Box" (IMB) vorgestellt, die
über eine RS-232 Schnittstelle beschrieben und ausgelesen
werden kann. Der Speicher ist mit dynamischen RAMs mit einer
Speicherkapazität von 256 KByte oder 1 MByte realisiert und
kann die Daten bis zu 72 Stunden ohne Fremdstromversorgung
speichern.

Problemstellung:

In 1.200 österreichischen Postämtern sind für den Scheck- und
Sparverkehr intelligente Terminals installiert, die On-line
über Datex-P mit einem Zentralcomputer (Host) in Wien verbunden sind. Durch die On-Line-Verbindung wird ein hoher Grad an
Flexibilität und Aktualität erreicht. Kontozustände, Wechsel-
kurse, usw. können jederzeit abgefragt werden. Weiters werden
beim Einschalten der Terminals die Programme vom Host geladen.
Diese Konfiguration ermöglicht auch eine schnelle und einfache
Anpassung der Programme in allen 1.200 Terminals.

Bei großflächigen Netzausfällen, z.B. bei Blitzschlag o.ä.,
kann es aber vorkommen, daß viele Terminals gleichzeitig ihre
Programme und Daten vom Host anfordern. Dies würde zu längeren
Wartezeiten und zur Überlastung vom Host führen.

Eine batteriegepufferte Speichereinheit "IMB" mit serieller
Schnittstelle wurde entwickelt und dient zum Abspeichern und
Nachladen der Daten und Programme der lokalen Terminals.

Ausführung:

Bei der Entwicklung der IMB wurde wegen der Stückzahl besonderes Augenmerk auf die kostengünstige Fertigung gelegt. Die
IMB besteht aus einer Grundplatine mit Mikroprozessor,
kompletter Logik, einem Akkumulator und einem steckbaren
Memorymodul für wahlweise 256 KByte oder 1 MByte Speicherkapazität, die in einem kleinen Kunststoffgehäuse untergebracht sind. Der Anschluß erfolgt über einen 25-poligen
Stecker. Um einen möglichst niederen Stromverbrauch zu erreichen, wurde die Logik in HCMOS-Technologie ausgeführt.

Für die Steuerung der IMB wird ein Hitachi HD6303R Mikroprozessor eingesetzt, der:

* die serielle Schnittstelle bedient
* das Refresh der dyn. RAMs (4 oder 32 ms) durchführt
* die Mapadressen berechnet und die Maps adressiert
* den Batteriezustand überwacht
* die Batterie schnell- (10 mA) oder dauerlädt (400 microA)
* die Logik in den Sleepmode (geringer Stromverbrauch)
  schaltet
* selber in den Sleepmode geht, wenn keine Aktivitäten
  notwendig sind

Datenstruktur:

Damit ein gezielter und einfacher Datenzugriff ermöglicht
wird, ist das Memory blockweise organisiert.
Die Daten werden mit CRC-Bytes versehen, im RAM blockweise
abgelegt. Dadurch kann der Zustand der Datensätze mit einem
"non destructive test" jederzeit auf ihren Zustand überprüft
und eventuell fehlerhafte Blocks ausgewechselt werden.

Um die geforderte hohe Datensicherheit zu erreichen, erfolgt die Datenübertragung geblockt, mit gesichertem Protokoll (CRC).

Speicherkapazität:

    bei der 256 KByte IMB: 2012 Blöcke zu je 128 Byte
    bei der   1 MByte IMB: 8060 Blöcke

Aus Datenschutzgründen wird die Stromversorgung der IMB über einen externen Kurzschlußbügel geführt, der beim Abstecken der IMB vom Terminal die Stromversorgung unterbricht und so die gespeicherten Daten löscht.

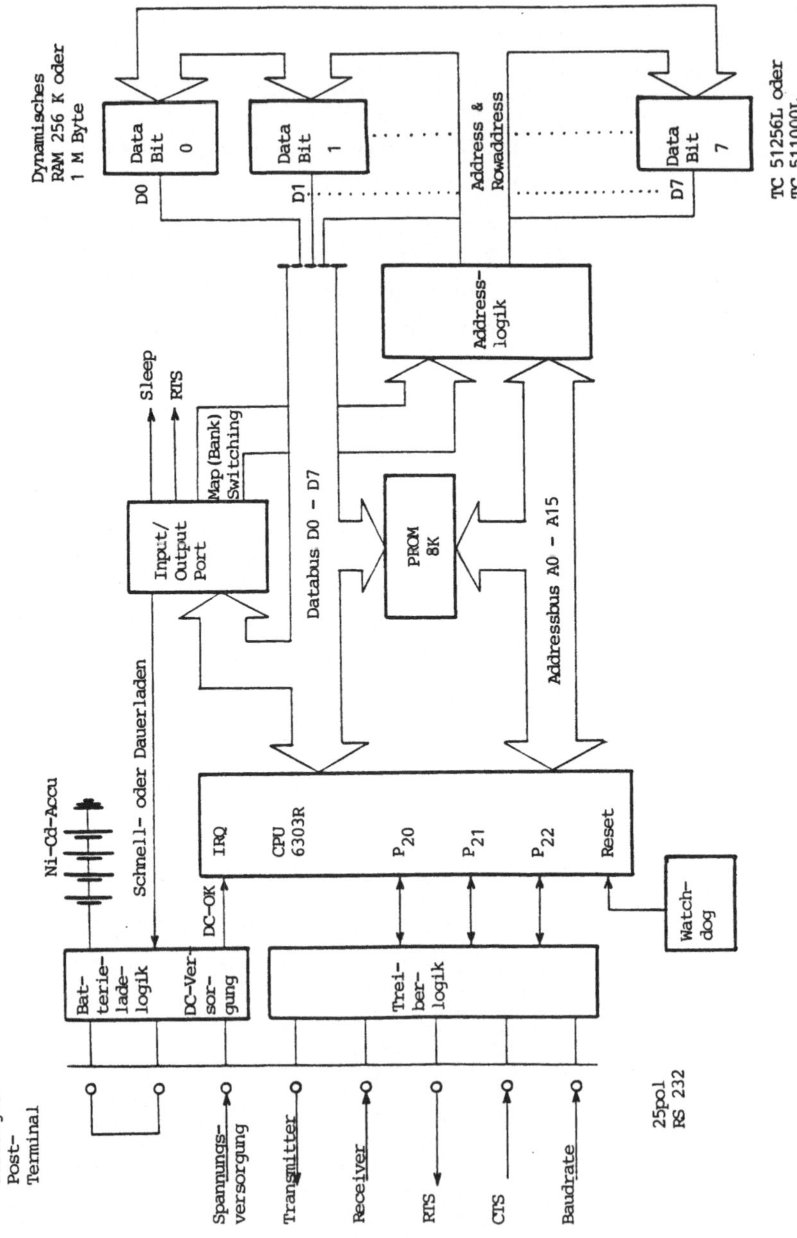

BLOCKSCHALTUNG IMB
Dynamisches
RAM 256 K oder
1 M Byte
Data Bit 0
Data Bit 1
Data Bit 7
D0
D1
D7
Address &
Rowaddress
TC 51256L oder
TC 511000L
Adress-logik
Sleep
RTS
Map (Bank) Switching
Input/Output Port
Databus D0 - D7
PROM 8K
Adressbus A0 - A15
Ni-Cd-Accu
Schnell- oder Dauerladen
DC-OK
IRQ
CPU 6303R
P20
P21
P22
Reset
Watchdog
Batterie-lade-logik
DC-Versorgung
Treiber-logik
Burroughs-Post-Terminal
Spannungsversorgung
Transmitter
Receiver
RTS
CTS
Baudrate
25pol RS 232

EIN HIERARCHISCHES STEUERUNGSSYSTEM IN DER FÖRDERTECHNIK

Ch. Jorde, M. Hirschler

Inst. f. Physikal. Chemie, Universität Graz
P.E.E.M.-Förderanlagen, Graz

ZUSAMMENFASSUNG:

Zur automatischen Kommissionierung und Förderung von Stückgut im Großhandel sollen numerierte Behälter über Förderbänder optimiert durch verschiedene Lagerbereiche geführt, teilweise automatisch befüllt und schließlich zu entsprechenden Verladerampen gesteuert werden. Das dafür entwickelte Steuersystem besteht aus vier hierarchischen Stufen: Der kommerziellen EDV, einem Steuerrechner (DEC-LSI), einem Netz von mikroprozessorgesteuerten Kommissionierstationen und schließlich den Mikrorechnern zur Einzelstückförderung. Die Datenübertragung innerhalb der Anlage erfolgt über RS485-Partylines.

Aufgabenstellung:

Im pharmazeutischen Großhandel kommt bei der Kommissionierung von Bestellungen neben der Wirtschaftlichkeit auch der raschen Auslieferung entscheidende Bedeutung zu. Dafür bedarf es weitgehender Automatisierung - von der Bestellung mittels Telefon und Terminal über optimierte Kommissionierwege bis zur automatischen Verteilung der Warenbehälter auf Verladerampen für die Zustellung. Jedem Auftrag wird einer (bei Bedarf mehrere) der numerierten Behälter zugeordnet. Diese werden auf Förderbändern mit Verzweigungen den bestellten Artikeln entsprechend durch das Lager transportiert und dabei teils automatisch, teils manuell befüllt.

Gesamtsystem:

Da die Anlagen beträchtliche räumliche Ausdehnungen aufweisen und ein gewisses Maß an Intelligenz vor Ort erforderlich ist (z.B. Behälteridentifizierung) bietet sich eine Lösung mit kommunizierenden Mikrorechnern an. Der Vorteil gegenüber einem einzigen zentralen Prozeßrechner liegt im geringeren Verkabelungsaufwand, inbesonders bei Anwendung von RS485 Party-Lines.

Das Steuersystem ist hierarchisch aufgebaut (Abb. 1) und über eine DFÜ-Einrichtung mit der EDV-Großanlage verbunden. An der Spitze des Systems steht ein DEC-LSI Rechner, bei größeren Anlagen begleitet von einem zweiten, der als Systembackup über die selben Daten verfügt, sodaß bei Ausfall des ersten ohne wesentliche Beeinträchtigung des Betriebes umgeschaltet werden kann. Die nächste Ebene stellen über RS485-Schleifen verbundene Mikrorechner dar. Dabei gibt es 3 Typen: Kommisionier-, Versand- und Automatenstationen. In jedem Fall erfolgt die Behälteridentifizierung durch angeschlossene Barecode-Scanner.

1. Kommissionierstationen:
Diese Einheiten befinden sich an allen Verzweigungen der Förderstrecke, am Aufgabepunkt, sowie an Kontrollpunkten (zB. Abwägen der Behälter). Sie steuern die Behälter durch das Lager, wobei sie gleichzeitig Vereinzelung, Dosierung und Vorrangsteuerung vornehmen.Bis zu 15 Stationen sind in einer Schleife an den Steuerrechner gekoppelt.

2. Automatenstationen:
Im Bereich der vollautomatischen Kommissionierung (Automatenregal, Abb. 2) verfügt jede Station über eine hierarchisch tiefere Ebene von bis zu 15 Subrechnern, welche die Einzelstückförderung von jeweils 80 verschiedenen Artikeln kontrollieren; das heißt, es werden zum richtigen Zeitpunkt die gewünschten Mengen der Artikel auf ein Förderband geworfen. Dazu verfügt jeder Kanal über einen Luftmotor sowie eine Tasterfunktion zur Kontrolle der ausgegebenen Stückzahl. Die Stationsrechner sorgen dabei für die Synchronisation dieser Stückförderung am laufenden Band und füllen die entstehenden Artikelhaufen in die richtigen Kisten. Erledigung und allfällig fehlende Stücke werden an die LSI zurückgemeldet.

3. Versandstationen:
Die Auslieferung mittels Lieferwagen erfolgt nach Touren geordnet,

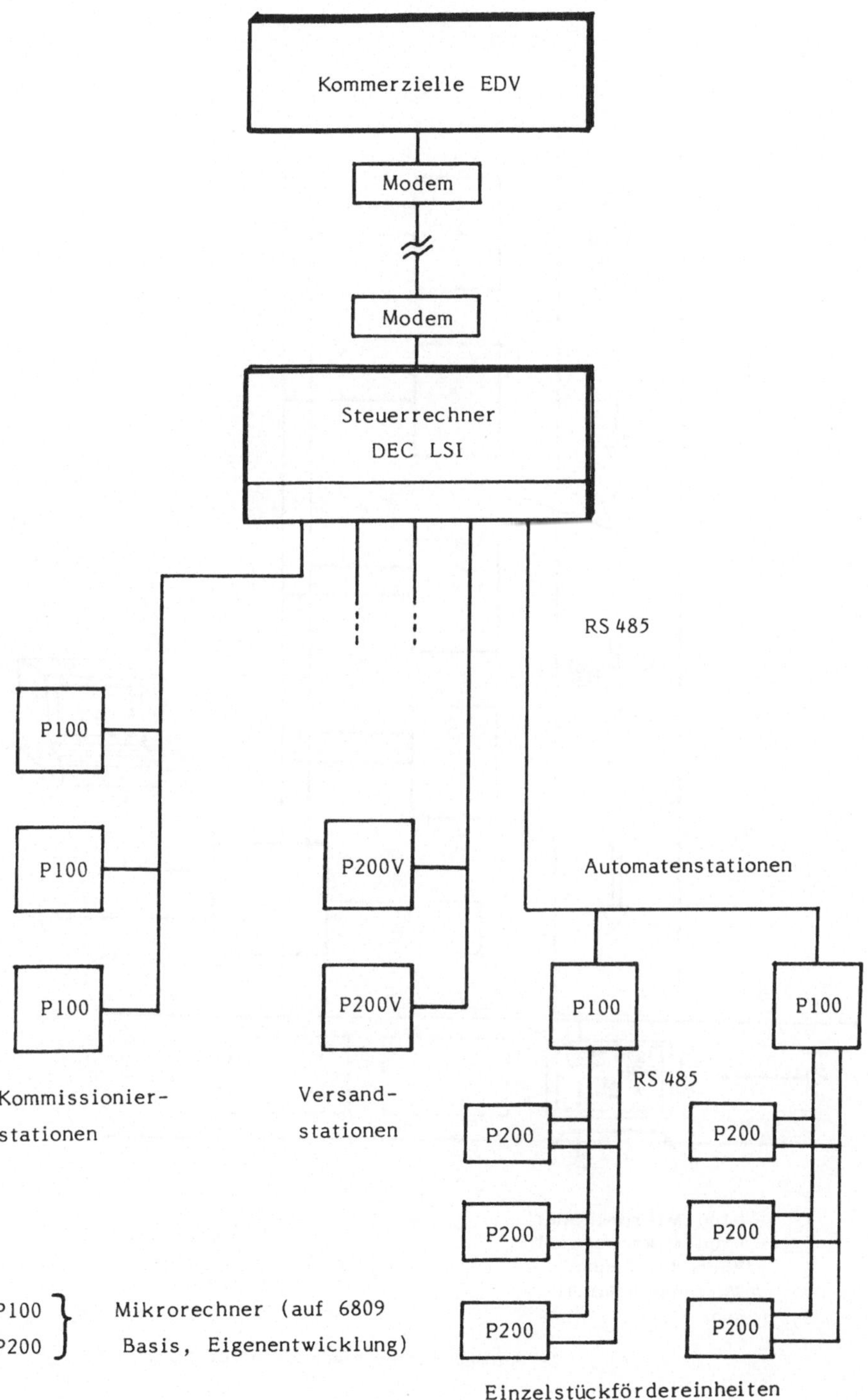

Abb. 1: Gesamtsystem

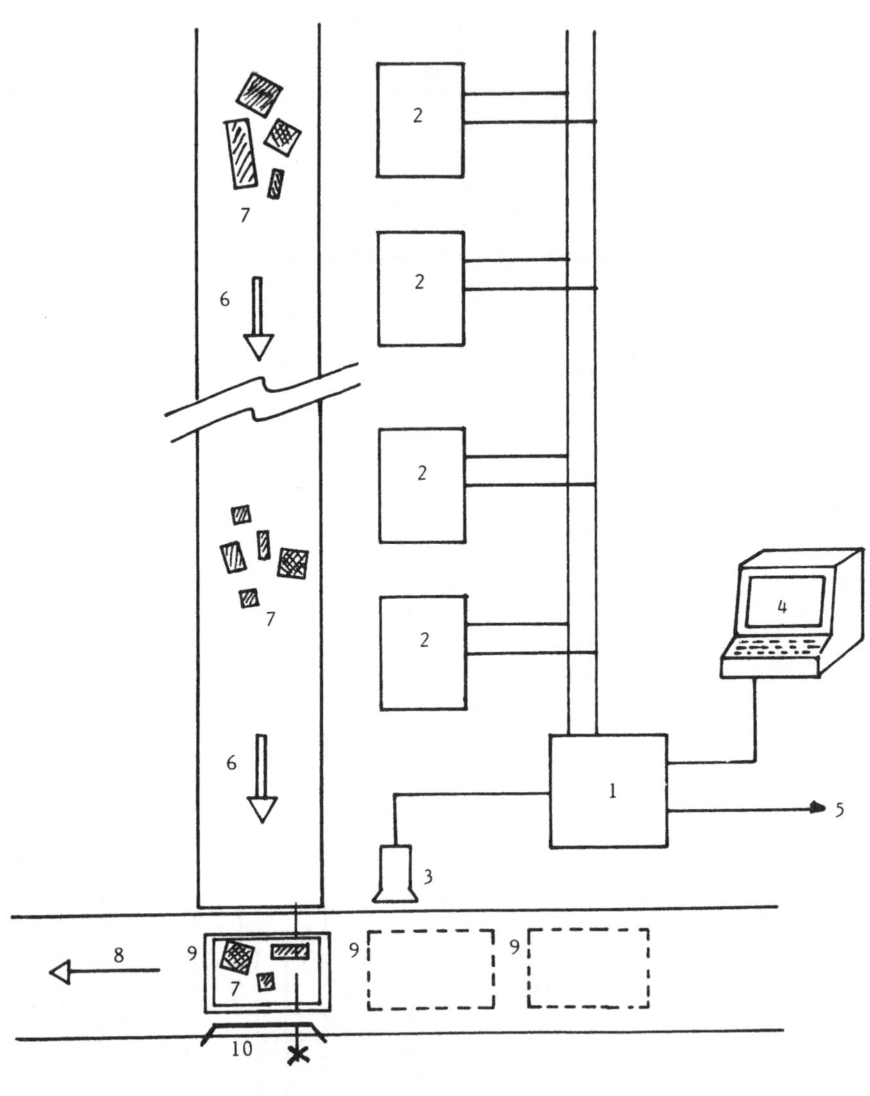

1	P100 Mikrorechner	6	Stückgutband
2	P200 Mikrorechner	7	Bestellte Artikel
3	Barcode-Scanner	8	Hauptband
4	Wartungsterminal	9	Behälter
5	zum Steuerrechner	10	Klemmeinrichtung

Abb. 2: Automatische Kommissionierung

wozu die Bahälter auf bis zu 40 Verladebahnen verteilt werden. Die Ansteuerung der Ausschiebevorrichtungen erfolgt über die Reihenfolge und ein Zeitfenster.

Datenaustausch:

Der Datentransfer erfolgt mit 9600 Baud über nur schwach abgeschlossene RS485-Leitungen. Das Protokoll basiert auf einem strengen Master-Slave-Prinzip. Der übergeordnete Partner kann globale Nachrichten senden oder einzelne Stationen adressiert ansprechen bzw. abfragen. Die Fehlerrate auf Zeichenebene bei einigen hundert Metern Leitungslänge betrug ohne besondere Maßnahmen 0,1 Promille.

Erfahrungen:

Mehrere dieser Anlagen wurden von der Grazer Firma P.E.E.M.-Förderanlagen vorwiegend im Ausland installiert. Die durchschnittliche Kommissionierzeit konnte auf ca. 10 Minuten gesenkt werden, die maximale Leistung liegt bei in der Größenordnung von 1000 Aufträgen pro Stunde. Es werden Überlegungen angestellt im Bereich der automatischen Einzelstückförderungen noch eine weitere Ebene von Mikrorechnern einzusetzen, wobei jeder dieser Singlechip-Prozessoren dann 16 Artikelkanäle zu bedienen hätte.

FELDBERECHNUNG IN EINEM ELEKTROOPTISCHEN MODULATOR MIT DER
METHODE DER FINITEN ELEMENTE

A. Renner und E. Bratengeyer

Institut für Nachrichtentechnik und Hochfrequenztechnik,
Technische Universität Wien, Gußhausstraße 25, A-1040 Wien

ZUSAMMENFASSUNG

Es wird mit Hilfe der "Methode der Finiten Elemente" der komplette Entwurf
eines Lichtwellenleitermodulators vorgenommen. Dabei werden sowohl das
Diffusionsprofil des Lichtwellenleiters als auch das Feldbild der
modulierenden Welle auf dem selben "Elementenetz" numerisch berechnet. Die
Variation der dabei auftretenden Parameter ermöglicht schließlich die
Bestimmung von optimalen Geometrien für Wellenleiter und Elektroden. Die
Berechnungen werden abschließend mit Meßwerten anhand eines am Institut
für Nachrichtentechnik und Hochfrequenztechnik entwickelten Modulators
/1/ und mit Rechenwerten aus der Literatur verglichen, wobei die bessere
Übereinstimmung der Ergebnisse der vorgestellten Berechnungsmethode mit
den gemessenen Werten gezeigt wird.

1. Der elektrooptische Effekt

Der elektrooptische Effekt ermöglicht die Beeinflussung des Brechungsindex
durch eine an das betreffende Medium angelegte elektrische Feldstärke. Er
eignet sich also zur Modulation einer Lichtwelle (Laserstrahl) durch ein
elektrisches Feld.

Zur Herstellung einer Lichtwellenleiterstruktur in einem elektrooptischen
Kristall, werden in die Zone, in der die Lichtwelle geführt werden soll,
Fremdatome zur lokalen Erhöhung des Brechungsindex eindiffundiert.

Im Falle eines $LiNbO_3$-Kristalles werden Ti-Atome eindiffundiert /2/. Der
Diffusionsprozeß gehorcht der Diffusionsgleichung

$$\nabla D \, \nabla \gamma \; - \; \partial \gamma / \partial t \; = \; 0 \qquad\qquad (1)$$

γ ... Konzentration der Ti-Atome
D ... 2x2 Diffusionskonstantentensor

und ist wegen der Kristallstruktur anisotrop. Im Spalt zwischen den
Elektroden ist der inhomogenen Dirichlet'schen Randbedingung, $\gamma = 1$,
also der Einprägung einer Oberflächenkonzentration, Rechnung zu tragen
/3/ /4/. Der Ansatz von Polynomen auf den Teilgebieten der Diskretisierung

der Gesamtstruktur gemäß Abbildung 1   und die Galerkinsche Forderung /3/ nach möglichst guter Approximation der Lösung von Gl.(1) ermöglicht deren numerische Integration.

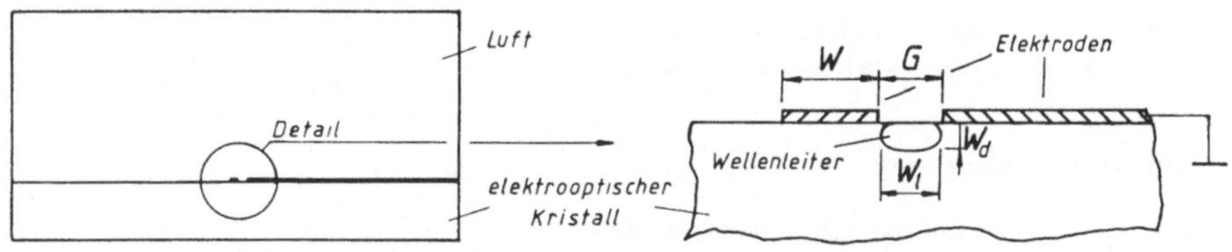

Abb. 1: Die untersuchte Struktur des Wellenleitermodulators.
W = 22µm, G = 5.7µm, W_l = 5.7µm, W_d = 3.6µm.

Abbildung 2   zeigt das Diffusionsprofil nach   5 Stunden Diffusionszeit bei 1030°C Diffusionstempertur. Die eingetragenen Linien sind Linien gleicher Konzentration in Prozenten relativ zur Oberflächenkonzentration. Etwa   1µm unterhalb der Oberfläche befindet sich ein Maximum der Konzentration, dort erwartet man auch das Intensitätsmaximum der geführten Lichtwelle.

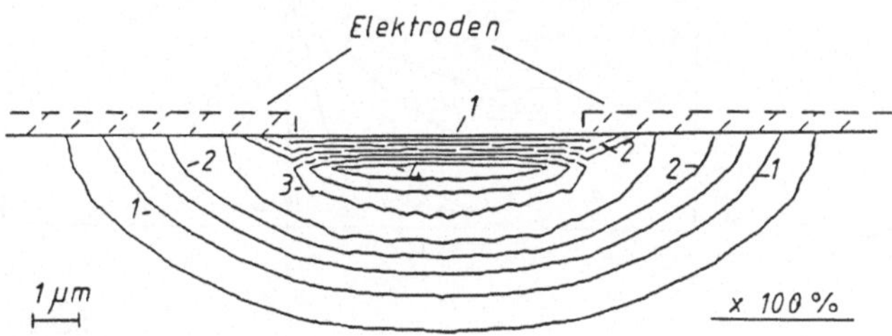

Abb. 2: Mit der Methode der finiten Elemente ermitteltes Diffusionsprofil nach 5 Stunden Diffusion bei 1030 °C. Linien konstanter Konzentration in 50% Abständen bezogen auf die Oberflächenkonzentration.

2. Das modulierende Feld

Für effiziente elektrooptische Modulation müssen Lichtwelle und elektrisches Feld in enge räumliche Wechselwirkung gebracht werden. Dazu wird auf die Kristalloberfläche entlang des Lichtwellenleiters eine Elektrodenstruktur in Form einer asymmetrischen komplanaren Streifenleitung aufgebracht (vergl. Abb. 1). Unter der Voraussetzung, daß die Elektrodenbreite W   und der Elektrodenabstand G   hinreichend klein sind gegenüber der Wellenlänge der auf der Leiterstruktur propagierenden modulierenden Mikrowelle, kann das ebene Feldbild dieser Welle durch das Feldbild einer TEM-Welle genähert werden. Diese Annahme führt zur Möglichkeit der Berchnung der modulierenden Welle durch die Poissonsche Gleichung /3/ /4/.

$$\nabla \varepsilon \, \nabla \phi \; = \; 0 \qquad\qquad (2)$$

> ϕ ... elektrisches Potential
> ε ... 2x2 Dielektrizitätstensor

mit den Randbedingungen

> $\phi = 0$ an der Masseelektrode
> $\phi = 1$ an der aktiven Elektrode.

Mit denselben Überlegungen wie im Falle der Ti-Diffusion (siehe Kapitel 1) gelangt man zur Potentialverteilung der modulierenden Welle.

Abbildung 3 zeigt die Lösung der Gl.(2). Die eingezeichneten Linien sind Linien gleichen Potentials. Sie folgen in 10% – Schritten bezogen auf das Potential der aktiven Elektrode aufeinander.

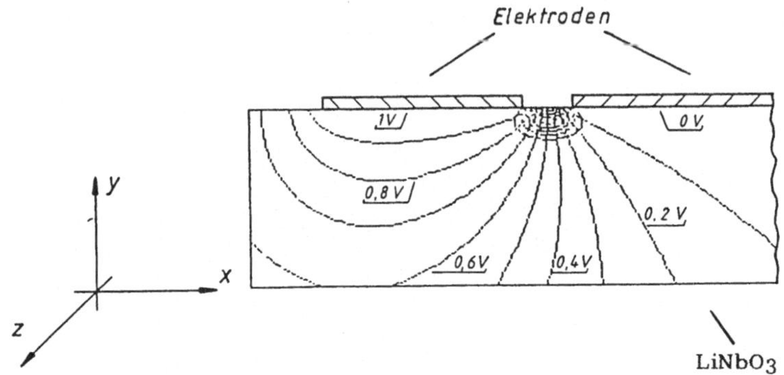

Abb. 3: Potentiallienien der modulierenden Welle und Linien gleicher
Intensität der Lichtwelle.

Um die Genauigkeit entsprechend zu erhöhen und um den Einfluß weit entfernter Ränder (Gehäuse) untersuchen zu können, wurde eine Rasterstufenunterteilung nach Abbildung 4 eingeführt, wobei es für die elektrischen Kenngrößen wie Wellenwiderstand oder Kapazitätsbelag genügt, die äußerste Struktur zu rechnen. Für die Beurteilung des Feldes in der Nähe der Elektroden (vgl. Abb. 1) müssen jedoch alle drei Stufen gerechnet werden. Die jeweils vorhergehende Stufe liefert dabei die Randbedingungen für die nächste.

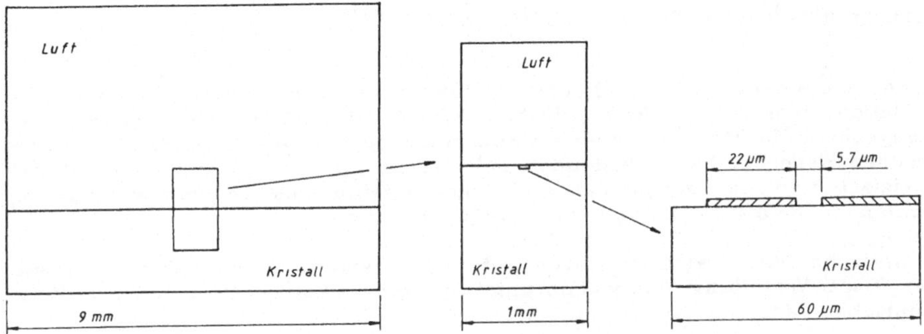

Abb. 4: Rasterstufeneinteilung der Gesamtstruktur des Lichtwellenleitermodulators.

Der Energiebelag W1' der Streifenleitung läßt sich gemäß

$$W1' = \frac{1}{2} \iint_F \mathrm{grad}\, \phi \; \epsilon \; \mathrm{grad}\, \phi \; dF \tag{3}$$

$$\mathrm{grad}\, \phi = -E \quad \text{... elektrische Feldstärke}$$
$$F \quad\quad\quad\quad \text{... Gesamtschnittfläche (vgl.Abb. 4)}$$

berechnen und liefert durch den Vergleich mit dem Energiebelag W0' der
gleichen Struktur ohne Dielektrika

$$W0' = \frac{1}{2} \; \epsilon_0 \; \iint_F (\mathrm{grad}\, \phi)^2 \; dF \tag{4}$$

die effektive Dielektrizitätskonstante $\epsilon_{r,eff}$ aus

$$\epsilon_{r,eff} = W1'/ W0' \tag{5}$$

und den Kapazitätsbelag C' durch die Kondensatorenergie

$$C' = 2\, W1'/ U^2 \tag{6}$$

$$U \quad \text{... Speisespannung der aktiven Leitung.}$$

Über den Zusammenhang von Phasengeschwindigkeit und Wellenwiderstand
/2/ erhält man schließlich den Wellenwiderstand der Streifenleitung zu

$$Z_0 = \frac{\sqrt{\epsilon_{r,eff}}}{c_0 \; C'} \tag{7}$$

$$c_0 \quad \text{... Vakuumlichtgeschwindigkeit.}$$

3. Der Vergleich optisches Feld – elektrisches Feld

Welche Komponente (E_x, E_y) des modulierenden elektrischen Feldes die Modulation über den elektrooptischen Effekt letztlich bewirkt, hängt, bei vorgegebener Elektroden-Wellenleiteranordnung, von der Polarisierung der optischen Welle ab. Im vorliegenden Fall ist die optische Welle in x-Richtung polarisiert und die modulierende Feldkomponente des im vorigen Kapitel berechneten Feldes ist deshalb die E_x-Komponente.

Die optische Welle wird in ihrer Intensitätsverteilung in x-Richtung mit einer Gauß-Verteilung in y-Richtung mit einer Gauß- Hermite-Verteilung beschrieben /4/.

Zur Beurteilung der Korrelation beider Feldbilder dient das Überlappungsintegral Γ

$$\Gamma = \frac{G/U \iint\limits_A (E_{opt})^2 \; E \; dA}{\iint\limits_A (E_{opt})^2 \; dA} \tag{8}$$

$$
\begin{aligned}
E \quad &\ldots \quad \text{elektrische Feldstärke} \\
A \quad &\ldots \quad \text{Kristallschnittfläche} \\
(E_{opt})^2 \; &\ldots \quad \text{Intensität des Lichtes}
\end{aligned}
$$

Abbildung 5 zeigt das Überlappungsintegral Γ als Funktion eines Geometrieparameters G/W_l. Durch Variation dieses und anderer relevanter Geometrieparameter wird es auf der Basis der finite Elemente Feldberechnung möglich, ein Geometrieoptimum für die jeweilige Forderung zu finden. Dem Ergebnis kann dann durch geeignete Lichtwellenleitergeometrie (Diffusionsbedingungen) und Elektrodengeometrien (modulierendes Feld) Rechnung getragen werden.

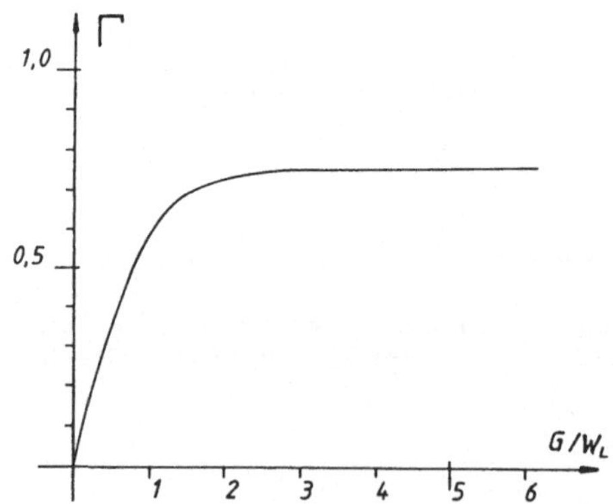

Abb. 5: Überlappungsintegral Γ als Funktion des Verhältnisses von Elektrodenabstand G und lateralen Strahldurchmesser W_l bei festem, durch das Diffusionsprofil bedingten Verhältnis von $W_l/W_d = 1.6$.

Abbildung 6 zeigt schließlich die berechneten, gemessenen und aus der Literatur entnommenen Werte für den Wellenwiderstand der Streifenleitung. Die aus /2/ und /5/ entnommenen Kurven basieren auf der Berechnungsmethode der konformen Abbildung. Es zeigt sich, daß die gemessenen Werte signifikant kleiner sind, als die in der Literatur angegebenen. Die mit der Methode der finiten Elemente ermittelte Kurve hingegen sagt das Meßergebnis wesentlich besser vorher. Die Methode der konformen Abbildung ist darauf angewiesen den Einfluß der elektrischen Anisotropie des Mediums geeignet abzuschätzen. In eben dieser Abschätzung liegen offenbar die Abweichungen der Kurven in Abbildung 6.

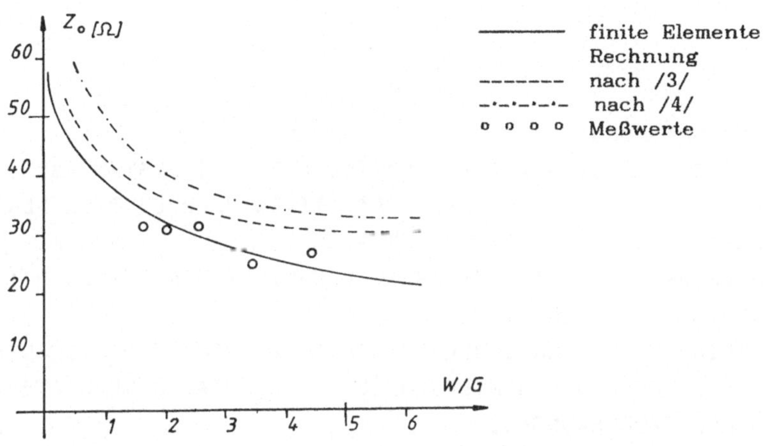

Abb. 6.: Wellenwiderstand Z_0 als Funktion des Verhältnisses Elektrodenbreite W zu Elektrodenabstand G.

Literatur

1. BRATENGEYER, E., GUTTLER, G., JUSUFI, M.: 0.83μm travelling-wave phase modulator in Ti:LiNbO$_3$, SPIE Proc., Integrated Optical Circuit Engineering vol. 835, to be published, 1987.
2. ALFERNESS, R.C.: Waveguide electrooptic modulators, IEEE Trans. Microwave Theory Tech., vol. MTT-30, no. 8, 1121-1137 (1982).
3. SCHWARZ, H.R.: Methode der finiten Elemente. Stuttgart, Teubner 1984.
4. SMIRNOW, W.I.: Lehrgang der höheren Mathematik, Band 2, Berlin, VEB Deutscher Verlag der Wissenschaften 1979.
5. IZUTSU, M., SUETA, T.: Broad-band guided-light intensity modulator, Trans, IEEE, vol. J64-C, no. 4, 264-270 (1981).

KREATIVE KÜNSTLICHE INTELLIGENZ - SYSTEME
UND IHRE SOZIALEN UND GESELLSCHAFTLICHEN EINFLÜSSE

C.C.Scholz-Nauendorff

Forschungsges.f.Psycho-Elektronik und Kybernetik, A 1030 Wien

ZUSAMMENFASSUNG:
1. DAS CCSN-SYSTEM IST EIN MOTIVIERTES K.I.SYSTEM (MKI).
2. ES WURDE ZUM ZWECKE DER APPARATIVEN REPRODUKTION MENSCHLICHER
   LERN- UND DENKPROZESSE ENTWICKELT.
3. ANREGUNG DES K.I.SYSTEMS ZU KREATIVEN HANDLUNGEN MIT HILFE
   VON MOTIVATOREN.
4. ABBILDUNG MENSCHLICHER VERHALTENSWEISEN IN DAS CCSN-SYSTEM.
5. ERFORSCHUNG DER HINTERGRÜNDE FÜR ASOZIALES VERHALTEN.
6. SCHLUSSFOLGERUNGEN.

Einleitung

Im Jahre 1971 wurde die Forschungsgesellschaft für Psycho-Elektronik und Kybernetik in Wien gegründet, die sich zur Aufgabe
gestellt hat, die nötigen finanziellen Mittel zur Durchführung
von Forschungen, wie sie hier näher beschrieben werden, zu be-
schaffen und beizustellen.
Es kann gesagt werden, daß sich diese Aufgabe noch schwieriger
gestaltete, als die Problemlösungen der Forschungsarbeit
selbst. Denn bei letzterer war neben dem Ziel auch bald der
Weg bekannt, der gegangen werden mußte. Damit waren wir in
personellen Fragen unabhängig und konnten die Arbeit auf jene
Mitarbeiter verteilen, die bereit waren, mit uns diesen schwie-
rigen Weg zu gehen.
Anders bei der Lösung der finanziellen Frage: hier blieb die
manchmal bittere Abhängigkeit zu einem vorgegebenen Personen-

kreis bestehen, der zu entscheiden hat, ob wir Unterstützung
erhalten oder nicht.
Die z.Z. betriebene K.I.Forschung hat sich von dem ursprünglich
gesteckten Ziel abgewandt und die Aufgabenstellung reduziert.
Noch um 1956 glaubte man bei genügendem Einsatz finanzieller
Mittel so etwas wie Intelligenz machen zu können, wie sie von
menschlichen Gehirnleistungen her bekannt ist und durch Intelli-
genztests beschrieben wird.
Man ist also derzeit der Auffassung, daß dieses Ziel ohnehin
unerreichbar ist und daher zu hoch gesteckt war,und begnügt sich
daher damit, näher gelegene und leichter realisierbare Ziele
zu erreichen.
Es wäre sicher unschön, gerade in diesem Augenblick an die Fabel
mit dem Fuchs zu denken, der die Trauben schmähte.

Schon die Abwendung von der "klassischen" Informatik hat eine
wesentliche Flexibilität bei der Problembehandlung in der K.I.
gebracht. Doch wie wir später sehen werden, können alle Erfolge, die auf dem Gebiet der Künstlichen Intelligenz Forschung
mit eingeschränkter Zielsetzung errungen werden, auf die Dauer
nicht befriedigen. Das Verlangen, einen weiteren Schritt zu
tun, wird in dem Augenblick wach werden, da eine gewisse
Virtuosität im Gebrauch von Expertenwissen aus der Maschine
eingetreten sein wird.
Nun, um besser erkennen zu können, welche Vorzüge flexible
Systeme haben, wollen wir eine grobe Einteilung treffen:

A. die Symbolverarbeitung.
Dieses Gebiet trifft zum Großteil die klassische Informatik.
Hier wird mit konkreten und abstrakten Zahlenwerten und mit
Algorithmen operiert.

B. Heuristiken,

C. Wissenspräsentation.
Diese beiden Gebiete gehören hauptsächlich der K.I. an. Hier
stehen eher unsichere Angaben über Zustände im Vordergrund,
als präzise Aussagen. So heißt es hier nicht: der Baum ist
52 cm hoch, sondern: der Baum ist klein, und dieser Wert ist
wiederum relativ zu sehen. Es ergeben sich Unsicherheiten,
die durch Bewertung, Gewichtung steifere Formen bekommen und

zum Unterschied zur klassischen Informatik Experimentelle Informatik genannt werden soll.
In der K.I. gibt es also neben konkreten Werten noch unvollständige, unsichere, widersprüchige Informationen.

D. Das Lernen. Das Lernen in der K.I. dient dazu, das System vom Knowledge Engineer möglichst unabhängig zu machen. Das System soll sich also sein Wissen aus zugänglichen Informationen selbst erweitern können. Nur wenige Systeme zeigen dazu einen brauchbaren Ansatz.
Ich will es gleich vorweg nehmen: die Schwierigkeit ist dabei für das System, nach welchen Kriterien es entscheiden soll, was lernwürdig ist und was nicht. Wie es scheint, sind die heute gesetzten Grenzen nicht dazu geschaffen, hier befriedigende Selbstentscheidung anzubieten.
Leidlich gelungen ist hingegen die Fähigkeit, aus mehreren Texten jene Passagen herauszufinden, die sich auf ein vorgegebenes Erscheinungsbild beziehen; z.B. aus Zeitungsmeldungen Nachichten über Terroranschläge herauszuschreiben u.s.w.

Einen weiteren Fortschritt in der K.I. hat die struktuierte Programmierung gebracht. Man schreibt also nicht mehr meterlange Programme, sondern nimmt die Datenbehandlung mit Hilfe von - in sich abgeschlossenen - kleinen Programmmodulen vor. Das Programm besteht also hauptsächlich im Aufruf von Tools, mit welchen der Prototyp geschrieben wird. Solche Programme sind wesentlich rascher zu erstellen, als jene nach der starren Methode.

Die Einschränkung der K.I. auf
A. Suche,
B. Repräsentation
hat jedoch konkrete Ergebnisse in der Weiterentwicklung der Computeranwendung gebracht.

Das CCSN-System

Verlassen wir diese Betrachtungen und wenden wir uns dem CCSN-
System zu, um zu erkennen, welche Unterschiede hier als neu
und weiterführend bezeichnet werden können.

Der erste Unterschied liegt zunächst in der Aufgabenstellung.
Während die "boundierte"K.I. emotionelle Faktoren auszuschlies-
sen sucht, wird bei der M.K.I. (motivierte künstl.Intelligenz)
größtes Gewicht auf ihre Einbeziehung gelegt.
Fs wurde eigene Hardware entwickelt, die die Simulation von
Motiven ermöglicht, wie sie im hohen Maße das Leben beeinflussen.

Unter diesem Aspekt ist das Schema des CCSN-Systems zu sehen.

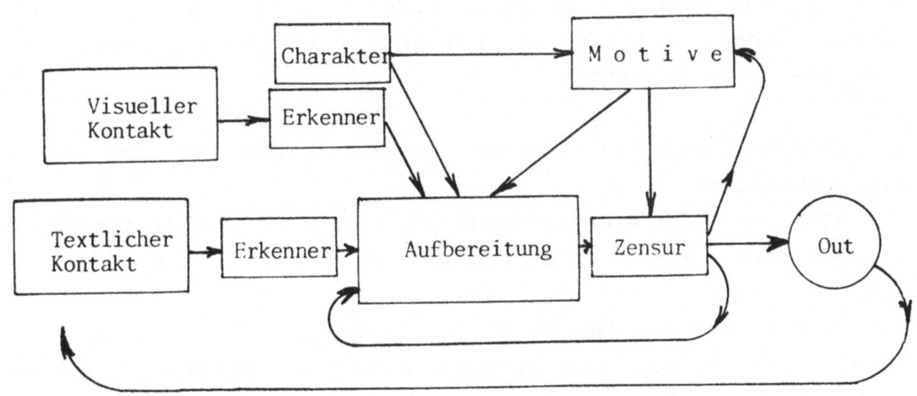

Arealkonfiguration des CCSN-Systems

Der Umweltkontakt findet bei dieser Maschine für textliche
Informationen über eine Tastatur und einen Bildschirm statt.
Visuelle Nachrichten sind in bescheidenem Maße auch einbezogen, was später noch näher besprochen wird.
Um dem geschriebenen Text emotionelle Anteile zu geben, kann
der Anwender Buchstabengruppen eingeben, die an sich kein Wort
ergeben, aber vom System als Verschärfung oder Milderung der
Eingabe verstanden werden, denn Rufzeichen und Fragezeichen
sind hier nur Symbole zur Charakterisierung der Informations-
art.

Im Erkennungsteil werden sowohl die einzelnen Worte, als auch der Inhalt des Satzes erkannt.

Zur Aufklärung des Satzinhaltes stehen der Conceptionsgenerator, die Chronik, Regeln über Zusammenhänge, Fuzzies u.s.w zur Verfügung. Sie alle stellen das Grundwissen des Systems dar, das im Dialog aber auch im direkten Zugriff auf die Speicher erweitert werden kann.

Bei der Satzerkennung ist es nicht immer nötig, die Erkennung Wort für Wort durchzuführen, wie etwa ein Volksschüler beim Lesen aus den einzelnen Buchstaben ein Wort zusammensetzt und schließlich erkennt.

Es lassen sich vielmehr Gruppen bilden, die in ihrer Ganzheit erkannt werden und das geht viel schneller, als das Erkennen und Zusammensetzen einzelner Bestandteile. Das Gesagte gilt auch für die Antwortfindung. Es gibt viel mehr Automatismen, als man annehmen möchte. Diese Tatsache können Sie nachprüfen, indem Sie mit einer Umfrage auf die Straße gehen; viele Antworten sind typisch.

Wissenserweiterung im Dialog ist dem Lernen in der Schule gleichzusetzen.

Die Aktions- bzw. Reaktionsaufbereitung wird bei diesem System von mehreren Faktoren beeinflußt. Maßgeblich sind u.a.:

A. das Resultat der Informationserkennung,

B. die "Veranlagung" des Systems: also der "Charakter", den der Konstrukteur bestimmt und der für Experimentierzwecke verändert werden kann und

C. die Motive, zu welchen u.A. die Nachahmung von Triebfunktionen gehören, wie sie im natürlichen Leben vorkommen.

Dies mag manchen z.Z. noch naiv, spielerisch und damit überflüssig erscheinen. Will man aber Verhaltensweisen auf einer Maschine simulieren, die dem Verhalten von Lebewesen ähnlich sein sollen, gewinnen diese Einrichtungen entscheidende Bedeutung.

Zum Areal der Aufbereitung gehören: die Erwartung, Bewertung, Lernmechanismen,Kombinatorik, der wiederum in Verbindung mit einem speziell dafür entwickelten "Autoprozess" kreativ werden kann. Entscheidend für diese Leistung ist die schon genannte

Motivierung. Am Beispiel "Ei des Kolumbus'" kann gezeigt werden,
wie durch Fuzzies ein Gedankensprung ermöglicht wird, der zu
der "Idee", zu der "Erfindung" führen kann, das Ei an der Spitze
einzudrücken, damit es stehen bleibt.
Voraussetzung ist natürlich, daß alles über die Szene "Ei" dem
System bekannt ist, also sowohl, wofür ein Ei gebraucht wird,
als auch seine Zubereitung und seine physikalischen Eigenschaften.

Die Antworten, bzw.Reaktionen können aus einem Pool von "vorge-
fertigten Sätzen", bzw. Reaktionsabläufen genommen werden, oder
sie werden mit Hilfe von "Halbfertigen" durch sinnvolle Ergänzung generiert.

Die anschließende Zensur entscheidet, ob das Ergebnis an die
Umwelt gelangen soll, oder im internen Weg nochmals den Prozess
durchlaufen soll. Das zur Ausgabe gedachte Ergebnis kommt dabei
wie eine Eingabe aus der Umwelt - nur mit verkehrter Kennung -
neuerlich in den Aufbereitungsprozess.

Da der Motivblock dauernd vom Prozess beeinflußt wird, ist das
Verhalten des Systems ebenso unsicher vorherzusagen, wie bei
einem Lebewesen. Man kann nur vermuten, wie es reagieren wird,
aber mit Bestimmtheit jedoch nicht.
Durch Tests läßt sich nun feststellen, welche Reaktionen das
System unter Einfluß seiner "Veranlagung" zeigt. Durch geziel-
te Belehrung lassen sich Prämissen erzeugen, auf Grund welcher
das System sein Verhalten ändern müßte. Um diese Verhaltensän-
derung anschaulich zu machen, verwenden wir den "Lampentest".

Lampentest

Die Anordnung dazu besteht aus einer Lampe, die die Sonne -
das Tageslicht - verkörpert, und aus einer Stehlampe, die sowohl vom Experimentator, als auch vom System ein- u. ausgeschaltet werden kann.
Zunächst muß das System darüber belehrt werden, daß dafür be-
zahlt werden muß, wenn die Lampe brennt und daß das System es
ist, das dann zu zahlen hat. Ferner muß darüber im Dialog Klar-

heit entstehen, daß man das Licht der Lampe braucht, um sehen zu können, wenn die Sonne untergegangen ist, - wenn es finster ist. Darüber hinaus kann man auch noch klarstellen, daß man das Licht der Lampe nur dann braucht, wenn man tatsächlich etwas sehen w i l l. Ferner setzen wir voraus, daß das System über den Zweck und Gebrauch des Schalters zur Lampe informiert ist.

Es ist beim folgenden Experiment zu erwarten, daß das System je nach seiner "Veranlagung" mehr oder weniger drastische Maßnahmen gegen die Benützung der Lampe durch den Experimentator bei Sonnenschein ergreifen wird. Welche Maßnahmen das sein werden, also ob es die Lampe kurzerhand aus macht, oder eine Frage über die Notwendigkeit von Licht bei Tage stellt, oder sonst eine Formulierung wählt, läßt sich nicht voraussagen.

Bei entsprechender Belehrung läßt sich der "Standpunkt" für sein Verhalten auch umkehren, um zu sehen, wie er z.B. als Stromlieferant reagieren würde, der am Stromverbrauch interessiert ist.
Der Vorteil in der Verwendung einer "künstlichen Versuchsperson" liegt darin, daß die Tests mit einander absolut vergleichbar sind, weil alles, was sich während des Versuches ereignet hat, beim CCSN-System bis zu Startzeitpunkt löschen läßt, sodaß für jeden Versuch eine "Versuchsperson" mit den gleichen Voraussetzungen zur Verfügung steht.
Uns interessiert experimentell herauszufinden, welche prinzipiellen Belehrungen oder Verhaltensmuster die Umwelt anwenden muß, um einseitiges, egoistisches Verhalten eines Systems, das also nur auf seinen eigenen Vorteil bedacht nimmt, so zu verändern, daß man das Verhalten schließlich eher als sozial bewerten kann.

Derzeitiger Stand
<u>Derzeitiger Stand</u>

Natürlich werden Sie wissen wollen, wieweit dieses Projekt schon realisiert ist. Im Augenblick versteht unser System Fragen, Befehle und Mitteilungen und deren Negation. Es stellt von sich aus Fragen, wenn sich der Anwender längere Zeit nicht meldet. Die Fragen haben verschiedenen Inhalt und kommen in

unvorhersehbarer Folge. Die Auswahl erfolgt in Abhängigkeit
des "Betriebszustandes" des Motivkomplexes, der seinerseits u.a.
vom laufenden Dialog beeinflußt wird.
Auf die Umwelteingaben erfolgt eine sinngemäße Ausgabe in Real-
sätzen; in Zweifelsfällen erfolgt die Ausgabe einer Kodefolge,
die den Verarbeitungsgrad erkennen läßt. Wurde ein Wort oder ein
Satz nicht verstanden, erfolgt - und das wieder in Abhängigkeit
vom "Betriebszustand" - die Ausgabe einer Frage um Aufklärung,
oder die Angelegenheit wird ignoriert, was die bestehende Un-
kenntnis vorerst verschleiert.

Einer unserer nächsten Schritte wird es sein, das Lernen im
Dialog zu verbessern, sodaß die Kodeausgaben allmählich ver-
schwinden werden. Das System läuft auf einer Siemens-Maschine
älterer Generation.
Die Testergebnisse sind ermutigend, sodaß wir glauben, mit unserem Prototyp schon sehr bald Vorführungen machen zu können.
Dann wollen wir auch die Dokumentation dazu veröffentlichen, um
auf diese Weise zur Weiterentwicklung von Systemen mit moti-
vierter künstl.Intelligenz beizutragen, denn mit know-how unter
dem "Kopfpolster" ist niemandem gedient.
Obwohl über den Zweck unserer Bemühungen schon einiges gesagt
wurde, soll hier noch eine erweiterte Übersicht gegeben werden:

A. Der Computer als intelligentes Werkzeug (z.B.zum Auffinden
   von Unterlagen aus Datenbanken nach nicht konvetionellen
   Suchkriterien.(Vorsondierung von Expertenwissen)
B. Der Computer als Arbeitspartner.(z.B. Berater in Stressitua-
   tionen unter Berücksichtigung des Standpunktes, unter dem
   das Problem gesehen werden soll.(Invertierung möglich)
C. Das System als Studienobjekt zur Erforschung von sozialem
   Verhalten und der Hintergründe, die möglicherweise zu sozialem Fehlverhalten in der Gruppe führen können.(Krimina-
   lität)
D. Auswertung der Erkenntnisse auf die Veränderung der Arbeits-
   platzverhältnisse,betreffend sowohl die Zusammensetzung der
      im gleichen Raum Beschäftigten, als auch auf die Anordnung
   und Gestaltung der, zur Ausführung der Arbeit benötigten
   Möbel, Gerätschaften und Bedienfelder der Maschinen.

E. Anwendung der Erkenntnisse auf die Entwicklung von Methoden
   der Menschenführung, die auf das "veranlagte" Verhalten des
   Einzelwesens, bzw. des Einzelwesens in der Gruppe bedacht
   nimmt.

Interessentenkontakt

Interessenten bitte ich um Zuschrift an die Adresse der Forschungsgesellschaft für Psycho-Elektronik und Kybernetik Wien
A 1030 Wien, Sechskrügelgasse 2

Literatur

Findler N.V.,New York: Artificial Intelligence and Heuristic
      Programming.
Gause D.,New York: Art.Intelligence and adaptive Programming
      Intelligence.
Hoff H.Wien,1961: Wert eines K.I.Systems für die Medizin.

5.Intern.Kongress Wien, 1977: Vortragssammlung.

Klir G.u.Uyttenhove H.,New York: Procedure of Generation
      Hypothetical Structures in Identifications Problems.
Kochen M. 1975. Künstl.Intelligenz, Kognitive Lernprozesse.

Michie D.,Johnston R., 1985: the Creative Computer, Machine
      Intelligence and Human Knowledge, Harmondsworth,Middlesex,
      UK: Penguin Books.
Neeb F.,Wien: EDV in Österreich.

Owen PH., USA, 1976: A Hirachical Information analysis of
      cognition and Creativity.
Pask G.,London 1979: Outline Theory of Media for Communicating,
      Knowledge of Topics, Origins of Distinctions.
Rauch Wolfg.,Graz: Automatisches Referieren u.Exzerpieren.

Scholz-Nauendorff C.C. Wien: siehe unten.

Steinbuch K.,Berlin 1977: Taschenbuch d.Nachrichtenverarbeitung
      Mensch und Computer.
Trappl R.,Amsterdam,New York, Wien,1985: Impacts of Artificial
      Intelligence, Cultural and Political.
Weiß R.,Wien, 1971: Begabungsförderung im Schulsystem.

Yovits u.Jacobi u.Goldstein, Spartan Books:Self Organizing Syst.

Zuse K.,California Univ.1976: Som Remarks on the History of
      Computer in Germany (Plankalkül).

- * -

Scholz-Nauendorff Claus C. Wien:
      1976,Forschungen auf dem Gebiet der K.I.
      1977,Automatisierung der Problemerkennung als Vorstufe zur
          Künstlichen Intelligenz.
      1980,Bedeutung des CCSN-Systems für die künftige Informa-
          tionsverarbeitung.

1981,Datenverarbeitung im ergonomischen Dialog

1984,Lebensgerechtere Formen durch Verwendung intellig.
   Computer.

1984,Using Artificial Intelligence in Computerized Problem
   Solving.

1984, Die K.I.Forschung und die Entwicklung intelligenter
   Computer als Arbeitspartner.

1984/85, Kreative K.I. durch Motivation.

1986,Soziale Umgestaltung der menschlichen Arbeitswelt zu
   lebensgerechteren Formen durch intelligente Computer.

1987,Das kreative K.I.System CCSN.

1987,Motivierte Künstliche Intelligenz (MKI) und ihr
   sozialer und gesellschaftlicher Einfluß.

EIN-CHIP-MODEM NACH DEM CCITT V.22 STANDARD

Autor: K. Lebutsch

Firma FAIRCHILD Electronics GmbH
1220 WIEN, Siebeckstraße 7 Tel.: 230 71 33

ZUSAMMENFASSUNG:

Das neue EIN-CHIP-MODEM mit dem Namen uAV.22 wurde mit
Hilfe eines Softwareprogramms für gemischt Digital/Analog
Applikationen mit der Bezeichnung CLASIC entwickelt. Es
zeigt einen neuen Entwicklungstrend in der Halbleitertech-
nologie auf, welcher sich speziell in der Nachrichtentechnik und Datenkommunikation durchsetzen wird.

CLASIC steht für "Customizable Linear Applications Specific
Integrated Circuit", womit eine Realisierungsmethode bezeichnet wird. Es ist ein Werkzeug zur Herstellung von hochkomplexen Integrierten Schaltungen mit gemischten Analogen
und Digitalen Funktionen.
Für die Fertigung stehen ein Bipolar-Prozess (1.8 ns Gate
Delays) wie auch CMOS-Prozesse (5.0 ns und 1.5 ns Gate Delays) zur Verfügung.
CAD-Werkzeuge sind an VAX`s, Workstations und PC`s betreib-
bar. Der wesentliche Vorteil liegt in der schnellen Reali-
sierbarkeit von IC`s innerhalb von 16 - 20 Wochen bei ein-
gespieltem Entwicklungsteam.

Auf der Basis unseres Entwicklungssystems CLASIC wurde nun
das erste EIN-CHIP-MODEM von FAIRCHILD nach dem CCITT V.22
STANDARD vorgestellt.

Das neue Produkt mit dem Namen uAV,22 zeichnet sich durch
geringe Leistungsaufnahme aus (typisch 40 mW). Auf dem in
CMOS hergestellten Chip sind alle Signalverarbeitungs-
Funktionen für Modulation, Demodulation und DTMF-Funktio-
nen mit 1300 Hz Rufton, 2100 Hz Rufbeantwortungston und
wählbare 550 Hz und 1800 Hz Trägerfrequenzen.
Ferner ermöglicht der uAV.22 eine erweiterte Signalverar-
beitungsrate (bis zu 2.3% im Synchronbetrieb) und Hand-
shake-Signale (V.54 Loop 2). Die Bitfehlerhäufigkeit beträgt typisch 1.10^{-5} bei einem Signalrauschabstand von
10.2 dB.
Das uAV.22 Modem ist in 28 Pin-DIC- und PLCC-Gehäuse liefer-
bar. Die ebenfalls verfügbare Entwicklungsplatine beschleunigt die Arbeit des Anwenders und erlaubt den direkten Einsatz in der Applikation.
Im 4. Quartal wird ein V.22bis Modem mit der Bezeichnung
F2224 vorgestellt.Dieses ist zusätzlich funktions-kompa-
tibel zu V.22D, 212A, 103, V,21, Bell 202 und V.23.

Block Diagram

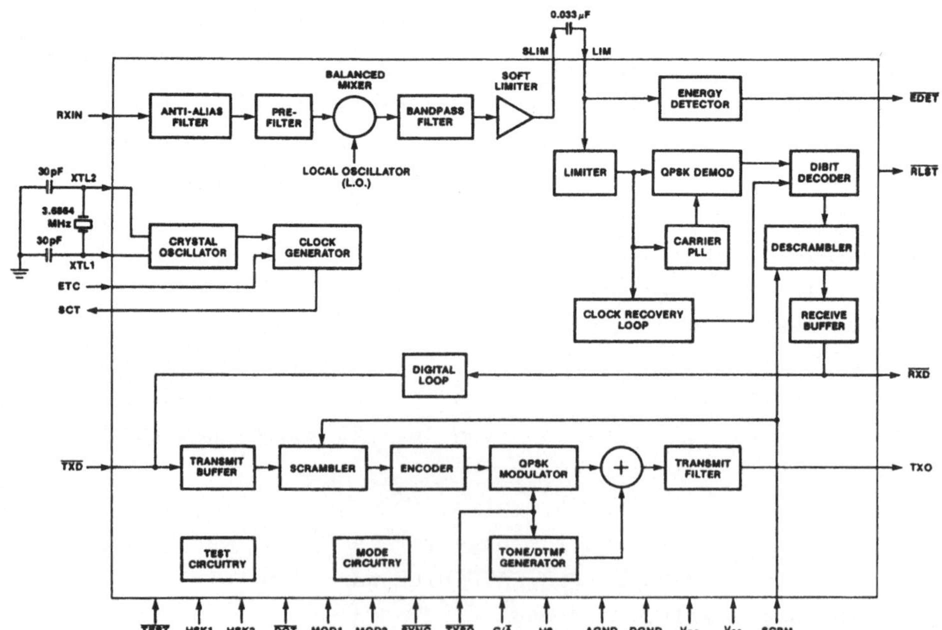

EIN MIKROAKUSTISCHER MULTIMODEN_OSZILLATOR

E. Trzeba, I. Awramow

Technische Universität Dresden

ZUSAMMENFASSUNG:

Der Beitrag stellt einen selbstanschwingenden Multimoden-Oszillator vor, der auf der Grundlage akustischer Oberflächenwellen arbeitet. Er generiert gleichzeitig eine Auswahl von Frequenzen, deren Amplituden und Phasen so bestimmt sind, daß hochstabile kohärente Hochfrequenzimpulse entstehen. Die Hüllkurve, die Impulsfolgefrequenz und die Trägerfrequenz der Impulse sind eindeutig von der Geometrie des AOW-Filters bestimmt.

Es wird ein AOW-Oszillator betrachtet, der aus einem Breitbandverstärker besteht, in dessen Rückkoppelschleife sich ein AOW-Filter befindet /1/. Das Filter gestattet einen Mehrmodenbetrieb, d. h. innerhalb der Durchlaßcharakteristik des Filters erfährt die Phase eine mehrfache Drehung von 2π . Bei Anwendung der bekannten Theorie /2/ kann die Phasen- und Amplitudenbedingung für diesen Fall wie folgt dargestellt werden:

$$f_K = \frac{f_a}{2\pi M}\left[\varphi_{21} - \sum_{i=1}^{2}\arctan\frac{\omega_K C_{Ti} + b_{ai}(f_K) + b_i - 1/\omega_K L_i}{g_i + G_{ai}(f_K)} + 2K\pi\right] \qquad (1)$$

$$R(f) = \frac{\sqrt{G_{a1}(f)\,G_{a2}(f)}}{\sqrt{\prod_{i=1}^{2}\left\{\left[g_i + G_{ai}(f)\right]^2 + \left[b_i + b_{ai}(f) + \omega C_{Ti} - 1/\omega L_i\right]^2\right\}}} \qquad (2)$$

$$G_{ai}(f) = \widehat{G}_i \, \text{Re}\left[H_i(f)\right] \qquad \text{– reelle} \qquad) \text{ Komponente des IDW-}$$

$$b_{ai}(f) = \widehat{G}_i \, \text{Im}\left[H_i(f)\right] \qquad \text{– imaginäre} \ ) \text{ Strahlungsleitwertes}$$

f_a = Bandmittenfrequenz des AOW-Filters

C_{Ti} = statische Wandlerkapazität

$$\widehat{G}_i = (4/\pi)k^2 \omega_a C_{Ti} N_i$$

k^2 = Kopplungsfaktor des AOW-Substratmaterials

N_i = Anzahl der Fingerpaare im IDW

M = normierter Wandlermittenabstand

K = 1, 2, 3 ...

L_i = Werte der Anpaßinduktivitäten

$H_1(f)H_2(f) = H(f)$ = Gesamtübertragungsfunktion des Filters

$g_i + jb_i$ = $\underline{Y}_{ii}$ = Eingangs- und Ausgangskurzschlußadmittanz des Verstärkers bei der Frequenz f_a

φ_{21} = Phase von $\underline{Y}_{21}$ des Verstärkers bei f_a

i = 1, 2

f_K sind die Eigenfrequenzen des Oszillators, die der Phasenbedingung (1) genügen. R(f) ist die reziproke Funktion zu $|\underline{Y}_{21}(f)|$ als minimale kritische Steilheit des Verstärkers, damit Schwingungen mit der Frequenz f aufrecht erhalten bleiben. R(f) stellt die Amplitudenbedingung gemäß (2) dar. Ist

$$N_i \gg \sqrt{4k^2/\pi} \qquad (3)$$

$$\widehat{G}_i \ll g_i \qquad = \text{Konstante} \qquad (\text{Breitbandverstärker}) \qquad (4)$$

$$1/\omega_a L_i - \omega_a C_{Ti} + b_{ai}(f) + b_i \qquad (5)$$

(Näherungsweise gültig in der Umgebung des Durchlaßbereiches)

dann nehmen die Gleichungen (1) und (2) folgende einfache Form an:

$$f_K = \frac{f_a}{2\pi M}(\varphi_{21} + 2K\pi) \qquad (6)$$

$$R(f) = \frac{\sqrt{\widehat{G}_1 \widehat{G}_2}}{g_1 g_2} \sqrt{\text{Re}\left[H_1(f)\right] \text{Re}\left[H_2(f)\right]} = \frac{\sqrt{\widehat{G}_1 \widehat{G}_2}}{g_1 g_2} |H(f)| = K_1 |H(f)| \qquad (7)$$

Es sei nun angenommen, daß der Oszillator gleichzeitig alle Eigenfrequenzen f_K generiert, die Gleichung (6) genügen. Ihre Amplituden $U(f_K)$ sind eindeutig durch $R(f) \sim |H(f)|$ bestimmt.

Das Frequenzspektrum $U(f_K)$ entspricht der Form /3/:

$$U(f_K) \sim K_1 K_2 \, |H(f)| \, f_p \left[\sum_{\mu=-\infty}^{\infty} \delta(f - \mu f_p) \right] * \delta(f - f_a) \tag{8}$$

$f_p = \tau^{-1}$ ist der Abstand zwischen den Moden, der durch die Laufzeit des Filters τ bestimmt wird. Die Konstante K_2 charakterisiert die Ausgangsleistung des Verstärkers.

Durch Anwendung der Fouriertransformation auf Gleichung (8) erhält man eine Beziehung für das Ausgangssignal des Oszillators $u(t)$ im Zeitbereich:

$$u(t) \sim K_1 K_2 \left[\sum_{m=-\infty}^{\infty} h(t - m\tau) \right] e^{j2\pi f_a t} \tag{9}$$

Die Schaltung des Multimodenoszillators ist im Bild 1 dargestellt. Es zeigt neben dem AOW-Filter F den Breitbandverstärker A_1, eine besondere Begrenzerstufe, die mit dem Transistor Tr.1 aufgebaut ist und denlinearen Trennverstärker A_2 mit hohem Eingangswiderstand. Durch geeignete Wahl der Gegenkopplungsbauelemente ist die Verstärkung des Verstärkers A_1 so eingestellt, daß die Amplitudenbedingung nur für die Mode mit der niedrigsten Dämpfung in der Oszillatorschleife erfüllt wird. Nach einigen Umläufen des Signals geht der Transistor Tr.1 vom linear verstärkenden in den Schalterbetrieb über und begrenzt das Signal.

Am Kollektor des Transistors (MP 1) entstehen Impulse nach Bild 2. Sie regen alle anderen Moden an, für die die Phasenbedingung (6) erfüllt ist. Ihr Frequenzabstand beträgt $f_p = \tau^{-1}$. Schließlich wird dieses Spektrum durch das Filter gewichtet, so daß die Amplituden der Eigenfrequenz von der Filtercharakteristik gemäß (7) bestimmt werden. Nach linearer Verstärkung in A 1 steht das Signal am Ausgang von A 2 zur Verfügung.

Bild 3a zeigt das gefilterte Spektrum $U_2(f)$ im Punkt MP 2, über dem die Filterübertragungsfunktion $|H(f)|$ dargestellt ist. Es ist deutlich zu erkennen, daß $U_2(f)$ die Funktion $|H(f)|$ in der Weise abtastet, wie es durch Gleichung (8) beschrieben wird. Die Fouriertransformierte $u_2(t)$ dieses Spektrums, beschrieben durch (9) im Zeitbereich, entspricht der periodifizierten Impulsantwort des AOW-Filters. Sie ist im Bild 3b dargestellt.

LITERATUR

/1/   Lewis, M.
       The design, performance and limitations of SAW-
       Oscillators
       IEE Conf. on SAW Devices, Conf. Publication 109, p. 63

/2/   Dwornikow, A.A.; Ogurtsow, V.J.; Utkin, G.M.
       Stabilnie Generatori s Filtrami na powerchnostnich
       akustitscheskich Wolnach (Stabile Oszillatoren mit AOW-
       Filtern)
       (Moskwa, Radio i Swjas, 1983)

/3/   Kreß, D.
       Theoretische Grundlagen der Signal- und Informations-
       übertragung
       (Akademic-Verlag, Berlin, 1977)

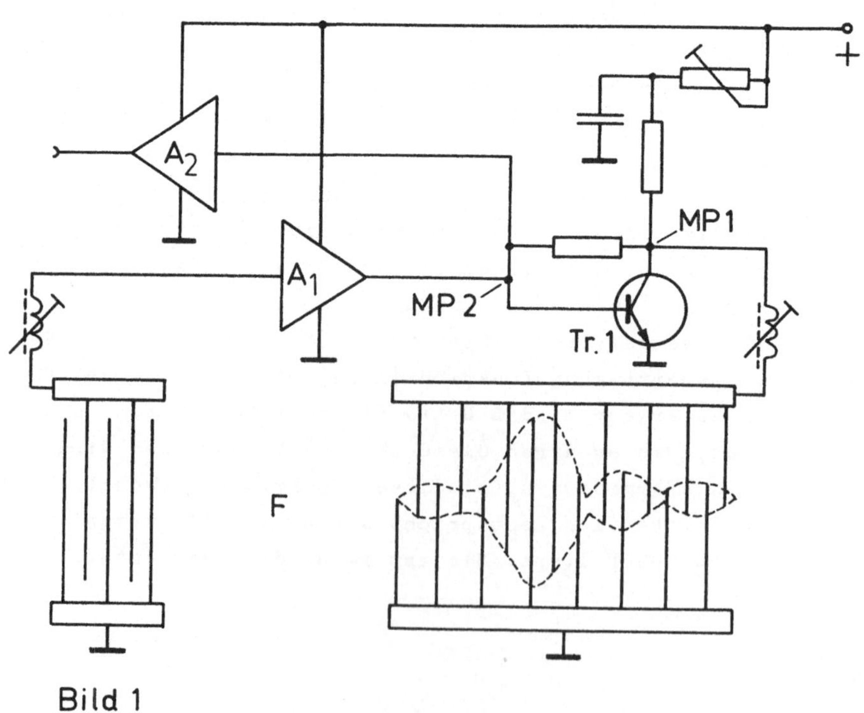

Bild 1

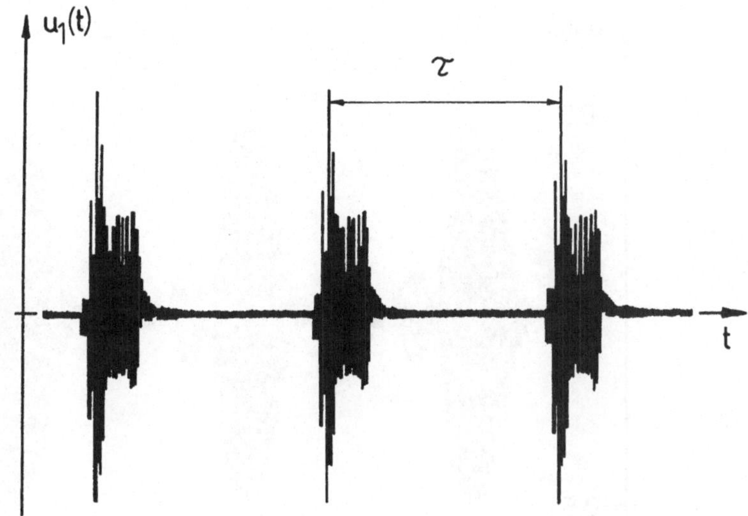

Bild 2

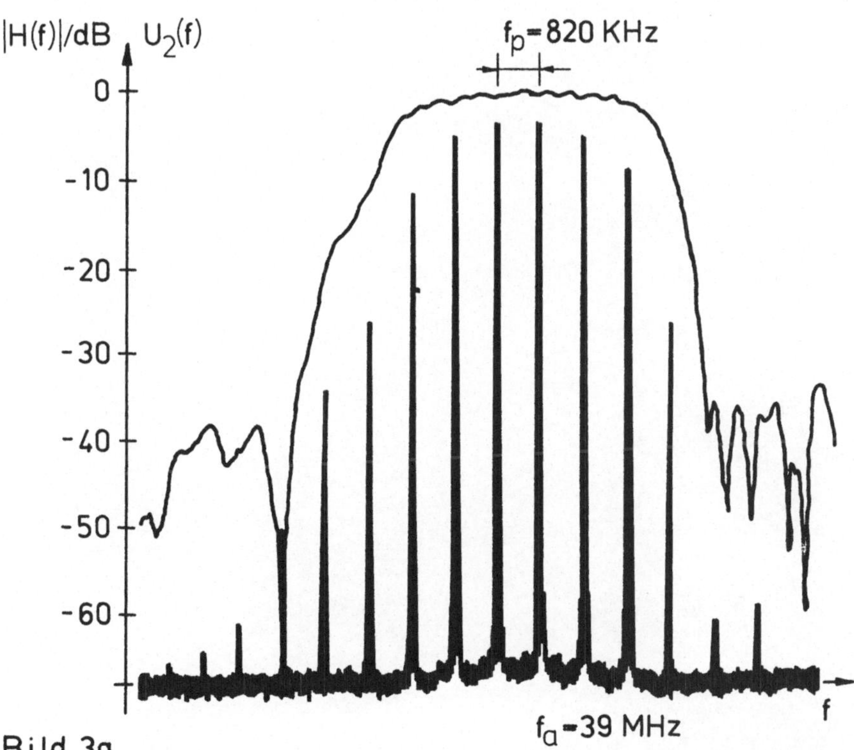

Bild 3a

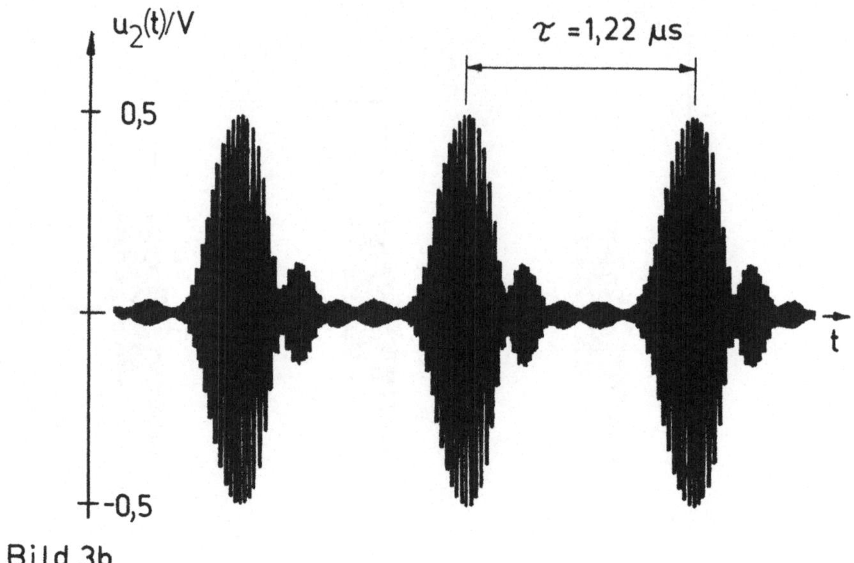

Bild 3b

B D E-240 Terminal für Systeme zur Erfassung von
Betriebsdaten

W. Volkmann

Österreichisches Forschungszentrum Seibersdorf Ges.m.b.H.
A-2444 Seibersdorf

ZUSAMMENFASSUNG:

Das Terminal BDE-240 wurde für industrielle Anforderungen
entsprechend dem rauhen Betrieb in Werkshallen entwickelt.
Es ist ein Multiprozessor-System, bei dem Erweiterungen
(z.B. Barcode Leser, Druckeranschlüsse, lokale
Speicherfähigkeit, digitale und analoge Dateneingänge und
-ausgänge) einfach zu realisieren sind.

1. E L E K T R O N I S C H E R   T E I L

1.1   H a r d w a r e

Dieses Kapitel beschreibt den Datenerfassungs- und Rechen-
teil des BDE-Terminals. Eine Aufgliederung erfolgt in Hardware und Softwarespezifikationen.

1.1.1 S y s t e m   C h a s s i s

Die Datenerfassungs- und Recheneinheit befindet sich in einem IP-65 Commander Industrie-Chassis. Dieses wird mittels
eines Schwenksystems am Arbeitsort befestigt und übernimmt
gleichzeitig die Kabelführung. Das Chassis beinhaltet das
Keyboard Panel, die Datenanzeige, Spannungsversorgung, einen
Hauptprozessor, einen Subprozessor, Extension-Boards, sowie
I/O Peripherie. Standardmäßig sind Eingänge für Meßfühler

und Spannungsversorgung, sowie Schnittstellen für Datenaus-
druck, Datenverarbeitungsanlage, Barcodeleser und Waagenein-
gänge im System implementiert.

1.1.2 Mikroprozessor Boards

Die Mikroprozessor-Boards sind komplett in HC-MOS Technik
ausgeführt, um die Verlustleistungen im geschlossenen System
so niedrig wie möglich zu halten. Das Mikroprozessorsystem
beinhaltet eine Intel Standard CPU, 32k-byte Programmspeicher, 16k-byte Konstantenspeicher ausgeführt als Zero-
Power-RAM, 32k-bytes Datenspeicher, vier 22-bit parallele
Schnittstellen, eine Echtzeituhr, 20 Ereigniszähler und vier
serielle Interfaces (V24)/Opto. Die Prozessorboards können
ohne Mikroprozessor als Extensionboard konfiguriert werden.
Somit können Daten- und Konstantenspeicher um den Faktor 4,
die Zähler, serielles und paralleles Interface um den Faktor
5 erweitert werden.

1.1.3 Meßdatenspeicher

In der Standard Konfiguration ist es indiziert, ein Bat-
teriegepuffertes 256 k-byte C-MOS RAM einzusetzen, um im
Off-Line-Betrieb eine ausfallsichere Datenpufferung
gewährleisten zu können. Dieses beinhaltet die erforderlichen Speicherbausteine, einen Akku, einen Powerfail-
Detektor, sowie ein Banking-Port. Der Speicherzugriff ist
filestrukturiert und besitzt weitere Sicherheiten wie
Checksum- und Paritycheck.

1.1.4 Keyboard

Das Keyboard ist als feuchtigkeitsresistente Macro-Folien-
tastatur ausgeführt, um auch bei Handschuhbedienung eine
sichere Dateneingabe zu gewährleisten. Das Keyboard beinhaltet ein numerisches Tastenfeld, sechs Funktiontasten,
eine Menuetaste, vier Cursortasten sowie zwei Anzeigefelder
mit Tageslichtfilter.

1.1.5 D i s p l a y s

Das System BDE-240 beinhaltet sowohl ein alphanumerisches
6x40 Zeichen Fluoreszenz-Display, als auch eine 2 x 8 stel-
lige numerische Datenfernanzeige. Das 240 Zeichen alpha-
numerische Display entspricht im Terminal-Mode dem ANSII
Standard und ist somit DEC VT220 kompatibel, welches die
Verwendung von Scrolling Regions, Cursor Positioning, Cha-
racter/Line Insertion und Deletion und Blinking Attributes
unerstützt. Das Display wird als virtueller Bildschirm angesteuert, sodaß ein konventionelles 24x80 Zeichen Terminal
in acht Segmenten angezeigt werden kann.

1.1.6 I N / O U T D r i v e r B o a r d s

Um einen hohen Störabstand zwischen Steuerelementen und
Rechner zu erhalten, werden optogekoppelte Treiber angewendet. Die Eingangsboards besitzen einen Eingangsspannungsbe-
reich von 5 Volt AC/DC bis 220 Volt. Die Treiberboards
können induktive und ohmsche Lasten bis zu 3 Ampere bei 100
Volt Gleich- oder Wechselstrom schalten.

1.1.7 N e t z t e i l

Der Netzteil ist als Ringkerntrafo mit Überspannungsschutz,
einem sekundär getakteten Schaltregler für die Rechnerver-
sorgung (5 Volt) und zwei DC/DC Konvertern für die
Spannungsversorgung der diversen Messfühler (+/-12 Volt) und
der seriellen Interfaces ausgeführt. Der 5 Volt Schaltregler
erlaubt somit auch einen Batteriebetrieb (12 Volt), um
Spannungsausfälle zu überbrücken.

Folgende Spannungen stehen somit zur Verfügung:
*   24 Volt AC/ 4   Amp
*   12 Volt AC/ 2   Amp
*   +24 Volt DC/ 2   Amp unstabilisiert,
*   +5 Volt DC/ 4   Amp stabilisiert,
* +/-12 Volt DC/ 0.23 Amp stabilisiert,
* +/-12 Volt DC/ 0.04 Amp stabilisiert.

1.2.   S O F T W A R E

Die Software des BDE-Terminals wird auf INTEL Development
Sytem IPDS 100 oder IBM AT und kompatible erstellt und ge-
testet. Als Programmiersprachen stehen Macroassembler, PLM
Compiler oder Fortran zur Verfügung. Letztere erlauben den
Aufbau strukturierter Programm-Module und Inkludierung ge-
testeter, umfangreicher Software-Bibliotheken.

1.2.1 B e t r i e b s s y s t e m

Das Betriebssystem verfügt über eine eigene Programmüber-
wachung, die im Falle eines Systemfehlers einen Programm-
absturz und Datenverlust verhindert und den Grund des
Systemfehlers am Display anzeigt. Somit wird ein sogenanntes
Hangup des Rechners vermieden. Nach der Fehlermeldung ist
das BDE-Terminal wieder einsatzfähig. Im Betriebssystem FCP
sind alle SETUP-Funktionen, Display Driver, Serielle Driver
fürX_On/X_Off und STX/ETX Protokoll, File I/O, Task-Handler,
Format Interpreter vorhanden.

2. D A T E N A U S G A B E

2.1 D a t e n a u s g a b e   a m   D i s p l a y

Im Offline-Betrieb erfolgt die Datenausgabe am integrierten
Display oder Drucker. Diese wird zyklusweise durchgeführt,um
die Datenerfassung laufend kontrollieren zu können. Diese
Datenausgabe kann wahlweise in wählbaren Modi angezeigt
werden.

2.2 D a t e n a u s g a b e   a m   D r u c k e r

Beim Anschluß eines Druckers erfolgt die Datenausgabe automatisch nach Programm oder durch Anforderung mittels des
REPORT Commands.

2.3 Datenausgabe an eine Datenverarbeitungsanlage

Im kontinuierlichen Betrieb ist es erforderlich das BDE-Terminal mittels Datenverarbeitungsanlage zu steuern. Dies wid über die serielle Schnittstelle realisiert. Die erforderlichen Steuersignale und Codes können am BDE-Terminal gewählt und frei programmiert werden. Es kann dann nicht nur eine Datenausgabe an eine Datenverarbeitungsanlage erfolgen, sondern alle verfügbaren Systembefehle via serielle Schnittstelle programmiert und durchgeführt werden. Somit ist eine Fernbedienung bei Einhaltung des Datenprotokolls möglich.

4. Themenkreis

"ELEKTRONIK IM VERKEHR"

Leitung:

Univ.-Prof. Dipl.-Ing. Dr. H. Leopold
Hofrat Dipl.-Ing. Dr. A. Sethy
Dipl.-Ing. G. List

BERÜHRUNGSLOSE MESSUNG VON WASSERSCHICHTDICKE UND SALZGEHALT AUF STRASSEN

S. Hertl, G. Schaffar

Zivilingenieurkanzlei Dr. Schaffar, Hofern 14, 2081 Niederfladnitz

ZUSAMMENFASSUNG:

Die berührungslose Messung der Wasserschichtdicke mit Hilfe von Mikrowellen wurde bereits (ohne Berücksichtigung des Salzgehaltes) technisch realisiert. Zur theoretischen Untersuchung dieses Verfahrens und zur Klärung der Frage, ob damit auch die Salzkonzentration berührungslos gemessen werden kann, wurden die Fresnelschen Formeln für die Reflexion elektromagnetischer Strahlung auf das System Luft-Wasserschicht-Straße bzw. Luft-Salzwasser-Straße angewandt. Mit diesem Rechenmodell konnte der optimale Frequenzbereich, in dem eine Messung der Salzkonzentration möglich ist, bestimmt werden.

1   Problemstellung

Die automatische Erkennung von zukünftigen Glättesituationen auf Verkehrsflächen ermöglicht eine beträchtliche Erhöhung der Verkehrssicherheit. Durch eine auf objektiven Grundlagen beruhende Frühwarnung des Straßendienstes können rechtzeitig entsprechende Maßnahmen (z.B. ein optimaler, richtig bemessener Streumitteleinsatz) ergriffen werden, wodurch sich schon über relativ kurze Zeiträume große volkswirtschaftliche Vorteile ergeben. Für die rechtzeitige Vorhersage von Straßenglätte werden primär zwei Meßgrößen benötigt: die Fahrbahntemperatur und die Dicke einer eventuell auf der Fahrbahn befindlichen Wasserschicht. Die Fahrbahntemperatur kann mit Hilfe eines eindimensionalen Straßenmodells errechnet werden. Kernelement des Straßenmodells ist eine partielle Differentialgleichung, deren eine Randbedingung der in die Fahrbahn fließende Wärmestrom ist.

Im folgenden wollen wir uns auf den Teilaspekt der Messung von Wasserschichtdicken und ihres Salzgehaltes beschränken. Die berührungslose Messung der Wasserschichtdicke mit Hilfe von Mikrowellen wurde bereits (ohne Berücksichtigung des Salzgehaltes) technisch realisiert[1]. Im Rahmen eines Forschungsvorhabens, das vom ehemaligen Bundesministerium für Bauten und

Technik unterstützt worden ist, wurde dieses Verfahren theoretisch genauer untersucht und die Frage geklärt, ob mit demselben Verfahren auch die Salzkonzentration berührungslos gemessen werden kann. Derzeit kann der Salzgehalt nur händisch durch chemische Meßverfahren oder durch Messung der elektrischen Leitfähigkeit mit Hilfe von in der Fahrbahn eingebauten Sensoren gemessen werden. Die händischen Verfahren haben den grundsätzlichen Nachteil, daß Meßwerte nicht kontinuierlich zur Verfügung gestellt werden. Überdies ist die Messung zumeist bei widrigen Wetterverhältnissen erforderlich. Die bisher bekannten Verfahren zur Messung der elektrischen Leitfähigkeit (und damit der Salzkonzentration) erfordern aufwendige und wartungsintensive Einbauten in der Fahrbahn, die bei stärker befahrenen Straßenstücken öfter ausgewechselt werden müssen. Von Nachteil ist auch die kleine Meßfläche der Sonden, die nur etwa einen Quadratdezimeter beträgt und für die Straßenverhältnisse oft nicht repräsentativ ist.

2 Berührungslose Messung der Wasserfilmdicke

2.1 Theoretische Grundlagen

Die Ellipsometrie untersucht die Änderung des Polarisationszustandes einer elektromagnetischen Welle bei Reflexion (oder Transmission) durch eine ebene, nicht senkrecht auf die Ausbreitungsrichtung der Welle stehende Grenzfläche zwischen zwei oder mehreren Medien[2]. Es erweist sich als zweckmäßig, jede beliebig polarisierte monochromatische Welle in zwei zueinander orthogonale linear polarisierte Teilwellen zu zerlegen. Man wählt die Richtung der einen Komponente senkrecht zur Ebene, die von einfallendem und reflektiertem Strahl gebildet wird ("s-Komponente"); die Polarisationsebene der anderen Teilwelle liegt in dieser Ebene ("p-Komponente"). Die Beziehungen, die zwischen der einfallenden und der reflektierten oder transmittierten Welle in p- bzw. s-Richtung bestehen, werden in den sogenannten Fresnelkoeffizienten zusammengefaßt. Die Polarisationszustände der reflektierten und transmittierten Welle unterscheiden sich von jenem der einfallenden Welle und untereinander. Das ist die direkte Konsequenz aus der Tatsache, daß die Fresnelkoeffizienten der p- und s-Komponenten unterschiedlich sind, sodaß sich die Amplituden- und Phasenrelationen zwischen diesen zwei Komponenten bei Reflexion beziehungsweise Transmission ändern. Im gegenständlichen Fall ist natürlich nur die reflektierte Komponente der elektromagnetischen Strahlung von Interesse. Es wird das Reflexionsverhalten von elektromagnetischer Strahlung an dem Dreischichtsystem Luft - Wasser - Straße untersucht.

Die Fresnelkoeffizienten sind von den Dielektrizitätskonstanten der drei Medien abhängig. Für absorbierende Medien ist die Dielektrizitätskonstante komplex; es existiert der folgende Zusammenhang zwischen Brechungsindex und

Dielektrizitätskonstante:

$$\varepsilon^* = \varepsilon' - j\varepsilon'' = (n - jk)^2$$

ε^*..... komplexe Dielektrizitätskonstante
ε'..... Realteil der Dielektrizitätskonstante
ε''..... Imaginärteil der Dielektrizitätskonstante
n ..... "gewöhnlicher" (reeller) Brechungsindex
k ..... Absorptionskoeffizient

Die Aufgabe besteht nun darin, die komplexen Amplituden der resultierenden reflektierten Welle zur einfallenden Welle in Beziehung zu setzen, und zwar hinsichtlich ihrer Amplitude und ihres Polarisationszustandes. Aus den Messungen der Polarisationszustände der einfallenden sowie der reflektierten Welle wird das Verhältnis

$$\rho_r = R_p / R_s = \tan \Psi * e^{i\Delta}$$

bestimmt. Es ist das Verhältnis der komplexen Gesamt-Reflexionskoeffizienten R_p und R_s für die p- und die s-Richtung.

2.2 Rechenmodell zur Simulation der Reflexion von Mikrowellen

Eine Anwendung der ellipsometrischen Formeln auf das System Luft - Wasserschicht - Straße benötigt folgende Eingangsgrößen:

1. die komplexen Dielektrizitätskonstanten (bzw. Brechungsindices als Quadratwurzel der Dielektrizitätskonstanten) in Abhängigkeit der Temperatur und der verwendeten Wellenlänge (und damit der Frequenz) der Mikrowellen von
    a) Luft
    b) Wasser
    c) Straßenoberflächen
2. Temperatur, bei der das Reflexionsverhalten der Mikrowellen berechnet werden soll
3. Wellenlänge der Mikrowellenstrahlung
4. Einfallswinkel der Mikrowellen
5. Dicke der Wasserschicht

Aus diesen Größen können mit Hilfe der ellipsometrischen Formeln

1. der Absolutbetrag des Reflexionskoeffizienten von parallel zur Fahrbahnoberfläche polarisierter Strahlung (R_s);
2. der Absolutbetrag des Reflexionskoeffizienten von vertikal zur Fahrbahnoberfläche polarisierter Strahlung (R_p);

3. die Größe tan Ψ als das Verhältnis der Größen $|R_p|$ zu $|R_s|$; und
4. die Phasenverschiebung Δ zwischen einfallendem und reflektiertem Strahl berechnet werden.

Die Kenntnis des Reflexionskoeffizienten ist äquivalent mit der Kenntnis der Amplitude der reflektierten Strahlung, soferne die Amplitude der einfallenden Strahlung bekannt ist. Die Brechungsindices von Luft und der Straßenoberfläche wurden bei der Rechnung als konstant angenommen. Für Luft wurde ein reeller Brechungsindex von 1,00029 angenommen und für die Straßenoberfläche ein komplexer Brechungsindex von (1,43/-0,21). Der Brechungsindex (bzw. die Dielektrizitätskonstante) von Fahrbahnoberflächen ist nicht sehr gut bekannt, doch wirkt sich eine Variation des Brechungsindex der Fahrbahnoberfläche nur schwach auf die anderen Größen aus.

Zumeist wurde bei einer Temperatur von 0 °C gerechnet. Der Einfallswinkel wurde zwischen 25 Grad und 85 Grad variiert. Eine technische Ausführung eines Ellipsometers mit einem großen Einfallswinkel (z.B. 85 Grad) ist allerdings nur in Form eines Interferometers denkbar, weil die Abschirmung des direkten Strahls von Sender zu Empfänger bei so großen Winkeln nicht mehr möglich ist. Schließlich wurde aber ein Einfallswinkel von 60 Grad als optimal erkannt.

Die Messung der Dicke einer Wasserschicht kann durch Messung eines der beiden Reflexionskoeffizienten oder des Winkels Ψ erfolgen. Die Phasenverschiebung Δ ist hingegen für die Messung der Schichtdicke weniger gut geeignet, weil sie kaum von der Schichtdicke der Wasserschicht abhängt. Die Frequenz der Mikrowellenstrahlung kann in einem relativ weiten Bereich frei gewählt werden. Im speziellen kommt der Frequenzbereich von 500 MHz bis 10 GHz in Frage. Es zeigte sich, daß bei niedrigen Frequenzen (das sind in diesem Zusammenhang Frequenzen um ca. 500 MHz) neben der Abhängigkeit von der Wasserfilmdicke auch eine Abhängigkeit von der Salzkonzentration (meßbar bis zu einer Konzentration von etwa 100 g NaCl pro l Wasser) besteht. Diese zusätzliche Abhängigkeit der Größen R_s, R_p und tan Ψ von der Salzkonzentration ist nicht erwünscht, weil dadurch die Eindeutigkeit bei der Messung der Wasserfilmdicke nicht mehr gewährleistet ist.

Ab einer Frequenz von etwa 2 GHz ist die Abhängigkeit von der Salzkonzentration so gering, daß sie die Grenze der Meßgenauigkeit unterschreitet. Aus diesem Grund ist eine Messung der Wasserfilmdicke mit Hilfe von Mikrowellen erst ab einer Frequenz von etwa 2 GHz zu empfehlen.

Es besteht jedoch der Nachteil, daß die maximale Dicke der Wasserschicht, die gerade noch gemessen werden kann, mit steigender Frequenz sinkt. So kann z.B. bei einer Frequenz von 10 GHz eine Schichtdicke von höchstens 1 mm gemessen werden; Schichten, die dicker als 1 mm sind, ändern die Meßgröße R_s, R_p oder Ψ nicht mehr. Bei 2,6 GHz kann im Rahmen der angenommenen Meßgenauigkeit (5 % bei R_s und R_p) eine Wasserfilmdicke von maximal 2 mm aufgelöst werden.

3   Berührungslose Messung des Salzgehaltes

Für die Berechnung des Reflexionsverhaltens von Mikrowellen an einer Salzwasserschicht gelten grundsätzlich dieselben Verhältnisse wie beim System Luft - Wasserschicht - Straße. Lediglich die Dielektrizitätskonstante (und damit auch der Brechungsindex) von Wasser muß durch die entsprechenden Werte für eine Salzlösung ersetzt werden. Es wurde ausschließlich eine Salzlösung bestehend aus NaCl und Wasser untersucht. Andere Salze, die im Auftausalz enthalten sein können, weisen auf diesem Gebiet sehr ähnliche physikalische Eigenschaften auf.

Der Imaginärteil der Dielektrizitätskonstante beschreibt die Dämpfung einer elektromagnetischen Welle bei der Fortpflanzung in einem Medium; die Dämpfung wird durch den sog. Verschiebungsstrom bei der Polarisation des Mediums hervorgerufen. Soferne es sich beim betrachteten Medium um keinen Isolator handelt, tritt auch ein Ladungstransport (z.B. durch Ionen in elektrolytischen Lösungen) auf. Die Dämpfung - und damit die Größe des Imaginärteils der Dielektrizitätskonstante - wird also durch einen zusätzlichen Anteil infolge der (Gleichstrom-)Leitfähigkeit bestimmt. Da es sich bei in Wasser gelöstem NaCl um einen ionisch gelösten Stoff handelt, wird der zusätzliche Leitfähigkeitsanteil auch in diesem Fall beobachtet. Dieser zusätzliche Anteil ist umgekehrt proportional zur Frequenz des elektromagnetischen Feldes.

Es stellte sich heraus, daß für die Messung der Salzkonzentration eine niedrige Mikrowellenfrequenz günstiger als höhere Frequenzen ist. Dies ist vor allem auf den Leitfähigkeitsanteil im Imaginärteil der Dielektrizitätskonstante zurückzuführen, der ja umgekehrt proportional zur Frequenz ist. Es wird eine Mikrowellenfrequenz von etwa 500 MHz als optimal erachtet. Außerdem ist neben den bereits erwähnten Meßgrößen R_s, R_p und tan Ψ auch die Phasenverschiebung Δ, die bei der Reflexion der Mikrowellen auftritt, von Interesse. Diese Phasenverschiebung ist nur sehr schwach von der Filmdicke der Wasserschicht abhängig. Die Untersuchung ihrer Abhängigkeit von der Salzkonzentration ergibt, daß bei einer Mikrowellenfrequenz von 500 MHz die Salzkonzentration sicher bis 70 g NaCl/l, mit erhöhtem Geräteaufwand vielleicht bis 100 g NaCl pro l Wasser bestimmt werden kann. Die Verwendung von niedrigen Frequenzen (500 MHz) hat zusätzlich den Vorteil, daß dann die Größe Δ überhaupt nicht mehr von der Dicke der (Salz-)Wasserschicht abhängt. Es zeigte sich weiters, daß die Größen R_s, R_p und Ψ bei 500 MHz ebenfalls verwendet werden können, um die Salzkonzentration zu bestimmen: die Verwendung von R_s als Meßgröße gestattet es beispielsweise, die Salzkonzentration bis etwa 75 g/l zu ermitteln. Allerdings sind die Größen R_s, R_p und Ψ auch von der Schichtdicke abhängig, sodaß in jedem Fall eine unabhängige Messung der Schichtdicke vorgenommen werden muß.

4   Zusammenfassung

Die kombinierte Messung von Schichtdicke und Salzkonzentration erfordert - im Vergleich zur alleinigen Messung der Schichtdicke - eine zusätzliche unabhängige Meßgröße. Theoretische Überlegungen legen die folgende Vorgangsweise nahe:

1. Messung der Wasserfilmdicke auf der Fahrbahn durch Ermittlung des Reflexionskoeffizienten R_s oder R_p bei einer Meßfrequenz von ungefähr 2,6 GHz. Wenn eine maximal auflösbare Wasserschichtdicke von 0,8 bis 1 mm ausreicht, kann auch die Frequenz der bereits käuflichen Geräte, die bei einer Frequenz von 10,6 GHz arbeiten, beibehalten werden. Die Verwendung der niedrigeren Arbeitsfrequenz von 2,6 GHz erhöht den Wert der maximal auflösbaren Wasserschichtdicke auf etwa 2 mm.
2. Messung der Salzkonzentration in der Wasserschicht bei einer Meßfrequenz von ungefähr 500 MHz. Es ist möglich, auch hier einen der Reflexionskoeffizienten R_s oder R_p als Meßgröße heranzuziehen. Dies kann die Herstellung der beiden Geräte erleichtern, weil dann mehrere Komponenten für die Schaltungselektronik bei beiden Geräten identisch ausgeführt werden können. Eine Messung der Phasenverschiebung Δ hätte allerdings den Vorteil, daß damit eine Meßgröße zur Verfügung steht, die größtenteils nur von der Salzkonzentration und nicht auch von der Schichtdicke abhängt.
3. Der Einfallswinkel der Mikrowellen soll bei ungefähr 60 Grad liegen. Eine Abweichung von dieser Größe verschlechtert die erzielbare Auflösung der Messungen.

Dieses Forschungsvorhaben wurde als Straßenforschungsprojekt (645) vom Bundesministerium für wirtschaftliche Angelegenheiten unterstützt.

Literatur:

1   P.Braun, H.Störi, E.Söllner, Verfahren zur Messung wetterbedingter Zustandsänderungen an der Oberfläche von Verkehrsflächen und Vorrichtung zum Durchführen des Verfahrens, GESIG Patentanmeldung Nr. 84904064.7 beim Europäischen Patentamt mit der Priorität der Erstanmeldung in Österreich vom 7.11.1983.

2   R.M.A.Azzam, N.M.Bashara, Ellipsometry and Polarized Light, North Holland, Amsterdam, 1977.

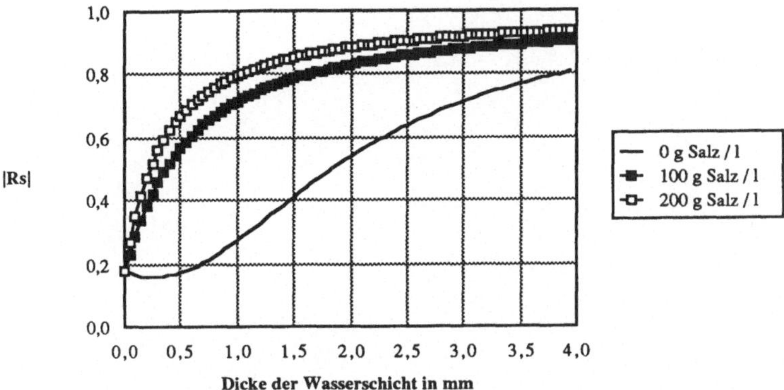

Betrag des Reflexionskoeffizienten R_S bei 500 MHz und einem Einfallswinkel von 60 Grad (berechnet für 0 °C).

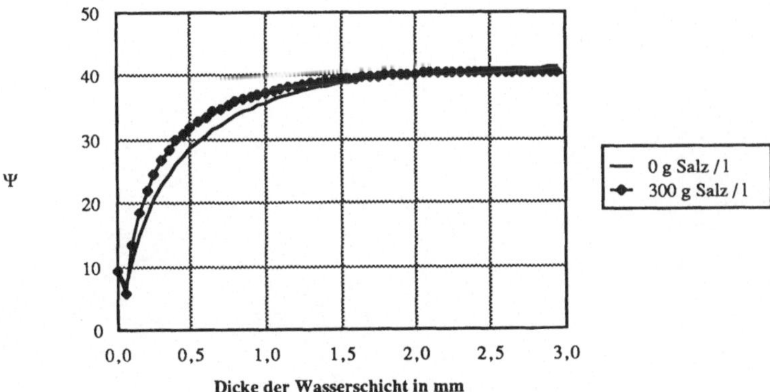

Winkel Ψ (in Grad) bei 2,6 GHz und einem Einfallswinkel von 60 Grad (berechnet für 0 °C).

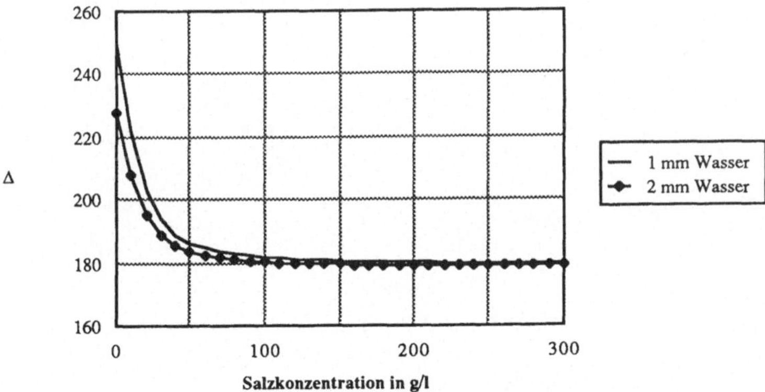

Phasenverschiebung Δ (in Grad) bei 500 MHz und einem Einfallswinkel von 60 Grad (berechnet für 0 °C).

5. Themenkreis

"MEDIZINTECHNIK UND BIOLOGIE"

Leitung:

Univ.-Prof. Dipl.-Ing. Dr. St. Schuy
Univ.-Prof. Dipl.-Ing. Dr. P. Pfundner
Univ.-Prof. Dipl.-Ing. Dr. E. Hochmair

IMPLANTIERBARER ATEMSCHRITTMACHER - FUNKTIONELLE ELEKTRISCHE
STIMULATION DES ZWERCHFELLS

W. Mayr, H.Gerner, W. Girsch, J. Holle, P. Kluger, B. Meister,
E. Moritz, G. Schwanda, H. Stöhr, H. Thoma

2. Chirurgische Universitätsklinik Wien, Ordinariat für
biomedizinische Technik und Physik, Wien

ZUSAMMENFASSUNG:
Im Rahmen des beschriebenen Forschungsprogrammes werden
Patienten mit sehr hohen Querschnittsläsionen (Cl,C2) elektrische Nervstimulationsgeräte implantiert. Sie werden dadurch
von der Intensivpflege unabhängig und können nach entsprechender Rehabilitation in häusliche Pflege entlassen werden.

<u>Einleitung</u>
Patienten mit hoher Querschnittläsion und zentralem Ausfall
der Atemsteuerung sind unabdingbar von der Beatmungsmaschine
abhängig. In der Regel bedeuted dies chronischen Aufenthalt in
der Intensivstation, im günstigsten Fall ermöglicht ein
transportabler Respirator eine gewisse Bewegungsfreiheit.
Neben den physiologischen Nachteilen der Überdruckbeatmung und
dem hohen Infektionsrisiko ist die Lebensqualität für den
Patienten überaus gering, vor allem wegen des nahezu völligen
Wegfalls von Kommunikationsmöglichkeiten und Mobilität. Nicht
zuletzt ergeben sich enorme finanzielle Belastungen für die
Kostenträger.

Sind die beiden Nervi phrenici noch intakt, so bietet die
elektrische Nervstimulation eine Möglichkeit, das Zwerchfell
zu reaktivieren /1/.

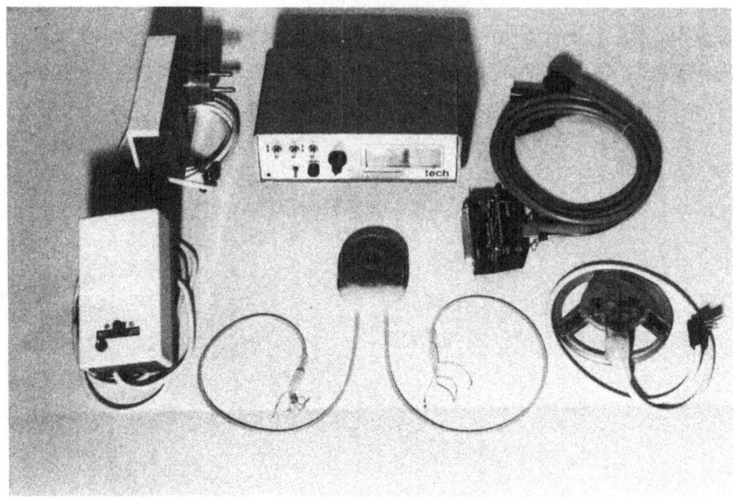

Abb.1: Technische Ausrüstung

<u>Methoden</u>
Die technische Ausrüstung (Abb.1,Abb.2) besteht aus
- einer mikroprozessorgesteuerten, akkugespeisten Steuer- und
  Versorgungseinheit,
- einem Ladegerät, das auch für Bufferbetrieb (direkte Netz-
  versorgung des Systems) geeignet ist,
- einem pulscodemodulierten HF-Sender,
- einem 8-Kanal-Implantat, das sowohl Steuerinformation als
  auch Betriebsspannung aus dem HF-Signal bezieht, und
- 8 Elektroden aus Edelstahl und Silikonkautschuk.

Stimuliert wird nach der Methode der Karussell-Stimulation
/2/. Mit Hilfe von 4 Elektroden je Nerv, die positiv oder
negativ definiert oder abgeschaltet werden können, werden von
Inspirationszyklus zu Inspirationszyklus veränderte Feldkonfi-
gurationen verwendet und damit verschiedene Fasergruppen depo-
larisiert. Bei geeigneter Wahl der Anschlußstellen und
elektrischen Parameter kann eine homogen verteilte, submaximale Kontraktion des Zwerchfells erreicht werden, ohne daß
alle Muskelfasern rekrutiert werden. Da die beteiligten Fasern
größtenteils von Zyklus zu Zyklus wechseln, ergibt sich ein
verbessertes Ermüdungsverhalten gegenüber mono- oder bipolarer

Stimulation. Für jede der 16 verwendeten Elektrodenkombinatio-
nen werden die Schwellenamplitude und ein Maximum, das sich
aus dem optimalen Inspirationsvolumen ergibt, programmiert.

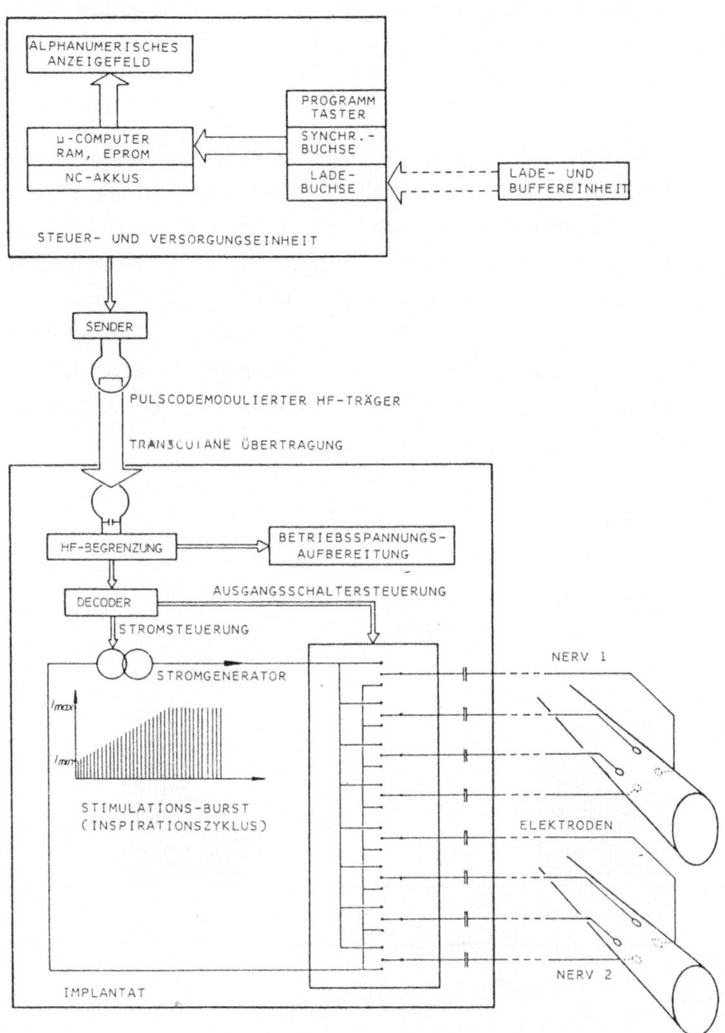

Abb.2: Systemübersicht

Bei der Implantation wird wie folgt vorgegangen: Nach medianer
Sternotomie und Öffnen der beiden Pleurahöhlen werden die
N.phrenici im oberen Mediastinum freipräpariert. Von einem
Hautschnitt im Oberbauch rechts werden die Elektroden subcutan

zur Mediastinalregion durchgezogen; das Implantat wird in eine subcutane Tasche eingenäht. Unter dem Mikroskop werden je 4 Elektroden mit 8/0-Nylon-Nähten möglichst weit cranial an das Epineurium der N. phrenici angenäht. Zur mechanischen Entlastung der Kontaktstellen werden die Elektrodenleitungen als lockere Schlinge von diesen weggeführt und mit einer Seidennaht im Bindegewebe fixiert.

Nach ca. 2 Wochen, dem narbigen Einheilen, kann mit der Stimulation begonnen werden. Schrittweises Steigern der täglichen Stimulationszeiten führt schließlich zum Entwöhnen vom Respirator, d.h. nach 1 bis 2 Monaten kann ermüdungsfrei stimuliert werden. Zu diesem Zeitpunkt sind auch die Elektroden soweit im Bindegewebe eingewachsen, daß ihre Lage definiert ist und die elektrischen Parameter stabil sind. Typische praktische Stimulationsparameter zeigt Abb.3. Die Amplitude der stromgesteuerten Impulse liegt in der Regel zwischen 1 und 2 mA.

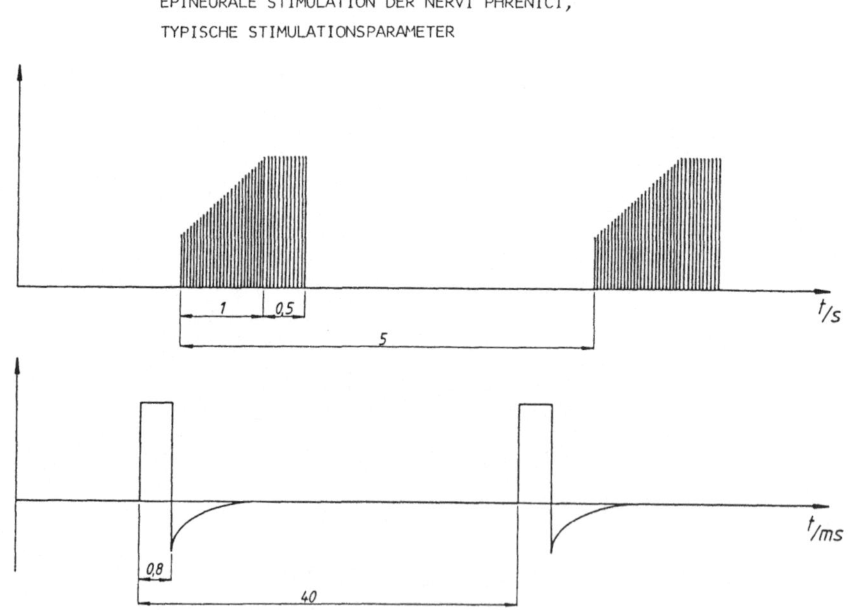

Abb.3: Elektrische Stimulationsparameter

Parallel zur Respiratorentwöhnung wird in der Werner-Wicker-Klinik in Bad Wildungen ein Rehabilitationsprogramm durchgeführt. Neben der Bereitstellung und Adaptierung spezieller Hilfsgeräte werden noch willkürlich kontrollierbare Muskeln im Halsbereich als Atemhilfsmuskulatur trainiert. Damit kann der Patient einerseits sein Inspirationsvolumen bei Bedarf (z.B.: beim Sprechen) erhöhen, andererseits eine Sicherheitsreserve aufbauen, die ihm erlaubt, bei Ausfall der Stimulation für eine gewisse Zeit ausreichend weiterzuatmen.

Ergebnisse

Das beschriebene System wurde erstmals im August 1983 klinisch eingesetzt. Der Patient mit einer C2-Läsion wurde entsprechend rehabilitiert und im Sommer 1984 in häusliche Pflege entlassen. Nach Ausfall des Implantats im April 1985 wurde dieses in einer weniger als einstündigen Operation problemlos gewechselt.

Im Jänner 1986 wurde einem weiteren Patienten eine Stimulationseinheit implantiert, im September 1986 folgten 2 weitere Implantationen. 2 dieser 3 Patienten konnten ebenfalls rehabilitiert nach Hause entlassen werden. Im Sommer 1987 erfolgten 3 Implantationen, davon 2 an Kindern, wobei speziell entwickelte "mitwachsende" Elektroden zum Einsatz kamen.

Diskussion

Grundsätzlich steht eine gesicherte klinische Methode für Patienten mit zentralem Ausfall des Atemzentrums bei intakten N. phrenici zur Verfügung. Selbstverständlich muß die technische Ausrüstung in Richtung Betriebs-und Ausfallssicherheit und einfacherer Handhabung über das Prototypenstadium hinaus weiterentwickelt werden, wobei als Nahziel eine Lebensdauer für das Implantat ähnlich dem Herzschrittmacher (5 bis 10 Jahre) realistisch erscheint. Einem Wunsch der Patienten entsprechend sollte das zur Zeit mit eingeprägter Atemfrequenz und Inspirationsdauer arbeitende System in Richtung einer Sprachsteuerung flexibler werden.

Literatur:

1. Glenn WW.: Diaphragm pacing: Present status. Pace 3: 457-470 (1978)
2. Holle J, Moritz E, Thoma H, Lischka A: Die Karussell-stimulation, eine neue Methode zur elektrophrenischen Langzeitbeatmung. Wiener klin. Wochenschr.86(1974)23

TESTGERÄT FÜR IRIDIUM STRAHLER

L. Prager

Institut für Elektronik, österreichisches Forschungszentrum
Seibersdorf Ges.m.b.H., 2444 Seibersdorf

ZUSAMMENFASSUNG:

Das Testgerät wurde zur Überprüfung der Länge, der Lage und
der Aktivität von Iridium Drähten, die als Strahlenquellen
dienen, entwickelt, die von einer Lademaschine, genannt
MINIRAD-AN9 - ebenfalls im Forschungszentrum Seibersdorf in
Zusammenarbeit mit dem Krankenhaus Lainz, Abteilung Strah-
lentherapie, unter Leitung von Professor Dr. Alt - zur Tumor-
therapie in die Nähe des Tumorherdes gebracht werden.

Einleitung

Zur Bestrahlung von Tumoren werden bei dem MINIRAD-AN9-Gerät
neun Iridium Drähte, die in speziellen Kanüllen eingebracht
werden, verwendet. Die Kanüllen müssen vor der Bestrahlung
durch den Arzt um das zu bestrahlende Gewebe gesetzt werden.
Die Aktivität, die Länge und die Verweilzeit des Drahtes werden vor der Behandlung bestimmt.

Die Kanüllen dürfen ihre Position während der Bestrahlung
nicht verändern und müssen dahr in einer speziellen Vorrichtung - abhängig vom zu bestrahlenden Körperteil - festgeklemmt
werden.

Das Ladegerät besitzt neun Schubdrähte, die die Iridiumdrähte
in die Kanüllen transportieren. Mit einer vom ÖFZS ent-

wickelten Kupplung (Patent) werden die Schubdrähte von den Iridiumdrähten abgekuppelt. Nach dem Bestrahlungsvorgang, der bis zu 72 Stunden dauern kann, werden die Iridiumdrähte durch Ankopplung der Schubdrähte entfernt.

Um eine Kontrolle der im AN9 geladenen IR-Drähte zu ermöglichen, wurde eine Testvorrichtung gebaut, die die Länge des Drahtes und die Aktivität in mCi/cm anzeigt. Der Durchmesser beträgt 0,4 mm bei einer Länge von 2 bis 8 cm. Die Aktivität beträgt 0,5 bis 10 mCi/cm.

Die Länge wird optisch gemessen. Der IR-Draht befindet sich in einem dünnen Plastikschlauch (genannt Strahlerhalter), der am vorderen Ende eine Metallspitze von 1 cm besitzt. Der IR-Draht muß nun in diesem Schlauch möglichst ohne Abstand an dieser Spitze sitzen. Der Abstand Spitze - Strahler muß ebenfalls gemessen und angezeigt werden, damit sich der Strahler an der richtigen Position befindet. Eine Verschiebung würde eine falsche Gewebezone bestrahlen.
Es wurden zur Längenmessung 2 Lichtschranken in einem definierten Abstand zueinander über einem Führungsrohr angeordnet. Die erste Lichtschranke ist eine Doppellichtschranke, die um 90 Grad versetzt den dünnen Draht orten kann. Dies war notwendig, um auch bei Ausweichen des IR-Drahtes im Plastikschlauch diesen zu detektieren.

Als Endschalter genügt eine einfache Gabellichtschranke, da der Strahlerhalter eine 1 mm Metallspitze besitzt und diese leicht erkannt wird. Wird nun ein Strahler von der Lichtschranke 1 zur 2. Lichtschranke gleichförmig bewegt, wird die Spitze erkannt, dann ein eventueller Spalt und der Strahler selbst. Da der Abstand zwischen den Lichtschranken bekannt ist und die Zeiten der einzelnen Abschnitte
- Länge der Spitze
- Länge eines Spaltes (wenn vorhanden)
- Länge des Strahlers
gezählt wurden, kann durch Abzug der Spitzenlänge und des Spaltes genau die Länge des Strahlers errechnet werden.

Die Aktivität wird mit elf Photopindioden gemessen, die in
einem lichtdichten Kästchen mit Verstärker über dem Führungsrohr angebracht sind.
Die Gammastrahlung bewirkt in den elf Photopindioden einen
Photostrom, der von dem hochohmigen Verstärker (OPA 104) verstärkt und geglättet wird. Die Ausgangsspannung ist ein Maß
für die Aktivität (integrierende Operationsverstärker-
schaltung).
Um eine Anzeige von mCi/cm zu bekommen, muß nun eine Korrektur
in Bezug der Länge des Strahlers vorgenommen werden, da ein
längerer Strahler durch seine Länge mehr Strahlung auf die
Pindioden aufbringt. Die Proportionalkonstante (Volt zu
mCi/cm) und der Korrekturfaktor müssen in Kalibriervorgängen
bei jedem Gerät separat bestimmt werden.

Zur Auswertung der gemessenen Daten wird ein 8 bit Mikroprozessor Z80 verwendet. Zur Ausführung mathematischer Operationen wird ein Software Floatingpoint Programm verwendet. Die
Ausgangsspannung des Verstärkers wird mit einem Digitalvoltmeter ICL 7135 von INTERSIL gemessen, das man vom Mikroprozessor auslesen kann. Der Zählerbaustein 8251 von INTEL dient zur
Zeitmessung.
Die Ergebnisse werden auf einem LC-Display zur Anzeige gebracht. Wird das Gerät eingeschaltet, beginnt eine einminütige
Aufwärmzeit für den Strahlenmeßteil, danach kann mit der Messung begonnen werden. Dazu muß im zu prüfenden Kanal des AN9
Gerätes ein Strahler eingebracht werden. Das Prüfgerät wird
dann mit einem Kupplungsschlauch angekuppelt. Anschließend
wird vom AN9 der IRStrahlerhalter mit dem Strahler in das
Testgerät gefahren. Da der Transportschlauch zwischen AN9 und
IR-Strahlertestgerät kürzer ist als die üblichen Schläuche,
bleibt der Transportdraht im IR-Strahlertestgerät stecken, um
eine Messung der Aktivität (1 Messung = 3 Sekunden) zu ermöglichen. Die Längendaten werden bei Erreichen der Endposition
angezeigt.
Um eine genaue Messung durchzuführen, werden vom Digitalvoltmeter IC ICL 7135 zehn Meßwerte aufgenommen, der größte und
kleinste Wert ausgeschieden und die verbleibenden acht Werte
gemittelt. Dieses Ergebnis wird aufgrund der vorher gemessenen
Länge korrigiert und mit der Konstanten multipliziert, die

eine Ablesung von mCi/cm ermöglicht. Diese Messung wird solange durchgeführt, bis der IR-Draht vom AN9 aus wieder zu-
rückgeholt wird. Dies ist gleichzeitig die Beendigung des Meß-
vorganges und es kann, ohne ein Bedienungselement zu betätigen, der nächste Meßvorgang vorbereitet werden.

Die Aktivitätsmessung gibt keinen Aufschluß über die in den
Iridiumdrähten vorhandenen Isotope, sondern nur die Summen-
aktivität des Strahlers. Die Genauigkeit der Aktivitätsmeß-
anlage dient nur zur Überprüfung (in Toleranzen von +/- 5 %).
Die Genauigkeit der Längenmessung ist mit +/- 1 mm ausreichend, um die Strahler, die nur in Abstufungen von 5 mm verwendet werden, zu messen.

<u>Ambulante Herzüberwachung</u>

Wießpeiner G., Grübler R., Schuy S.

Institut für Elektro- und biomedizinische Technik, TU-Graz

<u>Zusammenfassung</u>

Unter der Bezeichnung "CARDIOTEST" wurde ein kleines portables
Gerät für mehrere Aufgaben der Herzüberwachung entwickelt.

Herzfrequenz
Herzschrittmacheraktivität
Gefährdung durch elektromagnetische Felder

Alle Meß- ,Steuer- und Überwachungsaufgaben, die Eingabe der
Betriebsparameter der Meßwerte auf einem LCD sowie die Alarm-
gabe bei Überschreiten von Grenzwerten wird von einem einzigen
Chip durchgeführt. Durch den Aufbau in SMD und CMOS ist das
Gesamtgerät nicht größer als eine Zigarettenschachtel mit einer
Dauerbetriebszeit von mehreren Wochen.

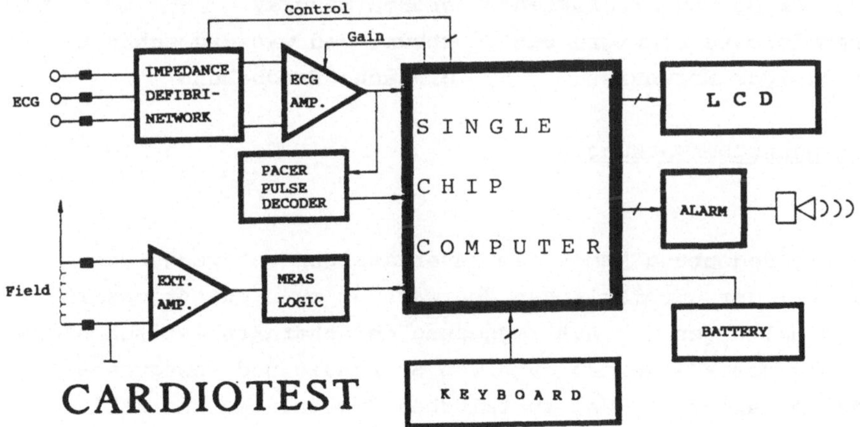

<u>Einleitung:</u>

Unter ambulanten Monitoring versteht man eine ortsungebundene
Überwachung unter natürlichen Umgebungsbedingungen außerhalb
der Klinik. /1/

Der ambulanten Überwachung der Herzfrequenz kommt in vielen Bereichen besondere Bedeutung zu.

- In der Notfallmedizin ist sie ein Indikator für die
  Lebensfunktion des Patienten.
- In der Intensivmedizin gibt sie als der Überwachungsparameter
  für den kritischen Patientenzustand.
- In der Rehabilitation, dient sie zum Hinweis auf Rhytmus-
  störungen und als Schutz vor Überbelastung.
- In der Sportmedizin stellt sie einen wichtigen Parameter zur
  optimalen Trainingssteuerung dar

Trotz umfangreicher und intensiver Entwicklungen auf dem Gebiet
des cardialen Monitorings, ist es in den vergangenen Zeit nicht
gelungen ein zuverlässiges Gerät für den ambulanten Einsatz
herzustellen. An ein solches Gerät werden folgende Forderungen
gestellt:

beliebige Elektrodenanordnung	**klein, handlich**
automatische Dauerüberwachung	**portabel, netzunabhängig**
Unterdrückung von Artefakten	**großes Display**
programmierbare Alarmgrenzen	**robust und wassergeschützt**
zuverlässiges Ergebnis	**einfache Handhabung**

<u>Herzfrequenzüberwachung:</u>

Besondere Bedeutung kommt dem zuverlässigen Überwachungser-
gebnis bei der automatischen Überwachung zu. Konventionelle
Analogschaltungen zur Austriggerung der charakteristischen QRS
Zacke aus dem EKG werden auch von Störungen und Bewegungs-
artefakten angeregt, was zu falschen Ergebnissen und Fehl-
alarmen führt. /2/

Fehlalarme und unzuverlässige Ergebnisse irritieren den Arzt
und den Selbstanwender, sodaß automatische Herzüberwachungs-
geräte bisher nicht zum Durchbruch gelangen konnten.

Das am Institut für Elektro- und biomedizinische Technik entwickelte CARDIOTEST erkennt die physiologischen Herzaktionen
aus dem EKG durch digitale Musteranalyse der gesamten EKG-Kurve,
ähnlich den Kriterien des Arztes. Dazu wird das EKG mit 200 Hz
abgetastet und Online weiterverarbeitet. Die programmierte
Musteranalyse vergleicht nun die einkommenden Kurvenformen und
Wellen mit den zuvor gelernten und kann so zwischen dem Nutzsignal und Störungen, die sich oft nur unwesentlich in der
Kurvenform vom EKG unterscheiden, differenzieren /3/. Damit
wird auch bei bewegten Personen ein Höchstmaß an Zuverlässigkeit erreicht. Fehlalarme sind praktisch ausgeschlossen.

Herzschrittmacherüberwachung:

In Deutschland werden jährlich ca. 28.000 Schrittmacher implantiert (Erstimplantation, 135.000 Schrittmacherpatienten) /4/.
Bisher war eine Überwachung des Schrittmachers nur durch den
Arzt möglich. Mit den CARDIOTEST kann auch der Schrittmacher-
patient selbst die Schrittmacherimpulse erfassen

Moderne Bedarfsschrittmachear schalten sich nur mehr ein, wenn
die eigene Herzfrequenz unter einen bestimmten Wert absinkt,
oder das Herz vom körpereigenen Erregungszentrum nicht mehr
ausreichend stimuliert wird. Die Anzahl der Herzschrittmacher-
impulse während der Beobachtungszeit ist also ein Maß zur
Beurteilung des Herzschrittmachers bzw. der Eigentätigkeit des
Herzens.
CARDIOTEST kann die Schrittmacherimpulse selektiv erfassen,
zählen und am LCD anzeigen.
Diese Überwachung und Zählung der Herzschrittmacherstimuli
erfolgt auch während der Herzüberwachung.

Anwendungsbereiche: Rehabilitation, Verlaufskontrolle,
                    Ausgleichssport

<u>Feldmessung:</u>

Starke elektromagnetische Felder (z.B. NMR, Energiewandler)
können zu Fehlfunktionen des Schrittmachers führen. Mit der
zusätzlichen Antenne können elektromagnetische Felder gemessen
und angezeigt werden. Einsatzbereiche sind: Feldstärkemessung,
Schutzzonen (NMR), Bioklimatologie, Feldeinfluß.

<u>Literatur</u>

1. Marchesi, C.: Ambulatory Monitoring, M. Nijhoff Publishers,
   1983
2. Wießpeiner, G., Grübler R., Schuy S.:Entwicklung eines
   Single Chip Herzmonitors, Mikroelektronik in Österreich,
   149- 154, Springer Verlag. 1985
3. Wießpeiner G.: Ein einfacher Herzmonitor in Mikroprozessor-
   technik. Biomedizinische Technik, Band 23, Stuttgart 1978.
4. Lüderitz, B.: Herzschrittmacher, S.14, Springer 1986